D1619931

Thomas Ax
Kanalbau von A – Z
Vergabe, Vertrag, Gütesicherung

Bau und Vergabe

Thomas Ax

Kanalbau von A–Z

Vergabe, Vertrag, Gütesicherung

unter Mitarbeit von
Friedhelm Reichert und Guido Telian

DER JURISTISCHE VERLAG

BERLIN

Rechtsanwalt Dr. Thomas Ax, Maître en Droit (Paris X-Nanterre)
ist Gründer der Kanzlei Ax, Schneider & Kollegen, die an den Standorten Berlin, Hamburg, Marl, München, Neckargemünd und Paris vertreten ist. Zudem besteht eine Kooperation mit dem Anwaltsbüro Joseph F. Gutleber Jr in New York.

Ax hat verschiedene Lehraufträge, so 2005 an der Privaten Hochschule für Wirtschaft in Bern. Bis 2004 hatte er eine befristete Professur für Baurecht an der Fachhochschule für Technik in Karlsruhe. Ax hat ferner das private Institut für deutsches und internationales Vergaberecht GmbH (IDIV) sowie die Akademie für Baurecht GmbH (AfB) gegründet und ist verantwortlich für die Konzeption und Durchführung von Fachveranstaltungen zu vergabe- und baurechtlichen Fragestellungen sowie für die Herausgabe verschiedener Fachzeitschriften wie „VergabePrax". Er ist spezialisiert auf die Beratung von öffentlichen Auftraggebern und Unternehmen in allen bauvergabe- und sonstigen baurechtlichen Fragestellungen.

Im Lexxion Verlag sind bisher erschienen: „Der Weg zum öffentlichen Auftrag – Vergabemanagement für Unternehmen", „Die Wertung von Angeboten durch den öffentlichen Auftraggeber", „Bauleistungen (VOB) von A – Z" und „Vergaberecht 2006 – Kommentar". Demnächst werden die Publikationen „Vertragsmanagement Bauleistungen", „Vertragsmanagement Dienstleistungen", „Vertragsmanagement Lieferleistungen", „Rechtshandbuch für Stadtwerke", „Kalkulation für Baujuristen" sowie „Von der Investitionsentscheidung bis zum Zuschlag – Vergabemanagement für öffentliche Auftraggeber" veröffentlicht.

Bibliografische Informationen Der Deutschen Bibliothek

Die Deutsche Bibliothek verzeichnet diese Publikation in der Deutschen Nationalbibliografie; detaillierte bibliografische Daten sind im Internet über <http://dnb.ddb.de> abrufbar.

ISBN 3-936232-65-2

© 2005 Lexxion Verlagsgesellschaft mbH · Berlin
www.lexxion.de
Umschlag: Christiane Tozman
Satz: Ulrich Bogun

Vorwort

In der Bevölkerung werden die Rolle und die Wichtigkeit des Kanalbaus für das Wohl der Allgemeinheit meist unterschätzt. Viele Menschen verbinden mit der Kanalisation zumeist unangenehme Assoziationen. In das Bewusstsein der Bevölkerung dringt der Kanalbau meist nur, wenn etwas schief gelaufen ist. Eine moderne Zivilisation wäre aber ohne eine funktionierende Kanalisation nicht vorstellbar. Von der Kanalisation können aber auch Gefahren ausgehen, nämlich dann, wenn die Kanäle undicht werden.

Bereits 1985 wurde vom damals zuständigen Bundesministerium des Innern deutlich gemacht, dass der dauerhaften Dichtheit von Kanälen und Leitungen bei der Abwasserableitung erhöhte Aufmerksamkeit gewidmet werden müsse. Die Reinhaltung von Boden und Grundwasser wäre nach Möglichkeit sowohl mit technischen und organisatorischen Maßnahmen als auch durch verbesserte Rechtsgrundlagen für den Vollzug zukünftig zu gewährleisten.

Auch die DWA Deutsche Vereinigung für Wasserwirtschaft, Abwasser und Abfall e.V. hat dieses Problem erkannt und weitere Maßnahmen ergriffen. Eine Umfrage der DWA bei Städten und Gemeinden hat die Tragweite des Problems der undichten Kanäle deutlich gemacht. Das bedeutet eine nicht bezifferbare Verunreinigung von Grundwasser und Boden durch die Schadstoffe aus versickerndem Abwasser. Noch problematischer ist die Exfiltration von gefährlichen Stoffen in Industriegebieten. Andererseits werden durch undichte Kanäle große Mengen von Grundwasser als Fremdwasser unnötigerweise der Kläranlage zugeführt.

Es liegt also im Interesse aller, ein gleich bleibend hohes Niveau des Kanalbaus zu gewährleisten. Aus diesem Grund wurde beispielsweise die RAL-Gütesicherung nach RAL GZ 961 „Kanalbau" eingeführt, um eine bessere Überwachung der Unternehmen und eine Qualitätssteigerung zu erreichen. Auch dieses Werk will seinen Teil beitragen, indem es den mit dem Kanalbau Beschäftigten eine Hilfestellung gibt, sich in dem für juristische Laien oftmals verwirrenden Paragrafendschungel zurechtzufinden.

Alphabetisch geordnet finden sich in diesem Buch die wichtigsten Stichworte zu Bauleistungen allgemein und zum Kanalbau im Besonderen.

So wollen die Autoren des Werkes „Kanalbau – Vergabe, Vertrag, Gütesicherung" helfen, dass ein nachhaltiger Kanalbau hoher Qualität eine langfristige Entsorgungssicherung gewährleistet.

Die Verfasser

Alphabetisches Verzeichnis

A

Alphabetisches Verzeichnis

C

D

Alphabetisches Verzeichnis

I

J

K

L

Alphabetisches Verzeichnis

W

A

a-Paragraphen

Unter a-Paragraphen versteht man die Vorschriften des Zweiten Teils der VOB/A, die bei →*europaweiten Vergabeverfahren* von öffentlichen Auftraggebern, sofern sie nicht →*Sektorenauftraggeber* sind, neben den →*Basisparagraphen* angewendet werden müssen.

Abgabe der Verdingungsunterlagen

Nach § 8 VOB/A sind bei einer Öffentlichen Ausschreibung die Unterlagen „an alle Bewerber" abzugeben, soweit sie gewerbsmäßig tätig sind. Diese Verpflichtung ergibt sich auch aus dem →*Gleichbehandlungsgrundsatz*. Der Auftraggeber hat eine ausreichende Zahl von Unterlagen bereitzustellen, anderweitige Klauseln („solange der Vorrat reicht") sind nicht mit der VOB/B zu vereinbaren.

Für die Abgabe der Verdingungsunterlagen ist nur entscheidend, dass sich der Bewerber mit der zu erbringenden Leistung gewerbsmäßig befasst; die (fehlende) Eignung der Bewerber darf zu diesem Zeitpunkt keine Rolle spielen, es sei denn, dass Versagungsgründe nach § 8 Nr. 5 oder Nr. 6 VOB/A gegeben sind.

Abgaben, Nichtzahlung der

I. Allgemeines

Die Nichtzahlung von Abgaben kann nach § 8 Nr. 5 VOB/A zum Ausschluss führen. Es handelt sich um einen fakultativen Ausschlussgrund. Die gleiche Folge droht dem Bieter bei der Nichtzahlung von Steuern und Beiträgen zur Sozialversicherung. Im Fall von § 8 Nr. 5 VOB/A handelt es sich um einen Ausschluss auf der ersten Wertungsstufe (formale Prüfung).

II. Aktuelle Rechtsprechung
In einem nordrhein-westfälischen Vergabeverfahren forderte die Vergabestelle in Abschnitt III 2.1.1) der Vergabebekanntmachung die Vorlage von Unbedenklichkeitsbescheinigungen des zuständigen Finanzamtes, der Krankenkasse sowie der Berufsgenossenschaft oder vergleichbare Nachweise. Fraglich war, ob eine Beigeladene diese Unterlagen vorgelegt hatte oder wegen fehlender Nachweise auszuschließen war.

Das OLG Düsseldorf entschied, dass es sich bei den geforderten Unterlagen um solche handele, die dem Nachweis der Zuverlässigkeit und der finanziellen Leistungsfähigkeit des Bieters im Sinne von § 25 Nr. 2 Abs. 1 VOL/A 2. Abschnitt dienen.

Zuverlässig ist, wer die Gewähr für eine ordnungsgemäße Vertragserfüllung und für eine ordnungsgemäße Betriebsführung bietet. Hierzu gehört, dass er bisher seinen gesetzlichen Verpflichtungen nachgekommen ist, zu denen vor allem die Entrichtung von Steuern und sonstigen Abgaben gehören. Der finanzielle Aspekt der Leistungsfähigkeit verlangt, dass das Unternehmen über ausreichende finanzielle Mittel verfügt, die es ihm ermöglichen, seinen laufenden Verpflichtungen gegenüber seinem Personal, dem Staat und sonstigen Gläubigern nachzukommen. Hier geben die geforderten Unbedenklichkeitsbescheinigungen des zuständigen Finanzamtes, der Krankenkasse sowie der Berufgenossenschaft Aufschluss darüber, ob der Bieter jeweils seiner Verpflichtung zur Entrichtung von Steuern, Krankenkassen- und Berufsgenossenschaftsbeiträgen nachgekommen ist. Sie lassen daher erkennen, ob er über die erforderlichen finanziellen Mittel verfügt und seinen Verpflichtungen regelmäßig nachkommt.

Die ausgeschlossene Bieterin habe den Anforderungen dieses Eignungsnachweises nicht entsprochen. Sie habe zwar zusammen mit ihrem Angebot eine Bescheinigung in Steuersachen des Finanzamtes vorgelegt, diese datierte aber vom 23.9.2002 und verhielt sich daher nicht über den aktuellen Stand. Die steuerliche Bescheinigung zur Beteiligung an öffentlichen Aufträgen des Finanzamtes vom 24.7.2003 bezog sich nicht auf die Beigeladene.

Sie hatte infolgedessen ihre Leistungsfähigkeit und Zuverlässigkeit nicht nachgewiesen. Dies führt gemäß § 25 Nr. 2 Abs. 1 VOL/A 2. Abschnitt zwingend zum Ausschluss ihres Angebots von der Wertung (OLG Düsseldorf, Beschluss vom 9.6.2004 – Verg 11/04).
→ *Wertung der Angebote*

Ablehnung des Angebots

Unter abgelehnten Angeboten lassen sich zum einen die Angebote verstehen, die aufgrund von formell ungenügenden Angeboten ausgeschlossen wurden, fehlende →*Eignung* oder unangemessen niedrige Angebote, zum anderen die Angebote, die wertbar waren, jedoch nicht in die engere Wahl gekommen sind bzw. nicht bezuschlagt wurden.

Bei den Angeboten, die nicht in die engere Wahl gekommen sind oder ausgeschlossen wurden, ist der Auftraggeber verpflichtet, die Bieter sobald wie möglich zu verständigen; die übrigen Bieter sind zu verständigen, sobald der →*Zuschlag* erteilt worden ist, § 27 VOB/B. Abgelehnte Angebote dürfen nicht für andere Zwecke verwendet werden; auf Verlangen sind sie dem Bieter zurückzugeben.

Abmagerungsangebote

I. Allgemeines

Unter Abmagerungsangebote versteht man →*Nebenangebote*, die gegenüber dem Hauptangebot lediglich einen geänderten Leistungsumfang aufweisen. Sie sind unzulässig, weil nicht gleichwertig. Nebenangebote, die quantitativ nicht gleichwertig sind, dürfen darüber hinaus vom Auftraggeber nicht gewertet werden. Sie verzerren den Wettbewerb, weil nicht auszuschließen ist, dass andere Bieter bei Kenntnis des entsprechend veränderten Leistungsumfangs günstigere Angebote abgegeben hätten.

II. Aktuelle Rechtsprechung

Eine Auftraggeberin in Schleswig-Holstein schrieb im Supplement zum Amtsblatt der Europäischen Union einen Straßenausbau im Offenen Verfahren europaweit aus. Nebenangebote waren ausdrücklich zugelassen.
Mit dem von der Auftraggeberin gewerteten Nebenangebot Nr. 2 wurde von einer Bieterin, die später beigeladen wurde, die Verwertung der pechhaltigen und nicht pechbelasteten bituminösen Ausbaustoffe dergestalt angeboten, dass diese im Straßenoberbau wieder Verwendung finden sollten. Bei der Aufstellung der Kostenrechnung für dieses Nebenangebot betrugen nach Darstellung der Beigeladenen die Kosten für den Einbau 118.011,00 Euro. Dafür sollen aus dem Hauptangebot Kosten in Höhe von

121.216,85 Euro entfallen. Ferner hieß es: „zusätzliche Ersparnis: Entsorgungskosten 760,0 to zu 50,- Euro, insgesamt 38.000,- Euro."
Danach sollte sich nach Angabe der Bieterin eine Ersparnis in Höhe von insgesamt 47.798,79 Euro brutto für das Nebenangebot Nr. 2 ergeben.

Die Vergabekammer Schleswig-Holstein stellte fest:
Das Nebenangebot Nr. 2 der Beigeladenen entspricht den Voraussetzungen des § 21 Nr. 2 VOB/A in Hinblick auf die technische Gleichwertigkeit. Hiernach darf eine Leistung, die von den vorgesehenen technischen Spezifikationen abweicht, angeboten werden, wenn sie mit dem geforderten Schutzniveau in Bezug auf Sicherheit, Gesundheit und Gebrauchstauglichkeit gleichwertig ist. Die Abweichung muss im Angebot eindeutig bezeichnet sein. Die Gleichwertigkeit ist mit dem Angebot nachzuweisen.

Das Nebenangebot Nr. 2 der Beigeladenen war von der Wertung nicht etwa schon deshalb auszuschließen, weil die Abgabe eines Nebenangebots mit diesem Leistungsinhalt nicht zugelassen und etwa schon deshalb als nicht gleichwertig zwingend auszuschließen gewesen wäre. Vielmehr ist den Bewerbungsbedingungen unter dem Punkt zu 4. zu entnehmen, dass Nebenangebote und Änderungsvorschläge über eine kostengünstigere oder umweltverträglichere Wiederverwertung von Abfällen gemäß Kreislaufwirtschafts- und Abfallgesetz ausdrücklich erwünscht sind. Eine solche Wiederverwertung sieht das Nebenangebot Nr. 2 vor. Die Beigeladene bot an, anstatt der ausgeschriebenen bituminösen Bauweise Klasse SV auf Schottertragschicht für den Straßenoberbau eine geänderte Bauweise der gleichen Bauklasse unter Verwertung der pechhaltigen und nicht pechbelasteten bituminösen Ausbaustoffe vorzunehmen. Damit handelt es sich auch nicht um ein unzulässiges „Abmagerungsangebot".

Die Vergabestelle hat bei der Wertung von Nebenangeboten, sofern sie nicht zwingend auszuschließen sind, einen Bewertungsspielraum, der daher nur eingeschränkt von der Kammer überprüft werden kann. Hiernach ist bei der Wertung von Nebenangeboten eine Überschreitung des gegebenen Bewertungsspielraums nur dann anzunehmen, wenn das vorgeschriebene Verfahren nicht eingehalten wird, nicht von einem zutreffenden und vollständig ermittelten Sachverhalt ausgegangen wird, sachwidrige Erwägungen in die Wertung einbezogen werden oder der im Rahmen der Beurteilungsermächtigung haltende Beurteilungsmaßstab nicht zutreffend angewandt wird. Anhaltspunkte, die Entscheidung der Auftraggeberin, das Nebenangebot aufgrund der technischen Gleichwertigkeit zum Hauptangebot zu werten, zu beanstanden, liegen in Hinblick auf die vorgenannten Kriterien nicht vor. Der Vergabeakte ist zu entnehmen, dass die Auftraggeberin nach Abstimmung mit der VOB-Stelle in Kiel und dem Landesamt für Straßenbau Schleswig-Holstein zum Schluss gekommen ist, dass die geänderte Bauweise unter Verwendung des pechbelasteten Materials bei gleichzeitiger Verringerung der Stärke der bituminösen Tragschicht von 18 cm auf 14 cm als gleichwertig zum Amtsvorschlag anzusehen ist. Diese Wertung war nicht zu beanstanden (Vergabekammer Schleswig-Holstein, Beschluss vom 19.1.2005 – VK-SH 37/04).

Abnahme

I. Begriff

Die Abnahme ist die körperliche Hinnahme des Werks verbunden mit der Anerkennung des Werks als in der Hauptsache vertragsgemäß (so die Definition des Bundesgerichtshofs in BGHZ 48, 257). Der Abnahmebegriff ist sowohl für den Bauvertrag nach BGB als auch für den →*VOB-Vertrag* identisch, allerdings ist die Regelung in der VOB/B wesentlich ausführlicher; zudem kennt die VOB/B besondere Formen der Abnahme (→*fiktive Abnahme*; →*Teilabnahme*).

Mit der Abnahme endet die Phase der Bauausführung. Im Bereich des BGB-Vertrags kann der Auftragnehmer bereits nach Abnahme seinen Werklohn verlangen. Nach Abnahme beginnt die Gewährleistungsphase; der Auftraggeber übernimmt z. B. das Risiko des zufälligen Untergangs und trägt die Beweislast für Mängel.

II. Arten der Abnahme nach BGB und VOB/B

Sowohl der Bauvertrag nach BGB als auch die VOB/B kennen verschiedene Formen der Abnahme. Die Abnahme kann ausdrücklich erfolgen, indem der Auftraggeber eine entsprechende Erklärung abgibt. Ausreichend ist, dass er sich mit der Bauleistung einverstanden erklärt oder sich „zufrieden" äußert; das Wort „Abnahme" muss nicht verwendet werden. Die Abnahme ist also an keine Form gebunden.

Wenn es an einer solchen Erklärung fehlt, kommt eine stillschweigende Abnahme in Betracht. Wenn der Auftraggeber für den Auftragnehmer schlüssig zum Ausdruck bringt, dass er das Werk als im Wesentlichen vertragsgemäß anerkennt, kann auch hierin eine Abnahme gesehen werden. Häufigster Fall in der Praxis dürfte die Ingebrauchnahme sein, z. B. der Bezug eines Hauses.

Im Bereich des VOB-Bauvertrages ist dagegen die →*förmliche Abnahme*, die im BGB nicht ausdrücklich geregelt ist, die Regel, § 12 Nr. 4 VOB/B. Der Auftraggeber ist zur förmlichen Abnahme verpflichtet, wenn der Auftragnehmer dies verlangt. Die förmliche Abnahme bezweckt, die Parteien zu einer gemeinsamen Überprüfung der Werkleistung zu veranlassen, um das Ergebnis der Abnahme und die Vorbehalte schriftlich festzulegen. Der Auftraggeber ist gehalten, alle Mängel bzw. Mangelerscheinungen aufzunehmen, die er für wesentlich hält, und muss sich Gewährleistungsansprüche vorbehalten. Hingegen kann aus der Unterzeichnung des Abnahmeprotokolls durch den Auftragnehmer nicht geschlossen werden, dass dieser die Mängel anerkennt; auch nach der Abnahme kann der Auftragnehmer also behaupten, es liege kein Mangel vor.

Eine Sonderform der Abnahme regelt § 12 Nr. 5 VOB/B mit der →*fiktiven Abnahme*. Die Wirkungen der Abnahme können danach auch eintreten, wenn eine Abnahme zwischen den Parteien tatsächlich nicht stattgefunden hat. Voraussetzung ist, dass die Bauleistung abnahmefähig ist, also keine wesentlichen Mängel aufweist, der Auftragnehmer dem Auftraggeber die Fertigstellung mitteilt, was auch durch Übersendung einer Schlussrechnung geschehen kann, keine Partei die Abnahme verlangt und der Auftraggeber zwölf Werktage ab Zugang der Fertigstellungsmitteilung verstreichen lässt. Nimmt der Auftraggeber die Leistung oder einen Teil der Leistung in Benutzung, verkürzt sich die Frist sogar auf 6 Werktage.

Die fiktive Abnahme wird aufgrund ihrer für den Auftraggeber negativen Wirkungen regelmäßig ausgeschlossen sein; dies ist schon dann der Fall, wenn im Vertrag eine förmliche Abnahme zwingend vorgesehen ist.

III. Wirkung
Die Abnahme ist der Abschluss der eigentlichen Bauphase und hat wichtige rechtliche Folgen:
- →*Fälligkeit* des Werklohns (im Bereich des →*BGB-Bauvertrags*)
- Verjährungsbeginn für den Werklohnanspruch (im Bereich des BGB-Bauvertrags)
- Verlust nicht vorbehaltener Mängelansprüche und Vertragsstrafen
- Risiko des zufälligen Untergangs geht über

– Beginn der Verjährungsfristen für Mängelansprüche
– Umkehr der Beweislast.

1. Fälligkeit des Werklohns: Bei Verträgen, in denen nicht die Geltung der
VOB/B vereinbart ist, wird die Vergütung bereits mit der Abnahme fällig,
§ 641 BGB. Wird der Werklohn wegen Mängeln nicht fällig, kann sich der
Besteller auch nach längerer Nutzung des Bauwerks noch auf die fehlende
Fälligkeit berufen (BGH, Urteil vom 8.1.2004 – VII ZR 198/02).

2. Verjährung des Werklohnanspruchs: Mit Fälligkeit des Anspruchs beginnt auch die dreijährige Verjährungsfrist zu laufen, § 195 BGB. Fälligkeit
und Verjährungsbeginn sind im Bereich des VOB-Vertrages dagegen nicht
an die Abnahme, sondern an die Prüfung und Feststellung der → *Schluss-*
rechnung geknüpft (§ 16 Nr. 3 S. 1 VOB/B; vgl. BGH, Urteil vom 23.9.2004
– VII ZR 173/03, nach dem eine VOB-Schlussrechnung zwingend fällig
wird, wenn der Auftraggeber nicht innerhalb von zwei Monaten die fehlende → *Prüfbarkeit* geltend gemacht hat).

3. Verlust nicht vorbehaltener Mängelansprüche und Vertragsstrafen
Wenn der Auftraggeber sich nach einer Abnahme auf einen Mangel berufen will, muss er sich seine Rechte bei der Abnahme vorbehalten, § 640
Abs. 2 BGB. Der Rechtsverlust betrifft allerdings nur Mängel, die der Auftraggeber tatsächlich kannte. Wenn ein Mangel nur erkennbar war, jedoch
nicht erkannt wurde, tritt kein Rechtsverlust ein. Der Auftraggeber muss
in seinem Vorbehalt allerdings nicht alle bekannten Mängel wiederholen,
sondern muss sich nur „Ansprüche wegen aller bekannten Mängel" vorbehalten. Für den erklärten Vorbehalt ist der Auftraggeber beweispflichtig,
der Auftraggeber trägt dagegen die Beweislast hinsichtlich der vorherigen
Kenntnis des Auftraggebers.
Gleiches gilt für die häufig vereinbarten Vertragsstrafenregelungen; auch
hier muss sich der Auftraggeber Ansprüche auf eine vom Auftragnehmer
verwirkte Vertragsstrafe zumindest in allgemeiner Form vorbehalten.

4. Risiko des zufälligen Untergangs geht über
Bis zur Abnahme trägt der Auftragnehmer die Risiken für eine zufällige
Verschlechterung und einen zufälligen Untergang (Beispiele: Verkrat-

zung/Verschmutzung von eingebauten Fenstern; Brand des fast fertigen Hauses). Erst mit Abnahme trägt dieses Risiko der Auftraggeber.

5. Beginn der Verjährungsfristen für Mängelansprüche
Mit Abnahme beginnt zugleich die Verjährung für Mängelansprüche, die nach neuem Recht zwischen zwei und fünf Jahren liegt, vgl. § 634 a Nr. 1 und Nr. 2 BGB n. F..

6. Umkehr der Beweislast
Behauptet der Auftraggeber noch vor der Abnahme, dass Mängel bestehen, muss der Auftragnehmer beweisen, dass seine Leistung vertragsgerecht ist. Unklarheiten und Beweisschwierigkeiten gehen zu seinen Lasten. Dies ändert sich nach Abnahme. Nunmehr ist der Auftraggeber gezwungen, vorzutragen und zu beweisen, dass die Mängel tatsächlich vorhanden sind.

IV. Aktuelle Rechtsprechung
1. Der Auftragnehmer machte aus einer Schlussrechnung von Mai 2000 gegen einen privaten Auftraggeber Werklohnforderungen für die Ausführung von Fensterbauarbeiten geltend. Zwischen den Parteien ist streitig, ob die Arbeiten am 16.12.1999 oder erst im Mai 2000 fertig gestellt und abgenommen wurden. Der Auftragnehmer beantragte Ende 2001 einen Mahnbescheid, der am 14.1.2002 zugestellt wurde. Nach Einlegung eines Widerspruchs Ende Januar 2002 wird erst am 22.12.2003 Antrag auf Durchführung des streitigen Verfahrens gestellt. Der Auftraggeber erhebt die Einrede der Verjährung.

Das OLG München bejahte den Eintritt der Verjährung. Die schlüssige Abnahme eines Bauwerkes könne in der Regel frühestens einen Monat nach der Ingebrauchnahme (hier: der Einzug in das Wohnhaus) angenommen werden. Mangels förmlicher Abnahme könne daher eine Abnahme durch Ingebrauchnahme selbst bei unterstellter Fertigstellung der Arbeiten Mitte Dezember 1999 erst im Jahr 2000 angenommen werden. Die Verjährung gemäß § 201 BGB a. F. begann deshalb erst mit Ablauf des 31.12.2000 und hätte regulär mit Ablauf des 31.12.2002 geendet. Gemäß § 209 Abs. 1, 2 Nr. 1 BGB a. F. wäre die Verjährung durch Zustellung des Mahnbescheids am 14.01.2002 unterbrochen worden (OLG München, Urteil vom 2.11.2004 – 13 U 3554/04).

2. Die Mitglieder einer ARGE erhielten den Auftrag für die Errichtung eines Brückenbauwerks. Bei der Erstellung der Traggerüste für die Brücke sowie einer Behelfsbrücke entstanden anlässlich der Prüfung und Abnahme dieser Baubehelfe Kosten für den Prüfingenieur in Höhe von ca. 30.000 Euro. Die Auftraggeberin verweigerte die Erstattung dieser von den Mitgliedern der ARGE verauslagten Kosten.

Das OLG Celle gab der Auftraggeberin Recht. Nach Auffassung des OLG ist die ARGE bereits nach dem Wortlaut des vertragsgegenständlichen Leistungsverzeichnisses verpflichtet, diese Kosten zu tragen. So sind gemäß Leistungsverzeichnis die Traggerüste für das gesamte Bauwerk sowie eine Behelfsbrücke einschließlich der erforderlichen Gründung nach statischen, konstruktiven und „sicherheitstechnischen" (Traggerüste) bzw. „verkehrstechnischen" (Behelfsbrücke) Erfordernissen herzustellen. Die vertraglich so übernommene Herstellung der Baubehelfe umfasse auch, dass diese von einem Prüfingenieur geprüft und abgenommen werden, wenn sie – wie vorliegend – nicht genehmigungspflichtig sind. Erst damit können die Baubehelfe den vertraglich vorgesehenen Zweck erfüllen. Folglich sind aber auch die dadurch zwangsläufig verursachten Kosten vertraglich geschuldet. Ergänzend verweist das OLG darauf, dass die Kosten Baubehelfe betreffen, deren Errichtung allein im Interesse der ARGE liegt. Ferner sei nach den Zusätzlichen Technischen Vertragsbedingungen ein Prüfingenieur zu beauftragen. Diesen Auftrag habe die ARGE erteilt und sei daher auch vergütungspflichtig (OLG Celle, Urteil vom 23.12.2004 – 14 U 71/04).

Abnahmeniederschrift

Bei →*förmlicher Abnahme* ist nach § 12 Nr. 4 Abs. 1 S. 3 VOB/A der Abnahmebefund in einer gemeinsamen Verhandlung schriftlich niederzulegen und zu unterzeichnen. Bis zu der Abnahmeniederschrift können noch Vorbehalte aufgenommen oder erklärt werden.

Abnahmereife

Von Abnahmereife spricht man, wenn die Bauleistung im Wesentlichen, also bis auf geringfügige bzw. unwesentliche Mängel oder Restarbeiten, erbracht ist, so dass die →*Abnahme* vorgenommen werden kann.

Abnahmetermin

Häufig wird in →*Allgemeinen Geschäftsbedingungen* der Zeitpunkt der Abnahme vom jeweiligen Verwender in seinem Sinne geändert. Eine Vorverlegung oder Hinausschiebung des Abnahmetermins wird häufig unzulässig sein.

Wird in AGB des Auftragnehmers der Abnahmezeitpunkt in eine Zeit vorverlegt, in der z. B. noch gar kein Abnahmewille des Auftraggebers vorhanden sein konnte, liefe dies auf eine unzulässige Fiktion der Abnahme hinaus. Umgekehrt wird man ein Hinausschieben des A. durch den Auftraggeber als unangemessen zu beurteilen haben.

Abnahmeverlangen

Nach →*Abnahmereife* kann der Auftragnehmer die Abnahme verlangen; mit dem Abnahmeverlangen beginnt gemäß § 12 Nr. 1 VOB/B die Abnahmefrist von 12 Werktagen zu laufen. Das Abnahmeverlangen ist auch mündlich oder durch schlüssiges Verhalten möglich; ausreichend ist, dass der Auftragnehmer dem Auftraggeber gegenüber zu erkennen gibt, dass er die Abnahme will.

Abnahmeverweigerung

I. Allgemeines

Wird die →*Abnahme* vom Auftraggeber verweigert, stellt sich die Frage, ob dies zu Recht oder zu Unrecht erfolgt. Wenn das Werk vertragsgemäß hergestellt ist, ist der Auftraggeber zur Abnahme verpflichtet. Lehnt er dennoch die Abnahme ab, so kann der Auftragnehmer den Auftraggeber auf Abnahme und Zahlung des Werklohnes in Anspruch nehmen.

Während bei den vor 2002 abgeschlossenen Verträgen die Abnahme grundsätzlich wegen jeden Mangels verweigert werden konnte, kann nach neuer Rechtslage die Abnahme wegen unwesentlicher Mängel nicht verweigert werden, § 640 BGB n. F.. Ob ein wesentlicher Mangel vorliegt, kann nach der Rechtsprechung nur aufgrund einer Zusammenschau aller relevanten Umstände ermittelt werden.

II. Aktuelle Rechtsprechung

Nach Auffassung der Rechtsprechung kann eine solche Abnahmeverweigerung auch in einer Kündigung des Auftraggebers liegen. In einem vom OLG Brandenburg entschiedenen Fall begehrte der Kläger von der Beklagten im ersten Rechtszug Architektenhonorar, die Beklagte vom Kläger Schadensersatz wegen mangelhafter Architektenleistung. Im zweiten Rechtszug standen ausschließlich die Schadensersatzansprüche der Beklagten gegen den Kläger im Streit.

Nach den Feststellungen im ersten Rechtszug ist der zwischen den Parteien geschlossene Architektenvertrag, gerichtet auf Planungsleistungen, einschließlich der Leistungsphasen 8 und 9 des § 15 HOAI betreffend zwei Mehrfamilienhäuser, mit Schreiben des Klägers vom 01.12.1996 und der darin akzeptierten Kündigung der Beklagten vom 29.11.1996 beendet worden.

Das OLG Brandenburg wies die Schadensersatzansprüche wegen Verjährung mit folgender Begründung zurück:

Liegt ein nicht mehr nachbesserungsfähiger Mangel des Architektenwerks vor, richtet sich die Verjährung des Schadensersatzanspruchs aus § 635 BGB vor Abnahme zwar nach § 195 BGB a. F.. Der Abnahme steht eine ernsthafte und endgültige Abnahmeverweigerung gleich, ohne dass es darauf ankommt, ob die Verweigerung zu Recht oder zu Unrecht erfolgt. Eine solche Abnahmeverweigerung wird vom BGH namentlich in Fällen der Kündigung eines Architektenvertrages angenommen.

Die Besonderheiten des Streitfalls rechtfertigen nach Auffassung des OLG Brandenburg die Annahme, dass der Kündigung der Beklagten in diesem Sinne Abnahmewirkung zukam. Zum Kündigungszeitpunkt hatte der Kläger sämtliche Leistungen der Leistungsphasen 1-4 des § 15 HOAI bereits erbracht. Ausweislich dessen Schreibens vom 01.12.1996 war die Genehmigungsplanung bereits übergeben und bei der Bauaufsichtsbehörde eingereicht worden. Dem ist die Beklagte inhaltlich nicht entgegengetreten. Sie hatte den Kläger vielmehr bereits mit Schreiben vom 16.11.1996 zur Rechnungslegung einschließlich der Leistungsphase 4 des § 15 HOAI aufgefordert. Wäre der Kläger nur mit der Erbringung von Leistungen der Leistungsphasen 1-4 des § 15 HOAI beauftragt gewesen, stünde die Billigung seines Werks als im Wesentlichen vertragsgemäß mithin außer Frage. Dieser Erklärungswert konnte namentlich dem Schreiben vom 16.11.1996 nur deshalb nicht beigemessen werden, weil der Kläger zu diesem Zeitpunkt noch die Leistungen der übrigen Leistungsphasen des § 15 HOAI schuldete und Teilabnahmen insoweit nicht bedungen waren. Mit der Kündigung vom 29.11.1996 erschien dies in einem anderen Licht. Hiernach war klar, dass der Kläger keine weiteren Leistungen mehr erbringen sollte. Da die Beklagte die Leistungen der Leistungsphasen 1-4 des § 15 HOAI bereits zuvor gebilligt hatte, kam der Kündigung nunmehr der Erklärungswert einer Abnahme dieser Leistungen zu.

Unerheblich ist nach Auffassung des Gerichts die vertragliche Regelung in § 6.2, der „Allgemeinen Vertragsbestimmungen zum Einheits-Architektenvertrag (AVA)", wonach die Verjährung mit „der Abnahme der letzten Leistung" beginnen sollte, denn damit werde nur der Regelungsgehalt des § 638 Abs. 1 Satz 2 BGB a. F. aufgegriffen. Eine weitergehende Bedeutung komme der Vertragsbestimmung nicht zu, ihr lasse sich insbesondere nicht entnehmen, dass hiermit die an eine ernsthafte und endgültige Abnahmeverweigerung anknüpfenden Abnahmewirkungen abbedungen werden sollten (OLG Brandenburg, Urteil vom 25.08.2004 – 4 U 185/03).

Abrechnung

I. Begriff und Arten der Abrechnung

Anders als bei dem →*Werkvertrag* nach BGB ist für den VOB-Vertrag eine Abrechnung der Bauleistungen Voraussetzung für die →*Fälligkeit* der Vergütung des Auftragnehmers. § 14 VOB/B trifft daher eine eingehende Regelung

Unter Abrechnung versteht die VOB/B eine übersichtliche Aufstellung der erbrachten Bauleistungen, die konkret nach Art, Menge und Umfang der Einzelleistungen aufzuführen sind und die die jeweiligen Einzelpositionen zu einer Gesamtabrechnungssumme saldiert.

Nach Fertigstellung der gesamten geschuldeten Leistungen muss der Auftragnehmer eine Gesamtabrechnung (→*Schlussrechnung*) erstellen. Der Auftragnehmer kann aber aufgrund Vereinbarung oder Gesetzes berechtigt sein, schon vor der Fertigstellung der Gesamtleistung Leistungsteile oder bestimmte Leistungsabschnitte abzurechnen (→*Teilabrechnung*).

II. Abrechnungspflicht

Der Auftragnehmer ist nach § 14 Nr. 1 S. 1 VOB/B zur Abrechnung seiner Leistungen verpflichtet, ohne dass dies ihm vergütet wird. Kommt er dieser Pflicht nicht nach, wird sein Anspruch nicht fällig. Bei schuldhafter Verletzung der Abrechnungspflicht kann der Auftraggeber den ihm dadurch entstehenden Schaden (z. B. Nichtauszahlung eines Baukredits wegen fehlender Abrechnung) vom Auftragnehmer ersetzt verlangen.

Eine Ausnahme von der Abrechnungspflicht besteht nur bei einer ausdrücklichen Vereinbarung, dass die vereinbarte Vergütung ohne Rechnungsstellung bezahlt werden soll. Eine solche Abrede ist, auch wenn sie häufig zur Erleichterung der Steuerhinterziehung getroffen wird, nicht nichtig.

Der Auftragnehmer ist nach § 14 Nr. 1 S. 1 VOB/B verpflichtet, „seine Leistungen" prüfbar abzurechnen. Dies umfasst nicht nur alle Vergütungsansprüche aus dem Bauvertrag, sondern auch →*zusätzliche Leistungen* und Leistungen aufgrund einer nachträglichen Anordnung des Auftraggebers nach § 2 Nr. 5 VOB/B. Darüber hinaus müssen alle Forderungen in die Abrechnung aufgenommen werden, die ihre Grundlage im Vertrag haben, aber keine Bauleistungen sind (z. B. Ansprüche wegen Behinderung oder Unterbrechung der Leistungsausführung).

Die Abrechnung muss auch die gesetzliche Mehrwertsteuer enthalten, die für die erbrachten Leistungen zu berechnen ist.

Die Abrechnungspflicht besteht regelmäßig auch in den Fällen, in denen die nach dem Vertrag geschuldete Leistung nur teilweise erbracht wurde. Wird der Vertrag z. B. gekündigt oder einvernehmlich aufgehoben, so muss der Auftragnehmer die bis zur Vertragsbeendigung erbrachten Leistungen unverzüglich abrechnen.

III. Prüfbarkeit der Abrechnung

Die einfache Abrechnung der Leistungen genügt im Bereich der VOB nicht. § 14 VOB/B bestimmt vielmehr, dass die Leistungen prüfbar abzurechnen sind. Unter →*Prüfbarkeit* in diesem Sinne versteht man, dass der Auftraggeber in die Lage versetzt wird, den gegen ihn gerichteten Zahlungsanspruch durch die Abrechnung nachvollziehen zu können. Bei einem Einheitspreisvertrag muss der Auftragnehmer dafür z. B. aufführen

– die Angabe der einzelnen Positionen des dem Vertrag zugrunde liegenden Leistungsverzeichnis, das ausgeführt wurde,

– die Angaben über die ausgeführten Mengen zu den jeweiligen Positionen,
– die Angabe des jeweils zu der entsprechenden Leistungsposition vereinbarten Preises pro Einheit,
– die sich durch Multiplikation ergebende Vergütung aus Menge und
  Preis, die für jede einzelne Teilleistung vereinbart wurde.

Die Rechnungsaufstellung muss übersichtlich sein; die abgerechnete Leistung muss eindeutig bezeichnet sein, mit der entsprechenden Angabe im
Vertrag übereinstimmen und die Reihenfolge der einzelnen Positionen im
Leistungsverzeichnis einhalten. Nachweise müssen der Abrechnung beigefügt sein.

Die Prüfbarkeit der Abrechnung ist kein Selbstzweck, sondern bestimmt sich nach den Informationsinteressen des Auftraggebers. Dieser
muss daher im Einzelnen ausführen, in welchen konkreten Punkten die
Rechnung für ihn nicht nachvollziehbar ist.

Zwar hat nach dem oben Gesagten eine objektiv fehlende Prüfbarkeit
grundsätzlich zur Folge, dass der Anspruch des Unternehmers noch nicht
fällig ist. Der BGH geht aber davon aus, dass sich der Auftraggeber nicht
mehr auf die fehlende Prüffähigkeit der Rechnung als Fälligkeitsvoraussetzung des Werklohns berufen kann. Einwendungen gegen die Prüffähigkeit muss der Auftraggeber in der zweimonatigen Frist des § 16 Nr. 3
Abs. 1 VOB/B erheben. Versäumt er diese Frist, findet die Sachprüfung
statt, ob die Forderung berechtigt ist (vgl. BGH, Urteil vom 23.09.2004 –
VII ZR 173/03).

IV. Rechnungsstellung durch den Auftraggeber

Der Auftraggeber kann aus unterschiedlichen Gründen ein Interesse an einer baldigen Abrechnung der in Auftrag gegebenen und fertig gestellten
Leistungen haben. Wenn der Auftragnehmer seine Pflicht zur Abrechnung nach § 14 Nr. 1 VOB/B nicht erfüllt, kann der Auftraggeber daher die
Leistungen des Auftragnehmers auf dessen Kosten selbst abrechnen. Voraussetzung für die Abrechnung durch den Auftraggeber ist zum einen,
dass der Auftragnehmer überhaupt nicht oder jedenfalls nicht prüffähig
abgerechnet hat. Der Auftraggeber muss vor der eigenen Rechnungsstellung dem Auftragnehmer außerdem eine angemessene Frist zur Vorlage
setzen. Eine Form der Fristsetzung ist nicht erforderlich, auch wenn sich
aus Beweisgründen die Schriftform empfiehlt. Die bloße Aufforderung
zur Rechnungsstellung reicht aber nicht aus.

Die vom Auftraggeber erstellte Rechnung hat die gleichen Wirkungen wie eine vom Auftragnehmer aufgestellte Schlussrechnung, d. h. sie ist alleinige Grundlage für den Vergütungsanspruch, der mit dem Zugang der Rechnung beim Auftragnehmer fällig wird. Gleichzeitig beginnt für die Vergütungsfrist die Verjährung zu laufen.

Die Kosten für die Erstellung der prüfbaren Abrechnung kann der Auftraggeber vom Auftragnehmer nach § 14 Nr. 4 VOB/B erstattet verlangen.

V. Aktuelle Rechtsprechung

1. Auftraggeber und Auftragnehmer schlossen einen Einheitspreisvertrag über Bodenbelagsarbeiten in einem Wohnheim. Sie vereinbarten hierbei ausdrücklich die Geltung der VOB/C. Die Räume des Gebäudes waren nicht verputzt, sondern mit einer 65 – 70 mm starken Gipskartonvorsatzschale versehen. Der Auftragnehmer ließ bei der Abrechnung seiner Leistung diese Vorsatzschale unberücksichtigt und rechnete unter Hinweis auf DIN 18299 und DIN 18365 anhand von Plänen nach Rohbaumaßen ab. Der Auftraggeber war hingegen der Meinung, die Abrechnung habe nach tatsächlichen Massen zu erfolgen und kürzte die Rechnung entsprechend.

Das OLG Düsseldorf gab dem Auftraggeber Recht. Dabei wurde vom Gericht allerdings nicht die Abrechnung nach Plan als solche beanstandet. Die DIN 18299 bestimme den grundsätzlichen Vorrang des Planaufmaßes vor dem örtlichen Aufmaß. Sie treffe jedoch keine Aussage zur Frage, ob nach Rohbaumaß oder tatsächlichen Flächen abzurechnen ist. Einschlägig insoweit sei die DIN 18365. Diese erlaube dem Auftragnehmer in Ziffer 5.1.1 bei Ermittlung seiner Leistung die Fläche „bis zu den begrenzenden, ungeputzten bzw. nicht bekleideten Bauteilen" und damit regelmäßig eine größere als die tatsächlich mit Bodenbelag versehene Fläche zugrunde zu legen. Allerdings sei die genannte Abrechnungsvorschrift einer am Gewerk orientierten Auslegung zu unterziehen. Danach habe diese dem Auftragnehmer zugebilligte Abrechnungserleichterung zur Voraussetzung, dass es hierdurch nur zu geringfügigen Massendifferenzen komme. Hiervon sei bei Putzauftrag mit einer Stärke von regelmäßig nur bis 15 mm und vergleichbaren Wandbekleidungen auszugehen. Abrechnungsungenauigkeiten in dieser Größenordnung berührten noch nicht das angemessene Verhältnis von Leistung und Gegenleistung. Bei einer Vorsatzschale mit Wärmedämmung in oben genannter Stärke handele es sich jedoch nicht um eine mit einer Verputzung vergleichbare Ausführungsalternative. Vielmehr sei die Vorsatzschale selbst als begrenzendes Bauteil im Sinne der DIN 18365 zu behandeln und bei der Abrechnung zu berücksichtigen (OLG Düsseldorf, Urteil vom 19.11.2004 – 22 U 82/04).

2. Ein Unternehmen führte für einen Auftraggeber zum Pauschalpreis die Montage einer Heizungsanlage durch. Der Auftraggeber kündigte den Werkvertrag. Der Auftragnehmer rechnet die Leistung ab, ohne die ausgeführten von den nicht erbrachten Leistungen abzugrenzen.

Das OLG Brandenburg bejaht die Fälligkeit der Werklohnforderung. Da die Leistung und die Mengen nur pauschal beschrieben waren und die Heizungsanlage in Gebrauch genommen war, war das Werk als insgesamt erbracht anzusehen, so dass keine getrennte Abrechnung ausgeführter und nicht ausgeführter Leistungen erforderlich war (OLG Brandenburg, Urteil vom 8.12.2004 – 4 U 24/04).

Abschlagszahlung

Abschlagszahlungen sind Anzahlungen auf den Vergütungsanspruch für die gesamte Bauleistung, nicht endgültige →*Zahlungen*. Sie sind nur vorläufige Zahlungen auf den sich aus der →*Schlussrechnung* unter Verrechnung mit den Abschlagszahlungen ergebenden endgültigen Vergütungsanspruch des Auftragnehmers. Die VOB/B trifft in § 16 Nr. 1 eine besondere Regelung über Abschlagszahlungen. Daraus ergibt sich auch die vertragliche Verpflichtung des Auftragnehmers zur Abrechnung seiner Leistungen mittels einer Schlussrechnung und zur Auszahlung eines eventuellen Überschusses an den Auftraggeber.

Abschlagszahlungen kommen nur in Betracht, sofern entsprechende und nachgewiesene vertragsgemäße Leistungen des Auftragnehmers vorliegen, wie Abs. 1 Satz 1 zeigt. Für den Nachweis der vertragsgemäßen Leistung ist erforderlich, dass der Auftragnehmer die entsprechenden Leistungen schriftlich zusammenstellt und sie entsprechend den vereinbarten Vergütungssätzen abrechnet. Auch diese Zusammenstellung muss grundsätzlich die Voraussetzungen an eine →*Prüfbarkeit* im Sinne von § 14 VOB/B erfüllen; allerdings sind die Anforderungen an die Prüfbarkeit von Abschlagsrechnungen erheblich geringer als an die Prüfbarkeit der Schlussrechnung (vgl. BGH, Urteil vom 9.1.1997 – VII ZR 259/95).

Unter vertragsgemäßen Leistungen sind die Teile der nach dem Vertrag zu erbringenden Gesamtleistung zu verstehen, für die der Arbeitnehmer in Höhe des entsprechenden Wertes einen Abschlag auf die Gesamtvergütung verlangt. Nicht notwendig ist, dass es sich bei den Teilleistungen um „in sich abgeschlossene Teile" handelt. Die Leistungen müssen jedoch vertragsgemäß sein, d. h. solche Leistungen sein, die der Auftragnehmer nach dem Bauvertrag schuldet und für die eine Vergütung vereinbart wurde. Sie müssen für den nach dem Vertrag geschuldeten Erfolg erforderlich und insbesondere mangelfrei sein. Anderenfalls kann der Auftraggeber die Abschlagszahlung bis zur Mängelbeseitigung verweigern (Nr. 1 Abs. 2).

Ein Anspruch auf Abschlagszahlungen besteht nicht nur bei →*Einheitspreis*-, sondern auch bei →*Pauschalverträgen*. Voraussetzung ist grundsätzlich, dass der Auftragnehmer die vergütet verlangten Teile der vertraglich vereinbarten Leistung bereits erbracht hat. Des Weiteren ist erforderlich, dass die vertraglichen Leistungen in ihrer Gesamtheit noch nicht fertig gestellt sind und dass der Auftragnehmer auch bereit und in der Lage ist, sie fortzuführen; die letztere Voraussetzung wäre z. B. bei Insolvenz des Auftragnehmers nicht mehr gegeben. Anders als bei den Vorauszahlungen nach Nr. 2 besteht ein Anspruch des Auftragnehmers auf Abschlagszahlungen allein dadurch, dass die VOB/B kraft Vereinbarung Vertragsinhalt geworden ist; insoweit bedarf es also nicht noch der gesonderten Festlegung des Anspruchs auf Abschlagszahlungen im jeweiligen Bauvertrag.

Bei Abschlagszahlungen ergibt sich die Fälligkeit aus Nr. 1 Abs. 3 VOB/B (= 18 Werktage nach Zugang der Aufstellung). Weitere Prämisse ist aber die Erfüllung der Voraussetzungen in Nr. 1 Abs. 1, dabei insbesondere auch die vorherige Einreichung einer prüfbaren Aufstellung durch den Auftragnehmer.

Der Anspruch des Auftragnehmers auf Abschlagszahlungen kann selbstständig verjähren.

Absprache, wettbewerbsbeschränkende

Wettbewerbsbeschränkende Absprachen sind nach § 25 Nr. 1 Abs. 1 lit. c) VOB/A ein zwingender Ausschlussgrund. Beispiele für unzulässige Wettbewerbsbeschränkungen in diesem Sinne sind insbesondere Verabredungen mit anderen Bietern über Abgabe oder Nichtabgabe von Angeboten und die zu fordernden Preise oder sonstige preisrelevante Bedingungen (→ *GWB*; → *Kartell*; → *Preisabsprachen*).

Wettbewerbsbeschränkende Absprachen können darüber hinaus den Straftatbestand der wettbewerbsbeschränkenden Preisabsprachen (§ 298 StGB) oder des Submissionsbetruges (§ 263 StGB) erfüllen.

Änderung der Verdingungsunterlagen

I. Begriff

Nach § 21 Nr. 1 Abs. 2 VOB/A sind Änderungen an den → *Verdingungsunterlagen* unzulässig. Sie führen nach § 25 Nr. 1 Abs. 1 lit. b) VOB/B zum Ausschluss des Angebots.

§ 21 Nr. 1 Abs. 2 VOB/A soll sicherstellen, dass das Angebot den ausgeschriebenen Leistungen und den sonstigen → *Verdingungsunterlagen* entspricht. Zum einen soll der Auftraggeber eigenverantwortlich bestimmen, zu welchen Bedingungen er den Vertrag abschließen möchte, zum anderen die übrigen Teilnehmer an der Ausschreibung durch eine Änderung der Verdingungsunterlagen keine Wettbewerbsnachteile erleiden (zuletzt Vergabekammer Bund, Beschluss vom 21.7.2004 – VK 3-83/04; Vergabekammer Nordbayern, Beschluss vom 4.8.2004 – 320.VK-3194-28/04).

Hat ein Bieter die Absicht, von den Verdingungsunterlagen abweichende Angebote einzureichen, muss er dies in Form eines → *Änderungsvorschlags* oder eines → *Nebenangebots* tun. Welche Teile der Verdingungsunterlagen geändert oder ergänzt werden, spielt nach der Rechtsprechung keine Rolle; ebenso wenig, ob die vom Bieter vorgenommenen Änderungen zentrale und wichtige oder eher unwesentliche Leistungspositionen betreffen.

Beispiele für unzulässige Änderungen aus der Rechtsprechung sind etwa:

– durch den Zusatz: „Für die Berechnung der Mehrwertsteuer gilt der am Tage der Abnahme gültige Mehrwertsteuersatz", ändert der Bieter unzulässigerweise die Verdingungsunterlagen (Vergabekammer Sachsen, Beschluss vom 12.2.2004 – 1/SVK/164-03),

- eine Änderung der Parameter einer Preisgleitklausel (Vergabekammer Baden-Württemberg, Beschluss vom 23.2.2004 – 1 VK 03/04; Vergabekammer Südbayern, Beschluss vom 17.2.2004 – 03-01/04),
- das Streichen der Vorgabe Edelstahl in einer Position des Leistungsverzeichnisses (Vergabekammer Sachsen, Beschluss vom 10.9.2003 – 1/SVK/107-03).

II. Aktuelle Rechtsprechung

In einem Offenen Verfahren sind Arbeiten für ein Tunnel-/Trogbauwerk ausgeschrieben. In den Verdingungsunterlagen ist als Beginn der Bauausführung „frühestens der 5.2.2004", als Termin zur Vollendung der Ausführung „spätestens der 23.12.2005" angegeben. Zur Angebotsabgabe ist ein Bauzeitenplan mit Angabe der Geräte- und Arbeitskräfteeinsätze sowie dem Nachweis zur Einhaltung der genannten Termine abzugeben. Bieter A unterbreitet ein Angebot, das einen Bauzeitenplan mit neun Positionen, sog. vorbereitende Maßnahmen, enthält. Von diesen soll der Auftraggeber bereits sechs Maßnahmen bis zum 26.1.2004 vollständig erfüllt haben (u. a. Auftragserteilung an den Bieter, die Übergabe der Baugenehmigungsunterlagen und der geprüften Ausführungsplanung). Der Auftraggeber beabsichtigt, den Zuschlag an Bieter B zu erteilen. Der hiergegen eingereichte Nachprüfungsantrag des Bieters A wird von der Vergabekammer im schriftlichen Verfahren als unzulässig verworfen. Hiergegen wendet sich der Bieter mit der sofortigen Beschwerde und begehrt die Wiederherstellung der aufschiebenden Wirkung sowie die erneute Wertung der Angebote unter Berücksichtigung seines Angebots.

Das OLG weist den zulässigen Antrag als in der Sache erfolglos zurück. Nach dem Inhalt der Verdingungsunterlagen ist eindeutig als Baubeginn der 5.2.2004 als frühester Termin angegeben. Von diesem Termin weicht das Angebot des Bieters A ab, da auch vorbereitende Maßnahmen nicht vor dem 5.2.2004 gefordert werden können. Der Bieter hat, ungeachtet der Frage, ob der von ihm übergebene Bauzeitenplan den weiteren Einzelanforderungen genügt, somit nicht den Nachweis erbringen können, dass er die in den Verdingungsunterlagen geforderten Termine einzuhalten in der Lage ist.

Ein Bieter muss die in den Verdingungsunterlagen geforderten Bauzeitenpläne unter Berücksichtigung der angegebenen Termine beibringen;

andernfalls ist sein Angebot wegen fehlender Unterlagen oder wegen Änderung der Verdingungsunterlagen auszuschließen.

Änderungsvorschläge

Vorschlag eines Bieters, die Leistung in einer anderen als vom Auftraggeber vorgesehenen Weise durchzuführen. Zum Teil werden auch Bietervorschläge, die sich nur auf einen Teil der Leistung beziehen, so bezeichnet. Die Behandlung und Wertung von Änderungsvorschlägen ist identisch mit der Verfahrensweise bei →*Nebenangeboten.*

Akteneinsichtsrecht

Während des →*Nachprüfungsverfahrens* besteht für die Beteiligten ein Einsichtsrecht in die Vergabeakten (vgl. § 111 GWB), das den Sinn hat, einen effektiven Rechtsschutz zu gewährleisten.

Das Akteneinsichtsrecht besteht jedoch nicht unbegrenzt. Nach § 111 Abs. 2 und 3 GWB muss die Akteneinsicht durch →*Vergabekammer* bzw. →*Vergabesenat* aus Gründen der Geheimhaltung verweigert werden, wenn entweder eine entsprechende Kennzeichnung durch die verwendenden Firmen erfolgt ist oder sich für öffentliche Stellen ein Geheimnisschutz aus dem Gesetz ergibt.

Wird bei der Übersendung nicht kenntlich gemacht, was dem Geheimnisschutz unterfallen soll, geht die Vergabekammer vom Einverständnis der Betroffenen aus.

Alleinunternehmer

Ein Alleinunternehmer ist ein →*Fachunternehmer,* der die ihm übertragende Bauleistung im →*eigenen Betrieb* und ohne →*Nachunternehmer* ausführt. Auch eine handelsrechtliche Gesellschaft (z. B. GmbH, AG) kann Alleinunternehmer sein.

Allgemeine Geschäftsbedingungen (AGB)

Unter AGB versteht man alle für eine Vielzahl von Verträgen vorformulierten Vertragsbedingungen, die eine Vertragspartei (Verwender) der anderen bei Abschluss des Vertrages stellt, d. h. einseitig auferlegt. AGB unterliegen einer Inhaltskontrolle durch die Gerichte; insbesondere können sie dann unwirksam sein, wenn sie den Vertragspartner entgegen den Geboten von Treu und Glauben unangemessen benachteiligen.

Auch die →*VOB/B* enthält grundsätzlich AGB, nach Auffassung der Rechtsprechung ist hier jedoch eine Inhaltskontrolle nach dem BGB jedenfalls dann grundsätzlich nicht möglich, wenn die VOB/B als Ganzes in den Vertrag einbezogen ist.

Allgemeine Technische Vertragsbedingungen

Die Allgemeinen Technischen Vertragsbedingungen für Bauleistungen (DIN 18299 ff.) sind mit der VOB/C identisch. Nach § 1 Nr. 1 S. 1 VOB/B gelten, wenn die VOB vereinbart worden ist, auch die Allgemeinen Technischen Vertragsbedingungen für Bauleistungen als Bestandteil des Vertrages.

Sie sind allerdings keine Rechtsnormen, sondern private technische Regelungen mit Empfehlungscharakter, die die anerkannten Regeln der Technik wiedergeben können.

Alternativpositionen

I. Begriff

Alternativpositionen sind im →*Leistungsverzeichnis* als solche gekennzeichnet und treten alternativ nach Wahl durch den Auftraggeber an die Stelle der in den Grund- oder Normalpositionen vorgesehenen Leistungen. Sie werden dann ausgeschrieben, wenn der Auftraggeber die Entscheidung, ob die Leistung gemäß einer Grundposition oder anders erbracht werden soll, zwar hinausschieben, sie aber dem Wettbewerb unterwerfen will. Die Aufnahme zahlreicher Alternativpositionen ist vergaberechtlich problematisch, da sie den Grundsatz der eindeutigen und erschöpfenden →*Leistungsbeschreibung* (vgl. § 9 Nr. 1 VOB/A) aushöhlen kann.

Macht der Auftraggeber von dem ihm vom Bieter eingeräumten Wahlrecht Gebrauch, so wird die gewünschte Alternative Gegenstand des Bauvertrages.

II. Aktuelle Rechtsprechung

Eine Stadt schrieb den Betrieb der Buslinien A, B und C mit einem Auftragswert von ca. 1,5 Mio. Euro im Offenen Verfahren aus. Das Leistungsverzeichnis enthielt für die Linien A/B drei mögliche Varianten, im Fall der Variante drei waren drei verschiedene Zusatzleistungen möglich, die Linie C war in vier verschiedenen Varianten ausgeschrieben. Darüber hinaus sollten für jede Variante und jede Zusatzleistung Preise für zwei verschiedene Vertragslaufzeiten angegeben werden. Entsprechend waren 24 Leistungsverzeichnisse Bestandteil der Angebotsunterlagen. Auf diesen 24 Preisblättern wurden insgesamt 80 Varianten mit verschiedenen Kombinationsmöglichkeiten, Zusatzleistungen und Vertragslaufzeiten abgefragt. Die Verdingungsunterlagen enthielten keine Hinweise darauf, welche Kombinationen überhaupt denkbar waren oder – im Gegenteil – von vornherein ausgeschlossen werden sollten. Die Stadt antwortet auf eine Bieteranfrage, dass sie einen größtmöglichen Überblick über das Preisspektrum bekommen und nach Angebotswertung ein Stadtbuskonzept schaffen will. Das bekannt gegebene Zuschlagskriterium „Wirtschaftlichkeit" sei die „größtmögliche zeitliche und räumliche Abdeckung des Stadtgebietes zum günstigsten Preis".

Das OLG Düsseldorf hielt ein solches Vorgehen für unzulässig. Das Gebot der eindeutigen und erschöpfenden Leistungsbeschreibung sei verletzt, wenn die Ausschreibung mit zahlreichen Leistungsvarianten erst dazu dienen soll, ein Konzept für die erwartete Leistung zu erarbeiten, das im Zeitpunkt der Ausschreibung noch nicht vorliegt

In einem solchen Fall liege kein anerkennenswertes Bedürfnis des Auftraggebers für die Ausschreibung verschiedener Wahlleistungen vor.

Zwar wären neben den Grundpositionen Wahl- oder Alternativpositionen zugelassen. Solche Positionen werden dann im Leistungsverzeichnis vorgesehen, wenn sich der Auftraggeber noch nicht darüber im Klaren ist, ob er eine bestimmte Leistung gemäß einer „Grundposition" oder aber in geänderter Form haben will.

Gegen die Ausschreibung von Wahl- oder Bedarfspositionen sind nach Auffassung des OLG Bedenken angebracht, wenn sie den Grundsätzen ei-

ner eindeutigen und erschöpfenden Leis-tungsbeschreibung widersprechen, die Gefahr von Angebotsmanipulationen erhöhen oder zur Un-
durchsichtigkeit der Transparenz des Wettbewerbes führen können. Daher solle von der Ausschreibung von Wahl- oder Alternativpositionen nur
in sachlich gerechtfertigten, nachprüfbaren Ausnahmefällen Gebrauch gemacht werden.

Die Aufnahme von Wahl- oder Alternativpositionen könne zwar im
Einzelfall auf einem anerkennenswerten Bedürfnis des Auftraggebers beruhen. Als solches komme im vorliegenden Fall das Interesse der Antragsgegnerin in Betracht, durch die Vielzahl der abgefragten Varianten und
Laufzeiten einen größtmöglichen Überblick über das diesbezügliche Preisspektrum zu erhalten.

Wie aus dem Schreiben an die Antragstellerin vom 10.3.2004 hervorgeht, sollte nach der Auswertung der eingegangenen Angebote ein Stadtbuskonzept geschaffen werden, das im Hinblick auf Preis und Effektivität
den größtmöglichen Nutzen erreicht; im Zeitpunkt der Ausschreibung lag
also offenbar noch gar kein Konzept hierfür vor. Dies bedeutet auch, dass
die abgefragten Alternativleistungen nicht nur einen mehr oder minder
geringfügigen Teil der Leistungen betrafen, sondern keine andere Leistung als nur die alternativ genannten abgefragt werden sollten.

In einem solchen Fall sei jedoch das Gebot einer eindeutigen und erschöpfenden Leistungsbeschreibung verletzt, denn die Zulassung derarti-
ger Wahl- oder Alternativleistungen dürfe sich nur auf einen geringfügigen Teil der Leistungen, nicht jedoch auf das Angebot insgesamt beziehen.
Die Verwendung von Wahlpositionen beeinträchtigt die Bestimmtheit
und Eindeutigkeit der Leistungsbeschreibung, tangiert die Transparenz
des Vergabeverfahrens und versetzt den öffentlichen Auftraggeber in die
Lage, vermöge seiner Entscheidung für oder gegen eine Wahlposition das
Wertungsergebnis aus vergaberechtsfremden Erwägungen zu beeinflussen (OLG Düsseldorf, Beschluss vom 24.3. 2004 – VII Verg 7/04).

Anfechtung

Erklärungen eines Bieters, die aus bestimmten Gründen mangelhaft sind,
können nach allgemeinen zivilrechtlichen Grundsätzen angefochten werden, mit der Folge, dass sie ab Zugang der Anfechtungserklärung als nich-

tig anzusehen sind. Ist der Zuschlag bereits erfolgt, hat die Anfechtung im Zweifel die Nichtigkeit des ganzen Bauvertrages zur Folge.

Denkbar sind solche Fälle insbesondere bei Irrtümern (z. B. infolge ungewollter Rechen- oder Schreibfehler); das Vorliegen eines Irrtums ist von dem Unternehmer zu beweisen. Ein Kalkulationsirrtum, bei dem das Verhältnis zwischen Preis und Leistung nicht mehr ausgewogen ist, berechtigt den Bieter allerdings grundsätzlich nicht zur Anfechtung.

Angebot

I. Begriff

Mit einem Angebot strebt der Bauunternehmer den Abschluss eines →*Bauvertrages* an, was eine Annahme dieses Angebots durch den Bauherrn voraussetzt. Dem Angebot des Bauunternehmers liegt in der Regel die Beschreibung der auszuführenden Leistungen im →*Leistungsverzeichnis* zugrunde.

II. Fehler bei der Angebotserstellung und ihre Folgen

Nicht selten werden bei der Angebotserstellung Fehler in formeller oder inhaltlicher Hinsicht gemacht. Hier stellt sich die Frage, ob ein fehlerhaftes Angebot ausgeschlossen werden muss, ausgeschlossen werden kann oder u. U. korrigiert oder doch jedenfalls gewertet werden kann (→*Wertung von Angeboten*).

Es ist insoweit zu differenzieren:

– Ein nicht unterschriebenes Angebot ist zwingend nach § 25 Nr. 1 Abs. 1 lit. b) auszuschließen. Ein solches Angebot ist rechtlich nicht existent, die fehlende Unterschrift kann auch nicht nachgeholt werden. Diese strenge Rechtsfolge gilt auch für den Fall, dass das Angebot an falscher Stelle unterschrieben wird. Eine Berichtigung kann allenfalls für den Fall in Betracht kommen, dass zweifelsfrei erkennbar ist, dass sich die an falscher Stelle befindliche Unterschrift auf das gesamte Angebot beziehen soll.

– Im Fall von fehlenden Preisangaben hat die Rechtsprechung die Anforderungen für die Bieter erheblich verschärft. Nach der Rechtsprechung des Bundesgerichtshofs, der sich die Oberlandesgerichte angeschlossen haben (z. B. OLG Koblenz, Beschluss vom 7.7.2004 – 1 Verg 1 und 2/04;

BayObLG, Beschluss vom 1.3.2004 – Verg 2/04; OLG Hamburg, Beschluss vom 21.1.2004 – 1 Verg 5/03), führen fehlende Preisangaben zum Angebotsausschluss. Aufgrund der vom Bundesgerichtshof aufgestellten Grundsätze ist jedes Angebot zwingend auszuschließen, das nicht alle geforderten Preise mit dem Betrag angibt, der für die betreffende Leistung beansprucht wird und auch jedes Angebot, bei dem nicht alle ausweislich der Ausschreibungsunterlagen geforderten Erklärungen und Angaben enthalten sind (Vergabekammer Hamburg, Beschluss vom 6.10.2003 – VKBB-3/03).

Auch das Fehlen einer Preisangabe für eine →*Alternativposition* führt zwingend zum Ausschluss des dadurch unvollständigen Angebots (OLG Naumburg, Beschluss vom 5.5.2004 – 1 Verg 7/04; a. A. Heiermann/Riedl/Rusam, § 25 VOB/A, Rn. 125).

Unterläuft dem Bieter dagegen ein Kalkulationsirrtum, ist das Angebot grundsätzlich wertbar.

Im Rahmen einer öffentlichen Ausschreibung nach VOB/A trägt grundsätzlich der Bieter das Risiko der Fehlkalkulation bei Erstellung seines Angebots. Der Vergabestelle ist die Erteilung des Zuschlags auf ein fehlkalkuliertes Angebot nicht a priori verwehrt; der Bieter ist nicht zur Anfechtung seines Angebots berechtigt (vgl. OLG Naumburg, Urteil vom 22.11.2004 – 1 U 56/04).

III. Zurückziehung von Angeboten

Bei der Frage, ob und bis zu welchem Zeitpunkt ein Bieter ein Angebot zurückziehen kann, ist zu differenzieren: Bis zum Ablauf der →*Angebotsfrist* können Angebote gem. § 18 Nr. 3 VOB/A ohne weiteres zurückgezogen werden. Der Bieter ist erst dann an sein Angebot gebunden, wenn die →*Bindefrist* eingetreten ist, die mit dem →*Eröffnungstermin* identisch ist. Vor diesem Zeitpunkt, also vor Eröffnung der Angebote, kann der Bieter sein Angebot jederzeit zurückziehen, sodass es von Seiten der Vergabestelle nicht gewertet werden kann.

Nach Ablauf der Angebotsfrist kann das Angebot nur dann unwirksam werden, wenn entweder die Grundsätze des →*Wegfalls der Geschäftsgrundlage* oder der Irrtumsanfechtung eingreifen. Der Gesichtspunkt, dass der Auftraggeber sich bei der Erstellung des Angebotes verkalkuliert, ist rechtlich grundsätzlich unbeachtlich und berechtigt regelmäßig nicht zur Anfechtung.

Für den Fall, dass ein zur →*Anfechtung* berechtigender Irrtum tatsächlich nachgewiesen werden kann (z. B. wegen ungewollter Rechen- oder Schreibfehler), ist der anfechtende Bieter verpflichtet, dem Auftraggeber den Schaden zu ersetzen, den dieser dadurch erleidet, dass er auf die Wirksamkeit des Angebotes vertraute. Dieser Schaden kann u. U. auch die Kosten beinhalten, die dem Auftraggeber dadurch entstehen, dass er nochmals eine Ausschreibung durchführen muss.

Angebotsfrist

Unter Angebotsfrist versteht man die Frist für den Eingang der Angebote. Sie beträgt bei einem →*Offenen Verfahren* mindestens 52 Kalendertage, bei dem →*Nichtoffenen Verfahren* mindestens 40 Kalendertage, vergl. § 18a VOB/A.

Falls eine →*Vorinformation* nach § 17a VOB/A erfolgt ist, kommt eine Verkürzung dieser Fristen auf 36 bzw. 37 Kalenderfällen in Betracht. In besonderen Ausnahmefällen kann die Frist auf bis zu 22 Kalendertage bzw. 15 Kalendertage verkürzt werden.

Bei nationalen Vergabeverfahren ist eine ausreichende Angebotsfrist vorzusehen, die auch bei Dringlichkeit nicht unter zehn Kalendertagen liegen soll.

Angebotsbewertung

→*Wertung des Angebots*

Angebotsöffnung

Der vergaberechtliche Grundsatz des →*Geheimwettbewerbs* erfordert, dass die Angebote von dem Auftraggeber sorgfältig zu verwahren und geheim zu halten sind. Eine Angebotsöffnung erfolgt daher erst im →*Eröffnungstermin*.

Angebotsverfahren

Das Angebotsverfahren ist im Rahmen der →*Ausschreibung* nach der VOB/A der Regelfall und in § 6 Nr. 1 VOB/A normiert. Zwingende Voraussetzung ist, dass der Auftraggeber dem Bewerber eine →*Leistungsbeschreibung* als Grundlage an die Hand gibt, die den Bewerber in die Lage versetzt, ein klares und eindeutiges Angebot abzugeben. Das Angebot des Bieters muss so bestimmt sein, dass ein bloßes Ja zur Einigung über Inhalt und Gegenstand des Vertrages genügt. Gegenbegriff ist das →*Auf- und Abgebotsverfahren.*

Anordnungsrecht des Auftragebers

Der Auftraggeber hat nach § 4 Nr. 1 Abs. 3 VOB/B das Recht, dem Auftragnehmer Anordnungen zu erteilen, die zur vertragsgemäßen Ausführung der Bauleistung notwendig sind. Eine Anordnung in diesem Sinne liegt allerdings nur bei einer eindeutigen Aufforderung vor, eine Baumaßnahme in einer bestimmten Weise vorzunehmen; bloße Wünsche oder Vorschläge, die keine Befolgung durch den Auftragnehmer verlangen, fallen nicht unter § 4 VOB/B.

Das Anordnungsrecht steht dem Auftraggeber nur zu, soweit es die dem Auftragnehmer zustehende Leitung wahrt und zur vertragsgemäßen Durchführung der Leistung notwendig ist.

Anpassung des Vertrags

Grundsätzlich ist ein wirksam abgeschlossener Vertrag so einzuhalten, wie er vereinbart wurde. Eine Anpassung des Vertrages kommt nur in extremen Ausnahmefällen in Betracht, in denen veränderte Umstände eine Anpassung zwingend erfordern (→*Wegfall der Geschäftsgrundlage*).

Anwendungsbereich der VOB/A

Hinsichtlich des Anwendungsbereichs der VOB/A ist nach den einzelnen Abschnitten der VOB/A zu differenzieren.

Zur Anwendung der Bestimmungen des Ersten Abschnitts der VOB/A (also der →*Basisparagraphen)* sind zum einen die klassischen öffentlichen

→*Auftraggeber*, also Bund, Länder und Gemeinden (einschließlich der zugehörigen Verbände usw.) verpflichtet sowie Auftraggeber, die mit öffentlichen Mitteln geförderte Bauvorhaben durchführen. Bei den Bestimmungen des Zweiten Abschnitts (der a-Paragraphen) sind oberhalb der →*Schwellenwerte* sämtliche Auftraggeber im Sinne des Kartellvergaberechts zur Anwendung der Bestimmungen verpflichtet.

Der Dritte und der Vierte Abschnitt beziehen sich auf Bauvergaben, die oberhalb der Schwellenwerte durch →*Sektorenauftraggeber* durchgeführt werden.

→*Auftraggeber, öffentlicher*

Anzeigepflicht

→*Behinderungen*

Arbeitsgemeinschaft

Als Arbeitsgemeinschaft wird der Zusammenschluss von Fachunternehmen bezeichnet, mit dem Ziel, den erhaltenen Auftrag gemeinsam auszuführen. Üblicherweise wandelt sich eine →*Bietergemeinschaft* im Falle einer Auftragserteilung in eine Arbeitsgemeinschaft um. Sowohl Bietergemeinschaften als auch Arbeitsgemeinschaften sind Gesellschaften des bürgerlichen Rechts gemäß §§ 705 ff. BGB.

Aufforderung zur Mängelbeseitigung

Die Aufforderung zur Mängelbeseitigung ist eine Voraussetzung dafür, dass der Auftraggeber bei Vorliegen von →*Mängeln* dem Auftragnehmer kündigen kann, vgl. § 4 Nr. 7 VOB/B.

Voraussetzung für eine Aufforderung, die zu einer →*Kündigung* berechtigt, ist, dass der Auftraggeber dem Auftragnehmer eindeutig, unmissverständlich und zweifelsfrei zur Beseitigung der im Einzelnen bezeichneten Mängel bzw. Vertragswidrigkeiten auffordert. Aufforderungen allgemeiner Art wie Haftbarmachung für weitere Schäden, Androhung gerichtlicher Schritte u. ä. genügen nicht. Vielmehr muss der Auftraggeber in seiner Aufforderung den zu beseitigenden Mangel bzw. die Vertragswidrigkeit der Leistung so konkret beschreiben, dass der Auftragnehmer zweifelsfrei ersehen kann, welche Leistung von ihm gefordert wird.

Die Aufforderung zur Mängelbeseitigung ist dann überflüssig, wenn eine Fristsetzung nicht erforderlich ist.

Auf- und Abgebotsverfahren

Das Auf- und Abgebotsverfahren soll nach § 6 Nr. 2 VOB/A nur ausnahmsweise stattfinden; Regelfall bei einer öffentlichen Ausschreibung ist das →*Angebotsverfahren*. Das Auf- und Abgebotsverfahren ist dadurch gekennzeichnet, dass der Auftraggeber nicht nur die Leistung beschreibt, sondern gleichzeitig auch die →*Preise* vorgibt und die von ihm angegebenen Preise dem Aufgebot oder Abgebot der Bieter unterstellt werden. Aufgrund seiner Missbrauchsmöglichkeiten ist es nur bei regelmäßigen Unterhaltsarbeiten, deren Umfang möglichst zu umgrenzen ist, zulässig.

Aufgliederung des Angebotspreises

Die Kenntnis darüber, wie sich der Angebotspreis entsprechend der betriebsinternen Kalkulation des Bieters zusammensetzt, ist von großer Bedeutung für die Beurteilung der Angemessenheit eines Angebotspreises. Dies ist der Grund, dass viele Auftraggeber von den Bietern eine Aufgliederung des Angebotspreises fordern.

Das →*Vergabehandbuch* (VHB) enthält dazu die Formblätter EFB-Preis 1a-d und EFB-Preis 2, die aussagekräftige Grundlagen für die preislichen Beurteilungen schaffen sollen.

Im Fomblatt EFB-Preis 1 ist der Angebotspreis als solcher aufzugliedern; im Formblatt EFB-Preis 2 sind die Bestandteile wichtiger Einheitspreise offen zu legen.

Die Formblätter werden nicht Vertragsbestandteil. Wenn Formblätter zur Aufgliederung des Angebotspreises (z. B. EFB-Preis 1 a-d und 2 nach Teil III des VHB) nicht ausgefüllt werden, ist daher das Angebot zum Zeitpunkt der Angebotsabgabe zwar unvollständig, es liegt insoweit aber kein Ausschlussgrund vor. Die Formblätter werden nicht Vertragsbestandteil und sind deshalb auch nicht Teil des Angebots (Vergabekammer Lüneburg, Beschluss vom 15.9.2003 – 203-VgK-22/2003).

Aus der Intention, die mit der Aufgliederung des Angebotspreises verfolgt wird, nämlich die Angemessenheit des Angebotspreises überprüfen und gegebenenfalls die angemessene Höhe eines Nachtragsangebots ermitteln zu können, wird deutlich, dass ein Ausschluss des Angebots nur in Betracht kommen kann, wenn durch das Fehlen der geforderten Preisangaben eine ordnungsgemäße Wertung behindert oder vereitelt wird. Hat der Auftraggeber nicht dokumentiert, dass er durch das Fehlen der geforderten Preisangaben an einer ordnungsgemäßen Wertung behindert war bzw. keine Wertung durchführen konnte, kann dies nicht den Bietern angelastet und ihre Angebote ausgeschlossen werden (Vergabekammer Lüneburg, a. a. O.).

Aufhebung der Ausschreibung

I. Einleitung
Ein förmliches Vergabeverfahren nach der VOB/A kann nur auf zwei Wegen beendet werden: entweder durch die Erteilung des →*Zuschlags* oder durch die Aufhebung der Ausschreibung. Die Aufhebung kann der Auftraggeber nur unter Beachtung der Verfahrensvorschriften und Aufhebungsgründe der VOB/A (vgl. § 26 VOB/A) durchführen.

II. Gründe für die Aufhebung einer Ausschreibung
§ 26 VOB/A bestimmt abschließend die Gründe, die einen öffentlichen Auftraggeber berechtigen, ein förmliches Vergabeverfahren ohne Zuschlagserteilung aufzuheben. Erforderlich ist in jedem Fall, dass der Aufhebungsgrund erst nach Beginn der Ausschreibung und ohne sein Verschulden aufgetreten ist. Dies folgt schon daraus, dass der Auftraggeber erst dann ausschreiben soll, wenn die Verdingungsunterlagen fertig gestellt sind und wenn innerhalb der angegebenen Fristen mit der Ausführung begonnen werden kann.

Nach § 26a Nr. 1 lit. a) VOB/A kann eine Ausschreibung insbesondere dann aufgehoben werden, wenn kein Angebot eingegangen ist, das den Ausschreibungsunterlagen entspricht. Dies ist zum einen der Fall, wenn kein Angebot die formalen Voraussetzungen gem. § 25 Nr. 1 VOB/A erfüllt. Denkbar ist auch, dass zwar die formalen Voraussetzungen gegeben sind, aber kein Bieter gem. § 25 Nr. 2 VOB/A seine →*Eignung* nachgewiesen hat oder das einzig verbleibende Angebot nach § 25 Nr. 3 VOB/A wegen unangemessen hoher oder niedriger Preise auszuschließen ist.

Ein weiterer Aufhebungsgrund ist die Notwendigkeit einer grundlegenden Änderung der Verdingungsunterlagen (§ 26 Nr. 1 lit. b) VOB/A). Erforderlich ist, dass erstens die Änderung der Verdingungsunterlagen nach Beginn der Ausschreibung notwendig war, zweitens von gewissem Umfang war und drittens erst nach Beginn der Ausschreibung bekannt geworden und auch aus Sicht des Auftraggebers nicht vorhersehbar war. Grundlegende Änderungen in diesem Sinne liegen vor, wenn die Durchführung des Auftrages wegen im Nachhinein aufgetretener rechtlicher, technischer oder wirtschaftlicher Schwierigkeiten nicht mehr möglich oder für Auftraggeber oder Unternehmer mit unzumutbaren Bedingungen verbunden wäre.

Nach dem Auffangtatbestand in § 26 Nr. 1 lit. c) kann schließlich eine Ausschreibung auch dann aufgehoben werden, wenn andere schwerwiegende Gründe bestehen. Der Begriff des „schwerwiegenden Grundes" ist restriktiv auszulegen. Denkbare Fälle sind grundlegende und nicht absehbare Änderungen der politischen Verhältnisse oder Änderungen in den persönlichen Verhältnissen des Auftraggebers (z. B. Sitzverlegung), wenn diese einen schwerwiegenden Einfluss auf das bisherige Vorhaben bewirken.

III. Rechtsschutz und Schadensersatz bei ungerechtfertigter Aufhebung
Von Seiten der deutschen Rechtsprechung wurde bei einer rechtswidrigen Aufhebung, bei der keine Aufhebungsgründe nach § 26 VOB/A vorlagen, nur Schadensersatz gewährt; der Bieter hatte dagegen keine Möglichkeit, unmittelbar gegen die Aufhebungsentscheidung vorzugehen. Nach einer grundlegenden Entscheidung des →*Europäischen Gerichtshofs* hat sich das geändert. Nach jetzt vorherrschender Auffassung kann auch die Aufhebungsentscheidung durch den Bieter im Wege eines Nachprüfungsverfahrens überprüft werden (sog. „Aufhebung der Aufhebung"), der Auftraggeber also gezwungen werden, das ausgeschriebene Vergabeverfahren fortzusetzen.

IV. Aktuelle Rechtsprechung
Eine kommunale Eigengesellschaft in Schleswig-Holstein schrieb eine Reihe von Baumaßnahmen, u. a. einen Leistungsteil „Abbruchmaßnahmen"

aus. Das von ihr beauftragte Ingenieurbüro nahm für die gesamte Baumaßnahme eine Kostenmaßnahme anhand der DIN 276 vor. Es gingen lediglich zwei Angebote ein, die beide erheblich über der Kostenberechnung der Auftraggebers lagen. Die Aufhebung wurde daher aufgehoben. Das wurde von einem der beiden Bieter im Wege des Nachprüfungsverfahrens beanstandet.

Die Vergabekammer Schleswig-Holstein wies den Antrag zurück (Vergabekammer Schleswig-Holstein, Beschluss vom 10.2.2005 – VK-SH 02/05). Zwar könne allein ein hoher Preis der Angebote die Aufhebung einer Ausschreibung noch nicht rechtfertigen. Nach den vom BGH ausgearbeiteten Rechtsgrundsätzen dürften nur Gründe angeführt werden, die dem Ausschreibenden nicht bereits vor Einleitung der Verfahrens bekannt waren.

Im vorliegenden Fall habe der Auftraggeber nicht nur eine Kostenschätzung vorgenommen, sondern durch das Architektenbüro eine Kostenberechnung durchführen lassen. Bereits das günstigste Angebot, nämlich das Angebot der Antragstellerin, lag für den Leistungsteil „Abbruchmaßnahmen" 66,6% über der Kostenberechnung. Bei Abweichungen der Angebote von der Kostenberechnung in dieser Größenordnung liege ein Aufhebungsgrund nach § 26 Nr. 1 lit. c) VOB/A vor. Die Vergabekammer verweist darauf, dass ein schwerwiegender Grund zur Aufhebung der Ausschreibung nach der Rechtsprechung des BGH (vgl. BGH, Urteil vom 20.11.2002 – X ZR 232/00) dann gegeben ist, wenn der Auftraggeber zwar vorab eine vertretbare Kostenschätzung vorgenommen und auch insoweit Finanzmittel bereitgestellt hat, die aufgrund der Ausschreibung abgegebenen Angebote aber deutlich über den geschätzten Kosten liegen.

Aufklärungsgespräch

Gemäß § 24 Nr. 1 Abs. 1 VOB/A sind Aufklärungsgespräche nur zulässig, sofern sich der Auftraggeber über die →*Eignung* des Bieters, das Angebot selbst bzw. Nebenangebote, die Art der Durchführung und über die Angemessenheit der Preise Klarheit verschaffen will.

Dem Auftraggeber steht also nur ein Informationsrecht zu. Ein Verhandeln über das Angebot, insbesondere über die Preise, ist im Rahmen eines Aufklärungsgesprächs nicht zulässig.

Die Ergebnisse solcher Verhandlungen sind schriftlich niederzulegen und geheim zu halten.

Aufmaß

I. Begriff

Bei einem VOB-Bauvertrag (→*Bauvertrag*) ist die Abrechnung nach →*Einheitspreisen* der Regelfall, da bei Vertragsschluss mit Angebot und Leistungsverzeichnis lediglich die voraussichtliche Leistungsmenge vorherbestimmt wird. Daher muss für die Aufstellung der Rechnung des Bauunternehmers die Anzahl der Einheiten (z. B. Zahl und Länge der verlegten Rohre) festgestellt werden, was durch Aufmessen erfolgt. Der Bauunternehmer kann dies entweder allein oder – bei dem gemeinsamen →*Aufmaß* – zusammen mit dem Bauherrn oder Architekten vornehmen.

II. Aktuelle Rechtsprechung

Der Auftraggeber kündigt am 16.12.1997 einen VOB/B-Pauschalpreisvertrag gemäß § 8 Nr. 2 VOB/B. Der Konkursverwalter über das Vermögen des Auftragnehmers legt über die bis zur Kündigung erbrachte Leistung eine Schlussrechnung. Hierzu gibt es am 30.3.1998 ein Gespräch, unter anderem mit dem Bauleiter des Auftraggebers. Das hierüber errichtete Protokoll führt eine Gesamtsumme von 1,068 Mio. DM auf. Der Konkursverwalter zieht die vom Auftraggeber geleisteten Abschlagszahlungen ab und klagt 383.000 DM ein.

Die Klage vor dem BGH hat in Höhe von knapp 45.000 Euro Erfolg. Nach Kündigung eines Pauschalpreisvertrags ist der Auftragnehmer, der restlichen Werklohn verlangt, grundsätzlich verpflichtet, seine erbrachte Leistung so abzurechnen, dass er die erbrachte von der nicht erbrachten Leistung abgrenzt und das Verhältnis der bewirkten Leistung zur vereinbarten Gesamtleistung sowie den Preisansatz für die erbrachte Leistung und nicht erbrachte Leistung zum Pauschalpreis darlegt. Er muss den Auftraggeber in die Lage versetzen, sich sachgerecht zu verteidigen. Nicht in jedem Fall ist ein Aufmaß erforderlich. Die Abgrenzung zwischen erbrachter und nicht erbrachter Leistung kann sich aus den Umständen ergeben, die anderweitig ermittelt oder den Parteien bereits bekannt sind. Diese vertraglichen Anforderungen an die Prüfbarkeit der

Rechnung haben der Konkursverwalter und der Auftraggeber nicht nachträglich am 30.3.1998 geändert. Der Bauleiter ist nicht zur Abgabe rechtsgeschäftlicher Erklärungen für oder gegen den Auftraggeber bevollmächtigt. Auch liegen die Voraussetzungen für ein kausales Schuldanerkenntnis oder eine Beweiserleichterung nicht vor. Gleichwohl genügt die Abrechnung des Konkursverwalters auf Grundlage des am 30.3.1998 festgelegten Leistungsstands und der den einzelnen Gewerken zugeordneten Rechnungsbeträge aufgrund der besonderen Umstände der Vertragsabwicklung und der Anforderungen an die Prüfbarkeit der Rechnung. Ist es dem Auftragnehmer nicht mehr möglich, den Stand, der von ihm bis zur Kündigung erbrachten Leistung durch ein Aufmaß zu ermitteln, weil der Auftraggeber das Aufmaß dadurch vereitelt hat, dass er das Bauvorhaben durch einen Drittunternehmer hat fertig stellen lassen, genügt der Auftragnehmer seiner Verpflichtung zur prüfbaren Abrechnung, wenn er alle ihm zur Verfügung stehenden Umstände mitteilt, die Rückschlüsse auf den Stand der erbrachten Leistung ermöglichen. Damit ist die Abrechnung prüfbar, die Forderung fällig. Ferner genügt der Vortrag des Konkursverwalters den Anforderungen an einen schlüssigen Vortrag. Unter dieser Voraussetzung genügt der Auftragnehmer seiner Darlegungslast, wenn er Tatsachen vorträgt, die dem Gericht die Möglichkeit eröffnen, gegebenenfalls mit Hilfe eines Sachverständigen den Mindestaufwand des Auftragnehmers zu schätzen, der für die Errichtung des Bauvorhabens erforderlich war. Aufgrund der Einvernahme von Zeugen hat das OLG zu Recht den Werklohnanspruch teilweise zuerkannt (BGH, Urteil vom 17.6.2004 – VII ZR 337/02).

Auftrag, öffentlicher

I. Begriff

Der Begriff des öffentlichen Auftrags ist neben der Voraussetzung, dass ein öffentlicher →*Auftraggeber* handelt und die →*Schwellenwerte* überschritten sind, ein weiteres Merkmal, das erfüllt sein muss, damit der Anwendungsbereich des →*Kartellvergaberechts* eröffnet ist. Gemäß § 99 Abs. 1 sind öffentliche Aufträge im Sinne des Vierten Teils des GWB entgeltliche Verträge zwischen öffentlichen Auftraggebern und Unternehmen, die Liefer-, Bau- und Dienstleistungen zum Gegenstand haben. Ferner zählen dazu Auslobungsverfahren.

§ 99 Abs. 1 fordert also zunächst einen entgeltlichen Vertrag. Durch die Bezeichnung als „entgeltlicher" Vertrag soll klargestellt werden, dass der öffentliche Auftraggeber eine Gegenleistung im Sinne einer eigenen Zuwendung geben muss. Ein solcher Vertrag besteht grundsätzlich aus einer vereinbarten Leistung des vertraglich gebundenen Auftragnehmers für den Auftraggeber und einer geldwerten Gegenleistung des vertraglich gebundenen öffentlichen Auftraggebers (Vergabekammer Lüneburg, Beschluss vom 18.3.2004 – 203-VgK-06/2004). Der Begriff des „Entgelts" ist weit auszulegen. Die Gegenleistung des öffentlichen Auftraggebers muss nicht notwendig in Geld bestehen; erfasst wird vielmehr jede Art von Vergütung, die einen Geldwert haben kann (Oberlandesgericht Düsseldorf, Beschluss vom 12.1.2004 – VII Verg 71/03). Dementsprechend unterfällt dem Vergaberecht grundsätzlich jede Art von zweiseitig verpflichtendem Vertrag.

Die Rechtsform des Vertrags ist unerheblich, so dass auch öffentlich-rechtliche Verträge unter § 99 Abs. 1 GWB fallen können.

Nicht unter den Begriff des öffentlichen Auftrags fallen allerdings solche Geschäfte, die zwischen verschiedenen Dienststellen der öffentlichen Verwaltung getätigt werden. Wie weit ein derartiges →*In-house-Geschäft* reicht, ist allerdings umstritten.

II. Aktuelle Rechtsprechung

1. Eine Gemeinde, die Entsorgungsträgerin für die auf ihrem Gebiet anfallenden Abfälle ist, übertrug mit öffentlich-rechtlicher Vereinbarung das Einsammeln und Transportieren des Hausmülls auf den Eigenbetrieb einer Nachbarstadt. Bisher hatte diese Leistungen ein gewerbliches Unternehmen erbracht, das gegen diese Aufgabenübertragung ohne Ausschreibung Nachprüfungsantrag stellt. Der Antrag wird von der Vergabekammer als unzulässig zurückgewiesen.

Das OLG Frankfurt gab dem Unternehmen Recht und ist der Meinung, dass die Übertragung des Einsammelns und des Transports von auf dem Gemeindegebiet anfallendem Hausmüll auf eine Nachbarkommune im Rahmen einer öffentlich-rechtlichen Vereinbarung dem Vergaberecht unterliegt und wegen des Fehlens einer Ausschreibung nichtig ist. Auch wenn eine „Selbstkostenerstattung" anstelle einer Vergütung vereinbart sei, handele es sich um einen entgeltlichen Vertrag im Sinne des § 99 GWB. Die geplante Beauftragung des Eigenbetriebs der Nachbarkommune stelle auch kein unter Umständen, vergaberechtsfreies In-house-Geschäft dar, weil eine nicht mit der Gemeinde verbundene Stadt/Eigenbetrieb beauftragt werden soll. Außerdem stelle die geplante Müllentsorgung eine Betätigung auf einem sonst auch privaten Unternehmen zugänglichen Markt dar.

Auch die rechtliche Einordnung der Vereinbarung als öffentlich- oder verwaltungsrechtlich führt nach Auffassung des OLG Frankfurt nicht aus dem Vergaberecht heraus. Bei richtlinienkonformer Auslegung des Vertragsbegriffs des § 99 GWB fallen auch öffentlich-rechtliche Verträge unter § 99 Abs. 1 GWB (OLG Frankfurt, Beschluss vom 7.9.2004 – 11 Verg 11/04).

2. Die Vergabestelle schrieb im Offenen Verfahren nach VOL/A europaweit aus. In den Bewerbungsbedingungen heißt es unter anderem: „Der Vertrag beginnt am 1.3.2005 und endet am 28.2.2009. Er verlängert sich jeweils um ein weiteres Jahr, sofern er nicht zum Ende des Vertragsjahres mit einer Frist von 12 Monaten gekündigt wird. Für die ersten vier Vertragsjahre kann kein Antrag auf Preisänderung gestellt werden. Danach kann im Falle der Veränderung spezifischer Kostenanteile beim Auftragnehmer jede Partei einen Antrag auf Änderung der Vergütung stellen." Ein Bieter rügt Vergaberechtsverstöße und leitet ein Nachprüfungsverfahren ein. Die Vergabekammer weist den Antrag als unbegründet ab.

Die Vergabekammer Baden-Württemberg entschied, dass eine automatische Vertragsverlängerung vergaberechtlich einen neuen Beschaffungsvorgang begründe.

Dass in dem den Verdingungsunterlagen beigefügten Vertragsentwurf in § 5 Abs. 5 und § 11 eine auf die automatische Verlängerung des Vertrages nach Vertragsende zielende Vertragsklausel enthalten ist, stelle den Versuch einer Umgehung der vergaberechtlich gebotenen Neuausschreibung nach Ablauf der Vertragslaufzeit von 4 Jahren dar, behindere dadurch den Wettbewerb auf unbestimmte Zeit und ist damit gemäß § 97 Abs. 1 GWB und § 2 Nr. 1 Abs. 2 VOL/A vergaberechtswidrig.

Die in der Klausel vorgesehene Verlängerung des Vertrags stellt nach Auffassung der Vergabekammer einen neuen, ausschreibungspflichtigen Beschaffungsvorgang dar.

Es sei für die vergaberechtliche Einordnung unerheblich, ob die Vertragsverlängerung durch die explizite Abgabe von übereinstimmenden Willenserklärungen oder durch vereinbartes Stillschweigen erfolgt.

Als Grundregel dürfe unterstellt werden, dass immer dann von einem neuen Auftrag, und somit von dem Bedarf eines neuen Vergabeverfahrens auszugehen ist, wenn die Vertragsverlängerung oder -umgestaltung nur durch eine beiderseitige Willenserklärung zu Stande kommen kann. Regelmäßig wird das beiderseitige Einvernehmen zwischen den Vertragsparteien nämlich nur dann erforderlich sein, wenn sich die Verlängerung nicht nur als unbedeutende Erweiterung der bisherigen Vertragsbeziehung darstellt, sondern wirtschaftlich dem Abschluss eines neuen Vertrages gleichkomme.

In wirtschaftlicher Hinsicht bedeute eine Vertragsverlängerung um ein Jahr vorliegend eine Ausweitung des Vertragsinhalts um 20 % des befristet ausgeschriebenen Auftrags hinsichtlich Umfang und Wert, und mit jedem weiteren Jahr, in dem der Vertrag nicht gekündigt wird, vergrößert sich die Erhöhung des Auftragsumfanges. Dies stellt jedenfalls nicht eine nur unerhebliche, unbedeutende und nicht ausschreibungspflichtige Vertragsverlängerung bzw. -änderung dar.

Außerdem komme hier als weiteres Indiz hinzu, dass in der vorliegenden Klausel nach Ablauf der vier Jahre Preisverhandlungen zugelassen wären, was ohnehin auf den Abschluss eines neuen, veränderten Vertrages hindeute, zumal damit auch davon auszugehen sei, dass die Bieter in ihrer Kalkulation nur den vertraglich bestimmten Zeitraum von vier Jahren berücksichtigen, da anschließend neue Preise vereinbart werden können.

Die streitgegenständliche Klausel stelle daher den unzulässigen Versuch einer Umgehung der eine Neuausschreibung vorsehenden Vergaberechtsnormen dar.

Durch die in den Verdingungsunterlagen enthaltene Klausel werde die Gefahr geschaffen, dass auf nicht absehbare Zeit ein Wettbewerb nicht mehr stattfinden wird. Dies stelle einen Verstoß gegen das Wettbewerbsprinzip des § 2 Nr. 1 Abs. 2 VOL/A dar (Vergabekammer Baden-Württemberg, Beschluss vom 16.11.2004 – 1 VK 69/04).

Auftraggeber, öffentlicher

I. Einleitung

Der Begriff des Auftraggebers ist neben der Frage, ob ein öffentlicher →Auftrag im Sinne des Vergaberechts vorliegt und die maßgeblichen →Schwellenwerte erreicht sind, eine weitere wichtige Voraussetzung dafür, dass die betreffende juristische Person zur Anwendung von vergaberechtlichen Pflichten verpflichtet ist. Während unterhalb der Schwellenwerte nur die sog. klassischen Auftraggeber zur Anwendung der VOB/A verpflichtet sind, ist der Kreis der Auftraggeber oberhalb der Schwellenwerte wesentlich weiter gezogen (vgl. § 98 GWB).

II. Staatliche Auftraggeber

Unterhalb der Schwellenwerte richtet sich die Auftraggebereigenschaft allein nach dem jeweiligen Haushaltsrecht. Nach den Haushaltsordnungen von Bund und Ländern (vgl. z. B. § 55 BHO) haben diejenigen Auftraggeber, die die betreffende Haushaltsordnung einhalten müssen, Verträge über Lieferungen und Leistungen grundsätzlich öffentlich auszuschreiben. Diese Anwendungsverpflichtung betrifft insbesondere

– Bund, Länder und Gemeinden,

– Sondervermögen von Bund, Ländern und Gemeinden,

– aus Bund, Ländern oder Gemeinden bestehende Verbände (z. B. kommunale Zweckverbände),

– Körperschaften und Einrichtungen des öffentlichen Rechts (z. B. Universitäten).

Dieser Kreis von Personen ist selbstverständlich nach § 98 Nr. 1 GWB auch oberhalb der Schwellenwerte zur Anwendung des Kartellvergaberechts verpflichtet.

Neben den klassischen öffentlichen Auftraggebern in diesem Sinne sind oberhalb der Schwellenwerte auch weitere juristische Personen aus dem staatlichen Bereich verpflichtet, die §§ 97 ff. GWB und den Zweiten Abschnitt der VOB/A (die sog. →a-Paragraphen) anzuwenden.

Das gilt nach § 98 Nr. 2 GWB für juristische Personen des öffentlichen und des privaten Rechts, die zu dem besonderen Zweck gegründet worden sind, im Allgemeininteresse liegende Aufgaben nicht gewerblicher Art zu erfüllen haben und unter staatlicher Beherrschung geführt werden. Öffentlich-rechtliche Organisationen, die als Auftraggeber im Sinne von § 98

Nr. 2 GWB anzusehen sind, sind z. B. berufsständische Vereinigungen wie Rechtsanwalts- und Architektenkammern, Wirtschaftsvereinigungen, z. B. Industrie- und Handelskammern, oder kassenärztliche Vereinigungen. Beispiele für privatrechtlich organisierte Auftraggeber im Sinne von § 98 Nr. 2 GWB sind etwa kommunale Eigengesellschaften im Bereich der Abfallentsorgung, Krankenhäuser, Feuerwehren oder Großforschungseinrichtungen.

Verbände, deren Mitglieder Auftraggeber im Sinne von § 98 Nr. 1 und Nr. 2 GWB sind (z. B. Gemeinde- und Zweckverbände oder Landschaftsverbände), sind ebenfalls oberhalb der Schwellenwerte als öffentliche Auftraggeber anzusehen.

Schließlich ist der zweite Abschnitt der VOB/A auch von Privaten anzuwenden, wenn diese für bestimmte Maßnahmen (z. B. Errichtung von Krankenhäusern) von Auftraggebern gemäß § 98 Nr. 1, 2 oder 3 GWB Zuwendungen erhalten haben, mit denen diese Vorhaben zu mehr als 50 % finanziert werden.

Schließlich ist auch ein →*Baukonzessionär* gemäß § 98 Nr. 6 GWB öffentlicher Auftraggeber, wobei sich seine Verpflichtung auf die beabsichtigte Vergabe von Bauaufträgen beschränkt.

III. Sektorenauftraggeber

Unter →*Sektorenauftraggebern* versteht man Auftraggeber, die auf der Grundlage besonderer oder ausschließlicher Rechte bestimmte Tätigkeiten ausführen. Diese Tätigkeiten umfassen zum einen die Trinkwasserversorgung, die Elektrizitäts-, Gas- und Wärmeversorgung, zum anderen den Verkehrsbereich (Luftverkehr, Betreiben von Netzen im Schienen- und Busverkehr).

Welcher Abschnitt der VOB/A von Sektorenauftraggebern anzuwenden ist, richtet sich danach, ob es sich bei dem Sektorenauftraggeber um einen Auftraggeber gemäß § 98 Nr. 1-3 GWB handelt (z. B. eine Stadtwerke-GmbH) oder um einen sozusagen rein privaten Sektorenauftraggeber. Sektorenauftraggeber, die zugleich klassische öffentliche Auftraggeber im Sinne von § 98 Nr. 1-3 GWB sind, sind zur Anwendung des 3. Abschnitts der VOB/A verpflichtet (sog. b-Paragraphen). Die sonstigen Auftraggeber müssen nur die flexibleren Verfahrensvorschriften des 4. Abschnitts der VOB/A (SKR-Paragraphen) anwenden.

IV. Aktuelle Rechtsprechung

Eine Aktiengesellschaft aus dem Bereich der Wohnungswirtschaft führt ein Offenes Vergabeverfahren für ein Erschließungsvorhaben durch. Die Anteile an der Aktiengesellschaft werden zu über 90% von einer Stadt gehalten. Gesellschaftszweck der Aktiengesellschaft ist die Mitwirkung an einer dauerhaften und sozialen Wohnraumversorgung der breiten Bevölkerungsschichten. Im Gesellschaftsvertrag wird dieser Zweck als „gemeinnützig" bezeichnet. Die Aktiengesellschaft kann gemäß ihrem Gesellschaftszweck alle im Bereich der Wohnungswirtschaft, des Städtebaus und der Infrastruktur anfallenden Aufgaben übernehmen. Im Rahmen eines Vergabenachprüfungsverfahrens stellt sich die Frage, ob die Aktiengesellschaft als öffentlicher Auftraggeber anzusehen und damit an das Vergaberecht gebunden ist.

Nach Auffassung der Vergabekammer Schleswig-Holstein ist die Aktiengesellschaft öffentlicher Auftraggeber gemäß § 98 Nr. 2 GWB, da sie als nahezu 100%-ige Tochtergesellschaft einer Stadt im Allgemeininteresse liegende Aufgaben nichtgewerblicher Art erfüllt. Da (öffentliche) Wohnungsunternehmen in Anhang I der Baukoordinierungsrichtlinie 93/37/ EWG aufgelistet sind, werde ihre öffentliche Auftraggebereigenschaft zunächst widerlegbar vermutet. Ein Gegenbeweis könne nicht erbracht werden. Bei der dauerhaften sozialen Wohnungsversorgung handele es sich in allererster Linie primär um eine politische Aufgabe im Bereich der Daseinsvorsorge mit gemeinnützigem Charakter.

Zur Erfüllung dieser Aufgabe bediene sich die Stadt der privatrechtlich organisierten Aktiengesellschaft. Die Erfüllung dieser Aufgabe wolle die öffentliche Hand zumindest nicht uneingeschränkt dem freien Wettbewerb und Marktmechanismus überlassen. Möglichen Missständen solle in diesem Bereich unabhängig von einer Gewinnmaximierung entgegengetreten werden können. Zwar sei nicht zu verkennen, dass im Bereich der Wohnungsversorgung der Wettbewerb grundsätzlich zunimmt. Die Aktiengesellschaft der Stadt stehe jedoch primär nur mit anderen gemeinnützigen Einrichtungen im Wettbewerb, die Fördermittel erhalten und vorrangig ohne Gewinnerzielungsabsicht tätig sind. Ein wirklicher Wettbewerb mit privaten Marktteilnehmern liege nicht vor (Vergabekammer Schleswig-Holstein, Beschluss vom 3.11.2004 – VK-SH 28/04)

Auftragnehmer

Im Bereich der VOB bezeichnet man nur einen Unternehmer, der den Zuschlag auf einen öffentlichen Auftrag bekommen hat, als Auftragnehmer. Bis zu diesem Zeitpunkt ist das Unternehmen →*Bewerber* oder →*Bieter*.

Auftragssperre

Unter bestimmten Voraussetzungen kann der Bieter nicht nur von der Teilnahme an einem laufenden Vergabeverfahren (→*Ausschluss vom Vergabeverfahren*), sondern aufgrund eines schwerwiegenden Fehlverhaltens auch für künftige Vergabeverfahren ausgeschlossen werden. Zu unterscheiden sind die einfache Auftragssperre durch einen einzelnen Auftraggeber und die koordinierte Auftragssperre durch mehrere öffentliche Auftraggeber.

Eine Auftragssperre kommt insbesondere in Betracht, wenn sich der Bieter bzw. Bewerber einer →*schweren Verfehlung* im Sinne von § 8 Nr. 5 Abs. 1 lit. c) VOB/A schuldig gemacht hat. Diese Verfehlung muss gerichtsverwertbar nachgewiesen sein; ein bloßer, auch konkretisierter Verdacht reicht nicht aus. Schlechterfüllung bei oder Nachtragsstreitigkeiten aus vorangegangenen Aufträgen reichen für eine Auftragssperre nicht aus. Auch lang zurückliegende Ausschlussgründe dürfen nicht zu einer Auftragssperre führen, insbesondere dann nicht, wenn der Bieter in der Zwischenzeit Anstrengungen unternommen hat, dass relevante Verstöße bei zukünftigen Vergaben vermieden werden.

Auftragswert

I. Begriff

Der Auftragswert bestimmt, insbesondere wegen der →*Schwellenwerte*, die Art und Weise der Ausschreibung sowie der Vergabe und den hiermit zusammenhängenden →*Rechtsschutz*.

Für die Anwendung der →*a-Paragraphen* der VOB/A ist erforderlich, dass der geschätzte Gesamtauftragswert, errechnet aus der Summe aller für die Erstellung der baulichen Anlage erforderlichen Leistungen ohne Umsatz, den Schwellenwert von 5 Mio. Euro erreicht oder überschreitet. Der Gesamtauftragswert nach § 1 Nr. 1 VOB/A bedeutet Gesamtwert, d. h. Gesamt-

auftragswert aller erforderlichen Bauleistungen, unabhängig, ob sie tatsächlich in Auftrag gegeben oder vom Bauherrn selbst erbracht werden.
Hierzu gehören insbesondere:
– die reinen Baukosten, also sämtliche Kosten einschließlich Baustelleneinrichtung, die zur Herstellung des Bauwerks dienen,
– etwaige vom Auftraggeber beigestellte Stoffe oder Bauteile,
– sämtliche vom Auftraggeber beigestellte Leistungen (z. B. Sicherungsmaßnahmen im Bereich der Baustelle)
Nicht zum Gesamtauftragswert gehören dagegen:
– Grundstücks- und Erschließungskosten,
– Kosten der Vermessung und Vermarktung,
– Bewegliche Ausstattungs- und Einrichtungsgegenstände, sofern sie nicht zwingend zur Herstellung der Bauleistung erforderlich sind.

Planungskosten sind zur Bestimmung des Gesamtauftragswertes nur dann miteinzubeziehen, wenn sie zusammen mit den Bauleistungen als ein Auftrag vergeben werden.
Zeitpunkt der Schätzung des Gesamtauftragswertes ist die Einleitung des ersten Vergabeverfahrens.
Im Grundsatz sind sämtliche Lose zur Bestimmung des Auftragswerts zusammenzurechnen.
Bei Losteilung bestimmt sich der Schwellenwert nach § 1a Nr. 1 Abs. 2 VOB/A. Bis zu einem Wert von maximal 20 % des Gesamtauftragswertes ist es dem Auftraggeber daher gestattet, rein national auszuschreiben, sofern der Wert der Einzellose 1 Mio. Euro nicht übersteigt.

II. Aktuelle Rechtsprechung
Die Antragstellerin legte beim Vergabesenat sofortige Beschwerde gegen den Beschluss der Vergabekammer des Bundes ein. Sie vertrat die Auffassung, dass sie zu Unrecht bei der Vergabe einer Unterhaltungsmaßnahme in einem Wasserstraßenabschnitt nicht berücksichtigt wurde. Insbesondere erreiche der Gesamtumfang der Unterhaltungsmaßnahmen zuzüglich späterer Ausbauvorhaben den Schwellenwert von 5 Mio. Euro.
Der Senat des OLG Düsseldorf vertritt demgegenüber die Auffassung, dass die Vergabestelle zu Recht davon ausgegangen ist, dass bei den ausgeschriebenen Maßnahmen der Schwellenwert von 5 Mio. Euro nicht über-

schritten worden ist. Vielmehr sei ein Wert von 3,2 Mio. Euro anzunehmen. Bei dem Bauvertrag, betreffend einen genau bezeichneten Abschnitt einer Wasserstraße, welcher unter anderem Unterhaltungsmaßnahmen beinhalte, handele es sich um keine Vergabe eines Bauvertrags nach Losen für mehrere Abschnitte der Wasserstraße.

Dies ergebe sich aus der Begründung der Vergabestelle, wonach unterschiedliche Abschnitte der Wasserstraße nicht überlappend den Unterhaltungsmaßnahmen zugeführt werden dürften. Sofern die Unterhaltungsmaßnahmen sich derzeit im Planfeststellungsverfahren befänden, bestünde für diese noch keine Sicherheit einer möglichen späteren Umsetzung. Auch müsse – um die Erreichung bzw. Überschreitung des Schwellenwerts in Höhe von 5 Mio. Euro anzunehmen – eine ähnlich gelagerte Zielrichtung (also ein technisch-funktionaler Gesamtzusammenhang) mit den anderen Abschnitten verfolgt werden. Dies sei jedoch vorliegend nicht ersichtlich. Eine entsprechende Zurechnung des in Planung befindlichen Ausbaus von Abschnitten und deren Unterhaltungsmaßnahmen sei folglich unzutreffend und führe nicht zur Erreichung des Schwellenwerts.

Der Senat stellt schließlich fest, dass in der Handhabung der Vergabestelle auch ein Umgehungstatbestand nicht zu erblicken sei. Folglich müsse die Vergabestelle den Bauvertrag mit den Unterhaltungsmaßnahmen nicht europaweit, sondern nur national ausschreiben (OLG Düsseldorf, Beschluss vom 31.3.2004 – Verg 74/03).

Ausführungsunterlagen

Ausführungsunterlagen sind Unterlagen, die für die reibungslose Ausführung des Bauens erheblich sind. Der Begriff der Ausführungsunterlagen ist sehr weit zu fassen. Zu ihm zählen z. B. Pläne, Einzel- und Gesamtzeichnungen mit Maßen, Modelle und statische Berechnungen.

Nach § 3 VOB/B hat der Auftraggeber die Pflicht, dem Auftragnehmer die „nötigen" Ausführungsunterlagen rechtzeitig zu übergeben. Welche Ausführungsunterlagen „nötig" sind, bestimmt sich nach den Vertragsbestimmungen und der Verkehrssitte.

Ausschluss vom Vergabeverfahren

I. Allgemeines

Rechtliche Grundlage für einen Ausschluss vom Vergabeverfahren sind zum einen § 8 Nr. 5 Ab. 1 lit. a)-f) i. V. m. § 2 Nr. 1 VOB/A, zum anderen § 25 Nr. 1 VOB/A. Während die Gründe von § 8 Nr. 5 VOB/A in erster Linie die →*Zuverlässigkeit* des Bieters betreffen, ist Hintergrund der Ausschlussgründe nach § 25 Nr. 1 VOB/A vor allem die aufgrund formeller Unzulänglichkeiten fehlende →*Wertbarkeit* des Angebots. Zu differenzieren ist außerdem zwischen Gründen, die zum Ausschluss eines Bieters berechtigen, aber nicht verpflichten (fakultative Ausschlussgründe), und solchen, bei denen die Vergabestelle den Bieter zwingend vom Verfahren ausschließen muss (obligatorische Ausschlussgründe).

Unter die fakultativen Ausschlussgründe nach § 8 Nr. 5 VOB/A fallen insbesondere die Eröffnung des Insolvenzverfahrens über das Vermögen des Bieters bzw. die Liquidation des Unternehmens, eine nachweisliche schwere Verfehlung des Bieters (z. B. Strafbarkeit wegen Korruption), keine ordnungsgemäße Zahlung von Steuern und Abgaben, vorsätzlich unzutreffende Abgabe von Erklärungen im Hinblick auf seine Eignung (z. B. falsche Angaben über Referenzobjekte) sowie fehlende Anmeldung bei der Berufsgenossenschaft.

Die zwingenden Ausschlussgründe nach § 25 Nr. 1 Abs. 1 VOB/A umfassen insbesondere die nicht rechtzeitige Vorlage des Angebots, formfehlerhafte Angebote (z. B. fehlende Unterschrift, Änderung der Verdingungsunterlagen), wettbewerbsbeschränkende Absprachen sowie nicht zugelassene Nebenangebote.

Ein fakultativer Ausschluss ist bei Angeboten möglich, die nicht die geforderten Angaben und Erklärungen enthalten sowie bei →*Nebenangeboten,* die nicht auf besonderer Anlage gemacht worden sind.

II. Rechtsprechung

Die →*Auftraggeberin* schrieb im Offenen Verfahren die Vergabe von →*Bauleistungen* für die Sicherung der Abwasserbeseitigung aus. Mit →*Vorinformationsschreiben* vom 10.09.2004 teilte die Auftraggeberin der Antragstellerin mit, dass beabsichtigt sei, den Zuschlag am 05.11.2004 auf das Angebot des Beigeladenen zu erteilen. Zur Begründung wurde mitgeteilt, dass das eigene Angebot gemäß § 25 Nr. 1 VOB/A ausgeschlossen wird, da es Preise bzw. geforderte Erklärungen nicht enthält/es nicht vollständig ist/es nicht alle in den Verdingungsunterlagen gestellten Bedingungen erfüllt. Zur Erläuterung wurde ausgeführt, dass der →*Eignungsnachweis* nach →*RAL-Gütezeichen* Kanalbau oder vergleichbar nicht erbracht wurde. Dagegen wendet sich die Antragstellerin mit einem Nachprüfungsantrag.

Die VK Sachsen gibt der Auftraggeberin Recht. Denn ein Angebot ist zwingend auszuschließen sei, wenn in ihm obligatorisch abzugebende Erklärungen fehlen, bei denen es sich um unverzichtbare Grundlagen des Angebots handelt.

Dies ist bei qualifizierten Eignungsnachweisen der Fall, zumal der Auftraggeber die Rechtsfolgen für die nicht fristgerechte Vorlage der geforderten Gütezeichen / Fremdüberwachungsverträge etc. noch verschärft hatte und den zwingenden Ausschluss festgelegt hat. Entgegen der Ansicht der Antragstellerin hat diese mit der Vorlage eines Antrags auf →*Fremdüberwachung* beim Güteschutz Kanalbau nicht schon die geforderten Erklärungen bzw. ein taugliches Surrogat fristgerecht erbracht. Zwar heißt es in einer EU-Bekanntmachung, dass ersatzweise – wenn kein einschlägiges Gütezeichen vorgelegt wird – ein Fremdüberwachungsvertrag für die Maßnahme vorgelegt werden kann, wenn bestimmte Prüfbestimmungen erfüllt sind.

Dies bedeutet aber bei entsprechender Auslegung nach den § 133, 157 BGB, dass ein abgeschlossener Vertrag vorzulegen ist, nicht erst ein Antrag auf Abschluss eines solchen Vertrages. Dies deckt sich im Übrigen mit der von der VK zu Gütezeichen herangezogenen Rechtsprechung. So haben die VK bei der OFD Hannover (VgK 24/2002, Beschluss vom 18.03.2003) und die VK Hessen (69 d-VK-14/2001, Beschluss vom 20.06.2001) übereinstimmend entschieden, dass zumindest ein gleichwertiger Nachweis erbracht werden muss. Dies sind aber nach Ansicht der VK Hessen lediglich ein Prüfzeugnis eines neutralen Sachverständigen oder einer sachverständigen Institution, nach Ansicht der VK OFD Hannover ein bestehender Fremdüberwachungsvertrag durch ein Ingenieurbüro in der Vergangenheit, das auch das jetzige Vergabeverfahren abdeckt (VK Sachsen, Beschluss vom 29.10.2004 – 1/SVK/101-04).

Ausschreibung, Ausschreibungspflicht

I. Begriff

Die Ausschreibung ist ein wesentlicher Teil des förmlichen Verfahrens, dessen sich die öffentliche Hand im Anwendungsbereich sowohl des europäischen →*Kartellvergaberechts* als auch des haushaltsrechtlich geprägten Vergaberechts unterhalb der →*Schwellenwerte* bei der Beschaffung von Bau- und sonstigen Dienstleistungen bedienen muss.

Die Ausschreibung ist der erste von insgesamt drei eigenständigen Verfahrensabschnitten der öffentlichen Auftragsvergabe, der mit der Entscheidung der öffentlichen Hand für die Vergabe eines bestimmten Auftrages beginnt und mit dem Eingang der Angebote auf den ausgeschriebenen Auftrag endet. Nach der Ausschreibung setzt sich das →*Vergabeverfahren* mit der →*Angebotsprüfung* als zweitem Verfahrensabschnitt fort und wird mit dem dritten Abschnitt, der Erteilung des →*Zuschlags*, abgeschlossen.

II. Arten der Ausschreibung

Grundsätzlich kennt das deutsche Vergaberecht drei verschiedene Arten der Ausschreibung, die →*Öffentliche Ausschreibung*, die →*Beschränkte Ausschreibung* und die →*Freihändige Vergabe*, denen im Bereich des europäischen →*Kartellvergaberechts* das →*Offene Verfahren*, das →*Nichtoffene Verfahren* und das →*Verhandlungsverfahren* entsprechen.

Diese abgestuften Arten der Ausschreibung unterscheiden sich im Wesentlichen im Bieterkreis und im einzuhaltenden Verfahren. Während bei öffentlicher Ausschreibung bzw. Offenem Verfahren ein unbegrenzter Kreis von Unternehmen angesprochen wird, werden bei Beschränkter Ausschreibung bzw. im Nichtoffenen Verfahren nur bestimmte, gegebenenfalls durch vorgeschaltete Teilnahmewettbewerbe ermittelte Bieter zur Angebotsabgabe aufgefordert.

Besonderheit der freihändigen Vergabe (bzw. des Verhandlungsverfahrens) ist es, dass hier kein förmliches Verfahren im engeren Sinne einzuhalten ist. Soweit der →*Gleichbehandlungsgrundsatz* eingehalten wird, sind hier auch Preisverhandlungen möglich.

III. Voraussetzungen einer Ausschreibung

Nach § 16 VOB/A soll der Auftraggeber erst dann ausschreiben, wenn die →*Verdingungsunterlagen* fertig gestellt sind und innerhalb der angegebenen Fristen mit der Ausführung der auszuschreibenden Leistung begonnen werden kann. Letzteres ist insbesondere dann der Fall, wenn die Finanzierung des Vorhaben gesichert ist, da eine →*Aufhebung der Ausschreibung* wegen nicht gesicherter Finanzierung nicht gerechtfertigt ist und den Bieter mit dem wirtschaftlichsten Angebot jedenfalls zum Ersatz des negativen Interesses berechtigt.

IV. Ausschreibungspflicht

Die Frage der konkreten Ausschreibungspflicht kann nur gestellt werden, wenn bereits das Vorliegen eines öffentlichen →*Auftrags* festgestellt wurde. So ist z. B. eine in einem bestehenden Vertrag angelegte Verlängerung ohne wesentliche Änderung kein öffentlicher Auftrag; eine Pflicht zur Ausschreibung besteht nicht. Auch eine Pflicht zur Kündigung, z. B. von wirtschaftlich nachteiligen Verträgen, besteht allenfalls aus Vorgaben des Haushaltsrechts. Die Frage der Ausschreibungspflicht betrifft also nur die Frage, in welcher Form der öffentliche Auftraggeber auszuschreiben hat, wenn die Voraussetzungen eines öffentlichen Auftrags vorliegen. Oberhalb der Schwellenwerte hat der Auftraggeber die Pflicht, europaweit auszuschreiben; es gilt der Vorrang des Offenen Verfahrens. Im Bereich des nationalen Vergaberechts muss der Auftraggeber die Ausschreibung grundsätzlich im Wege der Öffentlichen Ausschreibung durchführen (vgl. §§ 3, 3 a, 3 b VOB/A). Bestimmte Auftragsarten, z. B. für geheim erklärte Bauaufträge, unterfallen nicht der Ausschreibungspflicht.

V. Aktuelle Rechtsprechung

Eine Berliner Wohnungsbaugesellschaft mbH, deren Geschäftsanteile mittelbar zu 100% von einer Gebietskörperschaft gehalten werden und deren satzungsgemäße Aufgabe es ist, vorrangig breite Schichten der Bevölkerung mit Wohnraum zu versorgen, vergab Aufträge zur Erbringung der Hauswartserviceleistungen für den von ihr verwalteten Wohnungsbestand. Der Auftragswert überstieg den Schwellenwert nach § 2 Nr. 3 VgV erheblich. Die Vergabe erfolgte ohne europaweites Ausschreibungsverfahren an ein Unternehmen, an dem die Gebietskörperschaft mittelbar wiederum 50% der Geschäftsanteile hält. Im Vorfeld der Vergabe bewarb sich auch der Nachprüfungsantragsteller um die Aufträge.

Das Kammergericht stellte die Auftraggebereigenschaft der Wohnungs-baugesellschaft fest. Auch ein öffentlicher Auftrag sei zu bejahen, so dass der Vertrag ausschreibungspflichtig war.

Im vorliegenden Fall stellte das Gericht sogar die Nichtigkeit der ge-schlossenen Verträge wegen Verstoßes gegen § 138 BGB (Sittenwidrigkeit) fest, da die Ausschreibungspflicht erst in einem kurz vorher abgeschlosse-nen Verfahren gegen eine Wohnungsbaugesellschaft festgestellt worden sei. Die Antragsgegnerin und die Beigeladene hätten nach alledem keine greifbaren Anhaltspunkte für die Annahme, die Auftraggebereigenschaft der Antragsgegnerin könnte anders zu beurteilen sein. Sie mussten viel-mehr davon ausgehen, dass die Hauswartsserviceleistungen nur im Wege eines förmlichen Vergabeverfahrens vergeben werden durften und han-delten mutwillig, als sie sich gemeinsam über die Ausschreibungspflich-tigkeit hinwegsetzten. Das entziehe den geschlossenen Verträgen ge-mäß § 138 BGB den Bestandsschutz (Kammergericht Berlin, Beschluss vom 11.11.2004 – 2 Verg 16/04).

Auswahl der Bieter

Das Problem der Auswahl der Bieter stellt sich für den Auftraggeber im →*Nichtoffenen Verfahren* (bzw. in der →*Beschränkten Ausschreibung*) und im →*Verhandlungsverfahren* (bzw. der →*Freihändigen Vergabe*).

Gemäß § 8 a Nr. 2 VOB/A müssen bei dem Nichtoffenen Verfahren mindestens fünf geeignete Bewerber aufgefordert werden; jedenfalls muss die Zahl der aufgeforderten Bewerber einen echten Wettbewerb si-cherstellen. Nach § 8 a VOB/A darf bei dem Verhandlungsverfahren mit Vergabebekanntmachung die Zahl der zu Verhandlungen aufzufordern-den Bewerber nicht unter drei liegen. Die Auswahl der Bewerber hat nach objektiven Kriterien zu erfolgen, die vom öffentlichen Auftraggeber schriftlich festzulegen und den interessierten Unternehmen zur Verfü-gung zu stellen sind. Als maßgebliche Kriterien sind die →*Eignungskriteri-en* zu nennen. Dadurch werden die Auftraggeber einerseits gezwungen, sich über die entscheidungsrelevanten Merkmale klar zu werden, anderer-seits die Bewerber über die vorgesehenen Anforderungen bei der Auswahl zu informieren, damit sie sich darauf einstellen können. Sie behalten allerdings einen weiten Beurteilungsspielraum, sodass die Entscheidung nur begrenzt, insbesondere auf Vollständigkeit der Tatsachenfeststellung und Sachlichkeit der zugrunde gelegten Kriterien, überprüfbar ist. Das →*Gleichbehandlungsgebot* ist auch bei dieser Entscheidung zu beachten.

B

Basisparagraphen

Die VOB/A ist in verschiedene Abschnitte gegliedert, die je nach Art des Bauauftrags und des →*Auftraggebers* unterschiedliche Normen vorsehen. Unter den Basisparagraphen versteht man die Vorschriften des Ersten Teils der VOB/A, die für die „klassischen" öffentlichen →*Auftraggeber* (Bund, Länder und Gemeinden) sowie Auftraggeber, die mit öffentlichen Mitteln geförderte Bauvorhaben durchführen, zu beachten sind. Für Vergaben unterhalb der →*Schwellenwerte* sind nur die Basisparagraphen maßgeblich, für Vergaben oberhalb der Schwellenwerte treten je nach Art des Auftraggebers auch die Vorschriften des Zweiten, Dritten oder Vierten Abschnitts hinzu.

Bauarbeiten

Der Begriff der Bauarbeiten, der wichtig für die Anwendbarkeit der VOB ist (vergl. § 1 VOB/A, →*Anwendungsbereich der VOB/A*), ist umfassend zu verstehen. Unter Bauarbeiten „jeder Art" versteht man daher sowohl Arbeiten, durch die Bauwerke unmittelbar geschaffen, geändert oder beseitigt werden, als auch Arbeiten, durch die bauliche Änderungen der Erdoberfläche oder des Erdinnern in anderer Weise unmittelbar bewirkt werden.

Nicht zu den „Bauarbeiten" im Sinne der VOB zählen Arbeiten der landwirtschaftlichen und gärtnerischen Bodennutzung und Arbeiten der Gewinnung von Bodenbestandteilen (z. B. Kohleabbau).

Bauarbeiten werden weiter unterteilt in „Arbeiten bei Bauwerken" und „Arbeiten an einem Grundstück". Die Abgrenzung ist für die →*Verjährung* der Mängelansprüche von Bedeutung.

Bauauftrag

Als Bauaufträge gelten nach der Definition von § 1 a Nr. 1 Abs. 1 S. 3 VOB/A Verträge, entweder über die Ausführung oder die gleichzeitige Planung und Ausführung eines Bauvorhabens oder eines Bauwerks, das Ergebnis von Hoch- oder Tiefbauarbeiten ist und eine wirtschaftliche oder technische Funktion erfüllen soll, oder einer Bauleistung durch Dritte gemäß die vom Auftraggeber genannten Erfordernissen (z. B. Bauträgervertrag, Mietkauf- oder Leasingvertrag) erfüllen soll.

Verträge über die reine Ausführung sind in der Praxis der Regelfall. Verträge über gleichzeitige Planung und Ausführung können, z. B. bei einer Ausschreibung, der eine →*Leistungsbeschreibung* mit →*Leistungsprogramm* zugrunde liegt, vorkommen. Mit der zweiten Alternative von § 1 a Nr. 1 VOB/A soll sichergestellt werden, dass auch die Fälle, in denen ein an die Vergabevorschriften gebundener Auftraggeber nicht selbst baut, sondern für seine Zwecke bauen lässt, dem EU-weiten Wettbewerb unterworfen werden.

Entscheidend für die Abgrenzung des Bauauftrages zum Lieferauftrag mit baulichen →*Nebenleistungen* sind das Hauptinteresse des Auftraggebers und der sachliche Charakter eines Bauauftrags. Das zeigt ergänzend § 1a Nr. 2 VOB/A; danach gilt auch für Bauaufträge mit überwiegendem Lieferanteil die VOB/A und nicht die VOL/A. Aus der Definition des Lieferauftrags in § 99 Abs. 2 GWB ergibt sich nichts anderes. Danach sind Lieferaufträge Verträge zur Beschaffung von Waren; die Verträge können auch Nebenleistungen umfassen. Art. 1 Buchstabe a) Satz 2 der Lieferkoordinierungsrichtlinie (LKR) nennt insoweit beispielhaft das Verlegen und Anbringen der Ware.

Treffen in einem Beschaffungsvorhaben Bauleistungen und Leistungen nach VOL zusammen, kommt es auf den Schwerpunkt an. Dementsprechend ist als Grundlage für die Ausschreibung entweder VOB/A oder VOL/A zu wählen.

Baugenehmigung, fehlende/verspätete

Eine verspätete oder sogar endgültig versagte Baugenehmigung hat regelmäßig auch Folgen für die →*Vergütung* und die →*Schadensersatzansprüche* auf Seiten von Auftraggeber und Auftragnehmer.

Grundsätzlich zählt die Beschaffung öffentlich-rechtlicher Genehmigungen, wie der Baugenehmigung, zu den →*Mitwirkungspflichten des Auftraggebers* (vgl. § 4 Nr. 1 Abs. 1 S. 2 VOB/B). Folge einer solchen Obliegenheitsverletzung ist, dass der Auftragnehmer nicht verpflichtet ist, mit dem Bau zu beginnen, und grundsätzlich nicht in →*Verzug* geraten kann. Ihm steht außerdem ein →*Kündigungsrecht* nach § 9 Nr. 1 VOB/B zu. Beginnt der Auftragnehmer trotz Fehlens der erforderlichen Genehmigungen mit der Ausführung, kann er sich später auf die fehlende Genehmigung nicht mehr berufen, es sei denn, dass er auf ausdrückliche Anordnung des Auftraggebers tätig wird.

Nicht selten wird trotz Baubeginn eine Baugenehmigung von der zuständigen Behörde endgültig versagt. Für diesen Fall gilt: Die Beschaffung der Baugenehmigung liegt in erster Linie in dem Interesse des Auftraggebers; er ist als Bauherr allein berechtigt, die Genehmigung zu beantragen. Folglich trägt der Auftraggeber auch das Risiko, ob die Baugenehmigung beschafft werden kann. Wird diese nicht erteilt, ist er dem bereits beauftragten Unternehmer schadensersatzpflichtig, da er bereits das Risiko eingegangen ist, dass die Genehmigung nicht erteilt wird.

Baugrundrisiko

Von Baugrundrisiko spricht man in Zusammenhang mit Aufwendungen, die sich für den Auftragnehmer aus ungünstigen Bodenverhältnissen ergeben. Hier stellt sich die Frage, ob bzw. wann der Auftragnehmer seine höheren Aufwendungen nach § 2 Nr. 5 oder Nr. 6 VOB/B geltend machen kann.

Im Grundsatz ist wie folgt zu differenzieren: Im Allgemeinen ist es Sache des Auftragnehmers, wie er die vertraglich vereinbarte Aufgabe lösen will, sodass bloße Erschwernisse zu seinen Lasten gehen. Die Frage des Baugrundrisikos stellt sich erst dann, wenn der Baugrund von dem abweicht, was die Parteien bei Vertragsschluss vorausgesetzt haben. Insoweit ist eine Einzelbetrachtung der vertraglichen Vereinbarungen und des konkreten Sachverhaltes unabdingbar. Einen Grundsatz, dass stets der Auftraggeber das Bodenrisiko trägt, gibt es nach der Rechtsprechung nicht.

Baukonzession

Baukonzessionsmodelle haben in den letzten Jahren zunehmend an Verbreitung gewonnen, da sie eine private Finanzierung von öffentlichen Bauvorhaben ermöglichen. Kennzeichnend für eine Baukonzession ist, dass der Auftraggeber dem Auftragnehmer (Baukonzessionär) den Auftrag zur Erstellung einer baulichen Anlage erteilt, dieser jedoch statt einer Vergütung das Recht, die bauliche Anlage zu nutzen, erhält.

Die Baukonzession ist ein Spezialfall des →*Bauauftrags* gemäß § 99 Abs. 3 GWB. Der Konzessionsvertrag ist →*Werkvertrag* im Sinne von § 631 BGB.

Nach § 32 Nr. 2 VOB/A gelten die Vorschriften der VOB/A nicht ohne weiteres, sondern werden nur „sinngemäß" angewendet.

Die Vergabe von Baukonzessionen an den Baukonzessionär ist bei Überschreiten der Schwellenwerte europaweit bekannt zu machen. Der Baukonzessionär ist nach § 98 Nr. 6 GWB als →*öffentlicher Auftraggeber* zu qualifizieren und somit an das Vergaberecht gebunden, sodass eine Vergabe von Bauaufträgen an Dritte ebenfalls bekannt gemacht werden muss. Baukonzessionäre, die zugleich öffentliche Auftraggeber sind, haben nach § 32 a Nr. 3 VOB/A die →*Basisparagraphen* und →*a-Paragraphen* anzuwenden.

Baukoordinierungsrichtlinie

Die Richtlinie 93/97/EWG zur Koordinierung der Verfahren öffentlicher Bauaufträge (Baukoordinierungsrichtlinie, abgekürzt BKR) gehört zu den europäischen →*Richtlinien*, die das europäische Vergaberecht im eigentlichen Sinne erst geschaffen haben. Sie sieht für →*Bauaufträge* von öffentlichen →*Auftraggebern* oberhalb der →*Schwellenwerte* ein bestimmtes Verfahren vor. Insbesondere muss der Auftraggeber solche Aufträge europaweit bekannt machen. Die Baukoordinierungsrichtlinie ist in Deutschland, insbesondere durch die Vorschriften des 2. Abschnittes der VOB/A (die sog. →*a-Paragraphen*), umgesetzt worden.

Sie ist 2004 durch die Richtlinie 2004/18/EG über die Koordinierung der Verfahren zur Vergabe öffentlicher Bauaufträge, Lieferaufträge und Dienstleistungsaufträge abgelöst worden, die durch das →*neue Vergaberecht* noch umgesetzt werden muss (→*Legislativpaket*).

Bauleistung

Bauleistungen im Sinne der VOB/A sind in § 1 VOB/A definiert. Danach sind Bauleistungen „Arbeiten jeder Art, durch die eine bauliche Anlage hergestellt, instand gehalten, geändert oder beseitigt wird". Diese Definition ist umfassender als die ältere Definition der →*Bauarbeiten* und nimmt zugleich eine Angleichung an die Terminologie der →*Baukoordinierungsrichtlinie* vor.

Bauleiter

Der Begriff des Bauleiters wird nicht völlig einheitlich verwendet. Es sind mehrere sachlich unterschiedliche Begriffsverwendungen zu unterscheiden: In der Praxis wird unter Bauleiter häufig der Vertreter des Auftragnehmers bei der Leitung der Bauausführung verstanden. Auch der mit der Objektüberwachung betraute Architekt oder Bauingenieur, der einen Werkvertrag mit dem Auftraggeber hat, wird zum Teil so genannt.

Von diesem Begriffsverständnis ist der Bauleiter des öffentlichen Rechts zu unterscheiden, der im öffentlichen Interesse für die Sicherheit auf der Baustelle tätig wird und Gefahren, die von der Baustelle ausgehen, zu überwachen und abzuwehren hat.

Bauleitplanung

I. Allgemeines

Die Bauleitplanung ist das wichtigste Planungsinstrumentarium zur Lenkung und Ordnung der städtebaulichen Entwicklung einer Gemeinde. Zur Bauleitplanung zählen die Aufstellung eines Flächennutzungsplanes und die Aufstellung von Bebauungsplänen. In Deutschland stellt § 1 des Baugesetzbuches hohe Anforderungen an die Bauleitplanung. Nach den dort festgelegten Grundsätzen sollen Bauleitpläne dazu beitragen, eine menschenwürdige Umwelt zu sichern und die natürlichen Lebensgrundlagen zu schützen und zu entwickeln. Außerdem sollen Belange des Umweltschutzes, des Naturschutzes und der Landschaftspflege, insbesondere des Naturhaushaltes, des Wassers, der Luft und des Bodens einschließlich seiner Rohstoffvorkommen sowie das Klima berücksichtigt werden. Zu den Anforderungen an die Bauleitplanung folgender Fall:

II. Rechtsprechung

Bei der Aufstellung eines Bebauungsplanes für eine Seniorenresidenz erheben die Anwohner eines benachbarten Baugebiets Einwendungen. Sie weisen darauf hin, dass die Keller ihrer Häuser schon jetzt bei starkem Regen regelmäßig überschwemmt werden. Sie befürchten, dass sich die Situation durch die im Zuge der Neuplanung vorgesehene Bodenversiegelung noch verschlechtere. Die Gemeinde meint demgegenüber, dass sich die Situation durch die von ihr vorgesehenen Maßnahmen eher "entkrampfe".

Das BVerwG erklärt den Bebauungsplan für unwirksam. Bei ihrer Planung müsse die Gemeinde Maßnahmen für eine ordnungsgemäße Entwässerung des Baugebiets vorsehen. Dabei müsse im Sinne einer Prognose bei Erlass des Satzungsbeschlusses festgestellt werden, dass das für das Baugebiet notwendige Entwässerungssystem in dem Zeitpunkt tatsächlich vorhanden und funktionstüchtig sein wird, in dem die nach dem Plan zulässigen baulichen Anlagen fertiggestellt und nutzungsreif sein werden. Ein spezieller Festsetzungsbedarf werde in aller Regel nicht bestehen, wenn die vorhandene Regenwasserkanalisation so dimensioniert ist, dass sie das aus dem Plangebiet ablaufende Regenwasser gefahrlos abführen kann. Reicht die Kapazität des Kanalsystems hierzu nicht aus, könne eine ausreichende Erschließung gesichert sein, wenn die Gemeinde als Trägerin der Erschließungslast (BauGB § 123 Abs. 1) vor Erlass der Satzung den Beschluss fasst, das Kanalsystem in dem erforderlichen Umfang auszubauen, oder wenn die sonst zuständigen Erschließungsträger erklärt haben, dass sie die notwendigen Maßnahmen rechtzeitig durchführen werden (BVerwG, Urteil vom 21.03.2002 – 4 CN 14.00).

Bauliche Anlage

Der Begriff der „baulichen Anlage" (§ 1 VOB/A) ist identisch mit dem Begriff „→*Bauwerk*" wie er in der →*Baukoordinierungsrichtlinie* verwendet wird.

Sollen Unterhaltungsarbeiten an einem →*Bauwerk* erfolgen, das auch für den Ausbau vorgesehen ist, ergibt sich hieraus nicht zwangsläufig die vergaberechtliche Konsequenz, die Unterhaltungsarbeiten als Teil der baulichen Anlage „Ausbau/Neubau" anzusehen, da beide Maßnahmen auf unterschiedliche Zwecke gerichtet sind. Während die Unterhaltungsarbeiten die Herstellung eines ursprünglichen Zustandes bezweckt, betrifft der Ausbau/Neubau die Erweiterung des bisherigen Zustandes. Es kann also nicht ohne weiteres auf eine Verbindung beider Maßnahmen zu einer einheitlichen baulichen Anlage im vergaberechtlichen Sinne geschlossen werden.

Bauträgervertrag

Gemäß § 99 Abs. GWB gelten als →*Bauleistungen* auch Verträge über die Ausführung einer Bauleistung durch Dritte gemäß den vom Auftraggeber genannten Erfordernissen. Demnach sind auch Bauträgerverträge, soweit sie die →*Schwellenwerte* überschreiten, dem europäischen Kartellvergaberecht unterstellt. Bauträger ist, wer das Bauvorhaben im eigenen Namen für Rechnung des Bauherrn auf seinem eigenen Grundstück, also nicht auf dem Grundstück des Auftraggebers, ausführt (vgl. § 34 c Abs. 1 GewO). Nicht zu den Bauträgerverträgen zu zählen sind Mietkauf- oder Leasingverträge.

Bauvertrag

Unter Bauvertrag ist ein Vertrag über →*Bauleistungen* zu verstehen. Bauverträge sind aus Sicht des Zivilrechts regelmäßig →*Werkverträge* im Sinne von § 631 BGB. Der Bauvertrag ist eine Vereinbarung zwischen →*Auftraggeber* (Bauherrn) und →*Auftragnehmer* (Bauunternehmer/Handwerker), durch welchen sich der Auftragnehmer zur Herstellung eines bestimmten Leistungserfolges (Werkes) und der Auftraggeber im Gegenzug zur Zahlung eines bestimmten Werklohnes verpflichtet.

Unterschieden wird regelmäßig zwischen Bauverträgen mit Einbeziehung der VOB/B (häufig als VOB-Vertrag bezeichnet) und solchen, bei denen nur das BGB gilt (sog. →*BGB-Bauvertrag*). In diesem Zusammenhang ist allerdings darauf hinzuweisen, dass nicht alle Bauverträge die VOB/B ohne Änderungen übernehmen und in jedem Fall das BGB ergänzend gilt.

Der Bauvertrag ist grundsätzlich formlos gültig, d. h. er kann auch mündlich abgeschlossen werden, auch wenn wegen der regelmäßig hohen Summen dringend eine schriftliche Abfassung anzuraten ist, die in zahlreichen Normen für öffentliche Auftraggeber sogar zwingend vorgeschrieben ist.

Bauwerk

I. Allgemeines

Unter einem Bauwerk ist eine unbewegliche, durch Verwendung von Arbeit und Material in Verbindung mit dem Erdboden hergestellte Sache zu verstehen (VK Brandenburg, Beschluss vom 5.4.2002 – Az.: VK 7/02). Die Kriterien für die Definition eines einheitlichen Bauwerks sind in Abschnitt 1 Art. 1 Buchstabe c der Richtlinie 93/37 EWG vom 14.6.1993 bestimmt. Demnach ist ein Bauwerk das Ergebnis einer Gesamtheit von Tief- oder Hochbauten, das seinem Wesen nach eine wirtschaftliche oder technische Funktion erfüllen soll (EuGH, Urteil vom 5.10.2000 – Az.: C-16/98; VK Brandenburg, Beschluss vom 11.06.2004 – Az.: VK 19/04). Ob die Einzelnen Baumaßnahmen eigene wirtschaftliche und/oder technische Funktionen erfüllen, beurteilt sich nach rein objektiven Kriterien (OLG Brandenburg, Beschluss vom 20.8.2002 – Az.: Verg W 4/02).

Bei Bauvorhaben ist nach einer sachgerechten Abwägung im Einzelfall darüber zu entscheiden, ob es sich um ein zusammengehöriges Bauvorhaben handelt, bei dem sämtliche Einzelleistungen zusammenzurechnen sind. Es sind dabei alle Aufträge zusammenzurechnen, die für die Herstellung des Bauvorhabens sowohl in technischer Hinsicht als auch im Hinblick auf die sachgerechte Nutzung erteilt werden müssen (VK Rheinland-Pfalz, Beschluss vom 06.04.2005 – Az.: VK 9/05).

Im Hochbau ist dieser Begriff im Wesentlichen gleichzusetzen mit „Gebäude". Im Tiefbau ist die Begriffsbestimmung oft schwieriger und meist auf die Definition „Erfüllung einer wirtschaftlichen oder technischen Funktion" abzustellen. Maßgeblich ist hierbei jeweils, ob das zu erstellende Projekt eine eigene Funktion erfüllt. Entscheidend ist die vorgesehene Ausführung der Einzelnen, in sich geschlossenen Bauabschnitte.

II. Rechtsprechung

Eine Abwasserreinigungsanlage ist als ein Bauwerk anzusehen, das sich aus der Summe der zur Reinigungsfunktion erforderlichen Einzelobjekte wie z. B. Rechenanlage, Sandfang, Belebungsbecken, Nachklärbecken und

Schlammlager zusammensetzt. Nicht zur Abwasserreinigungsanlage gehört hingegen das Kanalnetz, mit dem das Abwasser gesammelt und der Kläranlage zugeführt wird. Dieses hat eine Transportfunktion und ist deshalb als eigenständige →*bauliche Anlage* anzusehen. Ziel der Maßnahmen am Kanalnetz ist eine Veränderung des Abwassertransportes. Bei Regenereignissen soll die Abwassermenge mit einem Stauraumkanal und mit Regenrückhaltebecken verstetigt werden (VK Nordbayern, Beschluss vom 24.9.2003 – Az.: 320.VK-3194-30/03).

Bedarfsposition

→*Positionsarten*

Bedenken des Auftragnehmers

I. Einleitung

Nach § 4 VOB/B muss der Auftragnehmer im Fall von Bedenken gegen die vorgesehene Art der Ausführung, gegen die Güte der vom Auftraggeber gelieferten Stoffe oder gegen die Leistungen anderer Unternehmen dem Auftraggeber unverzüglich schriftliche Mitteilung erstatten.

Unternimmt der Auftraggeber nichts, so hat er für die sich hieraus ergebenden Folgen grundsätzlich selbst einzustehen. Falls die aus seinem Bereich kommenden Angaben, Anordnungen oder Lieferungen zu Schäden führen, ist der Auftragnehmer entlastet.

Erfüllt der Auftragnehmer dagegen trotz Bedenken seine Prüfungs- und Anzeigepflicht nicht, so hat er für die mangelhafte Leistung einzustehen.

II. Aktuelle Rechtsprechung

Ein Auftraggeber rechnet gegen den Restvergütungsanspruch eines Auftragnehmers, der in ein Fitness-Studio eine Warmluftheizung eingebaut hat, mit Schadensersatzansprüchen gemäß § 13 Nr. 7 VOB/B auf. Unstreitig ist die Belüftung im Saunabereich unzureichend. Der Auftragnehmer meint, er sei für diesen unstreitigen Mangel nicht verantwortlich, weil er den Architekten des Auftraggebers auf die Notwendigkeit des Einbaus einer Entlüftungseinrichtung hingewiesen habe. Dieser hätte aber aus Kostengründen auf die Beauftragung verzichtet. Die gegenüber dem Architekten geäußerten Bedenken haben auch genügt, weil dieser vom Bauherrn umfassend bevollmächtigt gewesen sei.

Das OLG Celle teilte die Auffassung des Auftragnehmers nicht.

Ein Hinweis auf Bedenken gegen die beabsichtigte Bauausführung gemäß § 4 Nr. 3 VOB/B sei an den Bauherrn selbst zu richten, wenn sich dessen Architekt, sei er auch rechtsgeschäftlich bevollmächtigt, den Bedenken verschließe.

Der Auftragnehmer werde von seiner Haftung nicht nach §§ 4 Nr. 3, 13 Nr. 3 VOB/B frei. Es entlaste ihn – hinsichtlich des Problemkreises der unzureichenden Entlüftung im Saunabereich – nicht, dass er seiner (vom Auftraggeber bestrittenen) Behauptung nach den Architekten des Auftraggebers auf die Erforderlichkeit einer solchen Entlüftungsvorrichtung hingewiesen habe, dieser aber aus Kostengründen auf die Beauftragung verzichtet hätte. Ein solcher Hinweis ist nämlich schon deswegen unzureichend, weil er nicht an den Auftraggeber selbst weitergetragen worden ist. Entgegen der Auffassung des Auftragnehmers genügt ein Hinweis gemäß § 4 Nr. 3 VOB/B an den Architekten, selbst wenn dieser vom Bauherrn rechtsgeschäftlich bevollmächtigt ist, jedenfalls dann nicht, wenn dieser – wie nach der Behauptung des Auftragnehmers hier der Fall – trotz ihm gegenüber geäußerter Bedenken nicht bereit ist, von seinem Vorhaben abzugehen. Angesichts dessen kann es dahinstehen, dass die Richtigkeit der Behauptung des Auftragnehmers zu diesem angeblich erteilten Hinweis schon deswegen zweifelhaft erscheint, weil er ja damit nicht etwa den Architekten auf dessen eigene Fehlplanung hätte hinweisen können (eine Detailplanung hat es auch insoweit seitens des Architekten nicht gegeben), sondern vielmehr nur auf die Unzulänglichkeit der von ihm, dem Auftragnehmer, selbst vorgesehenen Entlüftungsmaßnahmen (OLG Celle, Urteil vom 21.10.2004 – 14 U 26/04).

Behinderungen

Behinderungen im Sinne der VOB/B sind alle störenden Einflüsse, die sich auf den vorgesehenen Leistungsablauf hemmend oder verzögernd auswirken, die Leistung selbst aber nicht unmöglich machen. Ein besondere Fall der Behinderung ist die Unterbrechung. Die Folgen von Behinderung und Unterbrechung sind in § 6 VOB/B geregelt.

Eine Behinderung muss der Auftragnehmer dem Auftraggeber unverzüglich in schriftlicher Form anzeigen. Er muss in der Anzeige die behindernden Umstände deutlich beschreiben und mitteilen, wie seine Arbeit von dem behindernden Umstand berührt wird. Schließlich müssen in der Anzeige Beginn und voraussichtliche Dauer der Behinderungen genannt sein.

Falls die Behinderungsanzeige diesen Anforderungen genügt, verlängern sich die Bauzeiten automatisch.

Falls die Behinderung vom Auftraggeber zu vertreten war und dem Auftragnehmer ein Schaden entstanden ist, steht dem Auftragnehmer bei Vorliegen der allgemeinen Voraussetzungen ein Schadensersatzanspruch nach § 6 Nr. 6 VOB/B zu.

Beigeladener

I. Begriff

Ein Beigeladener ist ein Unternehmen, dessen Interessen durch eine Entscheidung der → *Vergabekammer* im → *Nachprüfungsverfahren* schwerwiegend berührt werden, vgl. § 109 → *GWB*. Ein Beispiel wäre ein Unternehmen, das von der Vergabestelle für den → *Zuschlag* vorgesehen ist und das durch die Nachprüfung des Verfahrens in Gefahr ist, den erwarteten Auftrag nicht zu erhalten. Ein solches Unternehmen muss von der Vergabekammer über das Nachprüfungsverfahren informiert werden und wird Verfahrensbeteiligter; es besitzt also dieselben Angriffs- und Verteidigungsrechte wie der Antragsteller. Werden von dem Beigeladenen Anträge gestellt, trägt er aber auch ein entsprechendes Kostenrisiko. Eine Pflicht, an dem Verfahren teilzunehmen oder Anträge zu stellen, besteht für den Beigeladenen nicht.

II. Aktuelle Rechtsprechung

Eine Vergabestelle schrieb berufsvorbereitende Bildungsmaßnahmen nach der VOL/A aus. Ein Bieter leitete ein Nachprüfungsverfahren ein. Die Vergabestelle vertrat in diesem Verfahren die Auffassung, dass der Nachprüfungsantrag wegen eines Rügeverstoßes unzulässig und unbegründet ist. Dieses materiell-rechtliche Vorbringen machte sich ein beigeladener Bieter in der mündlichen Verhandlung vor der Vergabekammer zu Eigen. Die Vergabekammer verpflichtete schließlich die Vergabestelle wegen unzumutbarer Wagnisse in der Leistungsbeschreibung zur Aufhebung der Ausschreibung. Die Kosten des Nachprüfungsverfahrens vor der Vergabekammer wurden der Vergabestelle und dem Beigeladenen als Gesamtschuldner sowie die zur zweckentsprechenden Rechtsverfolgung notwendigen Aufwendungen des Antragstellers zu je 50% dem Beigeladenen und der Vergabestelle auferlegt. Gegen die im Übrigen bestandskräftige Entscheidung der Vergabekammer erhob der Beigeladene sofortige Beschwerde mit dem Ziel, ihn von einer Übernahme von jeweils 50% der Verfahrenskosten und der notwendigen Aufwendungen des Antragstellers zu entbinden und diese vollständig der Vergabestelle aufzuerlegen. Zur Begründung verwies er unter anderem darauf, dass die Vergabekammer ihn nicht über die Risiken der ausdrücklichen Unterstützung der Vergabestelle aufgeklärt und belehrt habe.

Der Vergabesenat des OLG Düsseldorf wies den Antrag ab. Die Vergabekammer treffe keine Aufklärungs- und Untersuchungspflicht über das mit der Stellung eines Antrags verbundene Kostenrisiko. Der Beigeladene sei durch seinen anwaltlichen Verfahrensbevollmächtigten in der mündlichen Verhandlung vertreten. Die Vergabekammer könne und dürfe bei dieser Sachlage davon ausgehen, dass der anwaltliche Verfahrensbevollmächtigte den Beigeladenen über das Kostenrisiko, das mit einer erfolglosen Antragstellung verbunden ist, aufklärt (OLG Düsseldorf, Beschluss vom 23.11.2004 – Verg 69/04).

Bekanntmachungen

Bei →*Öffentlicher Ausschreibung* bzw. im →*Offenen Verfahren* muss die Ausschreibung in bestimmten Publikationsorganen, z. B. Tageszeitungen, amtliche Veröffentlichungsblätter oder Fachzeitschriften, bekannt gemacht werden, § 17 Nr. 1 VOB/A. Eine europaweite Ausschreibung muss im Supplement des Amtblattes der EG veröffentlicht werden.

Eine ähnliche Form der Bekanntmachung gibt es bei →*Beschränkter Ausschreibung* und →*Freihändiger Vergabe* mit öffentlichem Teilnahmewettbewerb (§ 17 Nr. 2 VOB/A). Hier richtet sich die Aufforderung an die

Unternehmen darauf, Anträge auf Beteiligung an einer Beschränkten Ausschreibung oder einer Freihändigen Vergabe zu stellen.

Neben diesen Bekanntmachungen im ersten Stadium des Vergabeverfahrens gibt es die Bekanntmachung der Auftragserteilung nach § 28 a VOB/A, in der die Vergabestelle bei einem europaweiten Vergabeverfahren oberhalb der Schwellenwerte, die Ergebnisse des Vergabeverfahrens mitzuteilen hat.

Benachrichtigungen der Bieter

Die VOB legt dem Auftraggeber verschiedene Benachrichtigungspflichten auf. Eine unverzügliche Benachrichtigung muss insbesondere dann erfolgen, wenn die Ausschreibung aufgehoben wird, § 26 Nr. 2 VOB/A. Bei der Benachrichtigung muss der Auftraggeber auch die Gründe, die zur →*Aufhebung der Ausschreibung* geführt haben, bekannt geben. Falls die Absicht besteht, im Anschluss an die Aufhebung ein neues Vergabeverfahren einzuleiten, ist dies den Bietern zusammen mit der Unterrichtung über die Aufhebung bekannt zu geben.

Eine Benachrichtigung ist ebenfalls für die Bieter erforderlich, deren Angebote wegen formeller oder inhaltlicher Mängel gem. § 25 Nr. 1 VOB/A ausgeschlossen worden sind oder deren Angebote (wegen fehlender →*Eignung* oder unangemessener Preise) nicht in die engere Wahl kommen. Bei diesen Bietern muss die Benachrichtigung so bald wie möglich erfolgen, vgl. § 27 Nr. 1 S. 1 VOB/A.

Die übrigen Bieter, die erst auf der letzten Stufe der →*Wertung der Angebote* nicht in Betracht gekommen sind, sind zu verständigen, sobald der →*Zuschlag* erteilt worden ist. Nach § 27 Nr. 2 VOB/B sind den nicht berücksichtigten Bietern auf schriftliches Verlangen hin die Gründe für die Nichtberücksichtigung ihres Angebotes bzw. (bei einer Beschränkten Ausschreibung) ihrer Bewerbung mitzuteilen.

Berufsregister

Nach § 8 Nr. 3 Abs. 1 lit. f) ist von den Bewerbern der Nachweis über „die Eintragung in das Berufsregister ihres Sitzes oder Wohnsitzes" zu erbringen. In Deutschland handelt es sich hierbei um das →*Handelsregister* und die →*Handwerksrolle.*

Der Nachweis des Eintrags in das Berufsregister dient der Unterrichtung der Auftraggeber. Er ist Voraussetzung für eine Auftragserteilung. Die Einforderung dieses Nachweises soll verhindern, dass Bewerber den Zuschlag erhalten, die nicht über einen ordnungsgemäß eingerichteten Handwerks- oder Gewerbebetrieb verfügen.

Beschäftigung, illegale

Die illegale Beschäftigung umfasst verschiedene Erscheinungsformen. Erfasst wird zum einen die →*Schwarzarbeit* im Sinne des Gesetzes zur Bekämpfung der Schwarzarbeit. Unter Schwarzarbeit in diesem Sinne, ist eine Gewerbeausübung ohne Vorliegen der gewerberechtlichen Voraussetzungen zu verstehen. Schwarzarbeit umfasst nicht nur den Fall, dass das Unternehmen weder der Handwerkskammer noch der Industrie- und Handelskammer angehört, sondern liegt auch dann vor, wenn zwar eine Zugehörigkeit besteht, die angemeldete Gewerbetätigkeit jedoch nicht mit der auszuführenden Leistung übereinstimmt.

Neben dieser Schwarzarbeit im engeren Sinne umfasst der Begriff der illegalen Beschäftigung auch folgende Formen:

– die Beschäftigung von Arbeitnehmern ohne Entrichtung von Lohnsteuer- und Sozialversicherungsbeiträgen,

– den illegalen Arbeitskräfteverleih, d. h. den Verleih von deutschen oder ausländischen Arbeitnehmern an Dritte ohne die hierfür erforderliche Erlaubnis der Bundesanstalt für Arbeit,

– die illegale Ausländerbeschäftigung, also die Beschäftigung von nicht der EU angehörenden ausländischen Arbeitnehmern ohne die notwendige Arbeitserlaubnis,

– den Leistungsmissbrauch, d. h. die Erwerbstätigkeit bei gleichzeitiger Inanspruchnahme von Leistungen der Arbeitsförderung ohne die gebotene Unterrichtung einer Dienststelle der Bundesagentur für Arbeit.

Kann dem Bieter bzw. Bewerber im Vergabeverfahren nachgewiesen werden, dass er sich der Schwarzarbeit oder illegalen Beschäftigung schuldig gemacht hat, so fehlt es regelmäßig an der →*Zuverlässigkeit.* Der Bieter kann daher wegen fehlender →*Eignung* nach § 25 Nr. 2 VOB/A ausgeschlossen werden.

Nach Erteilung des →*Zuschlags* wird die illegale Beschäftigung vielfach als Kündigungsgrund in entsprechender Anwendung von § 8 Nr. 3 VOB/B bewertet. Deshalb wird in den →*Zusätzlichen Vertragsbedingungen* festgelegt, dass bei nachweislichem Verstoß gegen gesetzliche Bestimmungen der Auftraggeber zur →*Kündigung* berechtigt ist.

Beschränkte Ausschreibung

Die Beschränkte Ausschreibung ist neben der →*Öffentlichen Ausschreibung* und der →*Freihändigen Vergabe* eine weitere Vergabeart bei nationalen Vergaben. Sie entspricht weitgehend dem →*Nichtoffenen Verfahren* im Bereich der europaweiten Vergaben.

Bei der Beschränkten Ausschreibung wendet sich der Auftraggeber an eine beschränkte Zahl von Unternehmen mit der Aufforderung, Angebote für Bauleistungen einzureichen (§ 3 Nr. 1 Abs. 2 VOB/A). Diese Aufforderung soll nach § 8 Nr. 2 Abs. 2 VOB/A im Allgemeinen nur an 3 bis 8 →*fachkundige*, →*leistungsfähige* →*Bewerber* ergehen, wobei die Zahl der Bewerber dann möglichst noch eingeschränkt werden soll, wenn von ihnen noch umfangreiche Vorarbeiten verlangt werden, die einen besonderen Aufwand erfordern. Wesentliche Merkmale der Beschränkten Ausschreibung sind die folgenden Punkte:

– Es ist, wie bei der Öffentlichen Ausschreibung, ein förmliches Verfahren durchzuführen.
– Zur Angebotsabgabe wird nur eine beschränkte Anzahl von Bewerbern aufgefordert.
– Nur die zur Angebotsabgabe aufgeforderten Bewerber können Angebote einreichen; ein freier Wettbewerb findet nur innerhalb dieses Bewerberkreises statt.

Da nach der VOB/A die Öffentliche Ausschreibung der Regelfall sein soll, ist eine Beschränkte Ausschreibung nur unter besonderen Voraussetzungen zulässig, die in § 3 Nr. 3 Abs. 1 lit. a)-c) aufgeführt sind. Die dort aufgeführten Fälle sind allerdings nicht abschließend.

Als Fälle werden in Nr. 3 Abs. 1 beispielhaft aufgeführt:
– unverhältnismäßiger Aufwand bei Öffentlicher Ausschreibung,

- eine Öffentliche Ausschreibung ohne annehmbares Ergebnis,
- Unzweckmäßigkeit der Öffentlichen Ausschreibung aus anderen Gründen.

Der letzte Fall umfasst insbesondere die Fälle, bei denen eine Geheimhaltung notwendig ist (z. B. militärische Bauobjekte) und Fälle der →*Dringlichkeit*. Unter Dringlichkeit sind allerdings nicht solche Fälle zu verstehen, die deshalb unter Zeitdruck geraten, weil der Auftraggeber sich mit den Vorbereitungen für die Ausschreibung zu viel Zeit gelassen hat.

In jedem Fall sind nur solche Erwägungen zu berücksichtigen, die sich aus der Eigenart der Bauleistung oder anderen besonderen Umständen ergeben.

In zwei weiteren Fällen ist eine Beschränkte Ausschreibung zulässig, sofern der Auftraggeber einen Öffentlichen →*Teilnahmewettbewerb* vorschaltet. Es handelt sich einerseits um den Fall, in denen für eine Bauleistung besondere Fachkunde, Leistungsfähigkeit und Zuverlässigkeit erforderlich ist und die Leistung deshalb nur von einem beschränkten Kreis von Unternehmern durchgeführt werden kann. Andererseits ist eine Beschränkte Ausschreibung mit vorgeschaltetem Teilnahmewettbewerb zulässig, wenn die Bearbeitung des Angebots wegen der Eigenart der Leistung einen außergewöhnlich hohen Aufwand erfordert.

Beurteilungsgruppen

Eine (Gesamt-) →*Leistung* lässt sich fast immer in verschiedene kleinere Leistungen aufspalten. Auch können unter einem Oberbegriff (z.B. Kanalbau) Leistungen verschiedenster Schwierigkeit auszuführen sein. Würde man aber für jede einzelne Leistung, oder für jeden Schwierigkeitsgrad ein eigenes →*Gütezeichen* vergeben, so würde das ganze System vollkommen unüberschaubar sein und könnte seinen Zweck nicht mehr erfüllen. Um dennoch einen gewissen Grad an Diversifizierung zu schaffen, besteht die Möglichkeit, verschiedene Beurteilungsgruppen zu bilden. Diese umfassen dann jeweils beispielsweise Leistungen bestimmter Schwierigkeiten. Die Bewerber um das Gütezeichen müssen dementsprechend auch verschiedene Voraussetzungen erfüllen. Je höher der Schwierigkeitsgrad, umso höher die Anforderungen. Zusätzlich zu den speziellen Anforderungen der jeweiligen Beurteilungsgruppen muss jedes Unternehmen allgemeine Anforderungen, unabhängig von der Beurteilungsgruppe erfüllen.

Dazu zählen zum Beispiel besondere Erfahrungen und Zuverlässigkeit des Unternehmens und des eingesetzten Personals in Bezug auf die Ausführung der beschriebenen Arbeiten. Es müssen alle für die Durchführung der jeweiligen Arbeiten erforderlichen Geräte und Betriebseinrichtungen in ausreichender Menge und funktionsfähigem Zustand auf der Baustelle vorhanden sein.

Für die Gütesicherung nach RAL GZ 961 „Kanalbau" gibt es zum Beispiel folgende Beurteilungsgruppen:

Gruppe AK3:

Herstellung, Instandsetzung und Erneuerung von Grundstücksentwässerungsanlagen, von Abwasserleitungen und –kanälen aller Werkstoffe kleiner gleich DN 250 in offener Bauweise und mit Schächten, Abscheideranlagen sowie Kleinkläranlagen bis zu einer Tiefenlage von 3 m.

Gruppe AK2:

Herstellung, Instandsetzung und Erneuerung von Abwasserleitungen und -kanälen aller Werkstoffe in Nennweiten kleiner gleich DN 1.200 in offener Bauweise mit den dazugehörigen Bauwerken bis zu einer Tiefenlagevon 5 m.

Gruppe AK1:

Herstellung, Instandsetzung und Erneuerung von Abwasserleitungen und -kanälen aller Werkstoffe und Nennweiten, insbesondere auch in Tiefenlagen größer 5 m mit den dazugehörigen Bauwerken in offener Bauweise unter erschwerten Bedingungen.

Gruppe VP:

Grabenlose Herstellung von Abwasserleitungen und –kanälen mit steuerbaren Pilotrohr-Verfahren und damit vergleichbaren steuerbaren Verfahren. Die eventuelle Einschränkung auf Produktrohre kleiner gleich DN 150 wird auf der Urkunde vermerkt.

Gruppe VM:

Grabenlose unbemannte Herstellung von Abwasserleitungen und -kanälen mit steuerbaren Verfahren im Mikrotunnelbau mit Schnecken- und Spülförderung.

Gruppe VD:

Grabenlose Herstellung von Abwasserleitungen und –kanälen mit geschlossenen steuerbaren Schilden und Stützung der Ortsbrust durch Flüssigkeit mit Druckluft oder Erddruck (z. B. Mix- oder EPB-Schild).

Gruppe VO:

Grabenlose bemannte Herstellung von Abwasserleitungen und -kanälen mit offenen steuerbaren Schilden ohne Druckluft oder bemannte Herstellung in bergmännischer Bauweise. Eine Einschränkung auf bergmännische Bauweise wird auf der Verleihungsurkunde genannt.

Gruppe VOD:

Grabenlose bemannte Herstellung von Abwasserleitungen und -kanälen mit offenen steuerbaren Schilden unter Druckluft.

Gruppe S:

Grabenlose Sanierung, Instandsetzung und Erneuerung von Abwasserleitungen und -kanälen aller Werkstoffe und Nennweiten mit den dazugehörigen Bauwerken. Gütezeichen Kanalbau der Beurteilungsgruppe S werden für die Handhabung eines Einzelnen Sanierungsverfahrens erteilt. Die Verfahren werden auf der Verleihungsurkunde genannt.

Gruppe I:

Inspektion von Abwasserleitungen und -kanälen aller Werkstoffe und Nennweiten mit den dazugehörigen Bauwerken.

Gruppe R:

Reinigung von Abwasserleitungen und -kanälen aller Werkstoffe und Nennweiten mit den dazugehörigen Bauwerken.

Gruppe D:

Dichtheitsprüfung von Abwasserleitungen und -kanälen aller Werkstoffe und Nennweiten mit Schächten sowie von Grundstücksentwässerungsanlagen und Kleinkläranlagen.

Gruppe G:

Inspektion, Reinigung und Dichtheitsprüfung von Entwässerungsanlagen und –leitungen kleiner gleich DN 250 in Gebäuden und auf Grundstücken.

Manche Anforderungen für die verschiedenen Beurteilungsgruppen überschneiden sich, bzw. die Erfüllung der Anforderungen einer Beurteilungsgruppe ist die Voraussetzung für den Erhalt einer anderen. So sind die Beurteilungsgruppen AK3 und AK2 Bestandteil der Beurteilungsgruppe AK1. Die Beurteilungsgruppe AK3 ist Bestandteil der Beurteilungsgruppe AK2. Die Beurteilungsgruppe D ist Bestandteil der Beurteilungsgruppen AK3, AK2, AK1, VP, VM, VD, VO, VOD, S und I. Die Beurteilungsgruppe VO ist Bestandteil der Beurteilungsgruppe VOD. Die Beurteilungsgruppe VM ist Bestandteil der Beurteilungsgruppe VD.

Die besonderen Anforderungen an die jeweiligen Beurteilungsgruppen unterscheiden sich beispielsweise in der Qualifikation des Personals. So werden für manche Gruppen Spezialkenntnisse oder eine bestimmte Anzahl besonders ausgebildeter Mitarbeiter verlangt. Auch können hier unterschiedliche Geräte oder Betriebseinrichtungen erforderlich sein.

Bewerber

Als Bewerber werden Unternehmen bezeichnet, die um Aufträge bemüht sind. Sie treten mit potentiellen Auftraggebern zumeist von sich aus in Verbindung. Dies geschieht bei →*Öffentlichen Ausschreibungen* durch Beschaffen und Bearbeiten der →*Verdingungsunterlagen* sowie Einreichen eines Angebotes, bei →*Beschränkten Ausschreibungen* und →*Freihändigen Vergaben*, denen ein öffentlicher →*Teilnahmewettbewerb* vorgeschaltet ist, durch Stellen eines Teilnahmeantrags. Bei Beschränkten Ausschreibungen und Freihändigen Vergaben ohne öffentlichen Teilnahmewettbewerb tritt der Auftraggeber an geeignete Unternehmen heran, um sie zu einer Bewerbung zu veranlassen. Mit Abgabe eines Angebotes beim Auftraggeber wird der Bewerber zum →*Bieter*.

Bewerbungsbedingungen

Bewerbungsbedingungen sind neben der Aufforderung zur Angebotsabgabe und den Verdingungsunterlagen ein Teil der →*Vergabeunterlagen*. Unter ihnen versteht man die Erfordernisse, die die →*Bewerber* bei der Bearbeitung der Angebote beachten müssen, insbesondere zum Inhalt der Angebote.

BGB-Bauvertrag

Ebenso wie der →*VOB-Vertrag* ist ein Bauvertrag nach BGB ein →*Werkvertrag*, für den die §§ 631 BGB gelten. Im Unterschied zu diesem wurde die Geltung VOB/B jedoch nicht oder nicht wirksam vereinbart.

Bieter

Unter Bieter ist ein Unternehmen zu verstehen, das bei dem →*Auftragge-ber* ein Angebot abgegeben hat. Bis zu dem Zeitpunkt der Angebotsabgabe nennt man das Unternehmen →*Bewerber*.

Bietergemeinschaft

I. Allgemeines

Bei einer Bietergemeinschaft schließen sich mehrere Unternehmer mit dem Ziel zusammen, einen ausgeschriebenen öffentlichen Auftrag gemeinsam zu erhalten und diesen nach erfolgreichem Vertragsabschluss als →*Arbeitsgemeinschaft* durchzuführen. Nach § 25 Nr. 6 VOB/A sind solche Bietergemeinschaften Einzelbietern gleichzustellen, wenn sie die Arbeiten in den Betrieben der Mitglieder ausführen.

Wichtig ist, dass das gemeinsame Angebot den Unterschriftsanforderungen von § 21 Nr. 1 VOB/A genügen muss. Das bedeutet, dass alle Firmen bzw. die vertretungsberechtigten Mitglieder sämtlicher Partnerfirmen unterschreiben müssen oder die Partnerfirmen ein Mitglied mit ihrer Vertretung bevollmächtigen müssen. Die entsprechende Vertretungsmacht ist bereits durch Einreichung einer Vollmacht bei Angebotsabgabe nachzuweisen.

II. Vereinbarung über die Bildung einer Bietergemeinschaft

Eine Vereinbarung über die Bildung einer Bietergemeinschaft ist nach der Rechtsprechung unzulässig, wenn sie eine wettbewerbsbeschränkende Abrede im Sinne von § 1 GWB darstellt. Ob die an einer Bietergemeinschaft beteiligten Unternehmen objektiv wirtschaftlich in der Lage wären, den Auftrag allein durchzuführen, ist dabei nicht entscheidend. Maßgeblich ist, ob ein Unternehmer bereit ist, sich allein um die Auftragsvergabe zu bewerben oder ob dem – selbst bei genereller Markteintrittsfähigkeit – Gründe entgegenstehen, z. B. dass seine „freien" Kapazitäten weit geringer sind und er nicht bereit ist, die durch andere Aufträge gebundenen Kapazitäten für den ausgeschriebenen Auftrag einzusetzen, oder dass er ein wettbewerbsgerechtes Angebot nur in Kooperation mit anderen Partnern abzugeben vermag oder aus Gründen der Risikostreuung nur zu einer Kooperation mit anderen Branchenunternehmen bereit ist. Dabei orientiert sich die Frage, was wirtschaftlich und kaufmännisch vernünftig ist, an objektiven Kriterien, ohne den in diesem Rahmen notwendigen unternehmerischen Beurteilungsspielraum der Beteiligten zu beschränken (vgl. OLG Frankfurt, Beschluss vom 27.6.2003 – 11 Verg 2/03, m. w. N.). Ebenso ist davon auszugehen, dass dem einzelnen Unternehmer bei der Entscheidung, sich allein oder als Mitglied einer Bietergemeinschaft um die Vergabe eines Auftrages zu bemühen, ein Beurteilungsspielraum gegeben ist. Die hieraus resultierende unternehmerische Entscheidung ist daher nur begrenzt einer nachträglichen gerichtlichen Überprüfung zugänglich. In erster Linie muss der Unternehmer selbst einschätzen, ob eine Teilung des Leistungsrisikos und – damit einhergehend – des zu erwartenden Erlöses bzw. etwaiger Verluste mit anderen Branchenunternehmen für sein Unternehmen wirtschaftlich sinnvoll ist oder nicht. Diese Entscheidung darf angesichts des Regel-Ausnahme-Verhältnisses hinsichtlich der Zulässigkeit von Vereinbarungen über die Bildung von Bietergemeinschaften nicht über Gebühr mit dem Risiko anderweitiger Beurteilung im Vergabe- bzw. im Vergabenachprüfungsverfahren belastet werden (vgl. OLG Naumburg, Beschluss vom 21.12.2000 – 1 Verg 10/00).

III. Mehrfachbeteiligung von Bietern
Gibt ein Bieter für ein ausgeschriebenes Los nicht nur ein eigenes Angebot ab, sondern bewirbt sich daneben als Mitglied einer Bietergemeinschaft um den Zuschlag auf ein Einzelangebot für dieselbe Leistung (Doppelangebot), so ist der Geheimwettbewerb in Bezug auf beide Angebote grundsätzlich nicht gewahrt (OLG Naumburg, Beschluss vom 30.7.2004 – 1 Verg 10/04).

IV. Aktuelle Rechtsprechung
Die Vergabestelle schrieb Baumaßnahmen für den Ausbau des Teltow-Kanals europaweit aus. Eine Bietergemeinschaft gab ein Angebot ab. Nach Angebotsabgabe veräußert ein Mitglied der Bietergemeinschaft seinen Betriebsteil, soweit er den Wasser- und Tiefbau betreibt. Die Bietergemeinschaft unterrichtete die Vergabestelle hiervon. Diese schloss daraufhin die Bietergemeinschaft vom Vergabeverfahren aus, da die Umwandlung der Bietergemeinschaft eine unzulässige inhaltliche Abänderung des bisherigen Angebots darstelle und durch die Veräußerung des Betriebsteils die Eignung und Fachkunde der Bietergemeinschaft

entfallen sei. Die Bietergemeinschaft leitete daraufhin ein Nachprüfungsverfahren ein.

Vergabekammer und Vergabesenat sehen in der Veräußerung des Betriebsteils keine nachträgliche Änderung der Bietergemeinschaft. Das Verbot einer Änderung des Angebots erstreckt sich zwar auch auf die Zusammensetzung einer Bietergemeinschaft, Bietergemeinschaften können, wie
der sinngemäßen Auslegung von § 21 Nr. 5 VOB/A zu entnehmen ist, nur
bis zur Angebotsabgabe gebildet und geändert werden. Nach der Angebotsabgabe bis zur Erteilung des Zuschlags sind Änderungen, namentlich
Auswechslungen, grundsätzlich nicht mehr zuzulassen, da in ihnen eine
unzulässige Änderung des Angebots liegt. Dasselbe hat für Veränderungen in der Zusammensetzung der Bietergemeinschaft in der Zeit nach Abgabe des Angebots bis zur Zuschlagserteilung zu gelten. Wird jedoch lediglich ein Betriebsteil eines Mitglieds der Bietergemeinschaft veräußert
und ändert sich die Zusammensetzung der Bietergemeinschaft nicht,
bleibt die rechtliche Identität der Bietergemeinschaft erhalten. Räumt der
Erwerber des Betriebsteils dem Veräußerer – als Mitglied der Bietergemeinschaft – auch den uneingeschränkten Zugriff auf Personal, Gerät und
Know-how des von ihm übernommenen Betriebsteils ein, bestehen an der
Eignung grundsätzlich keine Zweifel (OLG Düsseldorf, Beschluss vom
26.01.2005 – Verg 45/04).

Bindefrist

I. Allgemeines

Unter Bindefrist versteht man den Zeitpunkt, in welchem der Bieter gegenüber dem Auftraggeber an sein Angebot gebunden ist. Die Bindefrist
des Bieters beginnt mit dem →*Eröffnungstermin* und endet mit dem Ende
der →*Zuschlagsfrist*. Daraus folgt, dass die Zuschlagsfrist der Bindefrist
gleichzusetzen ist, weil die Bieter in keinem Fall innerhalb dieser Fristen
ihre Angebote zurückziehen können oder abändern können.

II. Ablauf der Bindefrist während des laufenden Nachprüfungsverfahrens
Erlöschen sämtliche Angebote, weil die Bindefrist infolge eines Nachprüfungsverfahrens abgelaufen ist, so kann die Vergabestelle die Aufhebung
der Ausschreibung beschließen. Zwar ist es nicht zwingend erforderlich,

dass ein nicht fristgerechter Zuschlag ganz unterbleibt, jedoch gilt die verspätete Annahme des Angebots als neues Angebot (§ 150 Abs. 1 BGB), dem der Auftragnehmer zustimmen muss. Die Vergabestelle kann deshalb nach Ablauf der Bindefrist dem ausgewählten Bieter ein neues Angebot zum Abschluss eines Vertrages unterbreiten. Ist dieser jedoch nicht zur Annahme bereit, folgt daraus nicht, dass die Vergabestelle nunmehr dem nächstplatzierten Bieter – und im Falle seiner Ablehnung – allen anderen nachfolgend Platzierten ein Angebot auf Abschluss eines Vertrages unterbreiten müsste, bis sich einer der im Rang nachfolgenden Bieter trotz Ablaufs der Bindefrist bereit erklärt, den Vertrag zu seinen bisherigen Bedingungen anzunehmen.

Ist der ausgewählte Bieter nach Ablauf der Bindefrist nicht mehr bereit, das Vertragsangebot anzunehmen, so stellt dies einen Grund für die Aufhebung der Ausschreibung dar. Dem steht nicht entgegen, dass gem. § 26 Nr. 1 a) VOL/A die Ausschreibung (nur) aufgehoben werden kann, wenn kein Angebot eingegangen ist, das den Ausschreibungsbedingungen entspricht. Daraus folgt, dass ein verbleibendes Angebot kein Aufhebungsgrund ist, der Zuschlag aber grundsätzlich gegeben werden muss, selbst wenn sein Preis höher liegt als diejenigen der auszuschließenden Angebote.

Das gilt aber nicht, wenn mehrere annehmbare Angebote eingegangen und infolge der durch ein Nachprüfungsverfahren eingetretenen Verzögerungen erloschen sind, sodass überhaupt kein annahmefähiges Angebot vorliegt. In dieser Situation entspricht es vielmehr dem Grundsatz des Wettbewerbs und der Gleichbehandlung, wenn alle Bieter Gelegenheit haben, sich gegebenenfalls an einer neuen Ausschreibung zu beteiligen. Es entspricht auch nicht der Intention des Vergabenachprüfungsverfahrens, dass derjenige, der ein letztlich erfolgloses Nachprüfungsverfahren einleitet, von den dadurch eingetretenen Verzögerungen bei der Zuschlagserteilung profitiert (vgl. OLG Frankfurt, Beschluss vom 5.8.2003 – 11 Verg 1/02)

BKR

→ *Baukoordinierungsrichtlinie*

Bodenverflüssigung

I. Allgemeines

Umstürzende Bohrgeräte, versinkende Bagger oder abgebrochene Bohrge-
stänge sind in der Baupraxis nichts Ungewöhnliches. Und auch der Streit
um die oft sehr hohen Kosten zur Bergung, Reparatur oder für den Verlust
teurer Geräte gehört zum – schwierigen – „Tiefbau-Alltag". Dabei ist die
Lösung nicht auf dem Silbertablett servierbar, sondern es kommt – wie so
häufig im Baurecht – darauf an: Hat keiner der Vertragsparteien, wie bei
der Bejahung der Baugrundrisiko-Verwirklichung, den →Schaden verschuldet, dann gibt es auch keinen Schadensersatz. Allerdings kann über
einen Aufopferungsanspruch entsprechend dem nachbarlichen Gemein-
schaftsverhältnis nachgedacht werden. Denn der Baugrund – also die Ursache des Schadens – wird allein vom Bauherrn vorgegeben. Zu diesem
Thema folgender Fall aus der Rechtsprechung:

II. Rechtsprechung

Für den Ausbau einer Abwasserpumpstation musste eine Baugrube ausgehoben werden. Der dazu eingesetzte Bagger sank kurz nach Beginn der
Tiefbauarbeiten rund 2 m in das Erdreich ein. Seine Bergung führte ebenso zu Mehrkosten wie seine Reparatur. Grund für das rund 26.000 Euro
teure Unglück war, wie der Gerichtssachverständige feststellte, eine Bodenverflüssigung, die zu einem Grundbruch und damit zur „Bodenlosig-
keit" im Bereich des schweren Baggers führte. Der Bauunternehmer verlangt unter dem Gesichtspunkt der Verwirklichung des Baugrundrisikos,
aber auch aufgrund einer unzutreffenden Baugrundangabe (statt des angetroffenen Bodens der Klasse II war die Bodenklasse IV als wesentlich
festerer Baugrund im Vertrag aufgeführt worden) Zahlung seiner im Zusammenhang mit dem Geräteunfall entstandenen Kosten. Der Bauherr
und auch das Erstgericht verneinen einen Anspruch: Die unrichtige Vorgabe der Bodenklasse sei nicht ursächlich für das Einsinken gewesen und
die Bodenverflüssigung sei dem Auftraggeber nicht zurechenbar.

Im Unterschied zum Landgericht beurteilt das OLG den Rechtsstreit
differenzierter: Auch wenn durch das Baugrundrisiko bei dessen Verwirklichung nicht auch Schäden an Geräten – wie hier dem Bagger – des Bauunternehmers von Vergütungsansprüchen erfasst werden könnten, da insoweit § 2 Nr. 5, 6 VOB/B eine abschließende Regelung vorgebe, könne

dennoch ein Schadensersatzanspruch gegeben sein: Unterstellt nämlich, der Tiefbauunternehmer hätte bei richtiger Vorgabe des Baugrundes für sich selbst als Fachfirma Rückschlüsse auf die Anfälligkeit des Baugrunds in Richtung Bodenverflüssigung ziehen können, dann hätte der Schaden möglicherweise vermieden werden können. Deshalb müsse durch das Erstgericht der Frage nachgegangen werden: „Hätte der Bauunternehmer aufgrund des ihm überlassenen Baugrundgutachtens mit Verhältnissen rechnen müssen, die das eingetretene Schadensereignis ermöglichten?" Eine weitere Frage schließt sich an: „War die Beschreibung der Bodenverhältnisse für die Fachfirma erkennbar lückenhaft und/oder widersprüchlich?" Zur Beantwortung unter anderem dieser Fragen wird der Rechtsstreit zurückverwiesen (OLG Zweibrücken, Urteil vom 07.07.2004 – 1 U 1/04).

Bürgschaft

I. Allgemeines

Die Bürgschaft ist im Bereich der Bauleistungen die häufigste →*Sicherheitsleistung*.

Sie soll, wie jede andere Sicherheitsleistung, einen genau bezeichneten Anspruch eines Gläubigers sichern. Durch den Bürgschaftsvertrag verpflichtet sich der Bürge (z. B. ein Kreditinstitut) gegenüber dem Gläubiger eines →*Dritten* (z. B. dem →*Auftraggeber*), für die Erfüllung der Verbindlichkeit des Dritten (z. B. des →*Auftragnehmers*) einzustehen, also subsidiär zu haften (§ 765 BGB). Die Verpflichtung des Bürgen ist jeweils vom Bestand der Hauptforderung abhängig.

Bei einem →*Bauvertrag* gibt der Bürge seine Erklärung grundsätzlich gegenüber dem Sicherungsgeber bzw. Auftragnehmer ab, und zwar in Form einer sog. Bürgschaftsurkunde, die zugunsten des Auftraggebers ausgestellt wird. Mit der Übergabe der Urkunde an diesen ist der Sicherungszweck erreicht.

Für die Bürgschaftserklärung ist →*Schriftform* erforderlich, § 766 BGB. An sich kann nach § 771 BGB der Bürge die Befriedigung des Gläubigers verweigern, solange nicht der Gläubiger eine Zwangsvollstreckung gegen den Hauptschuldner ohne Erfolg versucht hat. Diese sog. „Einrede der Vorausklage" ist jedoch bei der sog. „selbstschuldnerischen Bürgschaft" ausgeschlossen, die von der VOB/B in § 17 Nr. 4 VOB/B verlangt wird.

II. Aktuelle Rechtsprechung

Die klagende Stadt nimmt eine beklagte Sparkasse aus einer Bürgschaft auf erstes Anfordern in Anspruch. Die Sparkasse ist der Auffassung, die Inanspruchnahme der Bürgschaft sei rechtsmissbräuchlich, weil die Sicherungsvereinbarung im Bauvertrag unwirksam ist. Nach dieser könne ein Sicherheitseinbehalt von 5% der Bausumme nur durch eine Bürgschaft auf erstes Anfordern abgelöst werden. Eine ergänzende Vertragsauslegung dahin, dass der Auftragnehmer berechtigt sei, den Sicherheitseinbehalt durch eine selbstschuldnerische, unbefristete Bürgschaft abzulösen, komme nicht in Betracht.

Der BGH entschied, dass eine Klausel in Allgemeinen Geschäftsbedingungen eines Bauvertrages, die vorsieht, dass ein Sicherheitseinbehalt von 5% der Bausumme nur durch eine Bürgschaft auf erstes Anfordern abgelöst werden kann, nicht in der Weise aufrecht erhalten werden könne, dass der Auftragnehmer berechtigt ist, den Sicherheitseinbehalt durch eine selbstschuldnerische, unbefristete Bürgschaft abzulösen. Die Sparkasse erhielt also Recht. Der BGH lehnte eine ergänzende Vertragsauslegung ab. Sie komme nur dann in Betracht, wenn geklärt werden könne, was die Parteien vereinbart hätten, wenn sie die Unwirksamkeit der Klausel gekannt hätten. Dass ein Auftraggeber, der eine Klausel mit dem Merkmal auf erstes Anfordern verwendet, obwohl ihm bekannt sein müsste, dass die Klausel unwirksam ist, auch mit einer selbstschuldnerischen Bürgschaft ohne dieses Merkmal einverstanden wäre, sei nicht anzunehmen. Es sei nicht sicher feststellbar, wie die Parteien bei Kenntnis der Unwirksamkeit der Klausel ihren Willen realisiert hätten, dem Auftraggeber eine Sicherheit zu verschaffen (BGH, Urteil vom 9.12.2004 – VII ZR 265/03).

C

CE- Zeichen

Das CE-Zeichen, z. T. auch als EU-Konformitätszeichen bezeichnet, ist ein Symbol zur Kennzeichnung von Baustoffen und Bauteilen, also von Bauprodukten im Sinne der europäischen Bauproduktenrichtlinie (→*europäische Richtlinien*). Dieses Zeichen besagt, dass das betreffende Produkt mit einer gemeinschaftsrechtlichen technischen Spezifikation übereinstimmt, also mit einer europäischen Norm oder einer europäischen technischen Zulassung bzw. gemeinsamen technischen Spezifikation. Ein Bauprodukt mit CE-Zeichen hat die widerlegbare Vermutung für sich, dass es brauchbar ist und erfolgreich ein Konformitätsverfahren durchlaufen hat. Es verpflichtet die Mitgliedsstaaten der EU, von der Brauchbarkeit des Produkts im Sinne der wesentlichen Anforderungen auszugehen. Das CE-Zeichen ist also eine Art europäischer Passierschein. Voraussetzung für das Führen des CE-Zeichens ist ein Konformitätszertifikat, das wiederum zumindest eine werkseigene Kontrolle voraussetzt.

Das CE-Zeichen ist auf dem Bauprodukt selbst, auf seiner Verpackung oder notfalls auf dem Lieferschein anzubringen.

Soweit Produkte in Bezug auf Sicherheit und Gesundheit nur eine untergeordnete Rolle spielen, dürfen sie auch ohne das CE-Zeichen in den Verkehr gebracht werden.

Centpositionen, Centpreise

In zahlreichen Angeboten finden sich sog. Cent-Positionen, bei denen der →*Einheitspreis* z. B. mit 0,01 € angegeben ist. Ob dies eine vollständige Preisangabe ist oder ob das Angebot nach § 21 Nr. 1 VOB/A auszuschließen ist, ist seit längerem in der Rechtsprechung und in der Literatur streitig. Nach der einen Auffassung stellen Centpositionen für sich allein gesehen keinen Grund für einen Angebotsausschluss dar. Vielmehr handelt es sich grundsätzlich um vollständige Preisangaben im Sinne des § 21 Nr. 1 Abs. 1 Satz 3 VOB/A. Solche Umverlagerungen von Preispositionen sind zulässig, da der Bieter lediglich im Wege betriebswirtschaftlich motivierter Rechenoperationen angebotsbezogene Umgruppierungen verschiedener unselbstständiger Kalkulationsposten innerhalb des Gesamtangebots vornimmt. Die Angebotskalkulation berührt den Kernbereich unternehmerischen Handelns im Wettbewerb um öffentliche Aufträge.

Nach anderer Auffassung, die jetzt auch von dem Bundesgerichtshof vertreten wird, handelt es sich nicht um eine vollständige Preisangabe, sondern um eine unzulässige →*Mischkalkulation*; das entsprechende Angebot muss daher zwingend ausgeschlossen werden (BGH, Beschluss vom 18.5.2004 – X ZB 7/04).

Central Product Classification (CPC)

Die Anhänge I der VOB verweisen zur genauen Klassifikation von Beschaffungsleistungen auf die CPC. Diese, von den Vereinten Nationen entworfene, zentrale Gütersystematik gewährleistet eine gewisse Einheitlichkeit und Transparenz in der Benennung der zu vergebenen Leistung. Die CPC sind nicht in den vergaberechtlichen Vorschriften enthalten, was zur Folge hat, dass die Einheitlichkeit keine echte Erleichterung in der Anwendung des Vergaberechts darstellt, da sie separat herangezogen werden müssen.

Die CPC-Referenznummern sind nach den aktuellen Bekanntmachungsmustern und § 14 VgV durch die →*Central Product Vocabulary (CPV)* ersetzt worden. Eine Synopse der CPC- und CPV-Nummern findet sich unter http://simap.eu.int.

Common Procurement Vocabulary (CPV)

Schon für die in § 17a VOB/A vorgeschriebene →*Vorabinformation* wurde versucht, ein einheitliches Vokabular zu entwickeln, um die Vergabeinformation transparenter und einheitlicher zu gestalten und es interessierten Unternehmen einfacher zu machen, für sie in Frage kommende europaweite Ausschreibungen besser zu klassifizieren und auszusuchen. Das CPV, das diesem Zweck dienen soll, sieht für 8.200 im Vergabeverfahren verwendete Begrifflichkeiten neunstellige Kennziffern vor. Nach § 14 →*VgV* ist der Auftraggeber verpflichtet, die CPV bei allen Bekanntmachungen im EG-Amtsblatt zu verwenden. Das CPV ist unter http://simap.eu.int im Internet einzusehen.

culpa in contrahendo (c. i. c.)

I. Einleitung

Die culpa in contrahendo, auch Verschulden bei Vertragsschluss genannt, ist eine von der Rechtsprechung entwickelte Figur, die zu einem →*Schadensersatzanspruch* führen kann.

Hintergrund ist, dass nach allgemeinem Zivilrecht der Grundsatz gilt, dass bereits bei Eintritt in Vertragsverhandlungen, auch schon vor einem bindenden Vertragsangebot und ohne Rücksicht auf einen späteren Vertragsschluss, zwischen den Beteiligten ein vertragsähnliches Vertrauensverhältnis entsteht. Bei dessen schuldhafter Verletzung haftet der Betreffende auf Schadensersatz wegen Pflichtverletzung (§§ 280, 311, 241 BGB n. F.).

Der bisher ungeschriebene Anspruch ist jetzt in § 311 BGB kodifiziert, ohne dass sich gegenüber der bisherigen Rechtslage Änderungen ergeben haben.

II. Bedeutung der c. i. c. im Vergaberecht

Die besondere Bedeutung der c. i. c. im Vergaberecht resultiert daraus, dass die Rechtsprechung schon früh entsprechende Schadensersatzansprüche von Bietern bei VOB-widriger Vergabe zuerkannt hat. Besondere Bedeutung besitzen Ansprüche aus c. i. c. bzw. § 311 BGB bei Vergabe unterhalb der →*Schwellenwerte*, bei denen kein →*Primärrechtsschutz* besteht.

Die Aufnahme von Vertragsverhandlungen auf der Grundlage der VOB/A schafft nach ständiger Rechtsprechung eine Bindung bzw. ein vertragsähnliches Vertrauensverhältnis des einen Partners zum anderen und umgekehrt. Es sind daher auch im Rahmen der VOB/A die Rechtsgrundsätze der c. i. c. anwendbar. Mit dem Hinweis in Ausschreibungsbedingungen, ein Anspruch auf Anwendung der VOB/A bestehe nicht, ist ein Anspruch aus culpa in contrahendo noch nicht ausgeschlossen.

III. Voraussetzungen

Erste Voraussetzung ist, dass zwischen zwei natürlichen oder →*juristi-schen Personen* Vertragsverhandlungen mit dem Ziel eventueller späterer vertraglicher Bindung angebahnt oder begonnen werden (vgl. jetzt § 311 Abs. 2 BGB n. F.). Dabei muss als Beginn einer derartigen Beziehung der „Antrag" der einen Seite und das „Eingehen" hierauf seitens der anderen Partei angesehen werden. Es genügt also z.B. die Beteiligung an einem Öffentlichen Teilnahmewettbewerb oder an einer →*Ausschreibung* nach Erhalt der Angebotsunterlagen. Die bereits erfolgte Abgabe eines konkreten und bindenden Angebots im Ausschreibungsverfahren ist nicht erforderlich. Andererseits genügt dazu nicht schon die bloße Aufforderung zur Angebotsabgabe, da allein darin nicht schon ein „Eingehen" eines Bewerbers auf Vertragsverhandlungen oder deren Anbahnung liegt.

Ein Schadensersatzspruch ergibt sich nicht schon aus der bloßen Beteiligung am Ausschreibungsverfahren oder der sonstigen Aufforderung zum Wettbewerb und den damit verbundenen Aufwendungen, wenn nachher der Auftrag einem anderen erteilt wird. Insofern kann derjenige, der die Verhandlungen abgebrochen oder sonst beendet hat, grundsätzlich nur aus culpa in contrahendo haftbar sein, wenn er durch sein früheres Verhalten in dem anderen Teil schuldhaft das Vertrauen erweckt hat, der Vertrag werde mit Sicherheit mit ihm zustande kommen. Dabei genügt die bloße Kenntnis, der andere Teil mache Aufwendungen im Vertrauen auf den erwarteten Vertragsabschluss, noch nicht. Diesem Fall steht allerdings die Konstellation gleich, in dem der Bewerber bzw. Bieter mit Recht erwarten konnte und durfte, er werde bei ordnungsgemäßer Einhaltung der Vergaberegeln der VOB/A den Auftrag erhalten. Angesichts des dem Auftraggeber eingeräumten Wertungsspielraumes wird dies bei Bauvergaben im Allgemeinen die Ausnahme sein. Insbesondere ist zunächst zu verlangen, dass der Bieter ein der Ausschreibung entsprechendes Angebot abgegeben hat. Fehlen beispielsweise ein in der Ausschreibung verlangter Bauzeitenplan und ein Baustelleneinrichtungsplan, so kann der Bieter keinen Anspruch geltend machen, wenn die Ausschreibung später aufgehoben wird, ohne dass die Voraussetzungen von § 26 VOB/A vorliegen. Dahingegen ist ein solcher Schadensersatzanspruch des preisgünstigsten Bieters z. B. im folgenden Fall begründet: Der öffentliche Auftraggeber schreibt auf der Grundlage der VOB/A Erd-, Maurer- und Betonarbeiten öffentlich aus. In der Leistungsbeschreibung ist eine Ziegelsteinverblendung vorgesehen. Die darauf eingehenden Angebote überschreiten die vom Auftraggeber geschätzten Kosten allerdings um 30%. Wenn der öffentliche Auftraggeber dann nicht den Zuschlag erteilt, sondern die Leistung ändert und den Auftrag dazu an ein anderes Unternehmen ohne Aufhebung und Neuausschreibung vergibt, macht er sich nach § 311 BGB schadensersatzpflichtig.

IV. Höhe des Schadens

Grundsätzlich ergab sich bisher nach der Rechtsprechung bei der Haftung aus culpa in contrahendo für den Geschädigten ein Anspruch auf das Vertrauensinteresse und nur ausnahmsweise auf das so genannte Erfüllungsinteresse. Letzteres kommt nur in Betracht, wenn der Bauvertrag bei richtigem Verhalten des Schädigers ordnungsgemäß zustande gekommen wäre, der Bieter also mit an Sicherheit grenzender Wahrscheinlichkeit den Zuschlag erhalten hätte oder hätte erhalten müssen. Dabei ist aber auch zu beachten, dass der Geschädigte für das Vorliegen der vorgenannten weiteren Voraussetzung in besonderem Maße darlegungs- und beweispflichtig ist. In der Praxis wird ihm dieser Beweis bei einer →*Ausschreibung* nur unter besonderen Umständen gelingen.. Nach der Neufassung des BGB (§§ 311 Abs. 2, 241 Abs. 2, 280 Abs. 1 BGB n. F.) kann dagegen grundsätzlich der durch die Pflichtverletzung entstandene Schaden ersetzt verlangt werden, wobei entscheidend auf den Kausalzusammenhang zwischen Pflichtverletzung gemäß § 241 Abs. 2 BGB n. F. und Schaden abzustellen ist.

Ist der Geschädigte ausnahmsweise berechtigt, das Erfüllungsinteresse geltend zu machen, ist er so zu stellen, wie er gestanden haben würde, wenn er den erstrebten Auftrag erhalten hätte. Dabei muss der Geschädigte sich die eigenen Aufwendungen, wie Material, Löhne usw., anrechnen lassen. Das Erfüllungsinteresse ist daher rechnerisch zumindest im Zeitpunkt des fiktiven Vertragsabschlusses kalkulierten und im Einzelnen nachzuweisenden Gewinn gleichzusetzen.

Das davon zu unterscheidende Vertrauensinteresse als regelmäßig gegebene Ersatzleistung bezieht sich auf das, was der Geschädigte haben würde, wenn die rechtsgeschäftliche Anbahnung, d. h. der Eintritt in die Vertragsverhandlungen, nicht geschehen wäre. In der Regel kann der Geschädigte den Ersatz seiner im Rahmen der Vertragsverhandlungen gemachten Aufwendungen oder den Ersatz für ein ihm entgangenes günstiges anderes Geschäft oder den Ersatz abhanden gekommener Gegenstände verlangen. Zu den vergeblichen Aufwendungen rechnen z. B. die Kosten für die Beschaffung der Verdingungsunterlagen, die Besichtigung der Baustelle, die Bearbeitung, die Kalkulation und die Einreichung des Angebots usw..

D

de-facto-Vergabe

I. Einleitung

Mit dem Begriff der de-facto-Vergabe ist gemeint, dass trotz Vorliegens eines öffentlichen →*Auftrags* i. S. des § 99 I →GWB (i. V. m. § 100 II) und trotz Überschreitens der →*Schwellenwerte* ein Auftrag ohne Vergabeverfahren i. S. des § 101 I GWB vergeben wird. Diese Kennzeichnung ist irreführend, da nicht nur „de facto", sondern auch „de jure" eine Vergabe erfolgt ist bzw. bevorsteht. Den getroffenen Entscheidungen (namentlich einer etwaigen Zuschlagsentscheidung) ist allerdings nur ein „de-facto-Verfahren", d. h. ein nicht den Anforderungen des Kartellvergaberechts entsprechendes Verfahren vorangegangen.

Die Rechtsfolgen eines solchen Verstoßes gegen vergaberechtliche Vorgaben sind umstritten. Streit besteht insbesondere darüber, ob ein solcher Vertrag nichtig ist. Die Nichtigkeitsfolge könnte eintreten, weil bei einer de-facto-Vergabe selbstverständlich auch keine →*Vorinformation* nach § 13 VgV erteilt wird; bei Zuschlagserteilung ohne eine Vorinformation der Bieter sieht § 13 S. 6 VgV die Nichtigkeit des Vertrages vor.

Wegen dieser Nichtigkeitsfolge ist im Hinblick auf das bisher geltende Recht danach zu differenzieren, ob im Vorfeld ein Wettbewerb stattgefunden hat.

II. Rechtslage bei de-facto-Vergabe nach vorherigem Wettbewerb

Besteht ein Wettbewerb mit Bietern, besteht von Seiten des Auftraggebers auch eine Informationspflicht. Kommt der Auftraggeber dieser nicht nach, so ist der Zuschlag nichtig. Dies kann z. B. der Fall sein, wenn der Auftraggeber ein förmliches Vergabeverfahren aufhebt und anschließend „freihändig" an einen Bieter vergibt, ohne mit den weiter interessierten Bietern zu verhandeln. Jedenfalls wenn ein Bieter unaufgefordert ein Angebot abgibt, muss dieser auch als Bieter behandelt werden. Folge ist, dass diesem Bieter gegenüber eine Informationspflicht von 14 Kalendertagen vor dem Vertragsschluss besteht (so das OLG Dresden, Beschluss vom 9.11.2001 – WVerg 0009/01). Die Anwendbarkeit von § 13 VgV hängt also nicht von der vorherigen Durchführung eines förmlichen Verfahrens ab, sondern nur davon, dass überhaupt ein Verfahren vorliegt, in dem es Bieter und Angebote gibt, und zwar mehr Bieter, als bei der konkreten Auftragsvergabe berücksichtigt werden können (vgl. OLG Düsseldorf, Beschluss vom 30.4.2003 – Verg 67/02).

III. Rechtslage bei de-facto-Vergabe ohne Wettbewerb

Noch umstrittener sind die Rechtsfolgen bei einer de-facto-Vergabe, bei der überhaupt kein Wettbewerb stattgefunden hat. Ein Teil des Schrifttums will auch hier die Nichtigkeitsfolge von § 13 VgV annehmen, da es sich bei einer solchen Konstellation um einen besonders schwerwiegenden Verstoß gegen Vergaberecht handelt.

Dem ist die Rechtsprechung in der letzten Zeit entgegengetreten. Eine entsprechende Anwendung von § 13 VgV komme nicht in Betracht, da § 13 VgV von „Bietern" spreche, denen die Vorinformation zugeschickt werden müsse. Bei völligem Fehlen eines auch nichtförmlichen Wettbewerbs sind jedoch keine identifizierbaren →Bieter erkennbar. Aus dieser Gesetzeslage kann nur der Schluss gezogen werden, dass der Normgeber bewusst davon abgesehen hat, die Nichtigkeit des erteilten Auftrags auch für die Fälle einer Auftragsvergabe ohne Bieterwettbewerb anzuordnen. Für jene Sachverhalte liegt dann aber eine planwidrige Gesetzeslücke, die durch eine analoge Anwendung des § 13 Satz 6 VgV geschlossen werden könnte, nicht vor (so das OLG Düsseldorf, Beschluss vom 3.12.2003 – VII Verg 37/03).

Eine Nichtigkeit des Zuschlags kann aber gleichwohl unter dem Aspekt der Sittenwidrigkeit (§ 138 BGB) in Betracht kommen. Dies kann z. B. der Fall sein, wenn die Ausschreibungspflicht dem Auftraggeber aufgrund einer erst kürzlich ergangen Entscheidung bewusst war, dieser einen Auftrag aber gleichwohl ohne Ausschreibung vergibt (so das KG Berlin, Beschluss vom 11.11.2004 – 2 Verg 16/04).

IV. Rechtslage nach neuem Vergaberecht

Das geplante →neue Vergaberecht sieht eine Änderung der bisherigen Rechtslage vor. In § 101b GWB n. F. findet sich jetzt eine Neuregelung der Folgen der de-facto-Vergabe. Danach ist eine de-facto-Vergabe, im Gegensatz zu der nach h. M. bisherigen Rechtslage, grundsätzlich nichtig. Die Nichtigkeit kann aber nur innerhalb von bestimmten Fristen (14 Tage ab

Kenntnis, spätestens 6 Monate nach Vertragsschluss) und nur im Rahmen eines →*Nachprüfungsverfahrens* geltend gemacht werden.

Deliktshaftung

Unter Deliktshaftung versteht man die Haftung, die aus einem rechtswidrigen schuldhaften Verhalten (sog. Delikt oder unerlaubte Handlung, vgl. §§ 823 ff. BGB) resultiert. Nach ständiger Rechtsprechung schließt weder das Werkvertragsrecht des BGB noch die VOB die deliktischen Schadensersatzansprüche der §§ 823 ff. BGB aus. Allerdings löst der Umstand, dass die Leistung →*mangelhaft* ist, für sich noch keine Ansprüche aus § 823 BGB aus. Eine unerlaubte Handlung und damit eine Deliktshaftung liegt damit nur vor, wenn der Auftragnehmer durch die mangelhafte Leistung und die sich aus ihr ergebenden Folgen in Eigentum oder Besitz des Auftraggebers außerhalb der Bauleistung eingreift.

Deutscher Verdingungsausschuss für Bauleistungen (DVA)

Der DVA ist der Schöpfer der →*VOB* und überarbeitet diese laufend. In ihm sind die verschiedenen Interessengruppen, insbesondere die Bauwirtschaft und die öffentlichen Auftraggeber, paritätisch vertreten. Die Geschäftsführung liegt bei dem Bundesministerium für Verkehr, Bau- und Wohnungswesen.

Dienstaufsichtsbeschwerde

Im Bereich unterhalb der →*Schwellenwerte* sind die Rechtsschutzmöglichkeiten der Bieter und Bewerber nur schwach ausgeprägt. Im Gegensatz zum →*Kartellvergaberecht*, in dem der Bieter gegen eine Entscheidung im Wege eines →*Nachprüfungsverfahren* vorgehen kann, steht ihm bei nationalen Vergaben neben Schadensersatzansprüchen nur die Rechts- oder Dienstaufsichtsbeschwerde zu.

Eine Dienstaufsichtsbeschwerde ist die an eine übergeordnete Behörde gerichtete Anregung zur Nachprüfung oder zum Einschreiten. Sie ist neben und unabhängig von einem förmlichen Rechtsbehelf zulässig und kann von jedermann, nicht nur vom Beschwerten, ohne Einhaltung einer Frist erhoben werden. Im Gegensatz zum Nachprüfungsverfahren, durch welches die Erteilung des →*Zuschlags* verhindert werden kann, hat eine Dienstaufsichtsbeschwerde allerdings keine aufschiebende Wirkung.

Dienstleistungsfreiheit

I. Allgemeines

Die Dienstleistungsfreiheit (Art. 49 ff. EG) ist eine der im EG-Vertrag geregelten europäischen Grundfreiheiten. Sie bezweckt einen möglichst ungehinderten grenzüberschreitenden Austausch von Dienstleistungen im Sinne selbstständiger unternehmerischer Tätigkeit. Unter die Dienstfreiheit fällt insbesondere auch die Konstellation, dass ein ausländischer Unternehmer die Grenze überschreitet, um die Dienstleitung (z. B. Erbringung einer Bauleistung, Montagearbeiten) bei dem Kunden zu erbringen. Faktische oder rechtliche Diskriminierungen von EG-Ausländern bei der Ausübung der Freiheit des Dienstleistungsverkehrs sind nach Art. 49 ff. EG verboten. So ist z. B. als Folge der Dienstleistungsfreiheit das Erfordernis einer Niederlassungsgenehmigung vom →*EuGH* als unzulässig angesehen worden (vgl. EuGH, Urteil vom 10.2.1982, Rs. C-76/81 , Slg. 1982, 417 – Transporoute).

II. Aktuelle Rechtsprechung

Ein portugiesisches Unternehmen führte in Südbayern verschiedene Verputzarbeiten durch, ohne in die →*Handwerksrolle* eingetragen zu sein. In seinem Heimatland erfüllte das portugiesische Unternehmen die Voraussetzungen für eine gewerbliche Tätigkeit. Die Stadt Augsburg verhängte gleichwohl gegen den deutschen Auftraggeber des portugiesischen Unternehmens ein Bußgeld. Dies begründet die Stadt Augsburg damit, dass das portugiesische Unternehmen mangels Eintragung in die Handwerksrolle ohne die erforderliche Erlaubnis Leistungen des Stuckateur-Handwerks erbracht hat. Der betroffene Auftraggeber griff den Bußgeldbescheid vor dem Amtsgericht Augsburg an.

Die fehlende Eintragung eines Unternehmens aus einem anderen EU-Mitgliedstaat in die Handwerksrolle führt nach Auffassung des EuGH nicht ohne weiteres zum Ausschluss dieses Unternehmens von Vergabeverfahren in Deutschland.

Die Eintragung in die Handwerksrolle sei jedenfalls nicht gerechtfertigt, wenn dies Voraussetzung für die Ausführung von Leistungen durch Unternehmen aus anderen EU-Mitgliedstaaten ist, die in ihrem Heimatstaat sämtliche Voraussetzungen für die Ausführung der fraglichen Leistungen erfüllen. Die Eintragung in die Handwerksrolle dürfe von solchen Unternehmen allenfalls verlangt werden, wenn diese Eintragung automatisch erfolgt, d. h. weder zu Verzögerungen, (zusätzlichen) Verwaltungskosten oder sonstigen Erschwernissen bei der Leistungserbringung führt. Der Anwendungsbereich der Bestimmungen über die gemeinschaftsrechtliche Dienstleistungsfreiheit sei eröffnet, wenn ein Unternehmen, das in einem EU-Mitgliedstaat ansässig ist, vorübergehend – wenn auch wiederholt – in einem anderen Mitgliedstaat Leistungen erbringen möchte und in dem betreffenden Mitgliedstaat, in dem die Leistungen erbracht werden, über keine eigene Niederlassung oder Infrastruktur verfügt (EuGH, Urteil vom 11.12.2003, Rs. C-215/01, BauR 2004, 391 – Schnitzer).

Dienstvertrag

Der Dienstvertrag ist in den §§ 611 ff. BGB geregelt. Durch ihn wird derjenige, der Dienstleistungen erbringt, zur Erbringung der versprochenen Dienste, der andere Teil zur Gewährung der vereinbarten Vergütung verpflichtet. Im Gegensatz zum →*Werkvertrag* besteht die Hauptleistung hier nicht in der Herbeiführung eines Leistungserfolges, sondern in einer zeitlich andauernden Zurverfügungstellung menschlicher Arbeitskraft. Daher kommt auch keine →*Gewährleistung* in Betracht.

Die VOB/B erwähnt den Dienstvertrag in § 16 Nr. 6. Danach hat der Auftraggeber unter besonderen Voraussetzungen das Recht, an Gläubiger des Auftragnehmers direkt und mit schuldbefreiender Wirkung Zahlungen zu leisten. Zu diesen Personen zählen auch Gläubiger, die ihre Forderung aufgrund eines Dienstvertrages erworben haben, also Arbeitnehmer.

Digitale Angebote

Digitale Angebote sind Angebote, die auf elektronischem Wege (z. B. per e-Mail) eingehen und nach ihrem Eingang auf elektronischem Wege aufbewahrt werden. Vorteil ist die Rationalisierung der Angebotserstellung und -bearbeitung.

Nach § 21 Nr. 1 Abs. 1 S. 2 VOB/A können vom Auftraggeber Angebote mit →*digitaler Signatur* im Sinne des Signaturgesetzes zugelassen werden.

Folge dieser Regelung ist, dass es an den einzelnen Auftraggebern liegt, zu entscheiden, ob sie digitale Angebote zulassen wollen. Bei Zulassung besteht kein Zwang zur Abgabe von digitalen Angeboten. Sie können nur von Bietern abgegeben werden, die von ihren technischen Voraussetzungen her ein digitales Angebot mit der geforderten qualifizierten digitalen Signatur erstellen können. Folge der eher restriktiven Regelung ist, dass digitale Angebote in der Praxis bisher noch keine starke Verbreitung gefunden haben.

Die geplante neue Vergabeverordnung will die Verbreitung von digitalen Angeboten und →*elektronischer Vergabe* durch neue Verfahrensformen (→*elektronische Auktion*; →*elektronischer Katalog*) und Verkürzung der Angebotsfristen fördern.

Digitale Signatur

Die digitale Signatur ist eine Art „elektronische Unterschrift", die eine eindeutige Zuordnung einer Willenserklärung zu einer bestimmten Person ermöglicht. Als Unterschriftsersatz ist die digitale Signatur nur geeignet, wenn es sich um eine sog. „qualifizierte digitale Signatur" im Sinne des Signaturgesetzes handelt. Dies ist eine Art Siegel zu digitalen Daten, das mit Hilfe einer Codekarte einer behördlich überwachten und genehmigten Zertifizierungsstelle (z. B. der DATEV) erstellt wird.

DIN; DIN-Norm

Abkürzung für Deutsches Institut für Normung e. V. mit Sitz in Berlin, das Herausgeber der DIN-Normen und des Standardleistungsbuches für das Bauwesen ist.

DIN-EN

Abkürzung für eine europäische Norm (EN), die in das europäische Normenwerk übernommen wurde.

Direkte Kosten

Direkte Kosten sind Kosten, die unmittelbar bei der Ausführung einer →*Teilleistung* entstehen. Sie werden bei der Kalkulation der entsprechenden Teilleistung direkt zugeordnet und auf die Mengeneinheit der Teilleistung bezogen.

Gegenbegriffe sind die →*indirekten Kosten* bzw. →*Gemeinkosten*.

Diskriminierungsverbot

Das Diskriminierungsverbot ist, neben dem →*Transparenzgebot* und dem →*Wettbewerbsprinzip*, einer der zentralen Grundsätze des Vergaberechts. Es ist in § 2 Nr. 2 VOB/A und in § 97 Abs. 2 GWB geregelt. Das Gleichbehandlungsgebot verpflichtet die öffentlichen →*Auftraggeber* dazu, die Teilnehmer an einem Vergabeverfahren gleich zu behandeln, wenn vergleichbare Sachverhalte vorliegen. Insbesondere bedeutet sie eine vergleichsweise Benachteiligung von natürlichen Personen oder Personen ohne Rechtsgrund.

Verletzt die Vergabe das Diskriminierungsverbot, ist dies ein schwerwiegender Fehler im Vergabeverfahren.

Fälle in der Rechtsprechung, in denen eine Diskriminierung bejaht wurde, sind z. B.:

– wesentliche Änderung in den Angebotsunterlagen, die nicht allen beteiligten Unternehmen mitgeteilt wurden,

– Ausschluss eines Angebots aus preislichen und technischen Gründen, während einem anderen Bieter eine Nachfrist von fünf Wochen zugestanden wurde.

Eine besonders große Rolle spielt das Diskriminierungsverbot in →*Verhandlungsverfahren*, in denen die formellen Verfahrensvorschriften der VOB/A überwiegend nicht angewendet werden müssen. So muss der Auftraggeber hier z. B. allen und nicht nur einem oder wenigen Teilnehmern die Gelegenheit für ein letztes und endgültiges Angebot geben.

Bei einem Verstoß gegen das Diskriminierungsverbot besteht in der Regel eine Pflicht des Auftraggebers zur →*Aufhebung der Ausschreibung* mit der Folge, dass →*Schadensersatzansprüche* gegen ihn geltend gemacht werden können. (→*Gleichbehandlungsgebot*)

Doppelausschreibung

Bei einer Doppelausschreibung werden zeitgleich mehrere getrennte Ausschreibungsverfahren nebeneinander durchgeführt, die dieselbe Gesamtleistung bzw. Erfüllung derselben Aufgabe betreffen. In diesen Fällen kann nur ein Verfahren durch →*Zuschlag* beendet werden, das andere bzw. die anderen enden durch →*Aufhebung der Ausschreibung.*

Ganz überwiegend wird eine Doppelausschreibung für unzulässig gehalten. Die VOB/A bzw. die VOL/A gehen in ihrem gesamten Aufbau und Inhalt von einer konkret zu vergebenden Leistung und dem dazugehörigen Vergabeverfahren zur Findung des Angebotes aus, das den Zuschlag erhalten soll. Vergabeverfahren, die nicht die Auftragsvergabe unmittelbar zum Ziel haben, also auch solche, die zu anderen Verfahren zur vergleichenden Wertung herangezogen werden, sind nach § 16 Nr. 2 VOB/A unzulässig (→*vergabefremde Zwecke*). Bei Beachtung der Einheit von beabsichtigter Leistungsvergabe/Leistungsgegenstand und Vergabeverfahren ist eine doppelte Ausschreibung zum gleichen Leistungsgegenstand nicht zulässig, da bereits mit Ausschreibungsbeginn feststehen würde, dass zu einem der beiden Vergabeverfahren die zu vergebende Leistung fehlt (dieselbe Leistung kann nicht zweimal vergeben werden). Ebenso wäre die Aufhebung der zweiten Ausschreibung problematisch, da diese für sich betrachtet im Normalfall ein bezuschlagungsfähiges Angebot beinhalten würde, der Aufhebungsgrund „fehlender Wirtschaftlichkeit" für dieses konkrete, separate Vergabeverfahren nicht zuträfe (Vergabekammer Thüringen, Beschluss vom 20.3.2001 – 216- 4003.20-001/01-SHL-S; Vergabekammer Lüneburg, Beschluss vom 9.5.2001 – 203-VgK-04/2001).

Dringlichkeit der Bauleistung

Im Fall einer Dringlichkeit der Bauleistung hat der →*Auftraggeber* mehr Spielraum im Vergabeverfahren. Dringlichkeit in diesem Sinne bedeutet, dass bei objektiver Betrachtung baldige Baudurchführung erforderlich ist. Falls eine Dringlichkeit gegeben ist, darf ausnahmsweise auch die →*Beschränkte Ausschreibung* (bzw. →*Nichtoffenes Verfahren*) oder sogar →*Freihändige Vergabe* (bzw. →*Verhandlungsverfahren*) durchgeführt werden. Zudem dürfen Bewerbungs-, Angebots- und Ausführungsfristen verkürzt werden.

Bei Beurteilung der Dringlichkeit ist ein strenger Maßstab anzulegen, da diese Ausnahmen den Wettbewerb und die Chancengleichheit vermindern. Insbesondere darf die Dringlichkeit nicht vom Auftraggeber selbst herbeigeführt worden sein.

Dumpingangebot

Der Begriff des Dumpingangebotes ist mehrdeutig und sollte daher eher vermieden werden. Unter Dumping im technischen Sinne ist an sich ein Verhalten zu verstehen, bei dem ein Unternehmen gespreizte Preise anbietet, also z. B. in einem Land zu ordnungsgemäß kalkulierten Kosten anbietet, in einem anderen dagegen zu einem Kampfpreis anbietet, um dort in den Markt einzudringen.

Im Bereich des Vergaberechts ist mit Dumpingangebot meist ein Angebot mit einem unangemessen niedrigen Preis i.S.v. § 25 Nr. 3 VOB/A gemeint. Zum Teil wird der Begriff jedoch auch in polemischer Absicht für Angebote mit niedrigen Preisen (insbesondere von Konkurrenten) verwendet. Das Vergaberecht lässt jedoch schon aus Gründen des Wettbewerbs Angebote mit niedrigen Preisen grundsätzlich zu, solange sie keine unangemessen niedrigen Angebote i.S.v. § 25 Nr. 3 VOB/A sind, wettbewerblich begründet werden können und nicht zur gezielten und planmäßigen Verdrängung von Wettbewerbern abgegeben werden.

E

EFB

Das ist die Abkürzung für „Einheitliches Formblatt". Sie wird im →*Vergabehandbuch* (VHB) verwendet. Von Bedeutung ist insbesondere das EFB (B), das Einheitliche Formblatt für →*Bauleistungen (*→*Aufgliederung des Angebotspreises)*.

EG-Amtsblatt

Abkürzte Bezeichnung für das Amtsblatt der Europäischen Gemeinschaften, das vom Amt für amtliche Veröffentlichungen herausgegeben wird.

Von Bedeutung für den Bereich der öffentlichen Aufträge ist insbesondere das Supplement zum Amtsblatt, da bei →*europaweiten Vergabeverfahren* dort die →*Bekanntmachungen* öffentlicher Bauaufträge nach Anhang A bis H erfolgen müssen. Die Veröffentlichung erfolgt jeweils ungekürzt in der Originalsprache. Die Veröffentlichung im EG-Amtsblatt ist unentgeltlich. Sie erfolgt innerhalb von 12 Kalendertagen nach Absendung der Bekanntmachung.

Die Veröffentlichungen der Bekanntmachungen können kostenlos über die Datenbank →*TED* abgerufen werden.

EG-Kommission

EG-Kommission ist die Kurzbezeichnung für die „Kommission der Europäischen Gemeinschaften", die seit dem Vertrag von Maastricht auch als „Europäische Kommission" bezeichnet wird. Sie ist das Initiativ- und maßgebliches Verwaltungsorgan der Europäischen Gemeinschaften. Insbesondere überwacht sie die Einhaltung des europäischen Rechts und geht gegen Rechtsverstöße gegenüber den Mitgliedsstaaten vor.

EG-Konformitätszeichen

→*CE-Zeichen*

EG-Richtlinien; europäische Richtlinien

Richtlinien im Sinne des Europarechts sind Rechtsnormen, die für die Mitgliedsstaaten verbindlich sind und von ihnen innerhalb bestimmter Fristen in nationales Recht umgesetzt werden müssen. Bei fehlender bzw. nicht rechtzeitiger Umsetzung drohen den Mitgliedsstaaten Bußgelder. Die Bestimmungen der Richtlinien müssen ab Verstreichen der Umsetzungsfrist von Behörden und Gerichten unmittelbar angewendet werden. Im Bereich des Vergaberechts sind insoweit von Bedeutung die →*Baukoordinierungsrichtlinie*, die Dienstleistungskoordinierungsrichtlinie, die Lieferkoordinierungsrichtlinie sowie die Sektorenrichtlinie (sog. materielle Richtlinien) sowie die Rechtsmittelrichtlinien. Die genannten Richtlinien regeln detailliert Verfahren und Rechtsschutzmöglichkeiten bei →*europaweiten Vergabeverfahren*. Sie sind in Deutschland durch die →*a-Paragraphen*, b-Paragraphen und SKR-Paragraphen in den Verdingungsordnungen sowie durch die Normen von →*GWB* und →*VgV* umgesetzt worden. Die materiellen Richtlinien sind jetzt in dem sog. →*Legislativpaket* zusammengefasst und geändert worden.

Im Baurecht spielt außerdem die →*Bauproduktenrichtlinie* (BPR) eine gewisse Rolle.

EG-Schwellenwerte

→*Schwellenwerte*

Eigenbetriebe

Eigenbetriebe sind öffentliche Unternehmen, die außerhalb der allgemeinen Verwaltung als Sondervermögen ohne eigene Rechtspersönlichkeit geführt werden. Ein Eigenbetrieb ist also keine →*juristische Person*.

Die Gegenbegriffe zu den Eigenbetrieben sind einerseits die →*Regiebetriebe*, die innerhalb der allgemeinen Verwaltung geführt werden, andererseits die Eigenbetriebe, also Gesellschaften des Privatrechts, die sich im vollständigen Eigentum der öffentlichen Hand befinden (z. B. eine Stadtwerke-GmbH).

Eigenbetriebe sind sowohl ober- als auch unterhalb der →*Schwellenwerte* an die Vorschriften der VOB gebunden.

Eigene Geschäftsbedingungen des Bieters

Eigene Geschäftsbedingungen sind in der Vergabepraxis in den Vergabeunterlagen grundsätzlich nicht vorgesehen. Legt der Bieter eigene Geschäftsbedingungen zugrunde, macht er ein →*Nebenangebot*.

Eine Rücknahme der eigenen Geschäftsbedingungen ist weder durch entsprechende Erklärung noch in einem →*Aufklärungsgespräch* zulässig.

Eigener Betrieb des Auftragnehmers

Die VOB setzt, wie sich aus § 4 Nr. 8 VOB/B und § 25 Nr. 6 VOB/A ergibt, das Vorhandensein eines eigenen Betriebs des Auftragnehmers voraus. Folge ist, dass z. B. →*Generalübernehmer*, die die Leistungen vollständig an →*Nachunternehmer* weitergeben, als Bewerber grundsätzlich ausscheiden.

→*Unternehmereinsatzformen*

Eigenmächtige Leistungsabweichung

Falls der Auftragnehmer eine vom Vertrag abweichende Leistung erbringt, sieht § 2 Nr. 8 Abs. 1 S. 1 VOB/B vor, dass eine solche Leistung nicht vergütet wird. Dies entspricht dem zivilrechtlichen Grundsatz, dass sich ein Vertragspartner eine ungewollte und vertraglich nicht vereinbarte Leistung nicht aufzwingen lassen muss. Nach § 2 Nr. 8 VOB/B ist der Auftragnehmer in diesem Fall verpflichtet, die nicht bestellten bzw. abweichenden Leistungen zu beseitigen.

Eine vom Vertrag abweichende Leistung liegt vor, wenn der Auftragnehmer die ihm übertragene Leistung entgegen seiner Vertragspflicht oder ohne Vereinbarung mit dem Auftraggeber eigenmächtig qualitativ oder quantitativ in der von ihm gewählten Weise ausführt. Geringfügige Abweichungen bleiben allerdings außer Betracht Ob die Abweichung geringfügig ist, bestimmt sich zum einen nach Zweck und Art des Bauwerks unter Berücksichtigung der Interessenlage des Auftraggebers, zum anderen nach dem Verhältnis von Gesamtwert des Bauwerkes und Leistungswert der Abweichung.

Eigenüberwachung

Nach der Verleihung des →*Gütezeichens* ist der Gütezeichenbenutzer verpflichtet, eine kontinuierliche Eigenüberwachung bei der Herstellung seiner gütegesicherten Produkte bzw. bei der Erbringung seiner gütegesicherten Leistungen in seinem Betrieb einzurichten und durchzuführen. Die Ergebnisse der Eigenüberwachung sind in geeigneter Form zu dokumentieren und nach den Vorgaben der Gütegemeinschaft aufzubewahren. Nur so kann ein gleich bleibend hohes Niveau der Produkte oder Leistungen gewährleistet werden.

Da durch schadhafte Kanäle eine große Gefahr für die Gesundheit der Bevölkerung ausgeht, ist es im Interesse aller, wenn hier strenge Anforderungen an die Unternehmer gestellt werden. Die Gütesicherung nach RAL GZ 961 „Kanalbau" verlangt, für alle Beurteilungsgruppen die jeweiligen Anforderungen zu überprüfen und deren Einhaltung zu dokumentieren. Zusätzlich gelten die in den „Leitfäden für die Eigenüberwachung" getroffenen Festlegungen. Bei der Eigenüberwachung von Arbeiten der Gruppe S gelten außerdem spezielle, in einem eigenen Handbuch festgelegte Anforderungen. Die Prüfung bestehender Kanäle auf Dichtheit ist in Anlehnung an ATV-DVWK-M 143, Teil 6 zu protokollieren. Die Lage von allen Abwasserleitungen und -kanälen sowie von Schächten ist haltungsweise während der Bauausführung nach Höhe und Richtung zu prüfen und zu dokumentieren (AK3, AK2, AK1, VP, VM, VD, VO, VOD). Die Verdichtung von Leitungszonen und Überschüttung ist bei offener Bauweise (Beurteilungsgruppen AK3, AK2, AK1) haltungsweise nachzuweisen. Der Abstand der Prüfpunkte soll bei Kanalgräben eine Haltungslänge oder 25 m nicht überschreiten bzw. 3 Kontrollen pro Bauvorhaben nicht unterschreiten, soweit vom Auftraggeber nicht anders festgelegt. Die Dichtheit von allen Abwasserleitungen und -kanälen oder Rohrverbindungen sowie von

Schächten (Beurteilungsgruppen AK3, AK2, AK1, VP, VM, VD, VO, VOD, S) ist nachzuweisen. Die Dichtheitsanforderungen der einschlägigen Regelwerke sind zu erfüllen. Wenn vom Auftraggeber erhöhte Anforderungen festgelegt sind, gelten diese. Bei Muffenprüfungen und abschnittsweisen Dichtheitsprüfungen ist die Messgenauigkeit der Druckmesseinrichtung monatlich zu überprüfen und zu dokumentieren. In nicht begehbaren Abwasserleitungen und –kanälen muss das Positionieren der Absperrelemente unter TV-Überwachung erfolgen und dokumentiert werden. Die Nachweise der ordnungsgemäßen Betonverarbeitung (z.B. Beton BII) sowie material- und verfahrensspezifische Nachweise (z.B. SIVV-Schein) sind zu führen.

Die Abnahmebescheinigungen und sämtliche Nachweise der Eigenüberwachung sind mindestens 5 Jahre aufzubewahren. Inspektionsprotokolle sind mindestens 5 Jahre aufzubewahren. Prüfungen sind zu dokumentieren und durch Unterschrift zu bestätigen.

Eignung von Bewerbern und Bietern

Nach der VOB/A dürfen nur geeignete Bewerber bzw. Bieter beauftragt werden. Die Eignung setzt voraus, dass bei diesen eine entsprechende →*Fachkunde*, →*Leistungsfähigkeit* und →*Zuverlässigkeit* vorhanden ist.

Bei der →*Öffentlichen Ausschreibung* ist die Prüfung der Eignung die zweite Stufe im Rahmen der →*Wertung der Angebote*; sie wird also erst nach Angebotsabgabe geprüft.

Dagegen muss bei der →*Beschränkten Ausschreibung* und der →*Freihändigen Vergabe* bereits vor der Aufforderung der Bewerber zur Angebotsabgabe geprüft werden.

Zur Feststellung der Eignung sieht die VOB/A eine Reihe von Qualifikationskriterien vor. Die Eignung wird im Allgemeinen zu bejahen sein, wenn der Bewerber/Bieter vergleichbare Leistungen bereits ausgeführt hat. Die Eignung wird regelmäßig durch Prüfung der entsprechenden →*Eignungsnachweise* überprüft.

Auch wenn die Eignungsprüfung kein formales Verfahren ist, darf der Auftraggeber bloße Mutmaßungen oder Gerüchte nicht zugrunde legen.

Ein →*Mehr an Eignung* über das erforderliche Mindestmaß hinaus darf bei der →*Wertung* der Angebote nicht berücksichtigt werden.

Eignungskriterien

Die Erfüllung der im →*GWB* und in der VOB/A geforderten Eignungskriterien hat der Bieter mittels seiner →*Eignungsnachweise* darzulegen. Mit Hilfe dieser Eignungsnachweise wird es dem Auftraggeber ermöglicht, eine Eignungsprüfung durchzuführen.

Gemäß § 97 Abs. 4 GWB bzw. § 2 Nr. 1 VOB/A werden Aufträge an fachkundige, leistungsfähige und zuverlässige Unternehmen vergeben (→*Fachkunde*; →*Leistungsfähigkeit*; →*Zuverlässigkeit*). Bei diesen Kriterien handelt es sich um unbestimmte Rechtsbegriffe, sodass dem Auftraggeber im konkreten Einzelfall ein Beurteilungsspielraum zusteht.

Gemäß § 97 Abs. 4 2. Hs. GWB dürfen über diese „klassischen" Eignungskriterien hinaus andere oder weitergehende Anforderungen an den Bieter gestellt werden, wenn diese in Bundes- oder Landesgesetzen vorgesehen sind (→*vergabefremde Kriterien*). Viel diskutierte Beispiele für diese Anforderungen sind die Frauenförderung oder die Forderung von →*Tariftreueerklärungen*. Die rechtliche Zulässigkeit dieser Anforderungen insbesondere im Hinblick auf europa- und verfassungsrechtliche Vorgaben ist äußerst streitig.

Eignungsnachweise

I. Allgemeines

Der Auftraggeber überprüft mit Hilfe der Eignungsnachweise und unter Zugrundelegung der gesetzlichen →*Eignungskriterien* die Eignung der einzelnen Bieter in einem gesonderten Verfahrensabschnitt.

Gemäß § 8 Nr. 3 Abs. 1 VOB/A dürfen von den Bewerbern bzw. Bietern zum Nachweis ihrer Eignung vom Auftraggeber unter anderem Angaben verlangt werden über:

– den Umsatz des Unternehmens in den letzten drei abgeschlossenen Geschäftsjahren, sofern bestimmte Voraussetzungen vorliegen (vgl. § 8 Nr. 3 Abs. 1 a VOB/A),

– die Ausführung von Leistungen in den letzten drei Geschäftsjahren, die mit der zu vergebenden Leistung vergleichbar sind,

– die Zahl der in den letzten drei Geschäftsjahren durchschnittlich beschäftigten Arbeitskräfte,

– die dem Bewerber/Bieter zur Verfügung stehende technische Ausrüstung,

– das für die Leitung und Aufsicht vorgesehene technische Personal,

– die Eintragung in das Berufsregister,

– andere, insbesondere für die Prüfung der →*Fachkunde*, geeignete Nachweise →*Mustertext für eine Forderung nach einer Gütesicherung Kanalbau RAL GZ 961.*

Nach § 8 Nr. 3 Abs. 1 S. 2 VOB/A sind für bestimmte Angaben auch von einer zuständigen Stelle ausgestellte Bescheinigungen zulässig, aus denen hervorgeht, dass der Unternehmer in einer amtlichen Liste in einer Gruppe geführt wird, die den genannten Leistungsmerkmalen entspricht.

Nach § 8 Nr. 3 Abs. 3 VOB/A müssen bei →*öffentlicher Ausschreibung* in der Aufforderung zur Angebotsabgabe die Nachweise bezeichnet werden, deren Vorlage mit dem Angebot verlangt wird. Bei →*beschränkter Ausschreibung* nach öffentlichem Teilnahmewettbewerb müssen die Nachweise dagegen bereits mit dem Teilnahmeantrag vorgelegt werden.

Die verlangten Nachweise müssen unmittelbar auftragsbezogen sein.

II. Aktuelle Rechtsprechung

Die Auftraggeberin schrieb im Offenen Verfahren die Vergabe von Bauleistungen für die Sicherung der Abwasserbeseitigung für das Gewerbegebiet Süd und weitere gewerbliche Standorte in Sachsen aus.

Das Angebot der Antragsstellerin wurde von der Vergabestelle gemäß § 25 Nr. 1 VOB/A ausgeschlossen, da es Preise bzw. geforderte Erklärungen nicht enthalte, nicht vollständig sei und nicht alle in den Verdingungsunterlagen gestellten Bedingungen erfülle. Zur Erläuterung wurde ausgeführt, dass der Eignungsnachweis nach RAL-Gütezeichen Kanalbau S 45.01 od. vergleichbar nicht erbracht wurde.

Die Vergabekammer Sachsen billigte den Ausschluss.

Das Angebot sei zwingend auszuschließen gewesen, da in ihm obligatorisch abzugebende Erklärungen fehlen, bei denen es sich um unverzichtbare Grundlagen des Angebots handelt. Im vorliegenden Fall waren dies der lückenlose Nachweis einer vorschriftsmäßigen Entsorgung (insbesondere der Eignungsnachweis des Herstellers für Arbeitsschutzmittel, die Zulassungen für die Verpackungsmittel und Annahmeerklärungen der Entsorger der Holzabfälle, des Stahlschrotts und der Transformatoren) oder die qualifizierten Eignungsnachweise (Vergabekammer Sachsen, Beschluss vom 29.10.2004 – 1/SVK/101-04).

Eignungsprüfung, vorgezogene

Bei der Eignungsprüfung handelt es sich um eine eigene Wertungsstufe im Rahmen der →*Prüfung* und →*Wertung von Angeboten*, die mit der Feststellung der Eignung oder Nichteignung der Bieter endet. In die engere Wahl kommen nur Bieter, deren generelle Eignung bejaht wird. Liegt die Eignung nicht vor, weil z.B. die Bieter nicht die erforderliche →*Zuverlässigkeit* und →*Fachkunde* besitzen oder die zur Erbringung der ausgeschriebenen Leistungen (ganz oder teilweise) außerstande sind, handelt es sich um einen zwingenden Ausschlussgrund, der vom öffentlichen Auftraggeber bis zum Abschluss des Vergabeverfahrens – d.h. bis zur rechtswirksamen Zuschlagserteilung – zu beachten ist.

Durch die Forderung, Bieter müssten die Anforderungen der Gütesicherung Kanalbau RAL GZ 961 erfüllen, legt der Auftraggeber fest, dass er nur solche Bieter als geeignet ansieht. Dadurch „erspart" sich der Auftraggeber die Eignungsprüfung und verlagert sie gleichsam vor. Erfüllen sie aber diese Anforderungen, so besitzen sie auch die erforderliche Eignung für die Ausschreibung.

Einbehalt von Gegenforderungen

Nach § 16 Nr. 1 Abs. 2 S. 1 VOB/B können bei →*Abschlagszahlungen* Gegenforderungen einbehalten werden. Hierfür kommen sowohl Ansprüche des Auftraggebers aus demselben Bauvertrag als auch Ansprüche auf gesetzlicher Grundlage (z. B. wegen deliktischen Handelns i.S.v. §§ 823 ff. BGB) in Betracht.

Von einer Aufrechnung unterscheidet sich der Einbehalt von Gegenforderungen dadurch, dass er nicht zu einem sofortigen Erlöschen der gegenseitigen Ansprüche führt, sondern nur vorläufigen Charakter hat. So wird der Auftraggeber z. B. einen nach § 17 Nr. 7 S. 2 VOB/B einbehaltenen Sicherheitsbetrag herausgeben müssen, wenn der Auftragnehmer die vereinbarte Bürgschaft nachträglich beibringt.

Einbehalt von Geld

Der Einbehalt von Geld ist eine besondere Art der →*Sicherheitsleistung*, die in § 17 Nr. 6 VOB/B geregelt ist. Im Gegensatz zur →*Bürgschaft* und zur →*Hinterlegung von Geld* kann der Auftraggeber noch nicht kurz nach Vertragsschluss über die volle Sicherheit verfügen, weil die Sicherheit regelmäßig erst nach mehreren Zahlungen allmählich anwächst. Da der Auftraggeber bei dem Einbehalt von Geld eine Reihe von Pflichten (z. B. unverzügliche Mitteilung des einbehaltenen Betrages an den Auftragnehmer) hat, die einen höheren Verwaltungsaufwand mit sich bringen, wird diese Form der Sicherheitsleistung vergleichsweise selten vereinbart.

Einbeziehung der VOB

Bei der Frage, ob die VOB in einen Vertrag einbezogen wurde, ist nach der VOB/B und der VOB/A zu differenzieren.

Bei der VOB/B handelt es sich um →*Allgemeine Geschäftsbedingungen*, die grundsätzlich zwischen den Vertragsparteien vereinbart werden müssen und in einen Bauvertrag einbezogen werden können.

Dagegen sind die Bestimmungen VOB/A grundsätzlich keine Allgemeinen Geschäftsbedingungen, da sie allgemeine Bestimmungen für die Vergabe von Bauleistungen enthalten. Die VOB/A kommt daher für eine Einbeziehung in Bauverträge regelmäßig nicht in Betracht.

Eindeutige und erschöpfende Leistungsbeschreibung

Die Festlegungen zur →*Leistungsbeschreibung* in § 9 Nr. 1 S. 1 VOB/A sehen vor, dass diese eindeutig und erschöpfend sein muss. Dies ist der Fall, wenn sie für fachkundige und sorgfältige Bewerber verständlich ist und jeder derselben das Gleiche darunter verstehen muss, sodass bei der →*Kalkulation* der Preise von denselben Annahmen ausgegangen werden kann. Dieses Ziel lässt sich nur erreichen, wenn die Leistungsbeschreibung nicht lückenhaft, sondern vollständig, also erschöpfend i. S. v. § 9 VOB/A, ist. Die Kalkulation muss ohne umfangreiche Vorarbeiten möglich sein.

Der Begriff „eindeutig" ist nicht gleichbedeutend mit „zutreffend". Eine eindeutige und erschöpfende Leistungsbeschreibung soll insbesondere die Vergleichbarkeit der Angebote sichern. Sie kann aber durchaus unzutreffend sein (z. B. wenn bei Erdarbeiten eine falsche Bodenklasse angegeben wird). Eine eindeutige und erschöpfende Leistungsbeschreibung, die unzutreffend ist, verstößt nicht gegen die VOB/A, sondern kann allenfalls zu →*Nachträgen* des Auftragnehmers führen.

→*Alternativpositionen*

Einheitliche Vergabe

Die VOB meint mit einheitlicher Vergabe die Vergabe einer Bauleistung an einen einzigen →*Auftragnehmer*; Gegenbegriff ist also die Vergabe nach →*Losen*. Durch eine einheitliche Vergabe soll eine einheitliche Ausführung und zweifelsfreie umfassende Gewährleistung erreicht werden. Unter diesem Aspekt werden hauptsächlich gleichartige Leistungen an einen Auftragnehmer zu vergeben sein.

Einheitspreise

Einheitspreise legen die →*Vergütung* in einer Position als Preis je Mengeneinheit fest. Diese Einheit kann als Maß (z. B. 1 m³ Bodenaushub), Gewicht oder Zeit festgelegt sein. Der Vergütungspreis bestimmt sich als Produkt von Einheitspreis mal Menge.

Einheitspreisvertrag

Der Einheitspreisvertrag ist die Regelform des →*VOB-Vertrages*, dem bei der Vergütung Einheitspreise zugrunde liegen. Zur Abrechnung werden bei dem Einheitspreisvertrag auch die Mengen benötigt, die im Wege des →*Aufmaßes* festgestellt werden müssen. Gegenbegriff ist der →*Pauschalpreisvertrag*.

Einreichung der Angebote

Angebote sind innerhalb der →*Angebotsfrist* bei dem Auftraggeber einzureichen; sie müssen diesem also fristgerecht zugehen. Die Stelle, bei der die Angebote einzureichen sind, die zum →*Eröffnungstermin* vorliegen müssen, hat der Auftraggeber den Bewerbern im Einzelnen mitzuteilen, vgl. § 10 Nr. 5, § 17 Nr. 1 Abs. 2 VOB/A.

Einreichung der Stundenlohnrechnungen

Stundenlohnrechnungen sind nach § 15 Nr. 4 VOB/B alsbald nach Abschluss der →*Stundenlohnarbeiten*, spätestens jedoch in Abständen von 4 Wochen einzureichen.

Einreichungstermin

Der Einreichungstermin ist der Termin, den der Auftraggeber den Bewerbern für die →*Angebotsabgabe* nennt. Er muss nicht mit dem Zeitpunkt identisch sein, an dem die →*Angebotsfrist* tatsächlich abläuft bzw. nach dem die Angebote als verspätet gelten.

Bei einer →*Ausschreibung* fallen Einreichungstermin und →*Eröffnungstermin* üblicherweise zusammen, sodass hier der Einreichungstermin (wie auch der Eröffnungstermin) auf die Minute genau festgelegt wird. Die Angebotsfrist läuft aber, wenn nicht im Einzelfall etwas anderes bestimmt ist, erst ab, wenn der →*Verhandlungsleiter* mit Öffnen der Angebote beginnt.

Bei der →*Freihändigen Vergabe* wird als Einreichungstermin nur der betreffende Tag, also der letzte Tag der Angebotsfrist, angegeben. Da der Briefkasten aber üblicherweise erst am nächsten Morgen geleert wird, gelten auch noch Angebote als rechtzeitig, die bis zur Leerung eingeworfen werden. In der Praxis läuft die Angebotsfrist hier also erst mit der Briefkastenleerung am nächsten Tag ab.

Einrichtungen des öffentlichen Rechts

Die Einrichtungen des öffentlichen Rechts sind eine Kategorie von öffentlichen →*Auftraggebern*. Es handelt sich um Einrichtungen, die zu dem besonderen Zweck gegründet wurden, im Allgemeininteresse liegende Arbeiten nichtgewerblicher Art zu erfüllen, weshalb sie nicht den Charakter eines Handels- bzw. Industrieunternehmens haben, Rechtspersönlichkeit besitzen und überwiegend vom Staat bzw. anderen Einrichtungen des öffentlichen Rechts finanziert bzw. kontrolliert werden.

Eine nicht abschließende Aufzählung findet sich in Anhang I der →*Baukoordinierungs-richtlinie*.

Einsicht in die Eröffnungsniederschrift

Gemäß § 22 Nr. 7 S. 1 Halbsatz 1 VOB/A ist den Bietern und ihren Vertretern Einsicht in die Niederschrift über den →*Eröffnungstermin* und ihre Nachträge zu gestatten. Dabei können sie neben den verspäteten Angeboten auch die nachgerechneten Endbeträge erfahren, die für die Angebotswertung maßgebend sind. Die Einsicht darf Bietern bzw. Bevollmächtigten nicht verwehrt werden.

Elektronische Auktion

I. Allgemeines

Die elektronische Auktion ist eine Möglichkeit der →*elektronischen Vergabe*, die wie der →*elektronische Katalog* auf die neuen europäischen Richtlinien (das sog. →*Legislativpaket*) zurückgeht.

Sie kann bei allen Dienst- und Lieferleistungen ober- und unterhalb der Schwellenwerte durchgeführt werden, in denen die Spezifikationen des Auftrags genau beschrieben werden können. Unzulässig ist sie jedoch bei freiberuflichen Leistungen und Bauleistungen.

Sie dient zur Ermittlung des niedrigsten Angebotspreises.

Die Unternehmen haben die Möglichkeit, bis zu dem Ende der Auktion ihre Preise nach unten zu korrigieren. Dabei wird ihnen ständig ihr aktueller Rang übermittelt. Es handelt sich also, ganz ähnlich wie bei elektronischen Verfahren im privaten Bereich (z. B. „ebay"), um eine sog. „reverse auction", bei dem der angebotene Preis ständig sinkt.

II. Regelung in der neuen Vergabeverordnung
Die Normierung der elektronischen Auktion findet sich in § 21 VgV n. F.. Danach gilt Folgendes:

Oberhalb der Schwellenwerte können die Auftraggeber in einem offenen oder nicht offenen Verfahren oder einem Verhandlungsverfahren mit vorheriger europaweiter Bekanntmachung eine elektronische Auktion durchführen, sofern die Spezifikationen der Leistung so genau beschrieben werden können, dass die Vergleichbarkeit der Angebote sichergestellt ist. Bei Aufträgen staatlicher Auftraggeber gilt Satz 1 bei einem Verhandlungsverfahren mit vorheriger europaweiter Bekanntmachung nur, wenn die Voraussetzungen gemäß § 9 Abs. 2 Nummer 1 vorliegen. Eine elektronische Auktion kann auch in einem erneuten Aufruf zum Wettbewerb der Parteien einer Rahmenvereinbarung nach § 18 Absatz 7 Satz 2 Nummer 2 oder bei einem Aufruf zum Wettbewerb im Rahmen eines dynamischen elektronischen Verfahrens durchgeführt werden.

Nach dem bisherigen Entwurf vom 8.2.05 ist allerdings die Einschränkung enthalten, dass bei der Vergabe von Bauleistungen und geistigschöpferischen Dienstleistungen dieses Verfahren nicht anzuwenden ist.

Elektronischer Katalog

Der sog. „elektronische Katalog" ist eine besondere Form der →*elektronischen Vergabe*. Sie ist unter der Bezeichnung „dynamisches Beschaffungssystem" als besonderes Vergabeverfahren in den neugefassten europäischen Vergabekoordinierungsrichtlinien enthalten (→*Legislativpaket*) und jetzt auch in dem Entwurf zu der neuen Vergabeverordnung vorgesehen (→*neues Vergaberecht*).

Bei einem „elektronischen Katalog" (§ 20 VgV n. F.) handelt es sich um eine Art Rahmenvereinbarung in elektronischer Form.

Ein elektronischer Katalog kann eine Laufzeit von bis zu vier Jahren haben. Der Auftraggeber muss zur Einrichtung eines elektronischen Katalogs ein →*Offenes Verfahren* durchführen, bei dem die Art der beabsichtigten Beschaffungen beschrieben wird. Die teilnehmenden Unternehmen geben hierbei nur ein unverbindliches Angebot ab. Alle Unternehmen, die die Teilnahmekriterien erfüllen, werden zur Teilnahme zugelassen.

Nach Auswertung der unverbindlichen Angebote ergeht für jeden Einzelauftrag ein gesonderter Aufruf an die teilnehmenden Unternehmen. Der Zuschlag wird auf der Grundlage der ursprünglich bekannt gemachten Zuschlagskriterien erteilt.

Elektronische Vergabe

Die Möglichkeit, ein Vergabeverfahren elektronisch abzuwickeln, wird bisher nur für einzelne Verfahrensteile praktiziert. Die vollständige Umstellung auf eine elektronische Form (sog. e-procurement) ist bisher über einzelne Modellprojekte noch nicht hinausgekommen.

Allerdings ist für Vergaben oberhalb der →*Schwellenwerte* die Verbreitung von →*Bekanntmachungen* auf elektronischem Wege der praktizierte Normalfall geworden (→*TED*).

Unterhalb der Schwellenwerte enthalten § 21 Nr. 1 VOB/A Regelungen zur elektronischen Vergabe. Nach § 21 Nr. 1 Abs. 1 VOB/A ist es dem öffentlichen Auftraggeber ausdrücklich verwehrt, ausschließlich →*digitale Angebote* zuzulassen. Bieter können daher im Baubereich weiterhin Angebote auf herkömmliche Weise einreichen. Die digitale Angebotsabgabe stellt nur eine fakultative Zusatzmöglichkeit dar. Insoweit ist in der vergaberechtlichen Literatur umstritten, ob sich aus der europäischen Richtlinie über den elektronischen Geschäftsverkehr (sog. e-commerce-Richtlinie) eine Verpflichtung der öffentlichen Auftraggeber zur Zulassung elektronischer Angebote ergibt. Nach wohl richtiger Auffassung ist dies nicht der Fall; es gibt nach bisheriger Rechtslage also kein Recht auf Abgabe eines elektronischen Angebots.

Der Gesetzgeber will nach dem Entwurf der neuen Vergabeverordnung die Möglichkeiten zur elektronischen Vergabe insbesondere durch die Einführung von neuen Verfahren bzw. Verfahrensteilen fördern (→*elektronische Auktion*; →*elektronischer Katalog*; →*neues Vergaberecht*).

Entgangener Gewinn

I. Begriff

Entgangener Gewinn ist ein →*Schaden*, der dem Geschädigten im Fall von →*Schadensersatzansprüchen* bei Vorliegen der Voraussetzungen zustehen kann. Im Unterschied zu anderen Schadenspositionen, wie z. B. Stillstandkosten oder Mehrkosten wegen verlängerter Bauzeit, ist entgangener Gewinn allerdings grundsätzlich nur bei Vorsatz und grober Fahrlässigkeit zu ersetzen.

Der entgangene Gewinn ist ein mittelbarer Schaden, der vom Schädiger gem. §§ 249 S. 1, 252 S. 1 BGB zu ersetzen ist. Er umfasst alle Vermögensvorteile, die dem Geschädigten im Zeitpunkt des schädigenden Ereignisses zwar noch nicht zustanden, ohne dieses Ereignis aber angefallen wären. Entgangener Gewinn ist daher stets anzunehmen, wenn der Geschädigte, z. B. infolge Verletzung seiner Gesundheit oder Beeinträchtigung seines Eigentums, seine Arbeitskraft oder Produktionsmittel nicht gewinnbringend nutzen kann.

II. Aktuelle Rechtsprechung

Wird der Bieter, der den Zuschlag bei Einhaltung der Vergabebestimmungen hätte bekommen müssen, übergangen, kann er Schadensersatz verlangen. Das positive Interesse, insbesondere den entgangenen Gewinn, erhält er aber nur dann ersetzt, wenn der ausgeschriebene Auftrag auch tatsächlich erteilt worden ist. Unsicher ist aber, wann ein erteilter Auftrag noch mit dem ausgeschriebenen Auftrag identisch ist. Mit dem Einwand, dass der an den Zweitplazierten erteilte Auftrag nach diversen Verhandlungen gar nicht mehr mit dem ausgeschriebenen Auftrag identisch gewesen sei, verteidigte sich die Vergabestelle gegenüber dem Bestbieter in dem Millionen-Prozess um die Ausschreibung der Entsorgung der Siedlungsabfälle der Stadt Hoyerswerda für den Zeitraum 1998-2008 (1,8 Mio. Euro Streitwert allein der Feststellung). Das ursprünglich ausgeschriebene Vergabeverfahren sei im Stillen abgebrochen worden.

Das OLG Dresden gab dem Bieter Recht. Die Vergabestelle habe den Schaden, der in seiner endgültigen Entwicklung und Höhe noch gar nicht absehbar ist, zu ersetzen. Gleichgültig ist, ob der tatsächliche Auftrag in der rechtlichen Gestalt eines Zuschlags, nach Ablauf der Bindefrist oder nach sonstigen freien Verhandlungen außerhalb des Vergabeverfahrens erteilt worden ist. Jedenfalls sei die wirtschaftliche und technische Identität des Beschaffungsvorhabens unberührt geblieben. Die Änderungen gegenüber der Ausschreibung verändern nicht den Ausschreibungsgegenstand. Ebenfalls ohne Bedeutung ist, dass sich die Leistungskonditionen des geschlossenen Vertrags gegenüber dem, was mit der Ausschreibung ursprünglich beabsichtigt war, verändert haben. Dies berühre nicht die Identität des Beschaffungsvorhabens, sondern spreche lediglich für zusätzliche vergaberechtswidrige Verhandlungen mit dem Zweitplazierten (OLG Dresden, Urteil vom 9.3.2004 – 20 U 1544/03).

Erfüllungsverweigerung des Auftragnehmers

Eine ernsthafte und endgültige Erfüllungsverweigerung seitens des Auftragnehmers ist eine schwere Vertragsverletzung. Folge ist nach der Rechtsprechung, dass der vertragstreuen Partei die Fortsetzung des Vertragsverhältnisses nicht mehr zugemutet werden kann. Verweigert der Auftragnehmer die Erfüllung bereits vor Bauausführung, kann der Auftraggeber vom Vertrag zurücktreten (→*Rücktritt*), nach Beginn der Bauausführung tritt an die Stelle des Rücktritts das →*Kündigungsrecht*. Eine Fristsetzung ist bei ernsthafter und endgültiger Erfüllungsverweigerung in der Regel nicht geboten.

Erkundigungspflicht

I. Allgemeines

Bei Bauarbeiten besteht immer die Gefahr, an anderen Dingen einen →*Schaden* zu verursachen. Diese Gefahr ist bei Aushubarbeiten hinsichtlich Versorgungsleitungen im Erdreich besonders hoch, da man diese von der Oberfläche aus nicht mit bloßem Auge erkennen kann. Deshalb besteht im Rahmen von Bauarbeiten die Pflicht, über die Lage von Leitungen Erkundigungen einzuholen. Mit diesem Thema beschäftigen sich folgende Fälle.

II. Rechtsprechung

1. Im Zusammenhang mit dem Aushub einer Baugrube wird eine Wasserleitung teilweise freigelegt. Die Wasserleitung bricht. Der Auftraggeber

(AG), der vom Versorgungsunternehmer in Anspruch genommen worden ist, macht Schadensersatzansprüche gegen den Tiefbauunternehmer geltend. Er wirft ihm vor, sich vor Beginn der Aushubarbeiten nicht über den Verlauf der Wasserleitung vergewissert und – als bei Übergabe der Baugrube an den Nachfolgeunternehmer ein Teil der Leitung sichtbar geworden sei – keine ausreichenden Maßnahmen ergriffen zu haben, um die Leitung abzusichern. Der Unternehmer verteidigt sich damit, dass die Baugrubenplanung des Architekten unzureichend gewesen sei und der Architekt ihn über den Verlauf von Versorgungsleitungen nicht unterrichtet habe, so dass ihm die Wasserleitung unbekannt gewesen sei. Die Leitung sei erst bei der Übergabe der Baugrube durch Arbeiten des Nachfolgeunternehmers freigelegt worden; der Nachfolgeunternehmer hätte Sicherungsmaßnahmen durchführen müssen.

Das OLG geht davon aus, dass sowohl der Architekt als auch der Tiefbauunternehmer gegen ihre „Sorgfaltspflichten verstoßen haben. Der Architekt hat im Rahmen der Planung der Baugrube die Pflicht, sich ausreichend darüber zu erkundigen, ob Versorgungsleitungen in dem von der Ausschachtung betroffenen Straßenbereich liegen und wie diese gegebenenfalls zu sichern sind, um eine Gefährdung der Leitungen durch auszuführende Arbeiten zu vermeiden.

Der Tiefbauunternehmer hat ebenfalls die Pflicht, sich darüber zu vergewissern, dass die von ihm auszuführenden Arbeiten keine Versorgungsleitungen gefährden, die Planung der Ausschachtungsarbeiten im kritischen Bereich nachzuvollziehen und gegebenenfalls den Bauherrn auf eine unzureichende Baugrubenplanung des Architekten hinzuweisen. Der Tiefbauunternehmer, der bei der Übergabe feststellt, dass eine Leitung frei wird, hat sich unabhängig von der Verantwortung des Nachfolgeunternehmers um die Absicherung einer freigelegten Leitung zu kümmern. Das OLG hat das Planungsverschulden des Architekten dem AG zugerechnet und hat die Versäumnisse des Tiefbauunternehmers als gleichwertig angesehen, so dass der AG vom Tiefbauunternehmer nur die Hälfte seines Schadens ersetzt bekommt (OLG Hamm, Urteil vom 01.07.2004 – 21 U 20/04).

2. Das klagende private Telekommunikationsdienstleistungs-Unternehmen T hat in mehreren Ländern der Europäischen Union unterirdisch sog. Telekommunikationslinien verlegt. Allein in Deutschland beträgt deren

Länge 2.800 km. In der Stadt A ist die Beklagte im September 2001 als Tiefbauunternehmen mit dem Anschluss neu errichteter Reihenhäuser an das öffentliche Versorgungsnetz für Wasser, Gas, Strom und Telefon befasst. Im Zuge der Ausschachtungsarbeiten beschädigt sie bei Einsatz eines Baggers ein Glasfaserkabel, welches T zuvor durch ein Subunternehmen beim Bau der Telekommunikationslinien im Bereich der Sektion 3 mit der Bezeichnung „L; Abschnitt O" verlegt hat. T nimmt das Tiefbauunternehmen daraufhin auf Schadensersatz in Anspruch. Das Landgericht hat die Klage abgewiesen.

Diese Entscheidung hält nicht stand. Das OLG hat auf die Berufung der Telekom das erstinstanzliche Urteil abgeändert und erklärt den Klageantrag dem Grunde nach für gerechtfertigt. Im Übrigen wird der Rechtsstreit zur Durchführung des Höheverfahrens an das Landgericht zurückverwiesen. Die Revision wird nicht zugelassen.

Die Auffassung des Landgerichts, das Tiefbauunternehmen habe nicht schuldhaft gehandelt, wird zurückgewiesen. Das Tiefbauunternehmen hatte vor Bauausführung unter anderem bei der Stadt A nur Auskünfte und Kabelpläne zur genauen Lage etwaiger Leitungen öffentlicher Versorger und der Telekom eingeholt. Über die Existenz dieser Leitungen und damit das bisher geforderte Maß hinaus muss jedes Tiefbauunternehmen seit dem Wegfall des Netzmonopols der Telekom am 01.08.1996 grundsätzlich damit rechnen, im öffentlichen Straßenraum nicht nur Telekommunikationslinien der Telekom, sondern auch anderer lizenzierter Anbieter vorzufinden.

Grundsätzlich besteht die Erkundigungspflicht bezüglich der Lage privater und anderer Telekommunikationslinien gegenüber den zuständigen Unternehmen und Trägern selbst. Hier hätte die Stadt A als zustimmungsberechtigte Trägerin der Baulast aber zumindest darüber Auskunft geben können, welchen privaten Netzbetreibern sie die Genehmigung für die Verlegung von Telekommunikationslinien im Stadtgebiet erteilt hat. Eine derartige Auskunft hat das Tiefbauunternehmen jedoch nicht verlangt, was schließlich kausal für den Schadenseintritt war. Insoweit handelte das Unternehmen fahrlässig in Bezug auf die generell hohen Anforderungen an Erkundigungs- und Sicherungspflichten (OLG Düsseldorf, Urteil vom 24.11.2004 – 15 U 29/04).

Eröffnungstermin

I. Sinn und Zweck; gesetzliche Regelung

Nach § 22 Nr. 1 S. 1 VOB/A ist bei der →*Öffentlichen Ausschreibung* und der →*Beschränkten Ausschreibung* ein Eröffnungstermin abzuhalten. Der Eröffnungstermin umfasst zwei wesentliche Vorgänge, zum einen die Öffnung, zum anderen die Verlesung der Angebote.

Sinn und Zweck des Eröffnungstermins besteht unter anderem darin, dass sich die Bieter einen Überblick über die Angebotssummen ihres Angebots im Vergleich mit den anderen Bietern und ihre Aussichten im Wettbewerb verschaffen können.

II. Ablauf des Eröffnungstermins

Im Eröffnungstermin stellt der Verhandlungsleiter zunächst fest, dass die schriftlichen Angebote mit unversehrtem Verschluss bzw. Umschlag eingegangen sind. Die eingehenden Angebote sind dann ihrem Eingangsdatum sowie der Uhrzeit und Reihenfolge nach auf ihrem ungeöffneten Umschlag durch Unterschrift des Verhandlungsleiters zu kennzeichnen.

Nach § 22 Nr. 3 Abs. 2 VOB/A sind die Angebote anschließend öffentlich zu verlesen. Dies gilt für alle wichtigen Bestandteile des Angebots (Endbeträge sowie Endbeträge der einzelnen Abschnitte, Preisnachlässe und Skonti). Der Name und der Wohnort des Bieters müssen ebenfalls verlesen werden.

III. Niederschrift

Über den Eröffnungstermin ist nach § 22 Nr. 4 Abs. 1 VOB/A eine Niederschrift zu fertigen. In dieser sind folgende Punkte festzuhalten: Ort und Zeitpunkt des Beginns des Eröffnungstermins, Feststellung der zur Anwesenheit der zur Teilnahme berechtigten Personen, Ausschluss nicht berechtigter Bieter, nicht zugelassene Angebote, Öffnung, Kennzeichnung der wesentlichen Teile und Verlesung. Die Niederschrift ist durch Verlesen den Teilnehmern des Eröffnungstermins bekannt zu geben und vom Verhandlungsleiter zu unterschreiben. Den Bietern ist Einsicht in die Niederschrift und in die hierzu erfolgten Nachträge zu gestatten.

IV. Rechtsprechung

1. Es spielt für die Frage, welchen Inhalt das Angebot der Bieter hat, keine Rolle, was in dem Submissionstermin verlesen oder protokolliert wurde. Der eindeutige Erklärungsgehalt des Angebots der Bieter kann nicht dadurch nachträglich abgeändert werden, dass er in diesem Termin möglicherweise falsch verlesen wurde (Vergabekammer Bund, Beschluss vom 16.5.2002 – VK 1-19/02).

2. Insbesondere für die Wertung von Preisnachlässen gem. § 25 Nr. 5 spielt es keine Rolle, ob diese in der Submission vorgelesen wurden oder nicht.

Nach § 22 Nr. 3 Abs. 2 VOB/A sind im Eröffnungstermin die Endbeträge der Angebote sowie andere den Preis betreffende Angaben, wozu auch Nachlässe ohne Bedingungen gehören, zu verlesen. Wird ein Nachlass ohne Bedingungen nicht bekannt gegeben, stellt dies zwar einen Verstoß gegen die Formvorschrift des § 22 Nr. 3 Abs. 2 VOB/A dar. Dies hat jedoch nicht zur Folge, dass dieser bei der Wertung nicht zu berücksichtigen wäre. Entscheidend ist vielmehr, dass das Angebot mit diesen Angaben im Eröffnungstermin vorgelegen hat. Ist dies der Fall, ist ein Preisnachlass bei der materiellen Wertung nach § 25 VOB/A zu berücksichtigen (Vergabekammer Baden-Württemberg , Beschluss vom 22.6.2004 – 1 VK 32/04).

Erschließungsanlagen

I. Allgemeines

Mit Erschließung bezeichnet man die Herstellung der Nutzungsmöglichkeiten von Grundstücken durch Anschluss an Ver- und Entsorgungsnetze wie Elektrizität, Gas, Wasser und Abwasser sowie den Anschluss an das Straßennetz. Eine bestehende Erschließung ist Voraussetzung für die Bebauung eines Grundstücks. Sie ist also Voraussetzung dafür, dass aus Bauerwartungsland Bauland wird. Man sagt dann, dass die Erschließung gesichert ist. Die für eine Erschließung notwendigen Vorrichtungen, wie zum Beispiel Gasleitungen oder Abwasserkanäle nennt man Erschließungsanlagen. Auch der BGH hat sich mit dem Thema beschäftigt:

II. Rechtsprechung

Zu Erschließungsanlagen im Sinne von § 123 BauGB gehören nicht nur die Anlagen zur verkehrsmäßigen Erschließung und zum Schutz des Baugebiets vor Immissionen, sondern auch die Anlagen zur Versorgung der Grundstücke mit Elektrizität, Wärme und Gas, die Anlagen zur Be- und Entwässerung und die Anlagen zur Abfallentsorgung. Dem entsprechen die ständige Rechtsprechung der Verwaltungsgerichte und die Rechtsprechung des Bundesverfassungsgerichts. Auch in der Rechtsprechung der Zivilgerichte wird als selbstverständlich vorausgesetzt, dass die Kosten für die Errichtung von Entwässerungsanlagen Erschließungskosten sind. § 127 Abs. 2 BauGB ist nichts anderes zu entnehmen. Soweit eine Maßnahme zur Erschließung eines Baugebiets nicht zu den in § 127 Abs. 2 BauGB aufgezählten Maßnahmen gehört, bedeutet dies nicht, dass es sich bei der Maßnahme nicht um eine Erschließungsmaßnahme handelt, sondern dass die Kosten hierfür nicht bundesrechtlich nach §§ 128 ff BauGB sondern nach den Kommunalabgabengesetzen und damit landesrechtlich umzulegen sind (BGH, Urteil vom 22.10.2004 – V ZR 7/04).

Erschließungskosten

I. Allgemeines

Die Erstellung von Erschließungsanlagen bzw. die Erschließung eines Grundstücks geht natürlich nicht ohne Kosten vonstatten. Die Kosten hierfür entstehen in der Regel zunächst bei der Gemeinde, die die Erschließung ausführen lässt. Allerdings profitieren von der Erschließung die Grundstückseigentümer. Deshalb ist es der Gemeinde erlaubt, die Erschließungskosten auf den Grundstückseigentümer umzulegen. Immer wieder müssen sich auch die Gerichte mit Fragen zu den Erschließungskosten beschäftigen, wie beispielsweise folgender Fall zeigt:

II. Rechtsprechung

Eine Gemeinde verkauft ein Baugrundstück an einen Bauträger. Der Kaufvertrag enthält folgende Klausel: „Im Kaufpreis sind alle Anliegerbeiträge und Erschließungskosten für die Ersterschließung nach dem Baugesetzbuch, nach dem Kommunalabgabengesetz, nach den Satzungen der Gemeinde und Verbandsgemeinde und nach den Bestimmungen der Versorgungsunternehmen enthalten. Der Käufer trägt Kosten und Beiträge solcher Art nur, wenn sie nicht in die Ersterschließung fallen." Nachdem der Bauträger das Grundstück zur Bebauung mit Reihenhäusern aufgeteilt hatte, erstellt die Verbandsgemeinde die Kanalhausanschlüsse mit Revisionsschacht. Die hierfür entstehenden Kosten in Höhe von 7.264,20 Euro werden dem Bauträger per Beitragsbescheid in Rechnung gestellt. Nach Zahlung beruft sich der Bauträger auf die eingangs zitierte Klausel im Kaufvertrag und verlangt die Erstattung der Kosten von der Gemeinde.

Mit Erfolg. Das OLG meint, es sei unerheblich, was im öffentlichen Recht unter Ersterschließung verstanden werde. Die erstmalige Herstellung eines Hausanschlusses falle nach allgemeinem Sprachverständnis unter den Begriff der Ersterschließung. Etwas anderes könnte nur gelten, wenn die Parteien beim Abschluss des Vertrages übereinstimmend eine andere Auslegung gewollt hätten. Hierfür bestehe kein Anhalt (OLG Koblenz, Urteil vom 14.11.2002 – 5 U 1189/02).

Ersparnisse infolge Kündigung

Bei →*Kündigung des Vertrags* durch den Auftraggeber erhält dieser zwar grundsätzlich die vereinbarte →*Vergütung*. Er muss sich jedoch nach § 8 Nr. 1 Abs. 2 VOB/A anrechnen lassen, was er infolge der Kündigung erspart oder durch anderweitige Verwendung seiner Arbeitskraft erwirbt oder zu erwerben böswillig unterlässt. Der Auftragnehmer soll also nicht mehr als das erhalten, was er nach Herstellung des Werkes gehabt hätte. Die Ersparnisse sind auf den konkreten Vertrag zu beziehen.

Erspart sind z. B. noch nicht verauslagte Stoff- oder Materialkosten, nicht aber Kosten für Baustoffe, die bereits beschafft sind, aber auf anderen Baustellen nicht verwendet werden können.

Auch Lohn- und Gehaltskosten sind bei den Ersparnissen infolge Kündigung grundsätzlich nicht zu berücksichtigen, weil sie unabhängig von einzelnen Aufträgen zu zahlen sind, es sei denn, dass der Auftragnehmer die gekündigte Leistung nur durch Einstellung zusätzlicher Arbeitskräfte hätte erbringen können.

Erstprüfung

Die Erstprüfung stellt die erste Stufe der Gütesicherung dar. Der Unternehmer, der sich für das Gütezeichen bewirbt, entscheidet sich zunächst, für welche →*Beurteilungsgruppe* er den Eignungsnachweisbeantragt. Dann muss er nachweisen, dass er die für die jeweilige Beurteilungsgruppe geforderten Voraussetzungen erfüllt. Dazu hat er die geeigneten Nachweise zu erbringen.

Eine positive Erstprüfung ist notwendige Voraussetzung für die Verleihung des Gütezeichens. Im Falle der Gütesicherung nach RAL GZ 961 „Kanalbau" bedeutet das: Der Antragsteller hat bei Erstprüfung dem betreffenden Güteausschuss geeignete Unterlagen als Nachweis der Erfüllung der Güteanforderungen der jeweils angestrebten Beurteilungsgruppe vorzulegen.

Erst wenn die Erstprüfung erfolgreich verlaufen ist, schließen sich die beiden weiteren Bestandteile der Güteüberwachung, →*Eigenüberwachung* und →*Fremdüberwachung* an.

Europäischer Gerichtshof (EuGH)

Der Europäische Gerichtshof ist die zentrale Rechtsprechungsinstanz für alle Rechtsfragen, die sich im Hinblick auf den EG-Vertrag und sonstiges europäisches Recht (d. h. europäische Verordnungen und →*Richtlinien*) ergeben. Er prüft im Bereich des Vergaberechts insbesondere, ob die Mitgliedsstaaten ihre Verpflichtung, die →*Vergabekoordinierungsrichtlinien* ordnungsgemäß umzusetzen, nachgekommen sind.

Der EuGH hat seit seinem Bestehen eine Vielzahl von Entscheidungen mit großer Bedeutung für das europäische Vergaberecht (→*Kartellvergaberecht*) gefällt, die die Rechte, insbesondere von ausländischen Bietern, aber auch den Rechtsschutz allgemein entscheidend gestärkt haben. Die neueren Entscheidungen des Gerichtshofs sind über http://curia.eu.int kostenlos abrufbar.

Europaweite Vergabeverfahren

Europaweite Vergabeverfahren sind Vergaben, die die →*Schwellenwerte* erreichen oder überschreiten. Bei europaweiten Vergabeverfahren im Baubereich müssen von den Auftraggebern zusätzlich die →*a-Paragraphen*, b-Paragraphen und SKR-Paragraphen der VOB/A angewendet werden.

Sinn und Zweck eines europaweiten Vergabeverfahrens ist es, einen EG-weiten Wettbewerb zu schaffen. Dies wird vor allem durch eine entsprechende →*Bekanntmachung* im →*EG-Amtsblatt* bewirkt.

Damit die Einhaltung der Vorschriften nicht ohne weiteres von den Auftraggebern umgangen werden kann, genießen die Bieter im europaweiten Vergabeverfahren einen gegenüber der nationalen Vergabe deutlich stärkeren Rechtsschutz (→*Rechtsschutz*; →*Nachprüfungsverfahren*).

Eventualposition

→*Bedarfsposition*

F

Fachkunde

I. Allgemeines

Die Fachkunde ist einer der drei Aspekte der →*Eignung* von →*Bewerbern* bzw. →*Bietern*. Sie setzt voraus, dass sich der Bieter gewerbsmäßig mit der Ausführung von Leistungen der ausgeschriebenen Art befasst, vgl. § 8 Nr. 2 Abs. 1 VOB/A. Weitere Voraussetzung ist die legale Ausübung des Gewerbes, was eine Eintragung in das →*Berufsregister* voraussetzt.

Über diese eher formalen Voraussetzungen erfordert die Fachkunde, dass der Bewerber/Bieter umfassende Kenntnisse und Fertigkeiten sowie Berufserfahrung hat, die es ihm ermöglichen, zumindest einen wesentlichen Teil der ausgeschriebenen Leistungen selbst vertragsgerecht auszuführen und ggf. die Leistung von →*Nachunternehmern* zu organisieren, zu steuern und zu überwachen. Nachunternehmer müssen eingeschaltet werden, wenn der Betrieb des Auftragnehmers auf bestimmte Leistungen nicht eingerichtet ist, § 4 Nr. 8 Abs. 1 S. 3 VOB/B.

Um fachkundig zu sein, muss der Bewerber/Bieter die einschlägigen anerkannten Regeln der Technik, die in Betracht kommenden Normen und Gesetze und Bestimmungen (z. B. der Berufsgenossenschaft) kennen. Wünschenswert sind außerdem Erfahrungen mit der Ausführung von Leistungen, die mit der zu vergebenden Leistung nach Art, Umfang und Schwierigkeit vergleichbar sind.

Die Frage der Fachkunde muss nicht unbedingt auf die Person des Firmeninhabers bzw. persönlich haftenden Gesellschafters, Vorstandsmitglieds usw. ausgerichtet sein. Vielmehr kommt es bei mittleren oder großen Firmen weitgehend auf das technische sowie kaufmännische und das sonstige Führungspersonal (z. B. Meister, Poliere) an, soweit diesem eine verantwortliche Tätigkeit bei dem zur Ausführung anstehenden Bauvorhaben zukommen wird. Maßgebend ist dabei eine Gesamtwertung, wobei allerdings einzelne, etwa nicht hinreichend fachkundige Personen, die bei dem zu vergebenden Auftrag maßgebliche Funktionen auszuüben haben, letztlich durchaus den Ausschlag hinsichtlich des für den Bereich der Fachkunde zu findenden Ergebnisses geben können.

II. Aktuelle Rechtsprechung

Ausgeschrieben war der technisch sehr anspruchsvolle Ausbau des Berliner Teltowkanals. In der europaweiten Bekanntmachung war angegeben, dass überdurchschnittlich hohe Anforderungen an die Fachkunde, Erfahrung und Zuverlässigkeit gestellt werden. Bei den Zuschlagskriterien war unter anderem genannt „Fachkunde und Erfahrungen beim Ausbau von Wasserstraßen, besonders im innerstädtischen Bereich". Das auswertende Amt gelangte zu dem Ergebnis, dass die billigsten Bieter wegen unzureichender Referenzen und zu geringem Geräteeinsatz nicht geeignet seien. Die vorgesetzte Dienststelle wies das Amt an, den Billigstbieter zu beauftragen. Der teurere Bieter leitete ein Nachprüfungsverfahren ein. Die Vergabekammer wies den Antrag zurück; das OLG gab der sofortigen Beschwerde statt.

Das OLG entschied, dass zum einen für einen Nachweis der Erfahrung mit bestimmten Bauleistungen die Prognose nicht ausreicht, dass der Bieter aufgrund seines Fachwissens und seiner unter anderen Bedingungen erbrachten Bauleistungen zur Bewältigung des ausgeschriebenen Auftrags in der Lage sein müsste. Es kommt auf die tatsächliche Erbringung vergleichbarer Bauleistungen an.

Zweitens stellte es fest, dass, falls unter den Zuschlagskriterien bekannt gemacht ist, dass Fachkunde und Erfahrung beim Bau von Wasserstraßen im innerstädtischen Bereich berücksichtigt werden, dieses Kriterium nicht deshalb unberücksichtigt bleiben kann, weil es im Normalfall bei der Prüfung der Eignung abzuhandeln wäre.

Nach den bekannt gemachten Ausschreibungsbedingungen mussten die Bieter anhand einer Referenzliste nicht nur ihr fachliches Können zur Bewältigung der schwierigen Bauleistungen, sondern auch ihre Erfahrungen mit derartigen Wasserbauleistungen nachweisen. Jeder Bieter muss daher belegen, dass er in der Vergangenheit bereits Bauleistungen im innerstädtischen Bereich unter den in der Vergabebekanntmachung genannten schwierigen Randbedingungen ausgeführt hat. Bei der zur Beauftragung vorgesehenen Bietergemeinschaft des Billigstbieters waren jedoch nur einzelne Maßnahmen benannt worden, bei denen Teilleistungen auszuführen waren, die dem ausgeschriebenen Auftrag ähnelten, jedoch nie alle genannten schwierigen Randbedingungen auf sich vereinten. Die Vergabestelle wollte eine Prognose ausreichen lassen, dass dieser Bieter dann auch die Kombination der schwierigen Merkmale beim vorliegenden Auftrag erfüllen könnte. Das OLG missbilligt diese Herabsetzung der Anforderungen und hält dies für unzulässig. Ferner nimmt das OLG eine wichtige Differenzierung des Grundsatzes vor, dass ein „Mehr an Eignung" nicht berücksichtigungsfähig sei. Die besondere Eignung eines Bieters kann jedenfalls dann auch auf der vierten Wertungsstufe noch Berücksichtigung finden, wenn dies den Bietern schon mit der Ausschreibung bekannt gemacht wird, sich das Kriterium leistungsbezogen auswirkt und damit die Gewähr für eine bessere Leistung bietet (OLG Düsseldorf, IBR 2003, 442). Daher konnte die Vergabestelle die besondere Fachkunde und Erfahrung beim Bau von Wasserstraßen im innerstädtischen Bereich auf der vierten Wertungsstufe nicht – wie geschehen – einfach unberücksichtigt lassen, weil sie dies schon bei der Eignungsprüfung geprüft hatte (OLG Düsseldorf, Beschluss vom 25.02.2004 – Verg 77/03).

Fachlos

Ein Fachlos ist das Pendant zu einem →*Teillos*. Fachlose entstehen, wenn eine →*Bauleistung* in fachlicher Hinsicht so unterteilt wird, dass jedes Fachlos eine fachlich andere →*Leistung* enthält.

Nach § 4 Nr. 3 S. 1 VOB/A sind Bauleistungen, die verschiedene Handwerks- oder Gewerbezweige umfassen, in der Regel nach Fachgebieten oder Gewerbezweigen getrennt zu vergeben, was eine Aufteilung in Fachlose bedeutet. Ein Gewerbezweig kann aus mehreren Fachgebieten bestehen. Sinn von § 4 Nr. 3 VOB/A ist es, die jeweils zu vergebenden Bauleistungen optimal auf die fachliche Kapazität der potentiellen →*Bewerber* zuzuschneiden.

Die insgesamt auszuführenden Bauleistungen sind möglichst so zu unterteilen, dass die in Frage kommenden Gewerbezweige die Arbeiten im →*eigenen Betrieb* bewältigen können und nicht an →*Nachunternehmer* weitervergeben müssen.

Bei umfangreichen oder schwierigen von einem Gewerbezweig ausführbaren Leistungen ist es oft sinnvoll, diese Leistungen weiter zu unterteilen, sei es, dass das Leistungsspektrum eines Gewerbezweiges mehrere Fachgebiete umfasst oder dass ein Fachgebiet noch weiter unterteilt wird. So kann es sich z. B. anbieten, aus dem Gewerk „Baumeisterarbeiten" den größten Teil der Putzarbeiten herauszunehmen oder bei Erdarbeiten eine Baugrubenumschließung getrennt zu vergeben. Ein anderes Beispiel wäre eine Unterteilung des Fachgebiets „Elektroarbeiten" in die Stark- und Schwachstromtechnik.

Die →*Allgemeinen Technischen Vertragsbedingungen* der VOB/C können für die Abgrenzung von Fachlosen nur bedingt herangezogen werden. Dies deshalb, weil zum einen die Abgrenzung u.U. örtlich oder zeitlich unterschiedlich sein muss, zum anderen viele Gewerbezweige Arbeiten mehrerer Allgemeiner Technischer Vertragsbedingungen ausführen und schließlich Fachlose auch Arbeiten zum Gegenstand haben können, die noch nicht in Allgemeinen Technischen Vertragsbedingungen geregelt sind.

Der Bildung von Fachlosen kann der Gesichtspunkt einer zweifelsfreien Gewährleistung entgegenstehen, mit der Folge, dass dann mehrere oder alle Fachlose zusammen vergeben werden müssen.

Fachunternehmer

Ein Fachunternehmer ist ein Unternehmer, der im Gegensatz zu einem →*Generalunternehmer* nur →*Bauleistungen* eines bestimmten Fachgebiets anbietet und in Auftrag nimmt. Er muss in der Lage sein, die betreffenden Leistungen im Wesentlichen im eigenen Betrieb zu erbringen.

Der Fachunternehmer ist diejenige Unternehmereinsatzform, die nach der Konzeption der VOB (vgl. § 4 Nr. 3 VOB/B) die Regel sein soll.

Der Fachunternehmer betätigt sich im Allgemeinen als →*Alleinunternehmer*. Kooperiert er ausnahmsweise mit einem →*Nachunternehmer*, so wird er zum →*Hauptunternehmer*.

Auf den Fachunternehmer zugeschnitten ist das →*Fachlos*.

Aus wirtschaftlichen und technischen Gründen können mehrere Fachlose zusammengefasst werden und an einen Fachunternehmer vergeben werden, der auf mindestens einem Fachlosbereich tätig ist.

→*Unternehmereinsatzformen*

Fälligkeit

Unter Fälligkeit versteht man den Zeitpunkt, in dem ein Schuldner seine →*Leistung* zu bewirken hat, § 271 BGB. Die Fälligkeit der Vergütung ist für Abschlagszahlungen und für die →*Schlusszahlung* in § 16 Nr. 1 Abs. 3 bzw. § 16 Nr. 3 Abs. 1 VOB/B geregelt. Danach werden die jeweiligen Ansprüche ab einem bestimmten Zeitraum (18 Tage bzw. spätestens zwei Monate) fällig, der ab Zugang der Aufstellung oder →*Schlussrechnung* beginnt.

Fälligkeit der Schlusszahlung

Gemäß § 16 Nr. 3 Abs. 1 VOB/B ist die →*Schlusszahlung* alsbald nach Prüfung und Feststellung der vom Auftragnehmer vorgelegten →*Schlussrechnung*, spätestens jedoch innerhalb von zwei Monaten nach Zugang zu leisten. Die zwei Monate sind eine Obergrenze. Beendet der Auftraggeber die Prüfung der Schlussrechnung bereits vor Ablauf der zwei Monate, so wird der Anspruch auf die Schlusszahlung bereits mit der Mitteilung des Prüfungsergebnisses an den Auftragnehmer fällig. Die →*Verjährung* dieses Anspruchs beginnt mit dem Ende des Jahres, in dem die Mitteilung dem Auftragnehmer zugeht.

Ausnahmsweise kann die Schlusszahlung erst nach Ablauf der Zweimonatsfrist fällig werden, wenn einer rechtzeitigen Zahlung triftige Gründe entgegenstehen. Diese müssen jedoch außerhalb der Sphäre des Auftraggebers liegen und eine fristgemäße Zahlung objektiv unmöglich machen. Denkbar ist z. B., dass die Schlussrechnung bereits vor →*Abnahme* eingereicht wurde und sich diese wegen wesentlicher Mängel verzögert.

Fehlen von produktidentifizierenden Angaben

I. Problemstellung

Die Frage, ob ein Angebot zwingend auszuschließen ist, wenn eine Vielzahl von produktidentifizierenden Angaben fehlt, taucht in der alltäglichen Vergabepraxis immer wieder auf.

Fordern die Ausschreibungsunterlagen bezüglich einer Vielzahl von Positionen neben dem Fabrikat/Hersteller auch Angaben zum Typ des angebotenen Produkts, so führt die bei einer Vielzahl von Positionen fehlende Typenbezeichnung an sich zwingend zum Ausschluss des Angebots. Nach der bisherigen sowohl bei den Vergabesenaten wie den Vergabekammern vorherrschenden Ansicht hat das Fehlen geforderter Angaben oder Erklärungen allerdings dann nicht zwingend zum Ausschluss eines Angebots geführt, wenn die fehlenden Erklärungen keinen Einfluss auf den Wettbewerb und die Eindeutigkeit des Angebotsinhalts haben.

Als unerheblich ist es deshalb angesehen worden, wenn Erklärungen fehlen, die ohne Einfluss auf die Preise und damit auf das Wettbewerbsergebnis sind, sodass ihre nachträgliche Ergänzung die Wettbewerbsstellung des Bieters nicht ändert .

Auch bei fehlenden Angaben oder Erklärungen zu Fabrikaten und Herstellern wird z. T. die Auffassung vertreten, sie hätten keine Auswirkungen auf die Wettbewerbsstellung des Bieters und könnten im Wege von Aufklärungsgesprächen nachgefragt werden.

II. Aktuelle Rechtsprechung

Erst vor kurzem hatte sich die Vergabekammer Lüneburg in ihrer Entscheidung vom 8.12.2004 – 203-VgK-54/2004, mit dieser Frage auseinanderzusetzen. Wir nehmen diese Entscheidung zum Anlass, Voraussetzungen und Folgen des Fehlens einer Vielzahl von produktidentifizierenden Angaben aufzuarbeiten.

Ausgangspunkt unserer Betrachtung ist die eben erwähnte Entscheidung der Vergabekammer Lüneburg. Dort wurden elektrotechnische Arbeiten zur Sanierung eines Verwaltungsgebäudes als Bauleistung im Offenen Verfahren europaweit ausgeschrieben.

Das Leistungsverzeichnis hatte bei 58 Positionen Angaben zum Hersteller bzw. Typ erfragt. Der Bieter hatte diese geforderten Angaben zu insgesamt 55 Positionen nicht geliefert. Dies hatte zum Ausschluss des Angebots geführt.

Der Auftraggeber macht insbesondere geltend, dass die fehlenden Angaben schon allein aus verwaltungsökonomischen Gründen nicht im Wege des § 24 VOB/A nachermittelt werden können. Hiergegen wandte sich der Bieter mit seinem Nachprüfungsantrag.

Die Vergabekammer bekräftigt in ihrer Entscheidung, dass das Fehlen einer Vielzahl von produktidentifizierenden Angaben (z. B. Hersteller- und Typenbezeichnungen) regelmäßig zum zwingenden Angebotsausschluss führt, unabhängig davon, wie detailliert bereits die technischen Vorgaben durch den Auftraggeber in den Angebotsunterlagen sind.

In der neuen Entscheidung der Vergabekammer Lüneburg vom 8.12.2004 entnimmt die Vergabekammer der Rechtsprechung des Bundesgerichtshofs, dass es dafür, ob eine geforderte Erklärung vorliegt, nicht unbedingt darauf ankommt, ob diese unmittelbar den Angebotsinhalt oder darüber hinausgehend die rechtlichen und sonstigen Rahmenbedingungen der zu erbringenden Leistung betreffen.

Der Auftraggeber kann aus einem berechtigten Interesse heraus dazu befugt sein, Erklärungen zu verlangen, die ihn etwa in die Lage versetzen, den geplanten Ablauf eines umfangreichen Bauvorhabens zu überblicken.

Verlangt die Vergabestelle mit den Vergabeunterlagen vom Bieter zulässigerweise produktidentifizierende Angaben (Hersteller- und Typenbezeichnungen) für zur Verwendung bei der Auftragserfüllung vorgesehene Produkte, ohne dass der Bieter diese Angaben mit seinem Angebot macht, so führt dies zumindest dann, wenn es sich – gemessen am Gesamtangebot – nicht um eine völlig unerhebliche Anzahl von fehlenden Angaben handelt, ohne weiteres Wertungsermessen der Vergabestelle zwingend zum Ausschluss.

Voraussetzung ist aber auch hier, dass die Vergabestelle zulässigerweise produktidentifizierende Angaben verlangt.

Ein transparentes, auf Gleichbehandlung aller Bieter beruhendes Vergabeverfahren ist nur zu erreichen, wenn lediglich Angebote gewertet werden, die in jeder sich aus den Verdingungsunterlagen ergebenden Hinsicht vergleichbar sind (Vergabekammer Lüneburg, Beschluss vom 8.12.2004 – 203-VgK-54/2004).

Festpreise

Von Festpreisen wird im Bereich der VOB gesprochen, wenn die →*Preise* bei der Ausführung gegenüber dem Angebot nicht abgeändert werden. Dies ist dann der Fall, wenn keine Preisgleitklauseln vereinbart werden (→*Gleitklauseln, Lohn-/Preis*). Die Vereinbarung von Festpreisen heißt allerdings nicht, dass die Abrechnungssumme mit dem Angebotspreis identisch sein wird, da sich die ausgeführte Leistung nach Menge und Art von der ausgeschriebenen und vereinbarten Leistung unterscheiden kann.

Festpreisvertrag

Ein Festpreisvertrag ist ein Vertrag, dessen sämtliche →*Preise* →*Festpreise* sind, was →*Preisgleitklauseln* ausschließt. Entscheidungskriterien, ob ein Festpreisvertrag abgeschlossen werden soll, sind in den vom Bundesministerium für Wirtschaft und Arbeit aufgestellten Grundsätzen zur Anwendung von Preisgleitklauseln enthalten. Danach sind Preisgleitklauseln als Ausnahme anzusehen und müssen sich besonders rechtfertigen lassen. Ein Festpreisvertrag ist nach der VOB also die Regelform.

Fiktive Abnahme

Die fiktive Abnahme ist eine besondere Form der →*Abnahme*, die in § 12 Nr. 5 VOB/B geregelt ist. Greifen die Voraussetzungen der fiktiven Abnahme ein, so gilt die →*Leistung* als abgenommen, auch wenn eine ausdrückliche oder konkludente Abnahme (noch) nicht erfolgt ist.

Voraussetzung ist, dass die Bauleistung im Wesentlichen fertig gestellt und keine Abnahme verlangt worden ist. Eine Fiktion der Abnahme gemäß § 12 Nr. 5 VOB/B scheidet aus, wenn der Besteller bereits vor der Ingebrauchnahme eine Abnahme verweigert hat.

Die VOB unterscheidet zwischen der Fertigstellungsabnahme in § 12 Nr. 5 Abs. 1 VOB/B und der Benutzungsabnahme in § 12 Nr. 5 Abs. 2 VOB/B. Bei der ersteren ist eine schriftliche Fertigstellungsanzeige und ein Ablauf einer 12-tägigen Frist Voraussetzung. Die Fertigstellungsanzeige kann auch in der Schlussrechnung zu sehen sein. Die Benutzungsabnahme ist durch eine ununterbrochene sechstägige Nutzung des Auftraggebers gekennzeichnet.

Sind diese Bedingungen erfüllt, so gilt die Leistung als abgenommen, sodass sämtliche Wirkungen der →*Abnahme* eintreten.

Die fiktive Abnahme ist daher insbesondere dann ausgeschlossen, wenn eine Partei die Abnahme verlangt hat oder zwischen den Parteien (z. B. über die Vereinbarung der →*ZVB*) eine →*förmliche Abnahme* vereinbart worden ist.

Fixe Kosten; Fixkosten

Als fixe Kosten werden Kosten bei der Produktion von Gütern bezeichnet, die weitgehend unabhängig von der produzierten Menge anfallen (z. B. Gebäudekosten; Kosten der Verwaltung).

Bei der Ausführung von Bauleistungen sind Fixkosten z. B. die Kosten der Baustelleneinrichtung, die Gemeinkosten der Baustelle und die Allgemeinen Geschäftskosten.

Förmliche Abnahme

Die förmliche Abnahme ist ein Unterfall der →*tatsächlichen Abnahme*. Sie ist in § 12 Nr. 4 VOB/B näher geregelt. Danach ist eine förmliche Abnahme durchzuführen, wenn eine Vertragspartei es verlangt. Ist diese im Bauvertrag ausdrücklich vereinbart, so hat der Auftraggeber nach Fertigstellung der Leistung ohne Antrag des Auftragnehmers Termin zur förmlichen Abnahme anzusetzen.

Zweck der förmlichen Abnahme ist, die Parteien dort, wo die Leistung erbracht wurde, zur gemeinsamen Feststellung des Befundes zu veranlassen, um zu klären, ob der Auftragnehmer seinen vertraglichen Pflichten auch nachgekommen ist, um Streitigkeiten zu vermeiden oder einzuschränken, um Beweisschwierigkeiten vorzubeugen und Vorbehalte wegen bekannter Mängel oder Vertragsstrafen zu dokumentieren.

Wie die ausdrückliche Abnahme nach Nr. 1 setzt auch die förmliche Abnahme voraus, dass die Leistung →*abnahmereif* fertig gestellt ist.

Der Auftraggeber ist zur förmlichen Abnahme verpflichtet, wenn eine Vertragspartei dies verlangt. Ein solches Verlangen ist auch ohne besondere Vereinbarung der förmlichen Abnahme berechtigt, es kann sowohl vom Auftraggeber als auch vom Auftragnehmer gestellt werden. Eine besondere Form ist hierfür nicht notwendig.

Die Bestimmung des Abnahmetermins kann auf zwei Arten erfolgen. Er kann mit dem anderen Vertragspartner vereinbart werden. Es reicht aber auch, dem Auftragnehmer eine Einladung zum Termin zuzuleiten. Die Einladung muss eindeutig angeben, welche Leistung abgenommen werden soll und genaue Angaben über Ort und Zeit enthalten. Als mittlere Frist dürfte die in Nr. 1 bezeichnete Frist von 12 Werktagen anzunehmen sein.

Unterlässt der Auftraggeber, insbesondere nach Verlangen des Auftragnehmers zur Abnahme, die Bestimmung bzw. Vereinbarung des Termins zur förmlichen Abnahme, ohne mit Recht die Abnahme nach Nr. 3 zu verweigern, so hat der Auftragnehmer nicht die Befugnis, seinerseits den Abnahmetermin zu bestimmen. Vielmehr treten die Abnahmewirkungen unter den oben dargestellten Voraussetzungen ein.

Nach Nr. 4 Abs. 1 Satz 3 ist der Befund in gemeinsamer Verhandlung nach entsprechender Prüfung schriftlich niederzulegen.

Ausnahmsweise kann nach § 13 Nr. 4 Abs. 2 die förmliche Abnahme vom Auftraggeber in Abwesenheit des Auftragnehmers durchgeführt werden. Voraussetzung hierfür ist, dass dieser entweder zum vereinbarten Termin oder zu einem ihm rechtzeitig mitgeteilten Termin nicht erscheint.

Formblätter EFB

→ *EFB-Formblätter*

Formelle Prüfung der Angebote

Die formelle Prüfung der Angebote gehört zu dem ersten Abschnitt bei der → *Wertung der Angebote*, bei dem die Angebote ermittelt werden, die wegen inhaltlicher oder formeller Angebote auszuschließen sind.

Die formelle Prüfung vollzieht sich in zwei Abschnitten.

Der erste Prüfungsakt gilt der Einhaltung der Angebotsfrist, die nach § 18 Nr. 2 VOB/B mit der Öffnung der Angebote endet. Eine verspätete Einreichung des Angebots führt nach § 25 Nr. 1 Abs. 1 lit. a) VOB/A zu einem zwingenden Ausschluss.

In einer zweiten Stufe wird der Angebotsinhalt in formeller Hinsicht überprüft. Zwingend ausgeschlossen werden müssen solche Angebote, die den Bestimmungen des § 21 Nr. 1 Abs. 1 und 2 nicht entsprechen, also

– Angebote mit fehlender Unterschrift,

– → *digitale Angebote*, die unverschlüsselt eingereicht wurden,

– Angebote, bei denen Änderungen des Bieters an seinen Eintragungen nicht zweifelsfrei sind

sowie

– Angebote, bei denen → *Änderungen an den Verdingungsunterlagen* vorgenommen wurden.

Nach der Vorgabe von § 23 VOB/A findet erst nach Abschluss der formellen Prüfung die rechnerische, technische und wirtschaftliche → *Prüfung der Angebote* statt.

Freihändige Vergabe

Die Freihändige Vergabe ist diejenige der drei möglichen Vergabearten, die nicht mit einer →*Ausschreibung* verbunden ist, also ohne ein förmliches Verfahren vergeben wird. Sie ist im Bereich der europaweiten Vergaben mit dem →*Verhandlungsverfahren* vergleichbar. Die Freihändige Vergabe ist nach § 3 VOB/A der Ausnahmefall und muss sich, da bei ihr der Wettbewerb am stärksten eingeschränkt wird, besonders begründen lassen. Beispielhaft genannte Fälle sind, dass nur ein bestimmtes Unternehmen in Betracht kommt (§ 3 Nr. 4 lit. a), die Leistung nicht eindeutig beschreibbar ist (lit. b), sich eine kleine Leistung von einer vergebenen größeren Leistung nicht ohne Nachteil trennen lässt (lit. c), die Leistung besonders dringlich ist (lit. d), eine erneute Ausschreibung nicht Erfolg versprechend ist oder die Leistung der Geheimhaltung unterliegt. Insbesondere bei der in der Praxis beliebten Begründung der „besonderen Dringlichkeit" ist darauf hinzuweisen, dass die →*Dringlichkeit* nicht auf Zeitdruck, der z. B. durch Organisationsmängel des Auftraggebers entstanden ist, zurückzuführen sein darf.

Charakteristisch für die Freihändige Vergabe ist, dass bei ihr kein →*Eröffnungstermin* abgehalten wird und Verhandlungen mit Bietern praktisch uneingeschränkt, insbesondere auch über Preise, erlaubt sind. Gleichwohl sind auch bei der Freihändigen Vergabe eine Reihe von Verfahrensprinzipien einzuhalten. Insbesondere gilt auch hier das →*Gleichbehandlungsgebot* und die Verpflichtung, das →*wirtschaftlichste Angebot* anzunehmen. Die Freiheit von einem förmlichen Verfahren bedeutet auch nicht, dass bei diesem Verfahren nicht auch ein Wettbewerb stattfinden kann und sollte. In diesem Zusammenhang muss es im Interesse gerade auch des Auftraggebers liegen, den von ihm aufgeforderten Unternehmen eine möglichst klare und eindeutige →*Leistungsbeschreibung* an die Hand zu geben, da er nur dann erwarten kann, vergleichbare Angebote zu erhalten.

Fremdüberwachung

Die →*Eigenüberwachung* mit ihren strengen Dokumentations-, Nachweis- und Aufbewahrungspflichten ist ein unerlässliches Mittel zur Gütesicherung. Sie alleine kann jedoch die hohen Anforderungen einer Gütegemeinschaft nicht erfüllen. Deshalb ist zusätzlich eine Fremdüberwachung vorgeschrieben. Die Fremdüberwachung erfolgt auf Veranlassung der Gütegemeinschaft in der Regel zweimal jährlich durch ein beauftragtes Prüfinstitut bzw. durch einen beauftragten Sachverständigen im Betrieb des Gütezeichenbenutzers.

Auch hier sind wiederum die Anforderungen der jeweiligen Gütegemeinschaft maßgeblich. Für die Gütesicherung nach RAL GZ 961 „Kanalbau" ist hierzu festgelegt: Der fremdüberwachenden Stelle sind die bestimmten Unterlagen der Eigenüberwachung vorzulegen. Der vom Güteausschuss beauftragte Prüfingenieur oder die vom Güteausschuss beauftragte Prüfstelle kontrolliert die Unterlagen auf Vollständigkeit und bewertet diese. An vom Prüfingenieur auszuwählenden Baustellen prüft der vom Güteausschuss beauftragte Prüfingenieur oder die vom Güteausschuss beauftragte Prüfstelle die Einhaltung und Dokumentation der der jeweiligen „Beurteilungsgruppe zugehörigen Anforderungen. Z. B. Verdichtungen (Beurteilungsgruppen AK3, AK2, AK1) und Dichtheit (Beurteilungsgruppen AK3, AK2, AK1, VP, VM, VD, VO, VOD, S) werden in seinem Beisein stichprobenweise überprüft. Beim Firmenbesuch prüft und bewertet der vom Güteausschuss beauftragte Prüfingenieur oder die vom Güteausschuss beauftragte Prüfstelle stichprobenweise die Einhaltung und Dokumentation der der jeweiligen Beurteilungsgruppe zugehörigen Anforderungen, einschließlich der Dokumentation der Eigenüberwachung und der Meldungen der Baustellen. Bei Nichteinhaltung der Anforderungen kann für die notwendige und mögliche Mängelbeseitigung ein Termin für eine zeitnahe Wiederholungsprüfung festgelegt werden. Die fremdüberwachende Stelle kann eine Wiederholungsprüfung vereinbaren. Vom Ergebnis jeden Baustellen- und Firmenbesuches erstellt der Prüfer ein Protokoll. Jeweils eine Ausfertigung davon erhalten die Geschäftsstelle der betreffenden Gütegemeinschaft und der Antragsteller bzw. der Gütezeichenbenutzer. Die Überprüfung der Qualifikation eines Gütezeicheninhabers in den Beurteilungsgruppen AK3, AK2, AK1, VP, VM, VD, VO, VOD erfolgt abhängig von der Anzahl der Baustellen durch in der Regel 2 Baustellenbesuche pro Jahr und durch mindestens ein Firmenbesuch alle zwei Jahre. Die Überprüfung der Qualifikation eines Gütezeicheninhabers in den Beurteilungsgruppen S, I, R, D und G erfolgt abhängig von der Anzahl der Baustellen durch in der Regel ein Baustellenbesuch und ein Firmenbesuch pro Jahr. Für die Durchführung der Fremdüberwachung, für Wiederholungsprüfungen sowie für vermehrte Fremdüberwachung aufgrund eines Beschlusses des Güteausschusses werden Gebühren nach der Beitrags- und Gebührenordnung erhoben.

Fristen

Unter Frist ist ein abgegrenzter, bestimmter oder zumindest bestimmbarer Zeitraum zu verstehen, der entweder nach Zeiteinheiten (z. B. Tage) oder durch Beginn und Ende eingegrenzt wird.

Die VOB kennt eine Vielzahl von Fristen:

– Ausführungsfristen (§ 11 VOB/A, § 5 VOB/B, im Fall ihrer Verbindlichkeit Vertragsfristen genannt),
– Aufforderungsfrist zum Ausführungsbeginn (§ 11 Nr. 1 VOB/A und § 5 Nr. 2 VOB/B),
– Übergabefrist für →*Ausführungsunterlagen* (§ 11 Nr. 3 VOB/A),
– Gewährleistungsfristen (§ 13 VOB/A)
– Bewerbungsfristen (§ 17 Nr. 2 Abs. 2),
– →*Angebotfrist* (§ 18 VOB/A),
– →*Zuschlags- und Bindefrist* (§ 19 VOB/A),
– Mängelbeseitigungsfrist (§ 4 Nr. 7 und § 13 Nr. 5 VOB/B),
– Einreichungsfrist für die →*Schlussrechnung* (§ 14 Nr. 3 VOB/B) und
– Zahlungsfristen (§ 16 Nr. 1 Abs. 3, § 16 Nr. 3 Abs. 1 VOB/B).

Eine Kündigungsfrist ist der VOB dagegen unbekannt. Die →*Kündigung* wird mit Zugang der entsprechenden Erklärung wirksam.

Funktionale Leistungsbeschreibung

Die funktionale Leistungsbeschreibung ist eine Sonderform der →*Leistungsbeschreibung*. Anders als beim Normalfall einer Leistungsbeschreibung mit →*Leistungsverzeichnis* hat sich in der Praxis eine besondere Art der Leistungsbeschreibung ergeben, die unter dem Begriff der „Leistungsbeschreibung mit Leistungsprogramm" in § 9 Nr. 10-12 VOB/A zusammengefasst ist.

Es handelt sich um eine abgeschwächte Form der Leistungsbeschreibung im überkommenen Sinn. Bei der funktionalen Leistungsbeschreibung wird vom →*Auftraggeber* nur der Rahmen oder das Programm der gewünschten Bauleistung angegeben. Er überlässt es den Bietern also, bei der Angebotsbearbeitung den Rahmen oder das Programm dadurch auszufüllen, dass sie, jedenfalls zum Teil auch im Wege der Planung, die erforderlichen Leistungseinzelheiten nach ihrer Vorstellung erarbeiten und dann in ihrem Angebot angeben. Es handelt sich also nicht mehr um eine Leistungsbeschreibung, die von Auftraggeberseite vor Beginn des Bauvergabeverfahrens in einer Weise ausgearbeitet wird, dass die Bieter bzw. Bewerber nur noch die von ihnen verlangten Preise zu kalkulieren und einzusetzen haben (vgl. § 6 Nr. 1 VOB/A). Vielmehr werden von diesen jedenfalls Teilaufgaben übernommen, die nach der normalen Leistungsbeschreibung entsprechend Nr. 6 ff. grundsätzlich allein Aufgabe des Auftraggebers sind. Insbesondere wird von den Bietern in gewissem Ausmaß eine eigene Architektur- bzw. Konstruktionskonzeption verlangt. Die Leistungsbeschreibung mit Leistungsprogramm ist daher grundsätzlich nur für bestimmte und – wegen des hier notwendigen Kostenaufwandes – zeitlich wiederkehrende, gleichartige oder zumindest weitgehend ähnliche Bauvorhaben geeignet, wie es z. B. beim Bau von Turn- und Sporthallen, Schwimmbädern oder Verwaltungsbauten der Fall sein kann. Sonst dürfte die mit dieser besonderen Art der Leistungsbeschreibung vor allem auch noch in der letzten Zeit zugleich propagierte Idee der Baukostensenkung kaum erreicht werden können. Dabei ist vor allem auch zu beachten, dass die hier erörterte Vergabeform, nicht zuletzt wegen des von den Bietern abzufordernden Aufwandes, allgemein nur im Wege Beschränkter Ausschreibung in Betracht kommt.

Andererseits lässt die funktionale Leistungsbeschreibung dem Anbieter im Rahmen des bei ihm vorhandenen Know-how häufig Spielraum in gestalterischer und konstruktiver Hinsicht, was durchaus für die Erreichung einer besonderen Bauwerksqualität im Rahmen des technischen Fortschritts sprechen kann.

Nach § 9 Nr. 11 VOB/A umfasst das Leistungsprogramm eine Beschreibung der Bauaufgabe, aus der die Bewerber alle für die Entwurfsbearbeitung und ihr Angebot maßgebenden Bedingungen und Umstände erkennen können und in der sowohl der Zweck der fertigen Leistung als auch die an sie gestellten technischen, wirtschaftlichen, gestalterischen und funktionsbedingten Anforderungen angegeben sind sowie gegebenenfalls ein Musterleistungsverzeichnis (genau genommen: Bedarfsverzeichnis), in dem die Mengenangaben ganz oder teilweise offengelassen sind. § 9

Nr. 6-9 VOB/A gilt sinngemäß. Wesentlich sind dabei für die Angaben des Auftraggebers die eindeutige städtebaulich-architektonische Formulierung der Bauaufgabe, die Vorlage einer Vorentwurfsplanung, die örtlichen Bedingungen, die grundsätzlichen Entwurfskriterien, das Bauprogramm selbst und die Qualitäten des technischen sowie nichttechnischen Ausbaues, die technischen Systeme und die Anforderungen an Bauteile und Bauelemente, insoweit vor allem hinsichtlich der Außenanlagen, des Verkehrs, des Raumbildes und der tragenden Bauteile sowie der Versorgung und Entsorgung. Dazu gehört unabdingbar auch eine hinreichend klare Ablaufplanung, was vor allem für die Preisgestaltung von erheblicher Bedeutung ist.

G

Gebühren im Nachprüfungsverfahren

I. Allgemeines

In einem →*Nachprüfungsverfahren* erhebt die →*Vergabekammer* zur Deckung ihres Verwaltungsaufwandes nach § 128 →*GWB* Gebühren. Die Höhe der Gebühren bestimmt sich gem. § 128 Abs. 2 GWB nach dem personellen und sachlichen Aufwand der Vergabekammer unter Berücksichtigung der wirtschaftlichen Bedeutung des Gegenstands des Nachprüfungsverfahrens. Die Gebühr beträgt mindestens 2.500 Euro. Dieser Betrag kann aus Gründen der Billigkeit bis auf ein Zehntel ermäßigt werden. Die Gebühr soll den Betrag von 25.000 Euro nicht überschreiten, kann aber im Einzelfall, wenn der Aufwand oder die wirtschaftliche Bedeutung außergewöhnlich hoch sind, bis zu einem Betrag von 100.000 Euro erhöht werden. Bei der Gebührenbemessung ist von der wirtschaftlichen Bedeutung des Verfahrensgegenstandes auszugehen (BayObLG, Beschluss vom 13.4.2004 – Verg 005/04).

Die Rechtsanwaltsgebühren richten sich im Verfahren vor der Vergabekammer nach, §§ 13, 14, Nr. 2400 VV-RVG; insoweit kann je nach Schwierigkeit der Sache eine Geschäftsgebühr zwischen 0,5 und 2,5 zugebilligt werden, wobei anerkannt ist, dass Vergaberechtsstreitigkeiten als schwierige Materie zu werten sind.

Wie auch im normalen Gerichtsverfahren hat ein Beteiligter die Kosten zu tragen, soweit er im Verfahren unterliegt.

II. Aktuelle Rechtsprechung

Mit ihrem Kostenfestsetzungsantrag begehrte eine Beigeladene die Festsetzung ihrer erstattungsfähigen notwendigen Kosten zur zweckentsprechenden Rechtsverfolgung in dem Nachprüfungsverfahren gegenüber der Antragstellerin.

Für die Tätigkeit im Vergabeverfahren wurde eine Höchstgebühr von 2,5 geltend gemacht. Diese Gebühr sei nach den Kriterien des § 14 Abs. 1 RVG gerechtfertigt. Sämtliche dort genannten fünf Kriterien seien erfüllt gewesen und hätten erheblich über dem Durchschnitt gelegen. Die Angelegenheit sei umfangreich und schwierig gewesen.

Die Vergabekammer sah die Festsetzung einer Geschäftsgebühr in Höhe des 2,3-Fachen der angefallenen Wertgebühr als gerechtfertigt an. Das Verfahren habe sich in der Tat als umfangreich und schwierig erwiesen. Das rechtfertige die Festsetzung einer Geschäftsgebühr in Höhe des 2,3-Fachen der angefallenen Wertgebühr. Dagegen sei eine Geschäftsgebühr in Höhe des 2,5-Fachen der entstandenen Wertgebühr nicht anzusetzen gewesen. Das durchgeführte umfangreiche Nachprüfungsverfahren entbehrte dafür u. a. die Durchführung einer Beweisaufnahme. Der zur Verfügung stehende Gebührenrahmen war daher nicht vollständig auszuschöpfen (Vergabekammer Thüringen, Beschluss vom 3.2.2005 – 360-4005.20-002/05-ABG).

Gefahrtragung; Gefahrübergang

Die Gefahrtragung betrifft die Frage, wer die Folgen eines Ereignisses zu tragen hat, das von keiner der Vertragsparteien verschuldet ist. Es handelt sich also um eine reine Risikoverteilung.

Bis zur →*Abnahme* trägt grundsätzlich der Auftragnehmer die Gefahr für die von ihm ganz oder teilweise ausgeführte Leistung (vgl. § 644 BGB), woraus für ihn auch eine Schutzpflicht resultiert (§ 4 Nr. 5 VOB/B). Mit der Abnahme geht die Gefahr auf den Auftraggeber über, soweit er diese nicht schon nach § 7 VOB/B trägt.

Nach § 7 Nr. 1 VOB/B hat der Auftragnehmer im Fall der Beschädigung oder Zerstörung der Leistung für die ausgeführten Teile einen Anspruch auf →*Vergütung* nach § 6 Nr. 5 VOB/B, wenn die Beschädigung oder Zerstörung auf →*höhere Gewalt* oder andere objektiv unabwendbare, vom Auftragnehmer nicht zu vertretende Umstände, zurückzuführen ist. Für das zur Bauleistung erforderliche Gerät und die Baubehelfe trägt der Auftragnehmer in jedem Fall selbst die Gefahr.

Geheimhaltung der Angebote

Angebote und ihre Anlagen sind gemäß § 22 Nr. 8 VOB/A ohne Rücksicht auf die Art der Vergabe geheim zu halten. Weder der Inhalt von Angeboten noch wer ein Angebot abgegeben hat, darf nach außen dringen. Letzteres ergibt sich aus § 22 Nr. 7 S. 3 VOB/A, wonach die Niederschrift über den →*Eröffnungstermin* nicht veröffentlicht werden darf.

Folge dieser Geheimhaltungspflicht ist, dass der Auftraggeber mit Angeboten sorgsam umgehen muss, sie also – besonders bei Parteiverkehr – nicht unverschlossen herumliegen lassen darf. Der Geheimhaltungsgrundsatz gilt auch für die im Vergabebereich beteiligten Gremien. Den Gremiumsmitgliedern sollten nur diejenigen Daten mitgeteilt werden, die für die Entscheidungsfindung nötig sind. Bei der Erörterung von Angebotsinhalten oder der →*Eignung* von Bietern muss die Beratung in nichtöffentlicher Sitzung erfolgen.

Das Gebot der Geheimhaltung von Angeboten gilt auch noch nach der Vergabe und für →*verspätete Angebote.*

Geheimwettbewerb

I. Einleitung

Wesentliches und unverzichtbares Kennzeichen einer Auftragsvergabe im Wettbewerb ist die Gewährleistung eines Geheimwettbewerbs zwischen den an der →*Ausschreibung* teilnehmenden Bietern. Nur dann, wenn jeder Bieter die ausgeschriebene Leistung in Unkenntnis der Angebote, Angebotsgrundlagen und Angebotskalkulation seiner Mitbewerber um den Zuschlag anbietet, ist ein echter Bieterwettbewerb möglich. Folgerichtig verpflichtet die VOB/A deshalb auch den öffentlichen Auftraggeber zur →*Geheimhaltung der Angebote*, indem z. B. schriftliche Angebote auf dem ungeöffneten Umschlag mit Eingangsvermerk zu versehen und bis zum Zeitpunkt der Öffnung unter Verschluss zu halten sind sowie die Angebote und ihre Anlagen sorgfältig zu verwahren und vertraulich zu behandeln sind.

Ein wichtiger Anwendungsfall, in dem der Geheimwettbewerb nicht mehr gewahrt ist, ist die Konstellation, dass ein Bieter für die ausgeschriebene Leistung nicht nur ein eigenes Angebot abgibt, sondern sich daneben auch als Mitglied einer Bietergemeinschaft um den Zuschlag derselben Leistung bewirbt. Nach Auffassung der Rechtsprechung ist dann in aller Regel der Geheimwettbewerb in Bezug auf beide Angebote nicht mehr gewahrt, da sowohl das Einzelangebot wie auch das Angebot der Bietergemeinschaft in Kenntnis eines konkurrierenden Angebots abgegeben wird (so OLG Düsseldorf, Beschluss vom 16.9.2003 – Verg 52/03; zuletzt Vergabekammer Schleswig-Holstein, Beschluss vom 26.10.2004 – VK-SH 26/04). Beide Angebote sind in diesem Fall zwingend auszuschließen.

II. Aktuelle Rechtsprechung

Der Auftraggeber schrieb Dienstleistungen zum Aufbau eines Hochwasservorhersagezentrums im Offenen Verfahren losweise aus. Angebote waren als Einzel- oder Gesamtangebot zulässig. An dem Verfahren beteiligt sich die Antragstellerin als Bietergemeinschaft und neben anderen auch Bieter X, der gleichzeitig Mitglied der Bietergemeinschaft der Antragstellerin ist. Nachdem die Antragstellerin eine negative Vorabinformation erhält, rügt sie unter anderem die fehlende Produktneutralität der Ausschreibungsunterlagen, wonach eine bestimmte Software zwingend vorgegeben war. Die Vergabekammer hat den Antrag als unzulässig verworfen und den Auftraggeber angewiesen, die Einzelangebote der Antragstellerin und des X für die als Bietergemeinschaft und die darüber hinaus konkurrierend angebotenen Lose auszuschließen. Mit ihrer sofortigen Beschwerde wendet sich die Antragstellerin gegen die Entscheidung der Vergabekammer und beantragt unter anderem die Verlängerung der aufschiebenden Wirkung.

Das OLG Naumburg war der Auffassung, dass die Vergabekammer zu Recht von einem zwingenden Ausschlussgrund nach §§ 25 Nr. 1 Abs. 1 lit. f) i.V.m. 2 Nr. 1 VOL/A hinsichtlich der Einzelangebote für die Lose 5 bis 11 ausgegangen ist. Da nach der zutreffenden Auslegung des Angebots der Antragstellerin zu 2) jeweils auch Einzelangebote für die Lose 5 bis 11 vorlagen, standen diese in unmittelbarer Konkurrenz zu den Einzelangeboten der Beigeladenen zu 2) zu diesen Losen. Gibt aber ein Bieter, wie hier die Beigeladene zu 2), für ein ausgeschriebenes Los nicht nur ein eigenes Angebot ab, sondern bewirbt sich daneben als Mitglied einer Bietergemeinschaft, hier der Antragstellerin zu 2), um den Zuschlag auf ein Einzelangebot für dieselbe Leistung, so sei der Geheimwettbewerb in Bezug auf beide Angebote grundsätzlich – und so auch hier – nicht gewahrt. Die Voraussetzungen des vom OLG Düsseldorf in seinem Beschluss vom 28.5.2003 – Verg 8/03, entschiedenen Ausnahmefalles lägen hier jedenfalls nicht vor (OLG Naumburg, Beschluss vom 30.7.2004 – 1 Verg 10/04).

Gemeinkosten

Der Begriff der Gemeinkosten ist ein Oberbegriff. Man unterscheidet zwischen den Gemeinkosten der Baustelle und den Allgemeinen Gemeinkosten. Zu den Gemeinkosten der Baustelle gehören z. B. die Baustellengehälter für Bauleiter, Bauführer oder Baukaufleute, die Bauzinsen oder die Kosten der Planung und technischen Betreuung.

Es handelt sich jeweils um Kosten, die nicht unmittelbar den Positionen bzw. den dazugehörigen Teilleistungen zugeordnet werden können. Da andererseits nur die Positionen Kostenträger sind, müssen bei der Kalkulation die Gemeinkosten auf die Positionen aufgeschlüsselt bzw. den Einzelkosten der Teilleistungen hinzugerechnet werden.

Gemeinsame Feststellung von Leistungen

Nach § 4 Nr. 10 VOB/B ist der Zustand von Leistungen auf Verlangen gemeinsam von Auftraggeber und Auftragnehmer festzustellen, wenn diese Teile der Leistung durch die weitere Ausführung der Prüfung und Feststellung entzogen werden. Das Ergebnis ist schriftlich festzuhalten. Die gemeinsame Feststellung von Leistungen ist keine →*Abnahme*, sie dient aber der Beweissicherung und späteren Gesamtabnahme.

Bei unbegründeter Verweigerung der Mitwirkung kann der anderen Partei ein Kündigungsrecht nach § 9 Nr. 1 a oder § 8 Nr. 3 VOB/B analog zustehen, wenn mit der fehlenden Mitwirkung erhebliche Auswirkungen verbunden wird.

Gemeinsames Vokabular für öffentliche Aufträge

→*CPV*

Generalübernehmer

I. Allgemeines

Ein Generalübernehmer legt, anders als der →*Generalunternehmer*, der zumindest einen Teil der Leistungen im eigenen Betrieb ausführt, die Ausführung von Bau- oder Lieferleistungen vollständig in die Hände von Nachunternehmern. Der Generalübernehmer beschränkt sich auf die Vermittlung, Koordination und Überwachung von Bau- oder Lieferleistungen (Saarländisches OLG, Beschluss vom 21.4.2004 – 1 Verg 1/04). Der klassische Generalübernehmer befasst sich selbst nicht gewerbsmäßig mit der Ausführung von Bauleistungen, sondern tritt lediglich als Vermittler auf.

Nach der traditionellen Auffassung war der Generalübernehmereinsatz mit der VOB nicht vereinbar. Generalübernehmer, die neben den ihnen obliegenden Planungsaufgaben Aufsichtsaufgaben und das Management übernehmen, aber keine Bauleistungen durchführen, sind nach dieser Auffassung vom Vergabeverfahren auszuschließen Dies wird daraus gefolgert, dass

– Bauleistungen nur an Unternehmen vergeben werden dürfen, die sich gewerbsmäßig mit der Ausführung solcher Leistungen befassen (§ 8 Nr. 2 Abs. 1 VOB/A),

– mit der Ausführung von Bauleistungen nur Unternehmen beauftragt werden dürfen, die aufgrund ihrer Ausstattung in der Lage sind, die Leistung selbst auszuführen (§ 8 Nr. 3 VOB/A) und

– die Bauleistung grundsätzlich im eigenen Betrieb auszuführen ist, § 4 Nr. 8 VOB/B.

Zwingend sei, dass der Generalunternehmer (Hauptunternehmer) noch wesentliche Teile der Bauleistung (ca. 1/3) im eigenen Betrieb ausführt (OLG Frankfurt, Beschluss vom 16.5.2000 – 11 Verg 1/99; zuletzt Vergabekammer Sachsen, Beschluss vom 28.1.2004 – 1/SVK/158-03).

II. Aktuelle Rechtsprechung

1. Die neuere Rechtsprechung des EuGH hat diese Grundsätze in Frage gestellt.

Eine österreichische Vergabestelle führte ein Vergabeverfahren für Planung und Aufbau eines EDV-Systems durch. Nach den Ausschreibungsunterlagen war die Vergabe von Teilen der Leistung bis zu 30% nur insoweit zulässig, als vertragstypische Leistungsteile beim Bieter bzw. der Bietergemeinschaft verbleiben, der bzw. die den Auftrag erhält. Im Rahmen der Überprüfung des Vergabeverfahrens stellte sich die Frage, ob die Forderung nach einem Eigenleistungsanteil gemeinschaftsrechtlich zulässig ist. Außerdem stellte sich die Frage, ob ein Vertrag, der auf Grundlage einer solchen Forderung der Vergabestelle abgeschlossen wird, wegen Verstoßes gegen zwingende vergaberechtliche Bestimmungen als nichtig anzusehen ist.

Der EuGH stellte klar, dass Dienstleistungserbringer gemäß Art. 25, 32 Abs. 2 h Dienstleistungsrichtlinie 92/50/EWG berechtigt sind, ihre Eignung durch die Benennung von Unterauftragnehmern für bestimmte Auftragsteile nachzuweisen. Dabei spiele keine Rolle, ob die Unterauftragnehmer (als Konzernunternehmen) dem Bieter angeschlossen sind oder nicht. Der Bieter müsse lediglich nachweisen, dass er über die Mittel der fraglichen Stellen und Einrichtungen auch tatsächlich verfügen kann. Ein Bieter dürfe nicht allein deshalb von Vergabeverfahren ausgeschlossen werden, weil er zur Auftragsausführung Mittel einsetzen wolle, die er selbst nicht besitzt, über die er aber tatsächlich verfügen kann. Eine Klausel, die Auftragnehmern die Subvergabe verbietet, ist gemeinschaftsrechtswidrig. Bietern muss es nach nationalem Recht ermöglicht werden, gegen rechtswidrige Vorgaben der Vergabestelle im Wege von Vergabenachprüfungsverfahren vorzugehen (EuGH, Urteil vom 18.3.2004, Rs. C-314/01, VergabeR 2004, 465 – Siemens AG Österreich).

2. Zum Teil gehen die nationalen Nachprüfungsinstanzen davon aus, dass die dargestellte Rechtsprechung des EuGH das bisherige Verbot des Generalübernehmers zu Fall gebracht hat. Dieser Ansicht ist insbesondere das Saarländische OLG.

Aus dieser, auf den Vergabekoordinierungsrichtlinien basierenden Rechtsprechung des EuGH, ergibt sich ein weniger restriktiver Eignungsbegriff. Nach den hierzu ergangenen Entscheidungen dürfen auch Generalübernehmer, also solche Unternehmen, die nicht die Absicht oder die Mittel haben, Bauarbeiten selbst auszuführen, nach europäischem Gemeinschaftsrecht dann bei einer Ausschreibung von öffentlichen Bauaufträgen nicht unberücksichtigt bleiben, wenn sie nachweisen, dass sie unabhängig von der Art der rechtlichen Beziehung zu den ihnen verbundenen Unternehmen tatsächlich über die diesen Unternehmen zustehenden Mittel verfügen können, die zur Ausführung eines Auftrags erforderlich sind (Saarländisches OLG, Beschluss vom 21.4.2004 – 1 Verg 1/04).

3. Diese Auffassung wird jedoch nicht von allen Instanzen geteilt, was ein aktueller bayerischer Fall gezeigt hat:

Eine bayerische Vergabestelle schrieb die Lieferung und die Montage einer Zutrittskontrollanlage im Offenen Verfahren nach § 3 a Nr. 1 VOB/A aus.

Eine Bieterin rügte wegen des vorgesehenen Nachunternehmeranteils den Ausschluss ihres Angebots als vergaberechtswidrig.

Der EuGH hatte am 18.3.2004, Rs. C-314/01, VergabeR 2004, 465 – Siemens AG Österreich, entschieden, dass ein Bieter nicht allein deshalb vom Verfahren zur Vergabe eines öffentlichen Dienstleistungsauftrags ausgeschlossen werden könne, weil er zur Ausführung des Auftrags Mittel einzusetzen beabsichtige, die er nicht selbst besitzt. Demnach würde es einem Dienstleistungserbringer, der nicht selbst die für die Teilnahme an dem Verfahren zur Vergabe eines Dienstleistungsauftrags erforderlichen Mindestvoraussetzungen erfüllt, freistehen, sich gegenüber dem Auftraggeber auf die Leistungsfähigkeit Dritter zu berufen, die er in Anspruch nehmen will, wenn ihm der Zuschlag erteilt wird.

Die Vergabekammer Nordbayern folgte dem nicht.

Das Angebot der Antragstellerin ändere die Bedingung in den Verdingungsunterlagen, die Bauleistung im eigenen Betrieb zu erbringen.

Es widerspreche den Festlegungen in Ziffer 2 des Angebotsschreibens, wonach die VOB/B als Vertragsbestandteil für die Ausführung der Bauleistung und damit das grundsätzliche Gebot der Selbstausführung der Bauleistung (§ 4 Nr. 8 VOB/B) vereinbart sei. Entsprechend dieser Vorgabe behalte sich die Vergabestelle vor, die Auftragserteilung vom Umfang der Eigenausführung abhängig zu machen (Ziffer 6 des Angebotsschreibens).

Von dieser Verpflichtung zur Eigenleistung sei die Antragstellerin mit ihrer Erklärung in Ziffer 6.2 i.V.m. ihrer Nachunternehmerliste abgewichen. Sie führe darin aus, dass sie rund 80% der geforderten Bauleistung an den Nachunternehmer X weitervergeben muss, weil sie auf diese Leistung nicht eingerichtet sei. Sie erbringe damit weniger als 1/3 der Gesamtbauleistung im eigenen Betrieb und muss wesentliche Teile an einen Dritten weitervergeben. Ein Bieter, der keinen wesentlichen Teil der Leistung selbst erbringen kann, sei dem Generalübernehmer zuzurechnen.

Nach § 8 Nr. 2 Abs. 1 VOB/A dürften Bauleistungen nur an Unternehmen vergeben werden, die sich gewerbsmäßig mit der Ausführung solcher Leistungen befassen. Mit der Ausführung der Bauleistungen dürfen nur Unternehmen beauftragt werden, die aufgrund ihrer Ausstattung in der Lage sind, die Leistung selbst auszuführen (§ 8 Nr. 3 VOB/A), d. h. dazu fachkundig und leistungsfähig sind (§ 2 Nr. 1 VOB/A). Generalübernehmer erfüllen diese Voraussetzungen nicht, ihr Einsatz ist deshalb mit der VOB/A grundsätzlich nicht vereinbar. Damit ändere das Angebot der

Antragstellerin auch die in den Verdingungsunterlagen festgelegten Grundsätze der VOB/A. Der Antragstellerin sei aus den Verdingungsunterlagen bekannt gewesen, dass beim streitgegenständlichen Vergabeverfahren die VOB als Vergabe- und Vertragsgrundlage vereinbart war. Eine dagegen gerichtete Rüge erst nach Bekanntgabe des Wertungsergebnisses sei damit unzulässig.

Eine nachträgliche Abkehr von der Eigenleistungsverpflichtung wäre nach Auffassung der Vergabekammer mit dem Gleichheits- und Wettbewerbsgrundsatz des § 97 Abs. 1 und 2 GWB nicht vereinbar. Der Einsatz von Nachunternehmern sei nach gefestigter Rechtsprechung eine kalkulationserhebliche Erklärung und könne deshalb nicht im Sinne des § 24 VOB/A verhandelt werden (Vergabekammer Nordbayern, Beschluss vom 18.1.2005 –320. VK-3194-54/04).

Generalunternehmer

Der Generalunternehmer unterscheidet sich vom →*Fachunternehmer* dadurch, dass er Bauaufträge für mehrere Leistungsbereiche („Gewerke") annimmt, ohne gleichzeitig in allen diesen Bereichen gewerbsmäßig tätig zu sein oder alle Leistungen von seiner Kapazität her ausführen zu können. Er vergibt deshalb regelmäßig Teile der in Auftrag genommenen Bauleistung an Fachunternehmer als →*Nachunternehmer*.

Voraussetzung für den Generalunternehmereinsatz ist, dass dieser wesentliche Teile der Bauleistung im eigenen Betrieb erbringt. Nach der Rechtsprechung ist unter einem „wesentlichen Teil" ein Umfang von mindestens einem Drittel zu verstehen (so OLG Frankfurt, Beschluss vom 16.5.2000 – 11 Verg 1/99). Erbringt der Unternehmer weniger als ein Drittel, ist er als →*Generalübernehmer* anzusehen.

Geräteverzeichnis

Das Geräteverzeichnis ist eine Anlage für Bietereintragungen, in der die Bieter die für die Ausführung der Leistung vorgesehenen maßgeblichen Geräte angeben sollen. Dadurch wird dem Auftraggeber die Beurteilung der technischen →*Leistungsfähigkeit* erleichtert.

Gesamtauftragswert

Der Gesamtauftragswert versteht sich als Gesamtwert aller Bauaufträge ohne Umsatzsteuer für ein Bauwerk oder eine bauliche Anlage. Er ist wichtig für die Ermittlung der →*Schwellenwerte*.

Man ermittelt ihn, indem man die Werte der einzelnen Aufträge unter Einschluss aller Stoffe und Bauteile, einschließlich der vom Auftraggeber selbst beschafften, zu einer Gesamtauftragssumme addiert.

(→*Auftragswert*)

Gesetz gegen Wettbewerbsbeschränkungen (GWB)

Das GWB enthält in erster Linie kartellrechtliche Bestimmungen. Es gibt also insbesondere Auskunft zu der Frage, wann eine unzulässige Abrede zwischen Bietern oder eine missbräuchliche Ausnutzung einer marktbeherrschenden Stellung vorliegt.

Grundsätzlich verbietet das GWB abgestimmtes Verhalten zwischen Marktteilnehmern, unabhängig von ihrer jeweiligen Marktstufe, insbesondere Preisabsprachen und Preisbindungen (vgl. insbesondere §§ 1, 14 GWB).

Verboten ist auch ein missbräuchliches Verhalten eines marktbeherrschenden Marktteilnehmers. Da dieses Diskriminierungsverbot auch für Nachfrager gilt, ist es für große Teile der öffentlichen Aufträge, speziell im Tiefbau, relevant. Der öffentliche Auftraggeber darf daher nicht einen Marktteilnehmer diskriminieren, d. h. ohne sachlichen, objektiv nachvollziehbaren Grund benachteiligen. Dies ist insbesondere dann der Fall, wenn einer Wertungsentscheidung Kriterien zugrunde gelegt werden, die nicht der VOB entsprechen.

Neben den kartellrechtlichen Bestimmungen enthält das GWB in den §§ 97 ff. GWB das sog. →*Kartellvergaberecht*, das oberhalb der →*Schwellenwerte* anzuwenden ist. Im GWB, das seinerseits auf die →*VgV* verweist, sind wichtige Grundprinzipien des Vergaberechts und insbesondere die Regelungen zum →*Nachprüfungsverfahren* enthalten.

Gewährleistung; Gewährleistungsansprüche

Gewährleistung bedeutet ein Einstehenmüssen des Auftragnehmers nach der →*Abnahme* dafür, dass sein Werk zum Zeitpunkt der Abnahme frei von jedem Mangel ist. Es geht also um eine Haftung für Mängel, die zur Zeit der Abnahme zumindest im Keim bereits vorhanden, wenn auch vielleicht als verdeckte Mängel noch nicht sichtbar sind.

Nicht unter die Gewährleistungspflicht des Auftragnehmers fallen Mängel, die erst später, d. h. nach der Abnahme auftreten (z. B. durch Sachbeschädigung oder normale Abnutzung). Sie sind keine Gewährleistungsansprüche und damit rechtlich unerheblich.

Kein Recht auf Gewährleistung hat der Auftraggeber aufgrund von § 640 Abs. 2 BGB, wenn er einen Mangel bei der Abnahme kannte, aber entgegen § 12 Nr. 4 Abs. 1 S. 4 bzw. Nr. 5 Abs. 3 VOB/B die Erklärung eines →*Vorbehalts* bezüglich dieses bekannten Mangels unterlassen hat.

Ein Gewährleistungsanspruch besteht auch nicht, wenn ein Mangel auf die →*Leistungsbeschreibung* oder auf Anordnungen des Auftraggebers, auf die von diesem gelieferten oder vorgeschriebenen Stoffe oder Bauteile oder auf die Beschaffenheit der Vorleistung eines anderen Unternehmers zurückzuführen ist.

Im Grundsatz ist die Gewährleistungspflicht des Auftragnehmers zeitlich nicht begrenzt. Der Gewährleistungsanspruch des Auftraggebers verjährt jedoch nach Ablauf der →*Gewährleistungsfrist*, sodass ein entsprechender Anspruch nicht mehr durchsetzbar ist.

Gewährleistungsfrist

Der Ausdruck Gewährleistungsfrist ist an sich ungenau und missverständlich; besser wäre an sich die Bezeichnung „Verjährungsfrist für Gewährleistungsansprüche". Man versteht darunter die Zeitdauer, während der ein Auftragnehmer ohne die Möglichkeit einer Einrede (insbesondere ohne die Einrede der →*Verjährung*) Gewähr leisten muss. Diese wird vom Zeitpunkt der Abnahme gerechnet.

Falls eine Gewährleistungsfrist nicht ausdrücklich vertraglich vereinbart worden ist, gilt die gesetzliche Frist (§ 638 BGB). Liegt dem Vertrag die VOB/B zugrunde und ist bezüglich der Gewährleistungsfrist nichts anderes gesagt, so gelten die Fristen des § 13 Nr. 4 VOB/B (für Bauwerke zwei Jahre, für Arbeiten an einem Grundstück ein Jahr) als Regelfristen. Bei Bindung des Auftraggebers an die VOB dürfen abweichende Fristen nur vereinbart werden, wenn eine Abweichung durch die Eigenart der Leistung begründet ist.

Gewerbsmäßigkeit

Die gewerbsmäßige Befassung mit Leistungen der ausgeschriebenen Art ist nach § 8 Nr. 2 Abs. 1 VOB/A Voraussetzung dafür, dass ein Bewerber die Vergabeunterlagen erhält.

Ein Bewerber befasst sich gewerbsmäßig mit der Ausführung von Leistungen, wenn er sich mit diesen selbstständig und nachhaltig am allgemeinen Wirtschaftsverkehr mit der Absicht beschäftigt, einen Gewinn zu erzielen.

Zur gewerbsmäßigen Ausführung von Leistungen der ausgeschriebenen Art gehört:

– Der Bewerber muss einen eigenen Betrieb haben, § 4 Nr. 8 Abs. 1 VOB/ B; § 25 Nr. 6 VOB/A,

– er muss seine gewerbsmäßige Tätigkeit legal ausüben, was grundsätzlich eine entsprechende Eintragung ins Berufsregister erfordert, § 8 Nr. 3 Abs. 1 VOB/A und

– die gewerbsmäßige Tätigkeit und die ausgeschriebene Leistung müssen sich zumindest zu einem wesentlichen Teil decken.

Gleichbehandlungsgrundsatz

→ *Diskriminierungsverbot*

Gleichwertige Art

Nach § 9 Nr. 5 Abs. 2 VOB/A müssen Bezeichnungen für bestimmte Erzeugnisse oder Verfahren, wenn sie ausnahmsweise als Hilfsmittel für die → *Leistungsbeschreibung* verwendet werden, mit dem Zusatz „oder gleichwertiger Art" versehen werden.

In einem solchen Fall kann der Auftraggeber verlangen, dass eine angebotene Alternative in keiner ihrer wesentlichen Eigenschaften schlechter ist als die „Leitvorgabe". Er kann sich aber auch damit begnügen, dass die Alternative im Durchschnitt aller wichtigen Eigenschaften nicht schlechter ist als die Leitvorgabe, sodass schlechtere Eigenschaften durch bessere wettgemacht werden können. In jedem Fall muss der Auftraggeber prüfen können, ob die Alternative tatsächlich gleichwertig und damit bedingungsgemäß ist. Dazu muss ihn der Bieter erforderlichenfalls in die Lage versetzen, d. h. er muss ihm auf Verlangen zusätzlich diejenigen Informationen geben, die der Auftraggeber braucht, um die Gleichwertigkeit feststellen zu können (z. B. durch Kataloge oder Muster).

Der Nachweis der Gleichwertigkeit kann auch im Rahmen eines →*Aufklärungsgesprächs* nach § 24 VOB/A geführt werden. Verweigert der Bieter die geforderten Aufklärungen und Angaben, kann sein Angebot unberücksichtigt bleiben.

Gleichwertigkeit

Gleichwertigkeit kann bei Angeboten zweierlei bedeuten: zum einen kann sich die Gleichwertigkeit auf die Gleichwertigkeit der Leistung beziehen, zum anderen kann auch gleiche Wirtschaftlichkeit gemeint sein.

Im ersten Fall wird nur die Leistung betrachtet, also in der Regel die technische Leistung. Im zweiten Fall wird daneben, da sich die Wirtschaftlichkeit aus dem Verhältnis von Preis und Leistung ergibt, auch der Preis herangezogen.

Bei der Frage, ob eine alternative Leistung gleichwertig ist, hat der Auftraggeber einen angemessenen Bewertungsspielraum. Maßgebend für die Gleichwertigkeit eines Nebenangebots ist, ob das Nebenangebot den vertraglich vorausgesetzten Zweck unter allen technischen und wirtschaftlichen Gesichtspunkten erfüllt und für den Ausschreibenden geeignet ist.

Dagegen hat der Angebote keinen Spielraum bei der Wirtschaftlichkeitsbetrachtung, wenn sich die Angebote der engeren Wahl praktisch nur durch den Preis unterscheiden. Aufgrund des →*Wettbewerbsprinzips* ist in diesem Fall der niedrigste Angebotspreis, selbst bei minimalen Preisunterschieden, maßgeblich (→*Preis als Zuschlagskriterium*).

Gleichwertigkeit von Nebenangeboten

→*Nebenangebote*

Gleitklauseln, Lohn-Preis-

Bei Bauvorhaben größeren Umfangs und längerer Laufzeit ist es üblich, in den Vertrag Preisvorbehalte aufzunehmen, um Schwankungen auf dem Baupreissektor zu begegnen und einer bei der der Erstellung der Kalkulation nicht vorhersehbaren Entwicklung der Löhne und Preise Rechnung zu tragen.

Solche Preisvorbehalte kommen in erster Linie als Lohn- und Stoffgleitklauseln vor. Von Bedeutung sind sie bei →*Einheitspreisverträgen,* um das diesen innewohnende Kostenrisiko zu verhindern. Sind die Einheitspreise ausdrücklich als →*Festpreise* vereinbart, bedeutet eine Gleitklausel in →*Allgemeinen Geschäftsbedingungen* einen Widerspruch. Vorrang hat dann die Festpreisklausel.

Die Lohn- bzw. Stoffgleitklausel berechtigt den Auftragnehmer nur, Erhöhungen des in den vereinbarten Preisen enthaltenen Lohn- bzw. Stoffanteils an den Auftragnehmer weiterzugeben.

Grundposition

→*Positionsarten*

Grundprinzipien des Vergaberechts

Die wichtigsten Vergabegrundsätze sind in § 2 Nr. 1 VOB/A und für den Bereich des →*Kartellvergaberechts* in § 97 GWB festgehalten. Angesprochen sind dort zunächst die Notwendigkeit der →*Eignung* von Bewerbern bzw. Bietern (→*Fachkunde*; →*Leistungsfähigkeit*; →*Zuverlässigkeit*) und einer Vergabe zu einem angemessenen Preis. Ferner findet sich dort der →*Wettbewerbsgrundsatz.*

In § 2 Nr. 2 VOB/A (sowie in § 97 Abs. 2 GWB) findet sich das →*Diskriminierungsverbot,* das insbesondere eine Benachteiligung von ausländischen Bietern verhindern soll. Ein weitgehend identisches Grundprinzip ist der in § 8 Nr. 1 S. 1 VOB/A enthaltene →*Gleichbehandlungsgrundsatz*.

Ein weiterer wichtiger Grundsatz, insbesondere bei europaweiten Vergaben, ist der Grundsatz der →*Transparenz*. Aus dem Transparenzgrundsatz folgen zunächst die verschiedenen Publikationspflichten des Auftraggebers, insbesondere die europaweite Veröffentlichung im Amtsblatt der EG. Ausfluss aus dem Transparenzgrundsatz ist ferner, dass die Wertungskriterien mitgeteilt werden müssen und die wesentlichen Verfahrensabläufe im →*Vergabevermerk* dokumentiert werden müssen.

Gütezeichen für Produkte und Bauteile

Baustoffen und Bauteilen kann ein Gütezeichen verliehen werden (z. B. das RAL-Gütezeichen bei Steinzeugrohren). Voraussetzung ist, dass der Hersteller einer Güteschutzgemeinschaft angehört, einer Vereinigung von Herstellerfirmen. Sie unterwirft sich gewissen Herstellungsregeln, die eine Qualitätssicherung bezwecken und über die einschlägigen Normen hinausgehen. Insbesondere verpflichten sich die Mitglieder zur Eigen- und Fremdüberwachung bei der Produktion.

In der Vergabepraxis wird daher von vielen Auftraggebern ein Gütezeichen verlangt bzw. Produkte ohne Gütezeichen werden nicht zugelassen. Gegen ein solches Verlangen bestehen aber zum Teil Bedenken. So sei dieses wettbewerbswidrig und verstieße gegen § 9 Nr. 5 Abs. 1 VOB/A. Außerdem werde das →*Diskriminierungsverbot* missachtet. Vor allem ausländischen Bewerbern bzw. Herstellern sei die Mitgliedschaft in einer (deutschen) Güteschutzgemeinschaft nicht zuzumuten. Auch unter dem Aspekt des Mittelstandsschutzes (hohe Beiträge für die Mitgliedschaft) bestehen Bedenken.

Andererseits steht es öffentlichen Auftraggebern bei der Eignungsprüfung grundsätzlich frei, auf welche Art und Weise sie sich Kenntnis über die Eignung der Bieter verschaffen (VK Baden-Württemberg beim Regierungspräsidium Karlsruhe, Beschluss vom 14.01.2005 – Az.: 1 VK 87/04). Allerdings müssen die geforderten Unterlagen als Nachweis geeignet sein und bereits in den Ausschreibungsbedingungen bekannt gemacht werden (1. VK des Bundes beim Bundeskartellamt, Beschluss vom 22.7.2002 – Az.: VK 1-59/02).

Die Rechtsprechung geht allerdings prinzipiell von einer Zulässigkeit von Gütezeichen aus. Um eine Wettbewerbsbeschränkung im Sinne von § 2 Nr. 1 Satz 3 VOB/A zu vermeiden, muss der Auftraggeber aber neben der Mitgliedschaft in der Güteschutzgemeinschaft auch eine →*Fremdüberwachung* als Nachweis der Eignung von Baustoffen und Produkten des AN gelten lassen.

Im Ergebnis kann also von dem Auftraggeber zwar eine Gütesicherung gefordert werden. Es muss den Unternehmen aber zugestanden werden, die Gütesicherung durch Überwachungsverträge mit anerkannten, herstellerunabhängigen Prüfstellen (z. B. Hochschulinstituten) oder technischen Sachverständigen zu realisieren. Vorgeschrieben werden darf also nur das Was, nicht auch das Wie der Gütesicherung.

Gütezeichen, Benutzung und Überprüfung

Die Benutzung eines →*Gütezeichens* ist ebenso wie die Überprüfung der Unternehmen gewissen Regeln unterworfen. Diese stellt die betreffende Gütegemeinschaft zusammen mit dem →*RAL* auf. Beispielhaft seien hier die Regelungen für eine Gütesicherung nach RAL GZ 961 „Kanalbau" dargestellt: Zeichenbenutzer dürfen das Gütezeichen nur für Leistungen verwenden, die den Güte- und Prüfbestimmungen entsprechen. Die Gütegemeinschaft ist allein berechtigt, Kennzeichnungsmittel des Gütezeichens (Metallprägung, Prägestempel, Druckstock, Plomben, Siegelmarken, Gummistempel o. Ä.) herstellen zu lassen und an die Zeichenbenutzer auszugeben oder ausgeben zu lassen und die Verwendungsart näher festzulegen. Der Vorstand kann für den Gebrauch des Gütezeichens in der Werbung und in der Gemeinschaftswerbung besondere Vorschriften erlassen, um die Lauterkeit des Wettbewerbes zu wahren und Zeichenmissbrauch zu verhüten. Die Einzelwerbung darf dadurch nicht behindert werden. Für sie gilt die Maxime der Lauterkeit des Wettbewerbes. Der Güteausschuss kann beschließen, das Gütezeichen für verschiedene Leistungen in Abstimmung mit dem RAL in verschiedener Form anzuwenden. Ist das Zeichenbenutzungsrecht endgültig entzogen worden, sind die Verleihungsurkunde und alle Kennzeichnungsmittel des Gütezeichens zurückzugeben; ein Anspruch auf Kostenerstattung besteht nicht.

Die Gütegemeinschaft ist berechtigt und verpflichtet, die Benutzung des Gütezeichens und die Einhaltung der Güte- und Prüfbestimmungen zu überwachen. Die Kontinuität der Überwachung durch geeignete neutrale Prüfingenieure oder im Rahmen eines Überwachungsvertrages mit einem neutralen Prüfinstitut ist dem RAL nachzuweisen. Jeder Zeichenbenutzer ist verpflichtet, die Güte- und Prüfbestimmungen einzuhalten. Er hat alle Abnahmebescheinigungen, sofern sie die Herstellung und Instandhaltung von Abwasserleitungen und -kanälen betreffen, vorzuhalten. Der Güteausschuss oder dessen Beauftragter können diese Unterlagen jederzeit einsehen und gegebenenfalls die Aufzeichnungen auf Vollständigkeit prüfen. Der Zeichenbenutzer unterwirft seine gütegesicherten Leistungen den Überwachungsprüfungen durch den Güteausschuss oder dessen Beauftragten in Umfang und Häufigkeit entsprechend den zugehörigen Forderungen der Güte- und Prüfbestimmungen. Er trägt die Prüfkosten. Der Zeichenbenutzer hat dem Prüfer die jederzeitige Besichtigung des Betriebes während der Betriebsstunden und die ungehinderte Durchführung der Prüfung zu gestatten. Außerdem können zur Prüfung der Vollständigkeit der Abnahmebescheinigungen Auskünfte bei Auftraggebern eingeholt werden. Fällt eine Prüfung negativ aus oder wird eine Leistung beanstandet, lässt der Güteausschuss die Prüfung wiederholen. Der Zeichenbenutzer kann ebenfalls eine Wiederholungsprüfung verlangen. Über jede Prüfung ist ein Protokoll zu erstellen. Die Gütegemeinschaft und der Zeichenbenutzer erhalten davon je eine Ausfertigung. Werden Beanstandungen von Leistungen durch Dritte an den Güteausschuss herangetragen, so hat dieser den Beanstandenden darauf hinzuweisen, dass im Falle der Durchführung einer Sonderprüfung der Beanstandende die Prüfkosten zu tragen hat, wenn die Beanstandung unberechtigt ist; werden sie zu Recht beanstandet, trägt sie der betroffene Zeichenbenutzer.

Gütezeichen, Verleihungsverfahren

Die Verleihung eines vom →*RAL* anerkannten →*Gütezeichens* an ein Unternehmen erfolgt durch die jeweilige Gütegemeinschaft und richtet sich nach einem von dieser zusammen mit dem RAL festgelegten Verfahren. Im Falle der Gütesicherung nach RAL GZ 961 „Kanalbau" läuft ein solches Verleihungsverfahren folgendermaßen ab:

Die Gütegemeinschaft verleiht an Betriebe, die die Herstellung und Instandhaltung von Abwasserleitungen und -kanälen durchführen, auf Antrag das Recht, das Gütezeichen „Herstellung und Instandhaltung von Abwasserleitungen und -kanälen" zu führen. Der Antrag ist schriftlich an den Geschäftsführer der Gütegemeinschaft zu richten. Dem Antrag ist ein rechtsverbindlich unterzeichneter Verpflichtungsschein beizufügen. Der Antrag wird vom Güteausschuss geprüft. Der Güteausschuss prüft unangemeldet die Leistungen des Antragstellers gemäß den Güte- und Prüfbestimmungen. Er kann den Betrieb des Antragstellers besichtigen sowie die in den Güte- und Prüfbestimmungen erwähnten Unterlagen anfordern und einsehen. Über das Prüfungsergebnis stellt er ein Zeugnis aus, das er dem Antragsteller und dem Vorstand der Gütegemeinschaft zustellt. Der Güteausschuss kann geeignete Prüfingenieure oder Prüfstellen seiner Wahl mit diesen Aufgaben betrauen. Der mit der Prüfung Beauftragte hat sich vor Beginn seiner Prüftätigkeit zu legitimieren. Fällt die Prüfung positiv aus, verleiht der Vorstand der Gütegemeinschaft dem Antragsteller auf Vorschlag des Güteausschusses das Gütezeichen. Die Verleihung wird beurkundet. Fällt die Prüfung negativ aus, stellt der Güteausschuss den Antrag zurück oder lehnt ihn ab. Er muss die Zurückstellung/ Ablehnung schriftlich begründen.

GWB

→ *Gesetz gegen Wettbewerbsbeschränkungen*

H

Haftpflichtgesetz

I. Allgemeines

Das Haftpflichtgesetz (HPflG) regelt in Deutschland die Haftung für Schadensereignisse im Zusammenhang mit gefährlichen Unternehmen. Diese gefährlichen Unternehmen werden in §§ 1-3 HPflG aufgezählt. Dies sind: Bahnbetriebsunternehmen, Betreiber von Anlagen, mit denen Elektrizität, Gase, Dämpfe oder Flüssigkeiten in Stromleitungs- oder Rohrleitungsanlagen transportiert werden und als sonstige Unternehmen Bergwerke, Steinbrüche, Gruben (Gräbereien) und Fabriken. Da die Haftung an die Inhaberschaft der gefährlichen Anlage anknüpft, muss die Rechtsprechung immer wieder entscheiden, wer Inhaber einer Anlage ist. So auch im folgenden Fall:

II. Rechtsprechung

Die Kl. machte gegen die beklagte Stadt einen Schadensersatzanspruch in Höhe von 2584,55 DM nebst Zinsen wegen eines Wasserschadens geltend. Die Kl. und die Streitverkündete sind Nachbarn. Die Entwässerung beider Häuser erfolgt durch Zuläufe und Rohre zu dem unter der Fahrbahn der S-Straße verlegten Hauptkanal. Vom Haus der Kl. führen zwei Zuläufe zu einer Rohrleitung, die vom Grundstück der Streitverkündeten – S-Straße 7 – zum Hauptkanal verläuft, wobei ein Zulauf diese Rohrleitung noch auf dem Grundstück der Streitverkündeten erreicht. Ein dritter Zulauf vom Haus der Kl. aus mündet unmittelbar in einen Blindschacht, der unterhalb des Parkstreifens zwischen dem Gehweg und der Straße selbst angelegt ist und die Rohrleitung vom Grundstück der Streitverkündeten zum Hauptkanal unterbricht. Seit Anfang April 1999 kam es wiederholt zu Abwasserrückstauungen im Waschkeller des Hauses der Kl., weil das anfallende Abwasser nicht abfließen konnte. Nachdem das Abwasser am 13. 4. 1999 erneut nicht abfließen konnte, erfolgte im Auftrag der Bekl. eine Überprüfung durch die Stadtwerke S. Deren Mitarbeiter spülten das Regenwasserleitungsrohr durch. Eine Besserung trat weder an diesem noch am folgenden Tag ein, an dem festgestellt wurde, dass nach einigen Metern ein Widerstand vorhanden war. Mit einem Kamerawagen wurde sodann ermittelt, dass die Abwasserleitung unterhalb des Gehwegs mit einem Hindernis versehen war. In dem dortigen Blindschacht befanden sich u. a. Tonscherben sowie ein abgerissenes Bogenstück, welches sich innerhalb der Leitung verkantet hatte. Für eine anschließende Kanalreinigung stellte die Firma D der Kl. – wie zwischen den Parteien unstreitig ist – Reinigungskosten von 1605,55 DM in Rechnung.

Das OLG Düsseldorf gibt der Klägerin Recht. Nach § 2 I 1 HPflG ist der Inhaber einer Anlage zum Schadensersatz verpflichtet, wenn durch die Wirkungen von Flüssigkeiten, die von einer Rohrleitungsanlage oder einer Anlage zur Abgabe der Flüssigkeiten ausgehen, eine Sache beschädigt wird. Das Kanalisationsnetz im Bereich der S-Straßen nebst dem Blindschacht unter dem Parkstreifen fällt unter den Begriff der Rohrleitungsanlage in § 2 I 1 HPflG. Diese Vorschrift erfasst nicht nur alle Wasserleitungen und die gesamte städtische Kanalisation, sondern beispielsweise auch Bestandteile dieser Anlagen wie einen Revisionsschacht und damit ebenfalls den Blindschacht unterhalb des Parkstreifens zwischen dem Gehweg und der Straße selbst, in dem sich die Tonscherben und das abgerissene Bogenstück befanden.

Durch die Wirkungen des Abwassers, das von diesem Kanalnetz ausging, ist eine Sache der Kl. beschädigt worden. Dadurch, dass das Abwasser nicht vollständig abfließen konnte, wurden zumindest die Kellerwände im Haus der Kl. durchfeuchtet und damit das Eigentum der Kl. beschädigt. Die Bekl. ist die Inhaberin der Anlage, und zwar des Blindschachtes unter dem Parkstreifen der S-Straße. In der Regel handelt es sich bei dem Inhaber der Anlage um den Eigentümer. Das Eigentum ist aber nur ein Indiz. Für die Beantwortung der Frage nach der Inhaberschaft ist es entscheidend, wer „Herr der Gefahr" ist. Es ist darauf abzustellen, wem die tatsächliche Verfügungsgewalt bzw. Herrschaft über den Betrieb der Anlage zusteht. Dabei muss es sich um eine eigenverantwortliche und wirtschaftliche Herrschaft handeln. Wer nach außen hin als der für die Anlage Verantwortliche erscheint und tatsächlich in der Lage ist, Schaden durch die Anlage zu verhindern, ist deren Inhaber. Soweit eine Entwässerungssatzung regelt, dass sowohl die Herstellung als auch die Unterhaltung der Anschlussleitung vom Prüfschacht bis zur Straßenleitung dem Anschlussnehmer obliegt, spricht dies für dessen Inhaberschaft. Nach diesen Grundsätzen ist die Bekl. Inhaberin des Blindschachtes und muss daher Schadenersatz leisten (OLG Düsseldorf, Urteil vom 20. 12. 2001 – 6 U 16/01).

Haftung

I. Allgemeines

Haftung bedeutet ein Einstehenmüssen entweder für einen eingetretenen →*Schaden*, verbunden mit der Verpflichtung zum Schadensersatz, oder für eine eingegangene Verbindlichkeit, z. B. für die vertraglich vereinbarte Beschaffenheit eines Werks. Im letzten Fall haftet der Auftragnehmer auf →*Nachbesserung*, je nach den Umständen auch zusätzlich auf Schadensersatz.

Bei der Schadensersatzhaftung unterscheidet man zwischen der vertraglichen und der außervertraglichen bzw. gesetzlichen Haftung. Die vertragliche Haftung betrifft einen Schaden, den eine Vertragspartei der anderen zufügt (vgl. § 10 Nr. 1 VOB/B). Die gesetzliche Haftung bezieht sich auf einen Schaden, der einem Dritten zugefügt wird, also jemandem, zu dem der Schädiger nicht in einem Vertragsverhältnis steht (→*deliktische Haftung*). Für einen solchen Fall trifft § 10 Nr. 2 VOB/B Regelungen über einen Ausgleich im Innenverhältnis und eine Begrenzung dieses Ausgleichs. Meistens setzt Haftung ein Verschulden, also Vorsatz oder Fahrlässigkeit voraus. Dass dies nicht immer so ist, zeigt beispielhaft folgender Fall:

II. Rechtsprechung

Beim Aushub einer Baugrube kommt es zu massiven Setzungsrissen am Nachbargebäude. Ein Fehlverhalten des Architekten und des Bauunternehmers – beide vom Bauherrn beauftragt – liegt nicht vor. Der Nachbar verlangt Ersatz des entstandenen →*Schadens*.

Das OLG gibt ihm Recht. Zwar verneint es eine deliktische Haftung aus § 823 BGB. Da der Bauherr die Arbeiten nicht selbst ausgeführt habe, käme eine Zurechnung von Nachlässigkeiten des Architekten und/oder des Bauunternehmers nur über § 831 BGB in Betracht. Beide seien aber keine Verrichtungsgehilfen des Bauherrn, die Zurechnungsnorm des § 831 BGB sei daher nicht anwendbar. Haften müsse der Bauherr aber in entsprechender Anwendung des § 906 Abs. 2 Satz 2 BGB. Ein Grundstückseigentümer habe für Schäden seines Nachbarn aufzukommen, wenn diese durch ihm zurechenbare Einwirkungen auf das Nachbargrundstück entstünden, die Einwirkungen nach § 1004 BGB unzulässig seien und der

Nachbar diese nicht abwehren könne. Ein Verschulden des Bauherrn sei nicht erforderlich (OLG Koblenz, Urteil vom 17.07.2003 – 5 U 18/03).

Handelsregister

Das Handelsregister ist ein öffentliches, für jeden einsehbares Register, in dem die Vollkaufleute und bestimmte auf sie bezogene Tatsachen und Rechtverhältnisse eingetragen sind. Zweck ist, darüber Auskunft zu geben, wer Vollkaufmann ist und wie die wichtigsten Rechtsverhältnisse dieser Kaufleute sind (§ 9 Abs. 1 HGB).

Das Handelsregister wird vom Amtsgericht als Registergericht geführt. Die Eintragung geschieht in der Regel auf Anmeldung, in bestimmten Fällen auch von Amts wegen. Von den Eintragungen kann nach § 9 HGB jeder beglaubigte Abschriften verlangen, ferner Bescheinigungen, dass es bestimmte Eintragungen nicht gibt.

Das Handelsregister ist ein →*Berufsregister.*

Handwerksrolle

Die Handwerksrolle wird von der Handwerkskammer geführt. Sie dokumentiert die erteilten Erlaubnisse zum selbständigen Betrieb eines Handwerks, also eines Gewerbes, das handwerksmäßig betrieben wird, wobei vielfach ein und dasselbe Gewerbe auch industriell betrieben werden kann. Ein handwerksmäßiger Betrieb unterscheidet sich von der Industrie durch weitgehend persönlich-fachliche, also nicht nur kaufmännische Mitarbeit des Betriebsinhaber, überwiegende Beschäftigung von Handwerksgesellen des gleichen Gewerbezweiges und Überwiegen der Einzelanfertigung.

Die Eintragung in die Handwerksrolle ist für die Erlaubnis zum Betreiben eines Handwerks konstitutiv, d. h. erst mit der Eintragung ist die Erlaubnis erteilt. Die Erlaubnis gilt nur für die Tätigkeit, die in der Handwerksrolle für den Erlaubnisinhaber ausgewiesen ist.

Über die Eintragung wird eine Bescheinigung, die sog. Handwerkskarte ausgestellt. Sie dient lediglich Nachweiszwecken; insbesondere können damit Bewerber und Bieter ihre Eintragung in das →*Berufsregister* nach-

weisen, was Voraussetzung für die Erteilung eines öffentlichen Auftrags ist (vergl. § 8 Nr. 3).
→*Dienstleistungsfreiheit*

Hauptangebote

Hauptangebote sind →*Angebote*, die nur die →*Preise* und die geforderten Erklärungen enthalten, § 21 Nr. 1 Abs. 1 S. 3 VOB/A. Diese Angaben müssen grundsätzlich vollständig vorhanden sein. Fehlen dürfen nur Angaben, die weder die Preise noch die Beschaffenheit noch deren Rahmenbedingungen berühren (z. B. von der Vergabestelle gewünschte Angaben zu den vorgesehenen Arbeitskräften).

Jeder Bieter darf grundsätzlich nur ein einziges Hauptangebot abgeben. Gibt er zwei Angebote mit derselben Leistung und denselben Rahmenbedingungen ab, muss das als ein Angebot mit widersprechenden Preisen angesehen werden. Beide Angebote sind dann wegen unklaren Inhalts von der Wertung auszuschließen. In diesem Sinne muss auch verfahren werden, wenn zwei Niederlassungen je ein Hauptangebot abgeben, weil Niederlassungen aufgrund ihrer rechtlichen Unselbständigkeit als ein einziger Bieter gelten.

Das Gegenstück zu Hauptangeboten sind →*Nebenangebote* und →*Änderungsvorschläge*.

Hauptunternehmer

Bei dem Hauptunternehmer handelt es sich um eine von mehreren möglichen →*Unternehmereinsatzformen* (→*Alleinunternehmer*; →*Generalunternehmer*; →*Generalübernehmer*; →*Nachunternehmer*).

Den Begriff des Hauptunternehmers gibt es in den Konstellationen einer Kooperation mit →*Nachunternehmern* und mit einem Nebenunternehmer. Der Hauptunternehmer ist der Auftraggeber von Nachunternehmern, wenn er an diese einen Teil der in Auftrag genommenen Leistungen weitervergibt.

Hauptunternehmer ist im Allgemeinen auch der →*Generalunternehmer*, da dieser in der Regel einen Großteil der Leistung an Nachunternehmer weitervergibt. Der Generalunternehmer unterscheidet sich vom

Hauptunternehmer dadurch, dass er alle bei einer Baumaßnahme benötigten Bauleistungen in Auftrag nimmt.

Herausgabe von Angebotsunterlagen

§ 27 Nr. 4 VOB/A räumt den →*Bietern* für den Fall von nicht berücksichtigten Angeboten einen Herausgabeanspruch bezüglich der von ihnen mit dem Angebot eingereichten Entwürfe, Ausarbeitungen, Muster und Proben ein. Die entsprechende Herausgabepflicht des Auftraggebers besteht jedoch nur, wenn die Herausgabe im Angebot oder innerhalb von 30 Kalendertagen nach Eingang der Ablehnung des Angebots verlangt wird. Die Frist beginnt mit dem Zugang der Ablehnung zu laufen, wobei der Tag dieses Zugangs noch nicht zählt.

Die Rückgabe der Angebotsunterlagen empfiehlt sich für den Auftraggeber auch ohne ein entsprechendes Herausgabeverlangen, weil die in § 22 Nr. 8 VOB/A verankerte →*Geheimhaltungspflicht* auch noch nach der Auftragserteilung fortbesteht, soweit eine Rückgabe von Unterlagen unterbleibt.

Herstellkosten

Unter Herstellkosten versteht man die Summe von →*Einzelkosten* der Teilleistungen (→*direkte Kosten*) und den →*Gemeinkosten* der Baustelle. Die Ermittlung der Herstellkosten ist einer von mehreren Schritten bei der →*Kalkulation*.

Hinauszögern der Eröffnung

Der Auftraggeber hat die Pflicht, den →*Eröffnungstermin* pünktlich wahrzunehmen. Der Auftraggeber kann ihn zwar praktisch beliebig festlegen, er ist aber dann an seine Festlegung gebunden. Ein Hinauszögern ist nur in wenigen begründeten Ausnahmefällen erlaubt, z. B. wenn sich mehrere Bieter – nicht nur ein einziger – wegen eines unvorhersehbaren Unwetters verspäten. Uneingeschränkt zulässig ist dagegen eine rechtzeitige Verschiebung des Eröffnungstermins. Rechtzeitig bedeutet, dass Bieter weder schon bei der Eröffnung anwesend sind noch zu ihr unterwegs sind.

Der bei pünktlicher Eröffnung günstigste Bieter, der durch das Hinauszögern zugunsten eines an sich verspäteten Bieter um den Auftrag gebracht wird, kann einen Schadensersatzanspruch geltend machen.

Hinterlegung von Geld

Die Hinterlegung von Geld ist eine in der VOB/B vorgesehene Art der →*Sicherheitsleistung* (vgl. § 17 Nr. 2 und Nr. 5 VOB/B).

Sie erfordert, dass der betreffende Geldbetrag innerhalb von 18 Werktagen nach Vertragsabschluß bei einem zu vereinbarenden Geldinstitut, das das Vertrauen von Auftraggeber und Auftragnehmer genießt, auf ein Sperrkonto eingezahlt wird. Etwaige Zinsen hieraus stehen dem Auftragnehmer zu.

Die Hinterlegung von Geld ist die seltenste Art der Sicherheitsleistung, weil sie für den Auftragnehmer am ungünstigsten ist. Er müsste zusätzliche Barmittel aufwenden, noch ehe er vom Auftraggeber für seine Leistung eine Vergütung erhalten hat.

Hinweispflicht des Auftragnehmers

I. Einleitung

Der Auftragnehmer hat nach § 4 Nr. 3 VOB/B die Pflicht, den Auftraggeber auf →*Bedenken* gegen die vorgesehene Art der Ausführung, gegen die Art der vom Auftraggeber gelieferten Stoffe oder Bauteile oder gegen die Leistung anderer Unternehmer hinzuweisen. Die Hinweispflicht setzt notwendigerweise eine entsprechende Prüfungspflicht des Auftragnehmers voraus, die aufgrund ihrer Selbstverständlichkeit in der VOB nicht eigens erwähnt wird.

Bei den in § 4 Nr. 3 VOB/B geregelten Verpflichtungen des Auftragnehmers zur Prüfung, Unterrichtung und Anzeige handelt es sich nicht bloß um vertragliche Nebenpflichten, sondern um vertragliche Hauptpflichten, die im Rahmen seiner Leistungsverpflichtung zur Erstellung eines mängelfreien Bauwerks liegen und deren Verletzung vor der Abnahme Erfüllungsansprüche nach § 4 Nr. 7 VOB/B, darüber hinaus nach der Abnahme Gewährleistungsansprüche des Auftraggebers auslösen können. § 4 Nr. 3

VOB/B erweitert oder ergänzt die in § 4 Nr. 2 Abs. 1 VOB/B enthaltene grundlegende Vertragsverpflichtung des Auftragnehmers.

Die Beweislast für die Erfüllung der in Nr. 3 festgelegten Pflichten hat der Auftragnehmer.

II. Dauer der Hinweis- und Prüfungspflicht

Diese Pflichten des Auftragnehmers setzen, wie alle Bestimmungen in Teil B der VOB, einen zwischen Auftraggeber und Auftragnehmer wirksam abgeschlossenen Vertrag voraus. Für die Zeit davor kann nur ein Anspruch aus §§ 311 Abs. 2, 241 Abs. 1, 280 BGB, dem vormaligen Grundsatz einer →culpa in contrahendo, eingreifen, ohne dass damit die hier erörterte VOB-Regelung unmittelbar oder im vollen Umfang entsprechend anwendbar wäre.

Grundsätzlich besteht die Prüfungs- und Hinweispflicht des Auftragnehmers auch nur für die Dauer des Vertrages bzw. bis zur →Abnahme; sie endet daher auch mit dessen Kündigung oder Teilkündigung. Ausnahmsweise besteht sie nach Treu und Glauben fort, wenn die bisherigen Baumaßnahmen für die noch nicht ausgeführten Baumaßnehmen in dem Sinne gefahrenträchtig sind, dass die konkrete Möglichkeit des Auftretens von Mängeln besteht, wenn die vorgesehene Art der Ausführung weiterverfolgt wird, wenn Vorleistungen anderer Unternehmer einbezogen werden oder vom Auftraggeber beigestellte oder beizustellende Stoffe oder Bauteile berücksichtigt werden.

Wann die Prüfungspflicht des Auftragnehmers im Einzelfall gegeben ist und wie weit sie reicht, lässt sich nicht abschließend in einer generellen Formel festhalten. Es kommt auf die Verhältnisse und Umstände des Einzelfalls an. Entscheidende Punkte sind das beim Auftragnehmer im Einzelfall vorauszusetzende Wissen, die Art und der Umfang der Leistungsverpflichtung und des Leistungsobjekts sowie die Person des Auftraggebers oder des zur Bauleitung bestellten Vertreters. Auf jeden Fall muss er die nach Sachlage gebotenen Prüfungen durchführen. So genügt beispielsweise ein Gartenbauunternehmer, der mit der Begrünung eines Tiefgaragendaches beauftragt ist, nicht seiner Pflicht aus § 4 Nr. 3 VOB/B, wenn er den Auftraggeber allgemein darauf hinweist, dass die Dachhaut der Tiefgarage durch andere Handwerker möglicherweise beschädigt sein könne, es aber unterlässt, vor Ausführung seiner Werkleistung die Dachhaut –

wie technisch geboten – tatsächlich auf Dichtigkeit zu untersuchen (vgl. OLG Hamm, Urteil vom 23.7.2001 – 17 U 164/98).

III. Umfang der Hinweis- und Prüfungspflicht
Hinsichtlich der Kenntnisse des Auftragnehmers ist der Umfang der Prüfungspflicht nicht subjektiv nach dem wirklichen Wissen und Können des konkreten Auftragnehmers zu beurteilen, sondern objektiv nach dem, was unter normalen Umständen bei einem auf dem betreffenden Fachgebiet tätigen Unternehmer vorausgesetzt werden muss, also nach der Sorgfalt eines ordentlichen Unternehmers der über den jeweils anerkannten Stand der Regeln der Technik orientiert ist. Dabei muss er vor allem das den allgemein anerkannten Regeln der Technik zumindest nahe kommende Normenwerk beherrschen. Er muss sich informieren, über Empfehlungen in der Fachpresse Bescheid wissen und diese berücksichtigen.

HOAI

Abkürzung für die →*Honorarordnung für Architekten und Ingenieure.*

Höhere Gewalt

Die Rechtsfolgen der höheren Gewalt sind in der VOB an zwei Stellen geregelt, nämlich in § 6 Nr. 2 Abs. 1 lit. c) VOB/B und in § 7 Nr. 1 VOB/B. Bei der ersten Bestimmung geht es um die Auswirkungen auf die Ausführungsfristen, bei der zweiten um die Folgen für die →*Vergütung* bei Beschädigung oder Zerstörung der Leistung durch höhere Gewalt.

Bei höherer Gewalt handelt es sich nach der Rechtsprechung um ein ausschließlich von außen auf den Betrieb einwirkendes außergewöhnliches Ereignis, das selbst bei Anwendung äußerster Sorgfalt ohne Gefährdung des wirtschaftlichen Erfolgs des Unternehmens nicht abgewendet werden kann und mit dem deshalb wie auch wegen der Seltenheit nicht gerechnet werden braucht. Fälle der höheren Gewalt sind insbesondere außergewöhnliche Naturereignisse wie Erdbeben, Blitzschlag oder Orkane, nicht dagegen schon jeder Regen (BGH, Urteil vom 22.4.2004 – III ZR 108/0, bejahend bei Jahrhundertregen), der zur Behinderung und zu Zerstörungen führt.

Zur höheren Gewalt zählen auch auf die Bauleistung einwirkende Handlungen dritter Personen wie Brandstiftungen und Anschläge oder andere mutwillige Sachbeschädigungen, es sei denn, dass damit aufgrund ihrer Häufigkeit erfahrungsgemäß zu rechnen ist.

Grundsätzlich ist der Begriff der höheren Gewalt eng auszulegen. Schon das geringste Mitverschulden des Auftragnehmers schließt höhere Gewalt aus.

Honorarordnung für Architekten und Ingenieure (HOAI)

I. Allgemeines

Die Honorarordnung für Architekten und Ingenieure (HOAI) ist anders als die VOB keine →Verdingungsordnung, sondern eine Preisvorschrift. Es handelt sich um eine Rechtsvorschrift der Bundesregierung, die sich weder mit Vertragsanbahnung noch mit Vertragsbedingungen befasst, sondern lediglich für die in ihr enthaltenen Leistungsbereiche die Höhe der →Vergütung regelt.

Insbesondere werden in der HOAI für Leistungen von Architekten und Ingenieuren bestimmte Mindesthonorare festgelegt; ein Unterschreiten der entsprechenden Sätze ist nur in Ausnahmefällen möglich.

Zur Beurteilung der Frage, welche Leistung im Einzelfall vereinbart und geschuldet ist, können nicht die in der HOAI enthaltenen Leistungsbilder herangezogen werden, sondern ausschließlich der Vertrag.

Mit dem Honoraranspruch eines Ingenieurs beschäftigt sich auch folgender Fall:

II. Rechtsprechung

Bei der Erschließung eines Baugebiets wird ein Ingenieur mit der Planung und Bauüberwachung der Abwassersysteme und der Verkehrsanlagen beauftragt. Trotz Überarbeitung der Schlussrechnung erhebt der Auftraggeber verschiedene Einwendungen gegen deren Prüffähigkeit und Richtigkeit und verlangt schließlich eine Rückzahlung von 160.000 DM für nach seiner Auffassung zu viel bezahltes Honorar. Das Landgericht verurteilt den Ingenieur zunächst antragsgemäß auf Rückzahlung. In der Berufung legt der Ingenieur eine komplette Neufassung der Schlussrechnung vor und verlangt nun im Rahmen der Widerklage Resthonorar in Höhe von etwa 312.000 DM. Dabei rechnet er mehrere Objekte getrennt ab. Der Auftraggeber erhöht seine Klageforderung schließlich auf 216.000 DM. Nach seiner Auffassung ist eine getrennte Honorarabrechnung von Schmutz- und Regenwasserkanalisation nicht gerechtfertigt.

Das OLG stellt fest, dass die Honorare für beide Abwassersysteme und die Verkehrsanlagen jeweils getrennt abzurechnen sind. Zwar sind →*Bauwerke* und Anlagen der Abwasserentsorgung bei § 51 Abs. 1 Nr. 2 HOAI unter einer Ordnungsnummer als Ingenieurbauwerke aufgeführt. Das besagt aber noch nichts zu der hier maßgeblichen Frage, ob eine getrennte Abrechnung zu erfolgen hat. Nach § 22 Abs. 1 HOAI sind die Honorare für jedes Gebäude getrennt zu berechnen, wenn ein Auftrag mehrere Gebäude umfasst. Das gilt sinngemäß auch für Ingenieurbauwerke (HOAI § 52 Abs. 7). Dazu muss der Begriff „Gebäude" des § 22 HOAI durch „Bauwerke und Anlagen" ersetzt werden. Ingenieurbauwerke sind Kunstbauten mit unterschiedlichen Zweckbestimmungen und technischen Funktionen. Die Klassifizierung und Einteilung der Bauwerke geschieht nach Baustoffen, nach technisch-konstruktiven Maßgaben oder nach ihrer technischen Zweckbestimmung. In diesem Sinne sind Schmutzwasser- und Regenwasserkanal, die als Trennkanalisation geführt sind, sowie Verkehrsanlagen als verschiedene Ingenieurbauwerke anzusehen und die anrechenbaren Kosten damit nicht zusammenzurechnen. Das ergibt sich auch aus der selbstständigen und getrennten Benennung dieser Gewerkebereiche bei der Objektliste (HOAI § 54 Abs. 1). Die getrennte Abrechnung der Verkehrsanlagen folgt schließlich auch daraus, dass § 51 HOAI in verschiedenen Absätzen nach Ingenieurbauwerken und Verkehrsanlagen unterscheidet. Diese Unterscheidung setzt sich in anderen Vorschriften der HOAI fort (OLG Braunschweig, Urteil vom 11.03.2004 – 8 U 17/99; BGH, Beschluss vom 09.06.2005 – VII ZR 84/04 – Nichtzulassungsbeschwerde zurückgewiesen).

HVA-StB

Die Abkürzung steht für „Handbuch für die Vergabe und Ausführung von Bauleistungen im Straßen- und Brückenbau". Das Handbuch wird vom Bundesverkehrsministerium herausgegeben und ist vergleichbar mit dem Vergabehandbuch Bund (VHB).

I

Indexklauseln

Bei Indexklauseln werden Erstattungsbeträge auf der Grundlage von Näherungsformeln unter Zuhilfenahme von amtlichen Indizes ermittelt. Die vertragliche Gestaltung ist sehr unterschiedlich. Die in der Praxis gebräuchlichen Indexklauseln kennen sowohl Klauseln, bei denen neben einem der Gleitung unterworfenen Anteil auch ein Festkostenanteil enthalten ist, als auch solche, die keinen Selbstbehalt des Auftragnehmers vorsehen.

Indirekte Kosten

Unter indirekten Kosten versteht man solche Kosten, die gleichzeitig mit den →*direkten Kosten* anfallen, aber im Unterschied zu diesen nicht den Einzelkosten der →*Teilleistungen* zugeordnet werden können.

Informationspflichten

Die Informationspflichten des →*öffentlichen Auftraggebers* sind konkreter Ausdruck der allgemeinen vergaberechtlichen Prinzipien, insbesondere des →*Wettbewerbsprinzips*, des →*Diskriminierungsverbots* (bzw. des →*Gleichbehandlungsgebots*) und des →*Transparenzprinzips*. So ist z. B. wichtige Voraussetzung des Gleichbehandlungsgebots der Grundsatz, dass für alle Bieter der gleiche Informationsstand zu gewährleisten ist.

Ausnahmsweise kann eine Informationspflicht sogar in eine Aufklärungspflicht des Auftraggebers erwachsen, falls die vom Bewerber zum Nachweis seiner Eignung vorgelegten Nachweise nicht aussagekräftig genug sind, vgl. § 24 VOB/B.

Eine Informationspflicht gegenüber den Bewerbern und Bietern besteht nach § 26 Nr. 2, 26 a VOB/A für den Fall, dass das Vergabeverfahren aufgehoben wird (→*Aufhebung der Ausschreibung*). Gemäß § 26 a VOB/A ist bei europaweiten Vergabeverfahren auch das Amt für amtliche Veröffentlichungen zu informieren.

Die beiden wichtigsten Informationspflichten sind die Mitteilungspflichten nach § 27, 27 a VOB/A sowie nach § 13 VgV. Die Informationspflicht nach § 13 VgV hat insbesondere den Sinn, den Bietern bei europaweiten Vergabeverfahren die Möglichkeit eines →*Nachprüfungsverfahrens* zu geben (→*Informationspflicht über den Zuschlag*). Dagegen greift die Informationspflicht nach § 26 VOB/A bereits vorher ein, kennt aber weder die strengen formalen Anforderungen noch die einschneidenden Rechtsfolgen von § 13 VgV. Nach § 26 VOB/A sollen Bieter, deren Angebote ausgeschlossen worden sind bzw. deren Angebote nicht in die engere Wahl kommen, so bald wie möglich verständigt werden. Die übrigen Bieter sind zu verständigen, sobald der Zuschlag erteilt worden ist. Auf Verlangen sind den nicht berücksichtigten Bewerbern oder Bietern innerhalb einer Frist von 15 Kalendertagen nach Eingang ihres schriftlichen Antrags die Gründe für die Nichtberücksichtigung ihrer Bewerbung oder ihres Angebots schriftlich mitzuteilen, den Bietern auch der Name des Auftragnehmers.

Im Gegensatz zu § 13 VgV hat die Informationspflicht nach § 26, 26 a VOB/A bei Nichtbeachtung keine Folgen für die Wirksamkeit des →*Zuschlags*.

Informationspflicht über den Zuschlag

I. Allgemeines

In § 13 VgV ist die Pflicht, die →*Bieter* vorab über den →*Zuschlag* zu informieren, geregelt. Sie ist bei europaweiten Vergabeverfahren eine der wichtigsten und potentiell risikoträchtigsten Pflichten des →*Auftraggebers*, da ihr Unterlassen nach § 13 S. 6 VgV die Nichtigkeit des Vertrages zur Folge hat. Die Bestimmung des § 13 VgV soll den voraussichtlich unterliegenden Bieter schützen. Diesem soll aufgrund der Vorabinformation ermöglicht werden, mit Erfolg effektiven →*Primärrechtsschutz* in einem →*Nachprüfungsverfahren* zu suchen. Er soll also in die Lage versetzt werden, die Vergabeentscheidung und die Aussichten des ihm zustehenden Vergaberechtsschutzes zu beurteilen. Die Informationspflicht des Auftraggebers nach § 13 VgV dient damit vor allem dazu, die Bieter durch einen Vertragsschluss nicht vor vollendete Tatsachen zu stellen und sie so der

Möglichkeit zu berauben, die Zuschlagsentscheidung des Auftraggebers überprüfen zu lassen.

II. Inhalt von § 13 VgV

Nach § 13 S. 1 VgV ist der Auftraggeber verpflichtet, die Bieter, deren Angebote nicht berücksichtigt werden sollen, 14 Tage vor dem Vertragsschluss über den Namen des erfolgreichen Bieters und über den Grund der vorgesehenen Nichtberücksichtigung ihres Angebotes zu informieren. Wie dargelegt, ist Hintergrund dieser Vorschrift die Notwendigkeit, den Bietern die Möglichkeit effektiven Rechtsschutzes zu eröffnen. Nach Erteilung des Zuschlags bzw. nach Vertragsschluss ist nämlich nach der Rechtssprechung ein Nachprüfungsantrag unzulässig.

Falls der Auftraggeber nicht nach den Vorgaben von § 13 VgV informiert, ist der Zuschlag bzw. der Vertrag nichtig. Damit ist zugleich ein Nachprüfungsverfahren wieder zulässig, da ein wirksamer Vertragsschluss gerade nicht vorliegt.

Zu beachten ist, dass § 13 VgV in allen seinen Bestimmungen auch für Verhandlungsverfahren gilt (OLG Celle, Beschluss vom 5.2.2004 – 13 Verg 26/03; Thüringer OLG, Beschluss vom 28.1.2004 – 6 Verg 11/03).

III. Inhalt der Vorinformation

Über den notwendigen Inhalt der Vorinformation gehen die Auffassungen in der Rechtsprechung auseinander. Nach Auffassung eines Teils genügt es, wenn der Auftraggeber schlagwortartig die Gründe der Nichtberücksichtigung zusammenfasst. Folgt man dem, sind an die Vorinformation keine zu hohen Anforderungen zu stellen; sie kann auch formularmäßig erfolgen.

Andere Spruchkörper sind strenger. Ihrer Auffassung nach muss der Bieter wenigstens ansatzweise nachvollziehen können, welche konkreten Erwägungen für die Vergabestelle bei der Nichtberücksichtigung des Angebots ausschlaggebend waren. Sinn und Zweck der Vorinformation sei es, den Bieter in die Lage zu versetzen, die Erfolgsaussichten eines etwaigen Rechtsmittels abschätzen zu können. Diesem Zweck werde nur Genüge getan, wenn die Gründe der Nichtberücksichtigung zutreffend, vollständig und hinreichend detailliert mitgeteilt werden.

Erfolgt die Vorinformation unzureichend und nimmt der Antragsteller nach vollständiger Aufklärung über die Gründe seiner Nichtberücksichtigung im Nachprüfungsverfahren seinen Antrag zurück, können dem Auftraggeber die Kosten des Nachprüfungsverfahrens auferlegt werden.

Die Vorinformation muss 14 Tage vor Vertragsschluss abgesandt werden. Hierbei ist, wie § 13 jetzt klarstellt, auf den Tag der Absendung des Informationsschreibens, nicht auf den Zugang bei den Bietern, abzustellen. Ein vor Ablauf der Frist oder ohne Informationsweitergabe und abgelaufener Frist abgeschlossener Vertrag ist gem. § 13 Satz 6 VgV nichtig.

Die durch Antrag des Bundesrats und Zustimmung des Bundeskabinetts erfolgte Ersetzung des Wortes „schriftlich" in der Altfassung durch „in Textform" gibt den Vergabestellen die Möglichkeit, Vorinformationen auch per E-Mail oder nicht unterschriebenem Fax rechtswirksam zu erteilen. Gemäß § 126 b BGB genügt für eine Erklärung „in Textform" deren Abgabe in einer Urkunde oder auf andere, zur dauerhaften Wiedergabe in Schriftzeichen geeigneten Weise unter Nennung des Namens des Erklärenden und des Abschlusses der Erklärung durch Nachbildung der Namensunterschrift.

IV. Änderungen der Informationspflicht durch das →*neue Vergaberecht*

Die bisher in § 13 VgV verankerte Vorinformationspflicht und die Folge ihrer Verletzung wird zukünftig in den §§ 101 a, 101 b GWB n. F. geregelt sein. Im Grundsatz bleibt es bei der 14-Tage-Frist und den oben dargelegten Anforderungen an das Informationsschreiben.

In Fällen „dringlicher Vergabeverfahren" kann die Vorinformationspflicht künftig auf sieben Kalendertage verkürzt werden. Diese Bestimmung wird vermutlich zu erheblicher Rechtsunsicherheit führen, da sich die einschneidenden Folgen sowohl für Bieter als auch für Auftraggeber nicht mit einer so auslegungsbedürftigen Voraussetzung wie der „Dringlichkeit" vereinbaren lassen.

In § 101 b GWB n. F. findet sich jetzt eine Neuregelung der Folgen der →*de-facto-Vergabe*, also einer Auftragsvergabe, die die Anforderungen des Vergaberechts bewusst oder unbewusst missachtet. Danach ist eine de-facto-Vergabe grundsätzlich nichtig. Die Nichtigkeit kann aber nur innerhalb von bestimmten Fristen (14 Tage ab Kenntnis, spätestens 6 Monate nach Vertragsschluss) und nur im Rahmen eines Nachprüfungsverfahrens geltend gemacht werden.

In-house-Geschäfte

Ein In-house-Geschäft ist ein Geschäft eines öffentlichen →*Auftraggebers,* das z. B. an einen dem betreffenden Aufraggeber zugeordneten Eigenbetrieb, also gewissermaßen innerhalb des „eigenen Hauses", vergeben wird. Ein solches Geschäft unterliegt nicht den strengen Anforderungen des Vergaberechts und muss nicht ausgeschrieben werden. Hintergrund sind die folgenden Erwägungen.

Ein öffentlicher →*Auftrag* im Sinne von § 99 GWB setzt voraus, dass zwei unterschiedliche Rechtssubjekte Partner des Vertrages sind. Dies wirft immer dann Schwierigkeiten auf, wenn ein öffentlicher Auftraggeber mit einer Institution einen Vertrag schließen will, die in irgendeiner Art und Weise in die Organisation des öffentlichen Auftraggebers eingegliedert ist.

Anerkannt ist, dass der öffentliche Auftraggeber durch das Vergaberecht nicht in der seinem Gestaltungsermessen unterliegenden Wahl der Organisationsform – Eigenbetrieb oder Eigengesellschaft – beschränkt werden soll, mittels derer er seine Aufgaben erfüllen will. Beabsichtigt er, die Aufgabe mit eigenen Mitteln zu erfüllen, kann es keinen Unterschied machen, ob er dies durch einen Eigenbetrieb oder eine Eigengesellschaft tut. Wann ein „In-house"-Geschäft, abgesehen von diesen klaren Fällen, angenommen werden kann, ist angesichts der denkbaren Umgehungsmöglichkeiten sehr umstritten.

Der →*Europäische Gerichtshof* hat in einem vielbeachteten Urteil (EuGH, Urteil vom 18.11.1999, Rs. C-107/98, Slg. 1999, 8121 – Teckal) europäisches Vergaberecht auch dann für anwendbar gehalten, wenn ein öffentlicher Auftraggeber beabsichtigt, mit einer Einrichtung, die sich formal von ihm unterscheidet und die ihm gegenüber eigene Entscheidungsgewalt besitzt, einen schriftlichen entgeltlichen Vertrag über die Lieferung von Waren zu schließen. Etwas anderes könne nur gelten, wenn die Gebietskörperschaft über die fragliche Person eine Kontrolle „wie über eine eigene Dienststelle" ausübt und wenn diese Person zugleich ihre Tätigkeit im Wesentlichen für die Gebietskörperschaft oder die Körperschaften verrichtet, die ihre Anteile innehaben.

Wo die genaue Grenze verläuft, ist bislang von der Rechtsprechung noch nicht geklärt worden.

Das Bundeswirtschaftsministerium hat in seinem Entwurf zum →*neuen Vergaberecht* jetzt eine Grenzziehung vorgesehen, nach der ein öffentlicher Auftrag nicht vorliegt, wenn ein öffentlicher Auftraggeber nach § 98 Nr. 1, 2 oder 3 Liefer-, Bau oder Dienstleistungen durch eine durch ihn oder gemeinsam mit anderen öffentlichen Auftraggebern nach § 98 Nr. 1, 2 oder 3 beherrschte Einrichtung erbringen lässt, sofern diese Einrichtung ihre Tätigkeit zu mindestens 80 Prozent des Umsatzes für den oder die beherrschenden öffentlichen Auftraggeber verrichtet. Diese Grenze dürfte jedoch durch ein aktuelles Urteil des Europäischen Gerichtshofs bereits wieder obsolet sein (EuGH, Urteil vom 11.1.2005, Rs. C-26/03 – Stadt Halle). Nach dieser Entscheidung schließt jede, auch noch so geringe minderheitliche Beteiligung eines privaten Unternehmens am Kapital einer Gesellschaft, an der auch der öffentliche Auftraggeber beteiligt ist, aus, dass der öffentliche Auftraggeber über diese Gesellschaft eine Kontrolle „wie über eine eigene Dienststelle" ausübt. Im Ergebnis dürften damit die Grenzen einer In-house-Vergabe erheblich enger als bisher angenommen gezogen sein.

Insolvenz

I. Begriff und Rechtsfolgen

Unter Insolvenz ist die Zahlungsunfähigkeit zu verstehen. Diese liegt nach der Insolvenzordnung (InsO) dann vor, wenn der Schuldner nicht in der Lage ist, die fälligen Zahlungspflichten zu erfüllen (§ 17 InsO). Überschuldung, die als zusätzlicher Insolvenzgrund bei juristischen Personen gegeben sein kann, liegt dagegen vor, wenn das Vermögen des Schuldners die bestehenden Verbindlichkeiten nicht mehr deckt (§ 19 InsO).

Die Insolvenz kann je nach Stadium des Vergabeverfahrens oder der Vertragsausführung unterschiedliche Rechtsfolgen haben. Sie kann für einen Bieter zum einen ein Ausschlussgrund sein. Insoweit sieht § 8 Nr. 5 Abs. 1 lit. a) VOB/A vor, dass ein Unternehmer, über dessen Vermögen das Insolvenzverfahren eröffnet worden ist, ausgeschlossen werden darf. Dieser Ausschlussgrund knüpft an den Wegfall der finanziellen →*Leistungsfähigkeit* des Teilnehmers an. Der öffentliche Auftraggeber hat ein berechtigtes Interesse daran, dass der Bewerber bzw. Bieter während der Ausführung des Bauauftrags und für die Dauer der →*Gewährleistung* über ausreichende finanzielle Mittel verfügt, um die Bauleistung ordnungsgemäß und pünktlich auszuführen und Gewährleistungsansprüche zu erfüllen (vgl. Vergabekammer Nordbayern, Beschluss vom 18.9.2003 – 320. VK-3194-31/03).

Handelt es sich um eine Bietergemeinschaft, so führt allein die Tatsache der vorläufigen Insolvenz oder der Eröffnung des Insolvenzverfahrens über das Vermögen eines Mitglieds einer anbietenden Bietergemeinschaft nicht zur zwingenden Nichtberücksichtigung des Bieters wegen mangelnder Eignung, sondern ermöglicht lediglich einen ermessensgebundenen Ausschlussgrund (Vergabekammer Sachsen, Beschluss vom 1.10.2002 – 1/SVK/084-02).

Wird nicht der Auftragnehmer, sondern der Auftraggeber insolvent, wird dies regelmäßig ein Grund sein, die Ausschreibung aufzuheben (→*Aufhebung der Ausschreibung*), da „schwerwiegende Gründe" i.S.v. § 26 VOB/A auch solche sind, die in der Person des Ausschreibenden liegen.

Ist der Zuschlag bereits erteilt worden, so kommt eine Kündigung des Vertrags nach § 8 VOB/B in Betracht. § 8 Nr. 2 Abs. 1 VOB/B gibt dem Auftraggeber ein Kündigungsrecht, wenn der Auftragnehmer seine Zahlungen einstellt, also zahlungsunfähig im Sinne der Insolvenzordnung ist. Eine Kündigung kommt auch in Betracht, wenn ein Insolvenzverfahren eröffnet oder dessen Eröffnung mangels Masse abgelehnt wird.

II. Aktuelle Rechtsprechung

Eine Vergabestelle schrieb Bauarbeiten nach der VOB/A aus und vergab den Auftrag. Nach Aufnahme der Arbeiten wurde die vorläufige Insolvenzverwaltung über das Vermögen des Auftragnehmers angeordnet. Daraufhin führt der Auftraggeber Gespräche zur Fortführung der Baumaßnahme unter anderem mit dem Insolvenzverwalter und einem Bieter aus dem abgeschlossenen Vergabeverfahren. Er verständigte sich letztlich mit dem Insolvenzverwalter auf die Fortsetzung der vertraglichen Beziehungen, wobei durch den Wegfall von Nachunternehmern und Stahlpreisänderungen Vertragsänderungen notwendig wurden. Der nicht zum Zuge gekommene Bieter leitete ein Nachprüfungsverfahren unter anderem mit der Begründung ein, dass die Vergabestelle durch die Gespräche ein neues Vergabeverfahren in Gang gesetzt habe.

Die Vergabekammer Bund war der Auffassung, dass Verhandlungen mit einem insolventen Auftragnehmer über die Weiterführung des Auftrags kein neues Vergabeverfahren bedeuteten. Die bloße Nichtkündigung trotz eines beantragten Insolvenzverfahrens sei zumindest keine Neuvergabe der Baumaßnahme.

Die Änderung eines Vertrages könne nur dann als ausschreibungspflichtiger neuer Vorgang qualifiziert werden, wenn ihr Umfang bei einer wirtschaftlichen Betrachtungsweise einer Neuvergabe gleichkomme.

Entgegen der Ansicht der Antragstellerin könne der Antragsgegnerin auch nicht verwehrt werden, im Falle der Insolvenz auch mit ihrem aktuellen Vertragspartner „Verhandlungen" zu führen. Dies gilt auch dann, wenn in diesen Gesprächen erörtert wird, unter welchen Bedingungen eine Fortführung des Vertrags den Vertragsparteien möglich erscheint. Anderenfalls hätte die Antragsgegnerin nicht beurteilen können, ob sie von ihrem eingeräumten Kündigungsrecht nach § 8 Nr. 2 VOB/B Gebrauch machen soll oder nicht. Dieses Kündigungsrecht wurde aufgrund des besonderen Vertrauensverhältnisses zwischen Auftraggeber und -nehmer geschaffen, um die Leistungsfähigkeit des Auftragnehmers bis hin zur ordnungsgemäßen Abwicklung der Baumaßnahme zu gewährleisten. Eine Kündigung soll daher auch nur als ultima ratio erfolgen, z. B. wenn endgültig feststeht, dass der Auftragnehmer außer Stande ist, die Maßnahme erfolgreich abschließen zu können. Erfährt der Auftraggeber von dem Insolvenzantrag, ist die Klärung der Leistungsfähigkeit seines Auftragnehmers mit diesem bzw. die Frage, wie diese aufrechterhalten oder wiederhergestellt werden kann, die logische Folge des zwischen den Vertragspartnern bestehenden Vertrauensverhältnisses. Jede andere Betrachtungsweise widerspricht auch aufgrund der Vorbefassung eines Auftragnehmers mit der Baumaßnahme der ökonomischen Logik (Vergabekammer Bund, Beschluss vom 12.10.2004 – VK 2-187/04).

Interessenkollision

I. Allgemeines

Nicht selten kommt es in Vergabeverfahren zu erheblichen Zielkonflikten, insbesondere dann, wenn auf Seiten des Bieters bzw. Bewerbers und des Auftraggebers jeweils Personen stehen, die eng miteinander verbunden oder sogar identisch sind. Für solche Fälle einer Interessenkollision wurde die Norm des § 16 VgV geschaffen, die vorsieht, dass bei Entscheidungen in einem Vergabeverfahren für einen Auftraggeber als voreingenommen geltende natürliche Personen insbesondere dann nicht mitwirken dürfen, soweit sie in diesem Verfahren Bieter oder Bewerber sind, einen Bieter oder Bewerber beraten oder sonst unterstützen bzw. vertreten oder bei einem Bieter oder Bewerber gegen Entgelt beschäftigt sind. Der letztere Fall umfasst auch die Konstellation, dass sie als Mitglied des Vorstands, des Aufsichtsrats oder gleichartigen Organs tätig sind.

§ 16 VgV will auf Seiten des Auftraggebers Neutralität sichern. Nicht nur Begünstigungen, sondern jede Art von potentiellen Benachteiligungen von Bietern sollen durch ihn ausgeschlossen werden. Die betroffenen Personen dürfen nicht an dem Vergabeverfahren mitwirken. Ein Verstoß führt zu der Rechtswidrigkeit des Verfahrens und kann von einem Bieter im Wege des →*Nachprüfungsverfahrens* geltend gemacht werden.

II. Einzelfälle

Gemäß § 16 Abs. 1 VgV dürfen unter anderem als Beauftragter oder als Mitarbeiter eines Beauftragten eines Auftraggebers bei Entscheidungen in einem Vergabeverfahren für einen Auftraggeber als voreingenommen geltende natürliche Personen nicht mitwirken, soweit sie in diesem Verfahren einen Bieter oder Bewerber beraten oder sonst unterstützen oder gesetzlicher Vertreter sind oder nur in dem Vergabeverfahren vertreten. Diese Regelung ist eine Konkretisierung des mit dem vergaberechtlichen →*Gleichbehandlungsgebot* in engem Zusammenhang stehenden Neutralitätsgebot. Der das gesamte Vergaberecht bestimmende Gleichbehandlungsgrundsatz erfordert es, sicherzustellen, dass für den Auftraggeber nur Personen tätig werden, deren Interessen weder mit denen eines Bieters noch mit den Interessen eines Beauftragten des Bieters verknüpft sind. Als voreingenommen in diesem Sinne gelten der Bieter und der Bewerber, die in diesem Verfahren vertretenden oder beratenden Personen (§ 16 Abs.1 Nr. 1 und 2 VgV) sowie deren nähere Verwandte (§ 16 Abs. 2 VgV). Bei diesen Personen wird unwiderleglich vermutet, dass sie voreingenommen sind. Sie können nicht „neutral" sein. Der Neutralitätsgrundsatz als Ausfluss des Gleichbehandlungsgrundsatzes gem. § 97 Abs. 2 GWB bindet die öffentliche Hand auch dann, wenn es um die Auftragsvergabe in privatrechtlichen Formen geht.

III. Aktuelle Rechtsprechung

Nach der Vergabekammer Lüneburg führt nicht bereits der „Anschein" einer Doppelmandatschaft und damit eines Verstoßes gegen die Vergabebestimmungen zu einer Verletzung des Diskriminierungsverbots.

Die Vergabekammer hat in dieser Konsequenz bereits vor Inkrafttreten der Vergabeverordnung für den Fall der Besorgnis einer Doppelmandatschaft von an Vergabeverfahren beteiligten natürlichen Personen entschieden, dass sie, im Gegensatz etwa zur Entscheidung des OLG Brandenburg, nicht die Auffassung teilt, dass eine Verletzung des Diskriminierungsverbots bereits vorliegt, wenn lediglich ein „böser Schein" der Parteilichkeit einer am Vergabeverfahren beteiligten natürlichen Person vorliegt. Vielmehr bedürfe es konkreter Umstände, die eine Parteilichkeit besorgen lassen. Auch der Gesetzgeber hat bei der Regelung des Ausschlusses von als voreingenommen geltenden natürlichen Personen gem. § 16 VgV nicht den „bösen Schein" für ausreichend erachtet, sondern er geht vom Erfordernis eines tatsächlichen Interessenkonflikts und einer konkreten Auswirkung der Tätigkeiten der betroffenen Personen auf die Entscheidungen in dem Vergabeverfahren aus.

Die juristische Begleitung des Vergabeverfahrens durch die vom Auftraggeber beauftragte Rechtsanwaltskanzlei, die den Auftraggeber auch in diesem Nachprüfungsverfahren als Verfahrensbevollmächtigte vertritt, ist vergaberechtlich nicht zu beanstanden. Der konkrete Sachverhalt hat nach Auffassung der Vergabekammer keinen Anhalt zur Beanstandung gehabt. Zwar war das beauftragte Rechtsanwaltsbüro in der Vergangenheit auch für den zu beauftragenden Bieter tätig gewesen, gleichwohl bezogen sich diese Beauftragungen nicht auf die Ausschreibung, die die Kanzlei für den jetzigen Auftraggeber begleitet hatte. Es handelte sich insoweit um vollständig abgeschlossene Aufträge.

Es ist in der Rechtsprechung anerkannt, dass es für einen Auftraggeber zulässig und häufig unumgänglich ist, sich die notwendigen Kenntnisse für eine ordnungsgemäße Vorbereitung und Durchführung eines Vergabeverfahrens durch die Einschaltung eines fachkundigen Dritten zu verschaffen, sofern die Auftraggeber nicht selbst personell über das notwendige Know-how verfügen (vgl. OLG Celle, Beschluss vom 18.12.2003 – 13 Verg 22/03, m. w. N.). Üblich ist daher in vielen Fällen die Beauftragung eines externen Ingenieurbüros im Rahmen der →*HOAI*, die Hinzuziehung eines Sachverständigen im Sinne des § 6 VOL/A oder aber eben, wie im vorliegenden Fall, die Konsultation einer unter anderem auf Vergaberecht spezialisierten Rechtsanwaltskanzlei. Der Auftraggeber muss lediglich sicherstellen, dass der herangezogene Dritte weder unmittelbar noch mittelbar an der Vergabe beteiligt ist. Es dürfen also im Einzelfall keine Umstände vorliegen, aufgrund derer der Dritte dazu neigen kann, die mit der Vergabe zusammenhängenden Fragen nicht frei von subjektiven Interessen zu betrachten. Der Auftraggeber hat sicherzustellen, dass nicht einzelne Angebote bei der Vergabeentscheidung aufgrund eigener wirtschaftlicher Interessen der bei der Vergabe einbezogenen sachkundigen Personen bevorzugt werden (Vergabekammer Lüneburg, Beschluss vom 6.9.2004 – 203-VgK-39/2004).

Irrtum, Anfechtung wegen

Unter einem Irrtum im Sinne des Zivilrechts versteht man, dass bei einer Willenserklärung (z. B. einem Vertragsangebot) Wille und Erklärung auseinander fallen. Im Fall eines beachtlichen Irrtums ist eine →*Anfechtung* wegen Irrtums möglich, durch die die angefochtene Erklärung beseitigt werden kann.

Es lassen sich verschiedene Formen des Irrtums unterscheiden, insbesondere der Erklärungsirrtum, bei dem sich der Erklärende verspricht, verschreibt oder die Erklärung falsch übermittelt wird, der Eigenschaftsirrtum, bei dem er sich über verkehrswesentliche Eigenschaften einer Sache irrt sowie der Irrtum durch arglistige Täuschung bzw. durch arglistiges Verschweigen. Nicht als Anfechtungsgrund beachtlich ist dagegen ein sog. Motivirrtum, zu dem auch der →*Kalkulationsirrtum* gezählt wird.

J

Juristische Person

Eine juristische Person ist eine Personenvereinigung oder ein Zweckvermögen, dessen rechtliche Selbstständigkeit vom Gesetz anerkannt ist. Sie hat eigene Rechtspersönlichkeit, was bedeutet, dass sie Träger von Rechten und Pflichten ist. Unterschieden werden juristische Personen des öffentlichen Rechts (Körperschaft, Anstalt, Stiftung) und solche des Privatrechts. Zu den letzteren zählen insbesondere die Kapitalgesellschaften, wie die Gesellschaft mit beschränkter Haftung (GmbH) und die Aktiengesellschaft (AG).

K

Kalkulation

Unter Kalkulation ist eine Kostenermittlung bzw. Preisermittlung für die →*Leistungen* des →*Auftragnehmers* zu verstehen. Sie erfolgt unter Berücksichtigung der jeweils vorkommenden Kostenarten und des üblichen Kalkulationsaufbaus. Soweit nicht ein →*Pauschalvertrag* abgeschlossen wird, werden die Kostengruppen den einzelnen Positionen bzw. Teilleistungen zugeordnet.

Die verschiedenen Arten der Kalkulation lassen sich nach Art und Zeitpunkt unterscheiden. Hinsichtlich der Art einer Kalkulation differenziert man zwischen Umlagekalkulation und Zuschlagskalkulation. Kennzeichnend für die Umlagekalkulation ist, dass die →*Gemeinkosten* der Baustelle im einzelnen ermittelt und auf die Einzelkosten der Teilleistungen nach einem bestimmten Faktor umgelegt werden. Bei der Zuschlagskalkulation werden hingegen die Baustellengemeinkosten als fester Prozentsatz geschätzt.

In der zeitlichen Abfolge unterscheidet man die Vor- bzw. Urkalkulation, die für die Angebotsabgabe erfolgt, die Auftragskalkulation, die notwendig wird, wenn durch Änderungsverhandlungen vor Zuschlagserteilung die Vergabeunterlagen geändert werden, die Zwischenkalkulation während der Ausführung sowie die Nachkalkulation, die nach Vollendung der Bauleistung erfolgt und eine Erfolgskontrolle des Baus zum Ziel hat.

Kalkulationsirrtum

Der Kalkulationsirrtum ist ein Irrtum, der dem Unternehmer bei der Kalkulation seines Angebots unterläuft. Er umfasst insbesondere die Fälle, in denen diesem bei der Preisberechnung ein Irrtum unterlaufen ist bzw. von ihm bei der Ausarbeitung des Angebots die nötigen Voraussetzungen, etwa hinsichtlich der Bodenverhältnisse, falsch eingeschätzt werden. Solche Irrtümer sind regelmäßig unbeachtlich und berechtigen den Bieter nicht dazu, sein Angebot anzufechten. (→*Irrtum*).

Kanalreinigung

Öffentliche Auftraggeber neigen dazu, Kanalreinigungsarbeiten (z. B. Hochdruckspülverfahren und Kanaluntersuchungen mittels TV-Kamera: DN 150 bis DN 1600) als →*Bauaufträge* nach den Bestimmungen der VOB/A auszuschreiben.

Der für Bauaufträge maßgebliche →*EG-Schwellenwert* (5 Mio. €) liegt aber deutlich höher, als der für Dienstleistungsaufträge (nur 200.000,- €). Dies hat für öffentliche Auftraggeber den „Nebeneffekt", dass der EG-Schwellenwert für →*Bauleistungen* grundsätzlich nicht erreicht wird.

Einerseits soll so eine europaweite Ausschreibung vermieden und andererseits – vermeintlich – den privaten Unternehmen die Möglichkeit eines →*Nachprüfungsverfahrens* zur Überprüfung des Vergabeverfahrens verwehrt werden.

Pflege- und Wartungsarbeiten an einem Bauwerk sind gerade nicht als Bauleistung einzustufen, sondern fallen eindeutig unter den Anwendungsbereich der VOL/A (vgl. OLG München, Urteil vom 13.02.1990 – Az.: 25 U 4926/89 und BGH, Entscheidung vom 28.01.1971 – Az.: VII ZR 173/69).

Als Instandhaltungsarbeiten, die keine Bauaufträge sind, sind danach z. B. folgende Arbeiten einzustufen: Reinigungs-, Pflege-, Wartungs- und Inspektionsleistungen, Beseitigung von Verschleißerscheinungen und kleinen Schäden und selbst kleinere Umbauarbeiten.

Schreibt der öffentliche Auftraggeber die Kanalreinigung als Bauleistung nach der VOB/A aus, so verstößt er gegen das Vergaberecht und sieht sich trotz der vermeintlichen Unterschreitung der Schwellenwerte dem Risiko eines Nachprüfungsverfahrens vor der →*VK* bzw. dem →*Vergabesenat* ausgesetzt.

Private Unternehmen, die erkennen, dass der öffentliche Auftraggeber hier gegen das Vergaberecht verstößt, können diesen Verstoß rügen und ein Nachprüfungsverfahren vor der VK anstrengen, wenn der für die VOL/A maßgebliche Schwellenwert von nur 200.000,- € Gesamtauftragswert überschritten ist.

Den öffentlichen Auftraggebern droht dann eine zeitraubende und kostspielige Aufhebung des Verfahrens und ein Zwang zur dann vergaberechtsmäßigen Neuausschreibung als VOL/A-Verfahren. So hat das OLG Koblenz (Beschluss vom 10.4.2003, Az.: 1 Verg 1/03) festgestellt, dass die

Missachtung der Schwellenwerte einen unmittelbaren Verstoß gegen vorrangiges und höherrangiges Gemeinschaftsrecht der Europäischen Union darstellt und zur Aufhebung der Ausschreibung führt.

Außerdem kann die VK feststellen, dass der bereits geschlossene Vertrag wegen Verstoß gegen die →*Vorinformationspflicht* aus § 13 VgV nichtig und unwirksam ist.

Kartell

I. Allgemeines

Kartelle sind vertragliche Koordinierungen des Verhaltens von mehreren Unternehmen auf dem Markt, um dadurch den Wettbewerb untereinander auszuschließen. Sie sind grundsätzlich nach § 1 →*GWB* verboten. Klassische Beispiele sind Absprachen der Unternehmen über den Preis, den sie fortan fordern wollen (→*Preisabsprachen*), über die Menge, die jedes Unternehmen ab dem Abschluss des Kartellvertrages nur noch anbieten darf oder über das Gebiet, das jedem von ihnen reserviert werden soll. Folge ist in jedem Fall, dass der Marktgegenseite zu ihrem Nachteil mögliche Alternativen in Form von konkurrierenden Angeboten vorenthalten werden.

Nicht unter die Kartelle fallen die Vertikalvereinbarungen, die Vereinbarungen zwischen Unternehmen auf verschiedenen Marktstufen umfassen (z. B. Fachhandelsbindungen).

Aus Sicht des Vergaberechts sind Kartelle zwischen Bietern unzulässige Wettbewerbsbeschränkungen i.S.v. § 25 Nr. 1 Abs. 1 c); die daran beteiligten Bieter sind zwingend vom Vergabeverfahren auszuschließen.

II. Aktuelle Rechtsprechung

Wie die aktuelle Rechtsprechung zeigt, ist die Feststellung, ob tatsächlich ein Kartell vorhanden ist, nicht ohne weiteres im →*Nachprüfungsverfahren* möglich, sondern muss im Regelfall erst von den Kartellbehörden festgestellt werden. In einem rheinland-pfälzischen Vergabeverfahren nahm u.a. eine Bietergemeinschaft von mehreren Krankentransportunternehmen teil.

Die Antragstellerin trug nach Akteneinsicht vor, dass es sich bei den in der Bietergemeinschaft zusammengeschlossenen Einzelunternehmen um

Marktführer in dem Dienstleistungssektor „Kranken- und Rettungstransport" handele und zu erwarten sei, dass jedes Unternehmen befähigt sei, den ausgeschriebenen Dienstleistungsauftrag auch allein auszuführen. Der Zusammenschluss der drei Unternehmen sei zumindest geeignet, die Marktverhältnisse durch Beschränkung des Wettbewerbs spürbar zu beeinflussen. Es sei deshalb von einem unzulässigen Kartell i.S.v. § 1 GWB auszugehen. Der Verstoß gegen § 1 GWB habe nicht früher gerügt werden können, da erst die Akteneinsicht ergeben habe, dass die marktführenden Unterorganisationen der Sanitätsdienstleister am Vergabeverfahren beteiligt seien.

Die Vergabekammer Rheinland-Pfalz wies diesen Vortrag mit folgender Argumentation zurück: Das Vergabeverfahren wird durch die Vorschriften in den Verdingungsverordnungen, durch die in den §§ 97 Abs. 1 und Abs. 2 GWB enthaltenen Geboten des Wettbewerbs, der Transparenz und der Gleichbehandlung sowie durch bestimmte ungeschriebene Vergaberegeln (Gebot der Fairness in Vergabeverfahren) reglementiert (a. a. O.). Die Unternehmen haben nach § 97 Abs. 7 GWB einen Anspruch auf Einhaltung der Bestimmungen des Vergabeverfahrens. Eine primäre Zuständigkeit der Vergabekammer zu prüfen, ob die Bildung einer Bietergemeinschaft kartellrechtlich mit § 1 GWB vereinbar ist, besteht mithin nicht. In diesem Lichte regelt auch § 104 Abs. 2 Satz 2 GWB, dass die Befugnisse der Kartellbehörde unberührt bleiben.

Die Prüfung der Einhaltung kartellrechtlicher Vorschriften ist einschränkend nur mit Bezug auf vergaberechtlichen Vorschriften möglich. Als möglicher Anknüpfungspunkt kommt eine Verletzung des § 25 Nr. 1 Abs. 1 lit. f) VOL/A in Verbindung mit § 2 Nr. 1 Abs. 2 VOL/A in Betracht. Beide Vorschriften sind bieterschützend i.S.v. § 97 Abs. 7 GWB.

Der Ausschluss eines Angebots ist nach § 25 Nr. 1 Abs. 1 lit. f) VOL/A zwingend, wenn sich Bieter in Bezug auf die konkrete Vergabe in wettbewerbswidriger Weise abgesprochen haben. Die Vergabestelle ist im Vergabeverfahren gemäß § 2 Nr. 1 Abs. 2 VOL/A, verpflichtet, wettbewerbsbeschränkende Verhaltensweisen zu bekämpfen. Wettbewerbsbeschränkend ist dabei jedes Verhalten, das auf eine Einschränkung des Wettbewerbs hinausläuft und es erstreckt sich u. a. auf alle vom GWB erfassten, verbotenen Verhaltensweisen, insbesondere auf das Kartellverbot in § 1 GWB (Noch, in: Müller-Wrede, Kommentar zur VOL/A, Rn. 33 zu § 25 VOL/A). Die Voraussetzungen für einen Ausschluss nach § 25 Nr. 1 Abs. 1 lit. f)

VOL/A liegen jedoch erkennbar nicht vor. Die Bestimmung setzt voraus, dass ein gesicherter Nachweis in Bezug auf die wettbewerbsbeschränkende Abrede vorliegt. Vermutungen oder ein bloßer Verdacht genügen nicht. Der Vortrag der Antragstellerin beschränkt sich darauf festzustellen, dass es sich bei den Unterorganisationen der an der Bietergemeinschaft beteiligten Unternehmen um Marktführer auf dem Dienstleistungssektor „Kranken- und Rettungstransport" handelt, die strukturell in der Lage seien, den ausgeschriebenen Dienstleistungsauftrag allein durchzuführen. Der Zusammenschluss der drei Unternehmen sei geeignet, die Marktverhältnisse durch Beschränkung des Wettbewerbs spürbar zu beeinflussen.

Damit ist der notwendige Nachweis für eine wettbewerbsbeschränkende Abrede nicht geführt, sondern es handelt sich um reine Vermutungen, die für einen Ausschluss nicht reichen. Auch die Annahme, dass jedes Unternehmen allein befähigt sei, den Auftrag auszuführen, kann – die Richtigkeit der Annahme unterstellt – einen Ausschluss nicht rechtfertigen. Es kommt bei der Beurteilung der Frage, ob die Bildung einer Bietergemeinschaft eine unzulässige wettbewerbsbeschränkende Vereinbarung darstellt, nicht nur darauf an, ob das betreffende Unternehmen abstrakt zur alleinigen Ausführung in der Lage ist, sondern es ist auch entscheidend, ob das Unternehmen bereit ist, sich allein um die Auftragsvergabe zu bemühen. Reduzierte freie Kapazitäten oder andere Kooperationszwänge können es als wirtschaftlich sinnvoll erscheinen lassen, eine gemeinsame Auftragsausführung anzustreben. Die unternehmerische Entscheidung, sich allein oder als Mitglied einer Bietergemeinschaft um die Auftragvergabe zu bemühen, ist hierbei nur begrenzt gerichtlich überprüfbar (Vergabekammer Rheinland-Pfalz, Beschluss vom 26.10.2004 – VK 18/04).

Kartellvergaberecht

Unter dem Kartellvergaberecht versteht man das Vergaberecht bei europaweiten Vergabeverfahren, also oberhalb der →*Schwellenwerte*. Während nationale Vergaben als reines Haushaltsrecht anzusehen sind, wollte der Gesetzgeber durch die Integration der europaweiten Vergaben in das →*Gesetz gegen Wettbewerbsbeschränkungen* (GWB) die wettbewerbspolitische und -rechtliche Bedeutung dieses Rechtsgebiets verdeutlichen. Gekennzeichnet ist das Kartellvergaberecht neben der Pflicht zur europaweiten Bekanntmachung und insgesamt strengeren Verfahrensvorschriften vor allem durch die Möglichkeit der Bieter, gegen Entscheidungen der Vergabestelle ein → *Nachprüfungsverfahren* vor der → *Vergabekammer* einzuleiten.

Kaskadenprinzip

Unter dem Kaskadenprinzip versteht man eine Rechtskonstellation bei den europaweiten Vergaben. In diesem Bereich ist das Vergaberecht dreigeteilt: Das → *GWB* verweist auf die Vergabeverordnung und diese wiederum auf die Verdingungsordnungen.

Durch das → *neue Vergaberecht* soll diese komplizierte Einteilung, die den Hintergrund hat, die Verdingungsordnungen möglichst unangetastet zu lassen, aufgegeben werden und das Vergabeverfahren in einer einheitlichen neuen Vergabeverordnung zusammengefasst werden.

Kontaminationsrisiko

I. Allgemeines

Kontamination bezeichnet die Vergiftung oder Verunreinigung des Bodens durch unerwünschte oder schädliche Stoffe. Da kontaminierter Boden besonders entsorgt werden muss, entstehen dadurch höhere Kosten. In der Praxis entsteht immer wieder Streit darüber, wer diese höheren Kosten tragen muss. So auch im folgenden Fall:

II. Rechtsprechung

Ein Bauunternehmer erbrachte für einen „öffentlichen Auftraggeber auf der Basis eines VOB-Vertrages „Leistungen zur Herstellung einer Baugrube mit Sicherung. Der Zuschlag wurde auf ein Nebenangebot erteilt. Die Vereinbarung dazu lautete unter anderem: „Die Vergütung für die Baugrubensicherung erfolgt pauschal. Alle erforderlichen Leistungen zur Herstellung der Baugrube und der Baugrubensicherung, insbesondere...". Da den Vorbemerkungen zum → *LV* zu entnehmen war, dass mit kontaminiertem Aushubmaterial nicht zu rechnen war, machte der Unternehmer für den unerwartet angetroffenen schadstoffbelasteten Boden einen Nachtrag geltend: Ein Kontaminationsgrad von LAGA Z 1.1 (= übliche Bewertungsskala der Länderarbeitsgemeinschaft Abfall) sei von der Pauschale nicht umfasst, vielmehr handle es sich um „Sowiesokosten", die auch bei Ausführung des Amtsvorschlages angefallen wären.

Die VOB-Stelle gibt dem Unternehmer Recht. Zwar habe dieser mit der Formulierung seines Nebenangebotes für die alternative Baugrubensicherung das sog. Planungsrisiko übernommen. Dies bedeute jedoch nicht, dass der Bauunternehmer damit gleichzeitig auch das Bodenrisiko übernehmen wolle bzw. dieses übernommen habe. Dazu – so führt die VOB-Stelle knapp und bündig aus – hätte es einer ausdrücklichen Übertragung der Verantwortung für einen eventuell belasteten Boden auf den Bauunternehmer in der Leistungsbeschreibung bedurft. Da dies nicht erfolgt sei, stehe dem Bauunternehmer die begehrte zusätzliche →*Vergütung* für die Abfuhr des belasteten Materials gemäß § 2 Nr. 5 VOB/B zu (VOB-Stelle Niedersachsen, Entscheidung vom 05.07.2004 – Fall 1395 b).

Koordinationspflicht des Auftraggebers

Der Auftraggeber hat nach § 4 Nr. 1 Abs. 1 S. 1 VOB/B die Pflicht, das Zusammenwirken der verschiedenen Unternehmer zu regeln. Neben seinen →*Auftragnehmern* können dies auch Nachunternehmer und Unternehmen sein, die im Rahmen einer Arbeitsgemeinschaft für ihn gemeinsam tätig sind. Gegenüber sämtlichen beteiligten Unternehmern kann der Auftraggeber koordinierende Regelungen treffen.

In der Praxis geschieht die Koordinierung häufig bereits dadurch, dass die Ausführungsfristen der Unternehmen aufeinander abgestimmt werden und ihnen eindeutige Plätze auf der Baustelle zugeordnet werden. Falls dies nicht der Fall ist, kann eine Koordinierung auch im Rahmen des dem Auftraggeber zustehenden Anordnungsrechts geschehen.

Koordinierte Vergabesperre

Die koordinierte Vergabesperre ist eine besonders schwerwiegende Form eines Ausschlusses vom Wettbewerb. Sie gilt nicht nur in einem einzelnen Vergabeverfahren, sondern erstreckt sich auf mehrere Auftraggeber und u.U. auf zukünftige Aufträge.

Sie dient öffentlichen Auftraggebern insbesondere zur Bekämpfung der →*Korruption*. Soweit daneben auch weitere politische Zwecke verfolgt werden (z. B. das Verlangen von →*Tariftreueerklärungen*), ist sie angesichts ihres für Bieter jedenfalls potentiell existenzbedrohenden Charakters unter wettbewerbsrechtlichen Gesichtspunkten problematisch. Oberhalb der →*Schwellenwerte* wird überdies ihre Vereinbarkeit mit den europäischen Vergabekoordinierungsrichtlinien angezweifelt.

Kopplungsangebot

Unter einem Kopplungsangebot versteht man ein Angebot, dass den Bestand des Angebots von dem Zustandekommen eines anderen Rechtsgeschäfts abhängig macht; es handelt sich also um ein bedingtes Angebot. Kopplungsangebote sind grundsätzlich als →*Nebenangebote* zu behandeln.

Kosten des Rechtsschutzes

Für die Kosten eines →*Nachprüfungsverfahren*, das Rechtsschutz vor der →*Vergabekammer* gewährt, trifft § 128 GWB eine besondere Regelung. Grundsätzlich bestimmt sich die Höhe der Gebühren der Vergabekammer nach der wirtschaftlichen Bedeutung des Verfahrensgegenstandes, also insbesondere nach dem Auftragswert. Die Mindestgebühr in einfachen Fällen beträgt im Regelfall 2.500 Euro und soll 25.000 Euro nicht überschreiten.

Einzelne Bundesländer, z. B. das Land Sachsen-Anhalt, haben Gebührentabellen aufgestellt, in denen dem jeweiligen Auftragwert konkrete Gebührenwerte zugeordnet werden, von denen für den Einzelfall Zu- oder Abschläge vorzunehmen sind.

Für die Kosten im Beschwerdeverfahren finden die allgemeinen zivilprozessualen Vorschriften Anwendung; Besonderheit ist hier, dass der Streitwert des Verfahrens nach § 12 a Abs. 2, 25 GKG 5 % der Auftragssumme beträgt.

Dieser Streitwert ist regelmäßig zugleich für die Festlegung der Anwaltsgebühren – auch für das Verfahren vor der Vergabekammer – von Bedeutung.

Kosten für Verdingungsunterlagen

Nach § 20 VOB/A dürfen bei →*Öffentlicher Ausschreibung* für die →*Leistungsbeschreibung* und die anderen Verdingungsunterlagen ein Entgelt gefordert werden. Das hierbei geforderte Entgelt darf allerdings nicht höher sein als die Selbstkosten des Auftraggebers für die Vervielfältigung der Leistungsbeschreibung bzw. der anderen Unterlagen sowie der Kosten der postalischen Versendung. Die Höhe des Entgelts und die Nichterstattung muss bereits in der →*Bekanntmachung* angegeben werden. Nach Abs. 2 müssen bei →*Beschränkter Ausschreibung* und →*Freihändiger Vergabe* alle Unterlagen unentgeltlich abgegeben werden.

Die grundsätzliche Unentgeltlichkeit hat den Sinn, einen möglichst breiten Wettbewerb zu garantieren; zugleich wird damit die Gefahr von Bestechungen vermindert.

Kündigung

I. Einleitung

Eine Kündigung ist eine einseitige, rechtsgestaltende Erklärung einer Vertragspartei, die zur Vertragsbeendigung führt. Im Unterschied zum Rücktritt führt sie nicht zu einer rückwirkenden Beseitigung des Vertrags, sondern hat Wirkung lediglich für die Zukunft.

Eine Kündigung kann sich auf die gesamte vertragliche Leistung, aber auch nur auf einen Teil beziehen. Grundsätzlich ist eine Kündigung auch formlos möglich. Die VOB verlangt für sämtliche in ihr vorgesehenen Fälle allerdings zwingend die Schriftform, ohne diese ist eine Kündigung unwirksam.

II. Kündigung des Auftraggebers

Die Kündigungsrechte des Auftraggebers sind in § 8 VOB/B geregelt. In Nr. 1-4 sind Kündigungsgründe und Kündigungsfolgen zusammengefasst; Nr. 5-7 enthalten allgemeine Regelungen für alle geregelten Kündigungen, insbesondere das Schriftformerfordernis und die Pflicht des Auftragnehmers, am →*Aufmaß* und an der →*Abnahme* mitzuwirken.

Im Grundsatz ist – wie bei allen Kündigungen – zwischen einer ordentlichen und einer außerordentlichen Kündigung zu differenzieren. Die in § 8 Nr. 1 VOB/B geregelte ordentliche Kündigung ist jederzeit und ohne

Kündigungsgrund möglich. Sie hat die Folge, dass die Leistung von dem Auftraggeber wie vereinbart vergütet werden muss, wobei die durch den Auftragnehmer ersparten Aufwendungen in Abzug zu bringen sind.

Eine außerordentliche Kündigung setzt dagegen einen wichtigen Grund voraus. Als Kündigungsgründe kommen der Vermögensverfall (§ 8 Nr. 2), die Vertragsuntreue (§ 8 Nr. 3) oder vorvertragliche Verfehlungen des Auftragnehmers (§ 8 Nr. 4) in Betracht. Neben diesen speziellen Kündigungsgründen kommt auch das allgemeine außerordentliche Kündigungsrecht aus wichtigem Grund in Betracht, wobei die meisten Fällen bereits durch die Generalklausel in § 8 Nr. 3 erfasst sein dürften. Ein besonderes Kündigungsrecht ergibt sich ferner aus § 650 BGB, wenn eine wesentliche Überschreitung vom Kostenvoranschlag gegeben ist. Die Abrechnung ist für die einzelnen Kündigungsgründe unterschiedlich geregelt: bei Kündigung wegen Vermögensverfalls wird nach § 6 Nr. 5 VOB/B abgerechnet; zusätzlich kann der Auftraggeber Schadensersatz wegen Nichterfüllung verlangen. Bei Verletzung des Vertrags ergeben sich die Folgen aus § 8 Nr. 3 Abs. 2 bis 4; zusätzlich ist der Auftraggeber zur Ersatzvornahme berechtigt.

Falls der Auftraggeber sich auf einen Kündigungsgrund beruft, der in Wahrheit nicht vorliegt, ist die Kündigung als eine ordentliche Kündigung zu betrachten, sodass der Vergütungsanspruch des Auftragnehmers nach § 8 Nr. 1 VOB/B entsteht.

III. Kündigung des Auftragnehmers

Im Unterschied zum Auftraggeber steht dem Auftragnehmer nach der VOB kein ordentliches Kündigungsrecht zu. Eine Kündigung ist hier nur aus wichtigem Grund möglich. Die besonderen Kündigungsgründe und -folgen im Bereich der VOB sind für den Auftragnehmer in § 9 VOB/B geregelt. Danach hat der Unternehmer zwei Kündigungsmöglichkeiten: Zum einen kann er kündigen, wenn der Bauherr eine ihm obliegende Handlung unterlässt und dadurch den Auftragnehmer außerstande setzt, die Leistung auszuführen, zum anderen, wenn der Auftraggeber eine fällige Zahlung nicht leistet oder sonst in Schuldnerverzug gerät.

Neben dem Kündigungsrecht gemäß § 9 VOB/B besteht für den Auftraggeber auch nach § 6 Nr. 7 VOB/B die Möglichkeit, den Bauvertrag schriftlich zu kündigen, wenn eine Unterbrechung länger als drei Monate gedauert hat. Der Grund für die Ausführungsunterbrechung darf jedoch nicht im Verantwortungsbereich des Kündigenden liegen. Außerdem hat er das allgemeine Kündigungsrecht aus wichtigem Grund, das immer dann gegeben ist, wenn das für die Herstellung des Werks unerlässliche Vertrauensverhältnis zwischen den Parteien durch eine vertragliche Pflichtverletzung des Auftraggebers nachhaltig gestört ist (Beispiel: Der Auftraggeber zieht Arbeitnehmer des Unternehmers während der regulären Arbeitszeit zur Schwarzarbeit heran).

Zusätzlich zur Schriftform muss der Auftragnehmer eine Frist setzen sowie die Kündigung androhen. Die Fristsetzung mit der Kündigungsandrohung ist in einem gesonderten Schreiben zu erklären; erst danach kann der Unternehmer in einem weiteren Schreiben die Kündigung aussprechen.

Die Folgen für die Abrechnung sowie die dem Auftragnehmer zustehenden Entschädigungsansprüche sind in § 9 Nr. 3 VOB/B geregelt. Kündigt der Auftragnehmer, so muss er zur Begründung seines Vergütungsanspruchs seine bisherige Leistung aufgrund der vereinbarten Preise darlegen und gegebenenfalls beweisen. Daneben kann er Schadensersatz gegen den Bauherrn geltend machen. Macht der Auftraggeber Entschädigungsansprüche geltend, muss er nach § 642 BGB die Grundlagen zur Berechnung des Entschädigungsanspruchs darlegen.

L

Längere Unterbrechung der Ausführung

Eine längere Unterbrechung der Ausführung berechtigt nach § 6 Nr. 5 VOB/B den Auftragnehmer dazu, seine bis dahin erbrachten Leistungen abzurechnen.

Unter einer Unterbrechung im Sinne von Nr. 5 ist nur eine durch eine Behinderung der Ausführung verursachte Einstellung der Arbeiten zu verstehen. Wie sich aus § 6 Nr. 7 ergibt, ist jedenfalls eine Unterbrechung von mehr als drei Monaten in der Regel eine solche von längerer Dauer. Eine Unterbrechung von voraussichtlich längerer Dauer ist gegeben, wenn die Arbeiten zum Stillstand gekommen sind und mit einer Wiederaufnahme vorerst nicht zu rechnen ist.

Die Abrechnung hat nach den Vertragspreisen zu erfolgen; der Bauvertrag bleibt aufrechterhalten, es tritt aber eine Teilfälligkeit für die bisher erbrachten Leistungen ein. Die Abrechung der ausgeführten Leistungen erfolgt aufgrund eines Aufmaßes.

Leistung

Unter dem Begriff der Leistung wird nach der Definition des →*Deutschen Verdingungsausschusses* der Gesamtgegenstand des abgeschlossenen →*Bauvertrages* verstanden.

Leistung ohne Auftrag

→*Bauleistungen*, die der Auftragnehmer ohne Auftrag oder unter eigenmächtiger Abweichung vom Vertrag ausführt, werden grundsätzlich weder beim →*BGB-* noch beim →*VOB-Vertrag* vergütet. Im Rahmen eines VOB-Vertrages kann eine →*Vergütung* nur in den in § 2 Nr. 8 Abs. 2 VOB/B genannten Fällen in Betracht kommen: Der Bauherr erkennt die Bauleistung nachträglich an oder die Leistung war für die Erfüllung des Vertrags notwendig, entspricht dem Willen des Bauherrn und ist ihm unverzüglich, also ohne schuldhaftes Zögern (vgl. § 121 BGB), angezeigt worden.

Die Anzeige des Bauunternehmers muss gegenüber dem Bauherrn oder seinem Architekten erfolgen. Liegen die Voraussetzungen von § 2 Nr. 8 VOB/B vor, hat der Auftragnehmer einen Anspruch auf ein Entgelt, wie wenn die Leistung vertraglich erbracht worden wäre. Für das Vorliegen aller Anspruchsvoraussetzungen trägt der Unternehmer die Darlegungs- und Beweislast.

Leistungsänderung

I. Begriff

Mit Leistungsänderung sind geänderte Leistungen gemeint, die i.S.v. § 2 Nr. 5 VOB/B auf eine Änderung des Bauentwurfs oder auf eine Anordnung des Auftraggebers zurückgehen. Es handelt sich damit um eine Änderung des ausgeschriebenen Bauergebnisses oder der Rahmenbedingungen. Im Gegensatz zu reinen Mengenänderungen wird eine vereinbarte Teilleistung inhaltlich verändert, also durch eine anders beschaffene Leistung ersetzt. Die Änderung des Bauentwurfs kann auch durch behördliche Auflagen oder Anordnungen veranlasst werden.

Falls durch eine solche Leistungsänderung die Grundlagen der Preisermittlung oder des Preises geändert werden, so ist ein neuer Preis unter Berücksichtigung von Mehr- oder Minderkosten zu vereinbaren. Die Ermittlung des neuen Preises hat auf der Grundlage der ursprünglichen Preiskalkulation des Auftragnehmers zu erfolgen.

II. Aktuelle Rechtsprechung

Die klagende Auftragnehmerin wird vom beklagten Land nach beschränkter Ausschreibung mit dem Umbau des Allerwehrs in Celle beauftragt. Die Parteien streiten darüber, ob die Auftragnehmerin nach dem zum Vertragsinhalt gewordenen Leistungsverzeichnis ein Walzenwindwerk mit einer Kettenhubkraft von 210 kN schuldet und ob demgemäß die Anordnung des Landes nach Vertragsschluss, ein Getriebe mit einem größtmöglichen Kettenzug von 380 kN einzubauen, eine Änderungsanordnung darstellt. Die Auftragnehmerin verlangt Mehrkosten für das Getriebe mit erhöhter Leistung von rund 63.000 DM und Aufwand für bereits erbrachte Leistungen am ursprünglichen vorgesehenen Antrieb von rund 36.000 DM.

Die Klage hat überwiegend Erfolg. Der Senat kommt nach sachverständiger Beratung zu der Erkenntnis, dass der Vertrag nur ein Getriebe mit geringerer Leistung vorsah, sodass die Auftragnehmerin nach § 2 Nr. 5 VOB/B die von ihr verlangten Mehrkosten für das stärkere Getriebe verlangen kann. Aber auch ihre Aufwendungen für das ursprünglich vorgesehene Getriebe kann die Auftragnehmerin in Höhe der geltend gemachten Material- und Konstruktionskosten erstattet verlangen. Der Anspruch folgt aus entsprechender Anwendung des § 8 Nr. 1 VOB/B. Dem Fall, dass infolge Anordnung des Auftraggebers eine beauftragte Position ganz oder teilweise ersatzlos wegfällt, der wie eine Teilkündigung nach § 8 Nr. 1 VOB/B zu behandeln ist, steht die Sachlage gleich, dass der Auftraggeber eine beauftragte Position durch eine andere ersetzt, nachdem der Auftragnehmerin für jene bereits Aufwendungen hatte. Diese Sachlage entspricht derjenigen einer Änderungskündigung. Ohne deren Annahme bliebe der Auftragnehmerin ohne Entschädigung für ihren bereits betriebenen Aufwand, ohne dass es dafür eine sachliche Rechtfertigung gäbe. Die Voraussetzungen des § 2 Nr. 5 VOB/B sind nicht erfüllt. Die Änderungsanordnung des Auftraggebers hatte den Aufwand für die ursprünglich beauftragte Leistung nicht verursacht. Er war im Zeitpunkt der Anordnung schon entstanden (OLG Celle, Urteil vom 6.1.2005 – 22 U 223/01).

Leistungsbeschreibung

I. Einführung

Die Leistungsbeschreibung ist das Kernstück des Vergabeverfahrens bzw. des Vertrags. Sie legt den sachlichen Gehalt der Angebote, also insbesondere ihre technische Beschaffenheit und zugleich den Inhalt des Vertrags fest. Für die Wertung der Angebote gibt sie die Entscheidungsmaßstäbe vor, an die der Auftraggeber gebunden ist. Ohne in der Leistungsbeschreibung – ausdrücklich – erklärten Vorbehalt darf der Auftraggeber später nicht einzelne Teile aus den nach Maßgabe der Leistungsbeschreibung vorgelegten Angeboten herausnehmen und bei deren Bewertung unberücksichtigt lassen. Über die Wertung der Angebote hinaus ist die Leistungsbeschreibung auch für die Vertragsdurchführung mit dem erfolgreichen Bieter von fundamentaler Bedeutung.

II. Inhalt und Mängel

Neben beschreibenden Texten kann eine Leistungsbeschreibung auch bildliche Darstellungen, →*Muster und Proben* oder Modelle enthalten.

Mangelhafte Leistungsbeschreibungen sind häufig Anlass für (Rechts-) Streitigkeiten über Inhalt und Umfang des Vertrags wie auch über die nach der Leistungsbeschreibung auszurichtende Vergütung. Schon aus diesem Grund ist auf ihre Erstellung große Sorgfalt zu verwenden.

Mangelhaft ist zum einen eine unvollständige Leistungsbeschreibung; nach § 9 VOB/A muss sie eindeutig und erschöpfend sein. Hierunter fallen zum Beispiel die unzureichende Beschreibung der Leistung, eine fehlerhafte Masseermittlung oder die Aufnahme einer Vielzahl von →*Bedarfs- oder Eventualpositionen*. Zum anderen kann aber auch eine zu detaillierte oder spezifizierte Leistungsbeschreibung mangelhaft sein. Das ist dann der Fall, wenn der Rückgriff auf Beschreibungen letztlich dazu führt, dass von vornherein ein bestimmtes Produkt festgelegt und damit ein bestimmtes Unternehmen bevorzugt wird. Die Leistungsbeschreibung – jedenfalls eine Leistungsbeschreibung mit →*Leistungsverzeichnis* in einem Offenen Verfahren – muss daher Art und Umfang der vom Auftragnehmer anzubietenden und nach Vertragsschluss sodann zu erbringenden Leistungen ihrem Inhalt und Umfang nach soweit wie möglich festlegen, darf sie jedoch nur so weit wie erforderlich konkretisieren. Eindeutig und erschöpfend bedeutet, dass die Leistungsbeschreibung klar und unmissverständlich, aber auch gründlich und vollständig sein muss. Es gilt somit der Grundsatz: Je detaillierter, desto besser .

→*Leitfabrikate* dürfen gemäß § 9 Nr. 5 VOB/A nur ausnahmsweise verwendet werden, wenn eine Beschreibung durch hinreichend genaue, allgemein verständliche Bezeichnungen nicht möglich ist.

III. Arten der Leistungsbeschreibung

Normalfall der Leistungsbeschreibung ist die in § 9 Nr. 6 VOB/A normierte Leistungsbeschreibung mit Leistungsverzeichnis. Die Leistungsbeschreibung mit Leistungsprogramm (→*funktionale Leistungsbeschreibung*) ist dagegen der Ausnahmefall und nur unter besonderen Voraussetzungen zulässig.

Bei der Leistungsbeschreibung mit Leistungsverzeichnis, auch als „konstruktive Leistungsbeschreibung" bezeichnet, erfolgt eine detaillierte Beschreibung der technischen Beschaffenheit der benötigten Leistung. Der

Leistungsfähigkeit

Auftraggeber übernimmt also sowohl Planungskosten als auch Planungs-
risiken. Gleichzeitig ist der Auftraggebereinfluss auf die Leistungsqualität
höher als bei der funktionalen Leistungsbeschreibung.

IV. Aktuelle Rechtssprechung
Eine Haftung des Architekten gegenüber dem Bauherrn wegen Aufstellung einer unzureichenden Leistungsbeschreibung kommt nur in Betracht, wenn dieser Umstand einen Baumangel zur Folge hat oder den
Bauunternehmer dazu berechtigt, von dem Bauherrn eine veränderte höhere oder zusätzliche Vergütung zu verlangen (Oberlandesgericht Celle,
Urteil vom 7.7.2004 – 7 U 216/03).

Die Nichteinhaltung der Anforderungen der § 9 VOB/A reicht aber allein für eine Haftung des Architekten gegenüber dem Bauherrn nicht aus,
sondern kann allenfalls die Bieter berechtigten, Schadensersatzansprüche
aus →*culpa in contrahendo* zu erheben. Eine Haftung des Architekten gegenüber dem Bauherrn wegen Aufstellung einer unzureichenden Leistungsbeschreibung kommt demgegenüber zwar in Betracht, wenn dieser
Umstand einen Baumangel zur Folge hat oder den Bauunternehmer dazu
berechtigt, von dem Bauherrn eine veränderte höhere oder zusätzliche
Vergütung zu verlangen.

Leistungsfähigkeit

I. Allgemeines
Die Leistungsfähigkeit ist neben →*Fachkunde* und →*Zuverlässigkeit* eine
der vergaberechtlichen →*Eignungskriterien*. Die Leistungsfähigkeit ist im
Unterschied zu den Merkmalen der Fachkunde und der Zuverlässigkeit,
die maßgeblich auf die Umstände in der Person des Bewerbers abstellen,
ein sach- bzw. betriebsbezogenes Eignungskriterium. Leistungsfähig ist,
wer als Unternehmer über die personellen, kaufmännischen, technischen
und finanziellen Mittel verfügt, um den Auftrag fachlich einwandfrei und
fristgerecht ausführen zu können (so z. B. Vergabekammer Bund, Beschluss vom 10.12.2003 – VK 1-116/03). Sie kann weiter in kaufmännische, wirtschaftliche und technische Leistungsfähigkeit unterteilt werden.
Zu der kaufmännischen Leistungsfähigkeit zählt, dass der Betrieb auch die
mit einem Bauunternehmen verbundenen kaufmännischen Aufgaben be-

wältigen kann, was bedeutet, dass die üblichen kaufmännischen Kenntnisse, Bücher, Geschäftsunterlagen und Einrichtungen vorhanden sein müssen.

Zu der wirtschaftlichen Leistungsfähigkeit zählen neben einer gewissen Kapitalausstattung insbesondere ausreichende Eigenmittel, damit der Bieter gewährleisten kann, seiner Verpflichtung zu Vorleistungen nachzukommen.

Die technische Leistungsfähigkeit betrifft insbesondere die Ausstattung des Unternehmens mit Mitarbeitern und Maschinen.

Bei Bauunternehmern kann z. B. die Ausstattung des Betriebs mit einem Bauhof, Geräten und Maschinen sowie ein Vorrat an Bau- und Betriebsstoffen von Bedeutung sein. Insbesondere die wirtschaftliche Zuverlässigkeit muss stets im Zusammenhang mit dem bereits vorhandenen und abzuarbeitenden Auftragsbestand gesehen werden. So kann u. U. die Leistungsfähigkeit des Bieters zwar grundsätzlich zu bejahen sein, wegen des vorhandenen Auftragsvolumens aber ausgeschöpft sein. Insbesondere bei der Frage der Zahl der Mitarbeiter ist jedoch Vorsicht geboten. So ist es z. B. verfehlt, bei der Frage der personellen Leistungsfähigkeit auf die Anzahl der Mitarbeiter bei Angebotsabgabe abzustellen. Entscheidend ist vielmehr, ob die Antragstellerin die Fähigkeit besitzt, Personal einzustellen, um dann bei Leistungsbeginn die erforderliche Anzahl an qualifiziertem Personal bieten zu können. Selbst wenn zur Ausführung einer ausgeschriebenen Leistung noch zusätzliches Personal einstellt werden muss und dies bei der Beschäftigungslage keinen Schwierigkeiten begegnet, kann deswegen die Leistungsfähigkeit nicht abgesprochen werden (Vergabekammer Nordbayern, Beschluss vom 17.3.2003 – 320. VK-3194-06/03).

II. Aktuelle Rechtsprechung
Der Auftraggeber hat keine Veranlassung, die von ihm positiv bewertete Eignung unter dem Gesichtspunkt einer „verbrauchten Leistungsfähigkeit" in Zweifel zu ziehen, selbst dann, wenn der Auftragnehmer tatsächlich parallel oder zeitnah Aufträge von anderen von der Antragstellerin genannten Landkreisen erhält und durchführen muss. Ein Bieter ist leistungsfähig im Sinne des § 25 Nr. 2 Abs. 1 VOL/A, wenn er über das für die fach- und fristgerechte Ausführung erforderliche Personal und Gerät verfügt und in der Lage ist, seine Verbindlichkeiten zu erfüllen. Die Leistungsfähigkeit muss demnach in technischer und finanzieller Hinsicht ge-

geben sein (vgl. Vergabekammer Lüneburg, Beschluss vom 14.05.2004 – 203-VgK-13/2004).

Leistungskürzung durch den Auftraggeber

Der Auftraggeber hat es in der Hand, im Wege der Übernahme von Leistungen nach § 2 Nr. 4 VOB/B oder im Wege einer →*Teilkündigung* die ursprünglich vereinbarte Leistung zu kürzen. Falls er dies tut, entfallen die entsprechenden Leistungen ersatzlos, der Auftraggeber muss die entsprechenden Positionen jedoch gem. § 8 Nr. 1 Abs. 2 VOB/B nach den Vertragspreisen, gemindert um die ersparten Kosten des Auftragnehmers, vergüten (→*Vergütung*).

Leistungsprogramm

Das Leistungsprogramm enthält eine Beschreibung der Bauaufgabe, aus der die Bewerber alle für die Entwurfsbearbeitung und ihr Angebot maßgebenden Umstände und Bedingungen erkennen können. Es ist wesentlicher Bestandteil der →*funktionellen Leistungsbeschreibung*. Das Leistungsprogramm ist im Gegensatz zu dem →*Leistungsverzeichnis* keine konkrete Vorgabe der durchzuführenden Teilleistungen, sondern gibt gewissermaßen nur das Ziel für den Bauunternehmer vor, der für die Durchführung also auch planerische Leistungen durchzuführen hat. Der Bauherr bzw. sein Architekt erstellt neben diesen Unterlagen regelmäßig nur die Vorentwurfsplanung, teilweise nicht einmal diese.

Eine Leistungsbeschreibung mit Leistungsprogramm stellt besonders hohe Anforderungen an die Sorgfalt der Bearbeitung. Die Beschreibung muss eine einwandfreie Angebotsbearbeitung durch die Bieter ermöglichen und gewährleisten, dass die zu erwartenden Angebote vergleichbar sind. Bevor das Leistungsprogramm aufgestellt werden darf, müssen ein vollständiges Raumprogramm, das nachträglich nicht mehr geändert werden darf, und eine genehmigte Haushaltsunterlage – Bau – vorliegen. Außerdem müssen sämtliche für das Bauvorhaben bedeutsamen öffentlich-rechtlichen Forderungen (städtebaulicher und bauaufsichtlicher Art) geklärt sein. Bei der Aufstellung des Leistungsprogramms ist besonders darauf zu achten, dass die in § 9 Nr. 3 bis 5 VOB/A geforderten Angaben eindeutig und vollständig gemacht werden.

Leistungsvertrag

Die VOB geht nach § 5 Nr. 1 VOB/A von dem Grundsatz aus, dass zwischen den Parteien ein Leistungsvertrag geschlossen wird, also die Leistung des Bauunternehmers die Grundlage für die Vergütung darstellt. Dabei wird der Wert der erbrachten Bauleistung zur Bemessungsbasis für die Vergütung des Auftragnehmers gemacht. Leistungsverträge sind sowohl der →*Einheitspreisvertrag* als auch der →*Pauschalpreisvertrag*, nicht dagegen der →*Stundenlohnvertrag*, da hier nicht nach Leistung abgerechnet wird.

Leistungsverweigerungsrecht des Auftragnehmers

Der Auftragnehmer darf seine Leistung verweigern, d. h. einstellen, wenn der andere Teil vertragsbrüchig wird. Dies ist für den Fall des Zahlungsverzugs in § 16 Nr. 5 Abs. 3 S. 3 VOB/B geregelt. Grundsätzlich ist die Leistungsverweigerung zeitlich begrenzt; der Auftragnehmer muss die Arbeit unverzüglich wieder aufnehmen, sobald der Auftraggeber seinen Zahlungsverpflichtungen wieder nachkommt.

Andere Streitigkeiten berechtigen den Auftragnehmer grundsätzlich nicht zu einer Leistungsverweigerung, es sei denn, dass die Fortführung der Arbeiten aufgrund eines schwerwiegenden, vom Auftraggeber verschuldeten Ereignisses dem Auftragnehmer nicht mehr zumutbar ist.

Leistungsverzeichnis (LV)

Das Leistungsverzeichnis ist wesentlicher Bestandteil der konstruktiven →*Leistungsbeschreibung*. Nähere Vorgaben hierzu finden sich in § 9 Nr. 6 ff. VOB/A.

In der Praxis besteht das Leistungsverzeichnis meist aus einer kurzen Vorbemerkung und aus Liste oder Aufstellung der Leistungspositionen, die von dem Auftragnehmer zu erbringen sind. Im Allgemeinen wird das

Leistungsverzeichnis nach Spalten gegliedert, wobei in der ersten Spalte die Nummer der Position, in der zweiten die Menge und in der dritten die Beschreibung der →*Teilleistung*, in der vierten der Einheits- und in der fünften der →*Gesamtpreis* genannt werden.

Das Vergabehandbuch Bund (VHB) macht eine Reihe von konkreten Vorgaben, deren Beachtung empfehlenswert ist. So sind ausschließlich Art und Umfang der zu erbringenden Leistungen zu beschreiben. Allgemeine Angaben, die für die Ausführung wichtig sind, z. B. Ausführungsfristen oder Verjährungsfristen, sollen nicht in das Leistungsverzeichnis aufgenommen werden, sondern sind in weiteren Besonderen Vertragsbedingungen zu machen. Bei der Aufgliederung der Leistung in Teilleistungen dürfen unter einer Ordnungszahl nur Leistungen erfasst werden, die technisch gleichartig sind, damit deren Preis auf einheitlicher Grundlage ermittelt werden kann.

Leitfabrikate

I. Begriff

Nach § 9 Nr. 5 Abs. 1 VOB/A dürfen bestimmte Erzeugnisse oder Verfahren sowie bestimmte Ursprungsorte und Bezugsquellen nur dann ausdrücklich vorgeschrieben werden, wenn dies durch die Art der geforderten Leistung gerechtfertigt ist. Sog. Leitfabrikate dürfen also gemäß § 9 Nr. 5 VOB/A nur ausnahmsweise verwendet werden, wenn eine Beschreibung durch hinreichend genaue, allgemein verständliche Bezeichnungen nicht möglich ist. Grund für diese Einschränkung ist, dass man im Allgemeinen davon ausgehen muss, dass es Sache der Bieter ist, aufgrund ihrer Sach- und Fachkunde die für die Ausführung der Leistung notwendigen Erzeugnisse oder Verfahren auszuwählen. Dies ergibt sich daraus, dass sie insoweit die Leistung unter eigener Verantwortung eigenständig und selbstständig auszuführen haben (§ 4 Nr. 2 VOB/B). Außerdem schließt der Auftraggeber – oft zum eigenen Nachteil – den technischen und kaufmännischen Wettbewerb aus, wenn er bestimmte Erzeugnisse oder Verfahren vorschreibt, da die unnötige Nennung eines Richtfabrikats die potenziellen Bewerber in Richtung dieses Richtfabrikats lenkt und somit den Wettbewerb negativ beeinflusst (BayerObLG, Beschluss vom 15.9.2004 – Verg 026/03).

Auf der anderen Seite kann die VOB ein legitimes Interesse des Auftraggebers, ein bestimmtes Produkt zu verwenden oder eine bestimmte Art der Ausführung zu erhalten, nicht einschränken (OLG Frankfurt, Beschluss vom 28.10.2003 – 11 Verg 9/03). Gründe für die Vorgabe eines bestimmten Fabrikats können insbesondere in technischen Zwängen liegen, gestalterischen Gründen folgen oder der Zweckmäßigkeit einer einheitlichen Wartung dienen.

Werden die Anforderungen an die Leistung nicht nur durch die ausdrückliche Angabe von Anforderungen im Leistungsverzeichnis, sondern erkennbar auch durch nicht genannte Eigenschaften von Leitfabrikaten beschrieben, sind alle Eigenschaften der Leitfabrikate, die Bezug zu Gebrauchstauglichkeit, Sicherheit und Gesundheit haben, zwingende Anforderungen an die Leistung. Ist dies nicht gewollt, muss der Auftraggeber verdeutlichen, welche Eigenschaften des Leitfabrikats zwingend und welche entbehrlich sind. Bereits geringfügige Unterschreitungen der durch die Vorgabe des Leitfabrikats geschaffenen Anforderungen bedeuten, dass die betreffende Anforderung nicht im gleichen Maße erfüllt wird und das Fabrikat hinsichtlich dieser Anforderung nicht den gleichen Wert besitzt. Dies kann auch nicht durch eine höhere Wertigkeit bei einer anderen Anforderung ausgeglichen werden.

Voraussetzung für die ausnahmsweise Zulässigkeit oder Verwendung von Hersteller- und/oder Markennamen ist, dass diese mit dem Zusatz „oder gleichwertiger Art" verwendet werden.

II. Aktuelle Rechtsprechung

Eine bayerische Vergabestelle schrieb Dacharbeiten an einer Grundschule aus. Der Ausschreibung war das Dachabdichtungssystem „Plastotex" zu Grunde gelegt worden. Vergleichbare Systeme anderer Hersteller sollten nur zulässig sein, wenn mit Angebotsabgabe ein Nachweis der Gleichwertigkeit beigefügt wurde. Für diesen Nachweis gab das Leistungsverzeichnis an, dass bestimmte Prüfzeugnisse vorzulegen seien. Die Antragstellerin bot das System eines anderen Herstellers an, ohne die geforderten Prüfzeugnisse vorzulegen. Die Vergabestelle schloss das Angebot deshalb aus. Die daraufhin angerufene Vergabekammer wies den Nachprüfungsantrag zurück. Durch Erteilung des Zuschlags an einen anderen Bieter wurde das Vergabeverfahren abgeschlossen.

Der Vergabesenat des BayObLG stellte fest, dass die Antragstellerin durch die Ausschreibung eines Leitfabrikats in ihren Rechten verletzt sei. Der Antrag ist zulässig. Die Antragsbefugnis der Antragstellerin ist hier gegeben, obwohl sie durch die Ausschreibung des Leitfabrikats nicht generell daran gehindert gewesen ist, ein Angebot abzugeben. Die Verwendung eines Leitfabrikats ist nach § 9 Nr. 5 Abs. 2 VOB/A jedoch nur statthaft, wenn die dortigen Voraussetzungen vorliegen und es mit dem Zusatz „gleichwertiger Art" versehen wird. Ist dies nicht der Fall, so kann ein Bieter, der ein anderes, günstigeres Produkt in sein Angebot aufnimmt und aus diesem Grunde ausgeschlossen wird, die fehlerhafte Ausschreibung beanstanden. Das gilt selbst dann, wenn der Bieter das geforderte Leitfabrikat anbieten könnte. § 9 Nr. 5 Abs. 2 VOB/A hat insoweit bieterschützende Funktion. Der Antrag ist auch begründet. Die Ausschreibung des Leitfabrikats „Plastotex" ist vergabefehlerhaft, da keine der Voraussetzungen des § 9 Nr. 5 Abs. 2 VOB/A gegeben ist. Einen weiteren Vergabefehler bildet der Ausschluss des Angebots wegen fehlender Nachweise. Grundsätzlich sind nach dem BGH (IBR 2003, 430) zwar Angebote zwingend auszuschließen, wenn nicht sämtliche geforderten Erklärungen vorgelegt werden. Nach Ansicht des Senats sind aber bei „offensichtlich fehlender Wettbewerbsrelevanz" Ausnahmen von diesem Grundsatz zuzulassen. So sind Angebote nicht auszuschließen, wenn die fehlenden Nachweise unter keinem denkbaren Gesichtspunkt zu einer Beeinträchtigung des Wettbewerbs führen können. Dies sei auch vorliegend so gewesen. Die geforderten Nachweise seien für den ausgeschriebenen Dachausbau nicht von Bedeutung und damit irrelevant. Ihr Fehlen rechtfertige daher den Ausschluss nicht (BayObLG, Beschluss vom 15.9.2004 – Verg 26/03).

Lieferleistungen

Der Begriff „Lieferleistungen" erfasst solche Leistungen, die lediglich reine Lieferungen von beweglichen Sachen zum Inhalt haben. Beweglich sind diejenigen Sachen, die weder Grundstück noch Grundstücksbestandteil sind. Diese Leistungen sind nicht von der VOB/A erfasst, da man es nicht als Bauarbeit ansprechen kann, wenn z. B. lediglich Baustoffe und Bauteile angeliefert werden, ohne dass damit durch auf ein bestimmtes Bauwerk bezogene Be- bzw. Verarbeitung zugleich eine als gewichtig anzusehende

Herstellung am Bauobjekt selbst verbunden ist. In solchen Fällen hat das Recht des Kaufvertrags des BGB (§§ 433 ff. BGB) oder, falls vertraglich vereinbart, die VOL (Verdingungsordnung für Leistungen, ausgenommen Bauleistungen) Berücksichtigung zu finden und maßgebend zu sein. In diesem Bereich ist der →*Schwellenwert* erheblich niedriger als bei Lieferungen, die auch den Einbau umfassen.

Lohngleitklausel

→*Gleitklauseln, Lohn-/Preis-*

Lose; losweise Vergabe

Unter Losen sind Teile einer Gesamtleistung zu verstehen. Unterschieden wird zwischen →*Teillosen*, bei denen es sich um räumlich oder mengenmäßig aufgeteilte Leistungen handelt, und →*Fachlosen*, bei denen die Unterteilung nach Fachgebieten erfolgt.

Denkbar ist es, jedes Einzellos zum Gegenstand einer eigenen →*Ausschreibung* zu machen, was dann so viele Ausschreibungen wie Lose ergibt. Möglich ist jedoch auch, mehrere oder sogar alle Lose in einer einzigen Ausschreibung zusammenzufassen, wobei die Ausschreibungsbedingungen auch in der Weise gestaltet sein können, dass ein Angebot für eines, mehrere oder alle Lose einzureichen ist. Je nach Gestaltung der Bedingungen ist es daher auch bei einer zusammengefassten Ausschreibung denkbar, dass die verschiedenen Lose an einen oder an verschiedene Unternehmer gehen.

Insbesondere § 4 Nr. 2 und Nr. 3 VOB/A bestimmen einen Vorrang der Vergabe nach Losen, durch die den Interessen der mittelständischen Bauwirtschaft entgegengekommen wird. In diesem Sinne bestimmt auch § 97 Abs. 3 GWB, dass mittelständische Interessen vornehmlich durch Teilung der Aufträge in Fach- und Teillose angemessen zu berücksichtigen sind.

Hinsichtlich der Frage, ob und wie der Gesamtauftrag in Lose aufgeteilt wird, ist dem Auftraggeber ein Beurteilungsspielraum eingeräumt. Der Grundsatz der Losaufteilung soll nicht zu einer unwirtschaftlichen Vergabe führen. Die Einhaltung der Verpflichtung zu einer losweisen Vergabe ist zwar nach richtiger Ansicht grundsätzlich im Wege eines →*Nachprü-*

fungsverfahrens grundsätzlich überprüfbar, wird in der Praxis aber aufgrund der Wertungsspielräume nur selten erfolgreich sein.

Lückenhafte Leistungsbeschreibung

Der Auftraggeber ist nach § 9 Nr. 1 S. 1 VOB/A verpflichtet, die Leistung erschöpfend zu beschreiben. Das bedeutet, dass er den Bewerbern insbesondere alle kalkulationsrelevanten Daten der vertraglichen Leistung mitteilen muss. Ist die →*Leistungsbeschreibung* lückenhaft, muss sich der Auftragnehmer nicht an den darauf abgestellten Preisen festhalten lassen, vielmehr kann er dann grundsätzlich verlangen, dass die Preise an die durch die unzulängliche Leistungsbeschreibung verursachten Mehrkosten angepasst werden. Dies gilt allerdings nicht für den Fall, dass der Bieter bzw. spätere Auftragnehmer bei geschäftsüblicher Sorgfalt hätte erkennen können, dass die Leistungsbeschreibung lückenhaft war. In diesem Fall wäre es ihm zuzumuten gewesen, rechtzeitig auf Aufklärung zu dringen. Grundsätzlich muss z. B. ein Auftragnehmer nicht mit einem hohen Grundwasserstand rechnen. Liegt aber ein Hinweis vor, dass das ausgeschriebene Bauwerk an einem Fluss oder See zu errichten ist, kann davon ausgegangen werden, dass er einen möglichen hohen Grundwasserstand und somit die Lückenhaftigkeit bei sorgfältiger Angebotsbearbeitung hätte erkennen können.

Auch dann, wenn der Auftragnehmer die Darlegungs- und Beweislast dafür trägt, dass es sich bei den streitigen Leistungen um eine vom Pauschalpreis nicht umfasste, sondern um eine gesondert zu vergütende Bauleistung handelt, gilt zu seinen Gunsten die Vermutung, dass alle im Leistungsverzeichnis nicht festgelegten Leistungen im Zweifelsfalle nicht mit dem Pauschalpreis abgegolten sind. Daher ist es zur Schlüssigkeit des Vortrags des Auftragnehmers ausreichend, wenn dieser lediglich vorträgt, keine Position des Leistungsverzeichnisses habe die späteren Leistungen umfasst. Erst wenn der Auftraggeber ausführt, inwiefern der Vertrag, namentlich welche Position des Leistungsverzeichnisses, die vom Auftragnehmer zusätzlich vergütet verlangte Leistung bereits ohnehin umfasst haben sollte, hat der Auftragnehmer darzulegen und zu beweisen, dass dies nicht der Fall ist (vgl. OLG Brandenburg, Urteil vom 9.2.2002 – 11 I 187/01).

LV

In der Praxis gebräuchliche Abkürzung für →*Leistungsverzeichnis.*

M

Mängelbeseitigung

Die Mängelbeseitigung ist in der VOB/B an zwei Stellen geregelt. § 4 Nr. 7 VOB/B regelt die Ansprüche des Auftraggebers während der Ausführung. Danach muss der Auftragnehmer Leistungen, die als mangelhaft oder vertragswidrig erkannt werden, auf eigene Kosten durch mangelfreie ersetzen, da er bei →*Abnahme* eine vertragsgemäße Leistung vorzuweisen hat. Kommt er dieser Pflicht nicht nach, kann ihm der Auftraggeber eine angemessene Frist setzten und erklären, dass er ihm nach fruchtlosem Ablauf den Auftrag entziehen werde. Außerdem hat er einen Ersatzanspruch für alle aus dem Mangel oder der Vertragswidrigkeit entstehenden →*Schäden*, wenn dem Auftragnehmer insoweit ein Verschulden trifft.

Nach →*Abnahme* hat der Auftraggeber gem. § 13 Nr. 5 Abs. 1 VOB/B weitere Ansprüche. Innerhalb der Gewährleistungspflicht ist der Auftragnehmer verpflichtet, einen hervortretenden →*Mangel*, der auf eine vertragswidrige Leistung zurückzuführen ist, auf seine Kosten zu beseitigen, wenn der Auftraggeber dies vor Ablauf der Pflicht schriftlich verlangt.

Mit dieser →*Mängelrüge* beginnt eine neue Frist zu laufen, deren Dauer sich nach § 13 Nr. 4 VOB/B bemisst. Daneben räumt § 13 Nr. 5 Abs. 2 VOB/B dem Auftraggeber die Möglichkeit der Ersatzvornahme ein, deren Kosten der Auftragnehmer zu tragen hat. Auch hier ist neben dem Bestehen des Mängelbeseitigungsanspruchs eine angemessene Fristsetzung Voraussetzung.

Mängelrüge

Unter einer Mängelrüge versteht man das Nachbesserungsverlangen, das in § 13 Nr. 5 VOB/B geregelt ist und das zu einer Unterbrechung der →*Verjährung* führt. Wichtig ist, dass die beanstandeten Mängel in dem Verlangen so genau bezeichnet werden, dass der Auftragnehmer erkennen kann, was ihm vorgeworfen wird und er dem Mangel abhelfen kann. Der Auftraggeber muss nicht die konkrete Beseitigungsmaßnahme bezeichnen, ausreichend ist es bereits, wenn er das äußere Erscheinungsbild (z. B. die

Verkalkung einer Warmwasseranlage) rügt. Eine Hemmung der Verjährung kommt auch in Betracht, wenn der Auftragnehmer den Eindruck erweckt, er prüfe auf eine nicht unmittelbar gegen ihn gerichtete Mängelrüge die Mängelproblematik umfassend (OLG Karlsruhe, Urteil vom 19.10.2004 – 17 U 67/04).

Mahnung

Mahnung bedeut das Verlangen der Leistung; sofern die Leistung fällig ist, hat dies zur Folge, dass der Schuldner in → *Verzug* gerät und er dem Anspruchsberechtigten den Ersatz des Verzugsschadens schuldet. Eine bestimmte Form ist nicht erforderlich. Eine Mahnung ist nach § 284 Abs. 2 Nr. 3 BGB n. F. entbehrlich, wenn der Schuldner die Zahlung ernsthaft und endgültig verweigert.

Mahnverfahren

Das Mahnverfahren ist ein gerichtliches Verfahren zur Durchsetzung von Ansprüchen auf eine Geldsumme, das ohne Klage oder mündliche Verhandlung zu einem Vollstreckungstitel führt. Ausschließlich zuständig ist das Amtsgericht, bei dem der Antragsteller seinen Wohnsitz hat.

Eingeleitet wird es durch einen Antrag auf Erlass eines Mahnbescheids. Der Mahnbescheid ergeht daraufhin ohne Prüfung, ob der Anspruch tatsächlich besteht. In dem Mahnbescheid wird der Antragsgegner aufgefordert, den Anspruch zu erfüllen oder binnen zwei Wochen Widerspruch einzulegen. Falls ein Widerspruch eingelegt wird, gibt das Mahngericht das Verfahren an das zuständige Gericht ab; im anderen Fall ergeht auf weiteren Antrag ein Vollstreckungsbescheid, der – wie ein Urteil – als Titel für Vollstreckungsmaßnahmen dienen kann.

Sinnvoll ist das Mahnverfahren in erster Linie dann, wenn mit einer Zahlung des Schuldners zu rechnen ist; anderenfalls führt die sonst notwendige Abgabe an das zuständige Gericht nur zu einer unnötigen Verzögerung des Verfahrens.

Mangel

Der Begriff des Mangels ist aus § 633 Abs. 1 BGB abzuleiten, der durch § 13 Nr. 1 VOB/B modifiziert wird.

Ein Mangel liegt danach vor, wenn die Leistung nicht die vertraglich zugesicherten Eigenschaften hat, nicht den anerkannten Regeln der Technik entspricht oder mit Fehlern behaftet ist, die den Wert oder die Tauglichkeit zu dem gewöhnlichen oder nach dem Vertrag vorausgesetzten Gebrauch aufheben oder mindern.

Man unterscheidet zwischen einem bekannten und einem verdeckten Mangel. Ein bekannter Mangel ist dem Auftraggeber bei →*Abnahme* bekannt. Der Auftraggeber muss insoweit bei der Abnahme einen →*Vorbehalt* machen, wenn er nicht sein Recht auf Nachbesserung oder Minderung verlieren will. Der verdeckte Mangel wird dagegen erst nach der Abnahme sichtbar bzw. bekannt. Die sich darauf ergebenden Rechtsfolgen richten sich nach § 13 Nr. 4 VOB/B.

Mangelhafte Stoffe oder Bauteile

Hinsichtlich von mangelhaften Stoffen oder Bauteilen enthält § 4 Nr. 6 VOB/B eine Sonderregelung. Erfasst sind ausschließlich Stoffe und Bauteile, die noch nicht eingebaut sind und die einen →*Mangel* aufweisen bzw. deren Einbau zu einem Mangel der Bauleistung und damit zu einer Vertragswidrigkeit führen würde. Sie sind auf Anordnung des Auftraggebers innerhalb einer angemessenen Frist von der Baustelle zu entfernen. Kommt der Auftragnehmer der Aufforderung innerhalb der Frist nicht nach, so kann sie der Auftraggeber auf Kosten des Auftragnehmers entfernen und veräußern lassen. Der Erlös steht dem Auftragnehmer zu.

Manipulation des Angebotes

Eine Manipulation des Angebots ist z. B. dadurch denkbar, dass einem Bieter von dem beauftragten Ingenieurbüro ein →*Leistungsverzeichnis* ausgehändigt wird, das eine bestimmte Seite doppelt enthält und die für den Bieter „ungünstigere" Seite nach Bekanntwerden des Wettbewerbsergebnisses von dem Büro herausgenommen wird.

Solche und andere Praktiken sind nach § 2 Nr. 1 VOB/A zu bekämpfen. Als Gegenmaßnahmen ist vor allem eine strikte Beachtung der Vorschriften zum →*Eröffnungstermin* von großer Bedeutung.

Mehr an Eignung

Der Begriff des „Mehr an Eignung" meint die bei einigen Vergabestellen übliche Praxis, einem Bieter z. B. deshalb den →*Zuschlag* zu erteilen, weil er etwa über längere Referenzlisten verfügt als ein anderer Bieter (→*Eignungsnachweise*), welcher jedoch ebenfalls die gestellten Anforderungen an die →*Eignung* erfüllt. Grundsätzlich ist eine derartige Wertung nach ganz überwiegender Auffassung nicht zulässig. Ein „Mehr an Eignung" gibt es nicht.

Grund ist, dass die Eignung (des Bieters) und die Wertung (des Angebots) zwei unterschiedliche Vorgänge sind, die unterschiedlichen Regeln unterliegen (EuGH, Urteil vom 19.6.2003, Rs. C-315/01, Slg. 2003, 6351 – GAT). Ein „Mehr an Eignung" ist daher grundsätzlich kein zulässiges Wertungskriterium (BGH, Urteil vom 16.10.2001 – X ZR 100/99; zuletzt Vergabekammer Bund, Beschluss vom 10.02.2004 – VK 2-150/03). Der Auftraggeber ist nach Treu und Glauben im Allgemeinen gehindert, im weiteren Verlauf des Vergabeverfahrens von seiner ursprünglichen Beurteilung abzurücken und bei unveränderter Sachlage die →*Zuverlässigkeit*, →*Fachkunde* oder →*Leistungsfähigkeit* des Bieters nunmehr zu verneinen.

Ausnahmsweise kann es statthaft sein, besondere Erfahrungen eines Bieters dann in die letzte Wertungsstufe einzustellen, wenn sie sich leistungsbezogen auswirken, namentlich die Gewähr für eine bessere Leistung bieten (OLG Düsseldorf, Beschluss vom 5.2.2003 – Verg 58/02). Es kann also im Hinblick auf die speziellen Anforderungen eines Bauvorhabens im Einzelfall gerechtfertigt sein, einen Bieter den anderen, weniger leistungsfähigen, zuverlässigen und fachkundigen Bietern vorzuziehen.

Mehrfachbeteiligung eines Bieters

Bei der Frage, inwieweit es zulässig ist, dass von mehreren natürlichen oder →*juristischen Personen* mehrere →*Hauptangebote* abgegeben werden, sind verschiedene Fallkonstellationen zu unterscheiden:

Zur Abgabe mehrerer Hauptangebote macht die VOB/A keine ausdrücklichen Vorgaben oder Beschränkungen. Jedenfalls für den Fall, dass
bieterseitig nur noch die Preise eingetragen werden müssen, bewirkt die
Abgabe zweier Hauptangebote, dass zwischen den beiden Hauptangeboten ein Widerspruch bezüglich des Angebotspreises besteht, so dass gem.
§ 21 Nr. 1 Abs. 1 i.V.m. § 25 Nr. 1 Abs. 1 lit. b) VOB/A beide Angebote von
der Wertung ausgeschlossen werden müssen. Das Gleiche gilt, wenn mehrere Zweigniederlassungen eines Konzerns je ein Hauptangebot einreichen, da Niederlassungen rechtlich nicht selbständig sind.

Anders ist der Sachverhalt zu beurteilen, wenn je ein Hauptangebot
von verschiedenen Gesellschaften eines Konzerns abgegeben werden.
Rechtlich handelt es sich dabei um mehrere Bieter. In diesen Fällen bedarf
es allerdings einer sorgfältigen Prüfung, ob Anhaltspunkte für unzulässige
Abreden bestehen. Denkbar ist auch ein Verstoß gegen den →*Geheimwettbewerb*, bei dessen Vorliegen die jeweiligen Angebote ebenfalls zwingend
auszuschließen sind. Gibt ein Bieter somit für ein ausgeschriebenes Los
nicht nur ein eigenes Angebot ab, sondern bewirbt sich daneben auch als
Mitglied einer Bietergemeinschaft um den Zuschlag auf ein Einzelangebot
für dieselbe Leistung (Doppelangebot), so ist der Geheimwettbewerb in
Bezug auf beide Angebote grundsätzlich nicht gewahrt (OLG Naumburg,
Beschluss vom 30.7.2004 – 1 Verg 10/04).

Mehrvergütungsanspruch

I. Allgemeines
Immer wieder kommt es vor, dass abweichend vom →*Bauvertrag* andere
oder zusätzliche →*Leistungen* ausgeführt werden müssen. Diese sind oftmals teurer als das ursprünglich Vereinbarte. Bauunternehmer können in
solchen Fällen einen Anspruch auf Mehrvergütung haben. Darüber
kommt es aber häufig zum Streit, wie auch folgendes Beispiel aus der
Rechtsprechung zeigt.

II. Rechtsprechung
Die Beklagte beauftragte die Klägerinnen 1994 mit der Errichtung eines
Schmutzwasserkanals im Rahmen eines Ausbaus der B 401. Bauherrin für
den Kanal war die Stadt O. Die Parteien streiten über Mehrkosten, die bei

der Ausschachtung angefallen sind. Die Klägerinnen machen geltend, bei der Ausführung habe sich herausgestellt, dass man die Baggerarbeiten nicht von der ursprünglich vorgesehenen Arbeitsebene (Ausschachtungs- bzw. Vliesebene) aus, sondern nur vom Ursprungsgelände aus durchführen könne. Hierdurch hätten sich Grabentiefen von bis zu 4,25 m statt geplanter 2,20 m ergeben.

Das OLG Oldenburg gibt der Klägerin Recht. Die vorangestellte allgemeine Beschreibung der geforderten Leistung ergab aus der Sicht des Erklärungsempfängers, dass durch die Einzelpositionen bis zu 2,20 m Tiefe die Grabungstiefen nicht abschließend festgelegt werden sollten und eine →*Vergütung* für den Mehraufwand dafür, dass man baubedingt von der vorgesehenen Arbeitsebene abweichen musste, nicht ausgeschlossen werden sollte. Es ist unstreitig, dass man ursprünglich von einem anderen als dem später tatsächlich durchgeführten Arbeitsablauf ausging. Zu entscheiden ist allein, ob der Vertrag eine andere Art der Ausführung gestattete, wenn sich bei der Bauausführung herausstellte, dass sich die Ursprungsplanung nicht verwirklichen lies. Dies ist der Fall. Da der Bauvertrag die Herstellung des Grabens von der Geländeoberfläche aus gestattet, war eine Ankündigung im Sinne von § 2 Nr. 6 Abs. 1 S. 2 VOB/B nicht erforderlich. Demgemäß kann der Vergütungsanspruch hieran nicht scheitern. Die Beklagte macht mit Nachdruck geltend, die Klägerinnen hätten sich unter Abweichung von den vertraglichen Vorgaben in Teilbereichen nicht an die Auskofferungsebene gehalten. Ob und unter welchen Voraussetzungen in einem derartigen Fall ein Vergütungsanspruch besteht, richtet sich nicht nach § 2 Nr. 6, sondern nach § 2 Nr. 8 VOB/B. Erbringt der Auftragnehmer Leistungen unter eigenmächtiger Abweichung vom Vertrag, ist er nicht generell mit einem Anspruch ausgeschlossen. Er kann vielmehr gemäß § 2 Nr. 8 Abs. 2 S. 2 VOB/B eine Vergütung beanspruchen, wenn die Leistungen für die Erfüllung des Vertrages notwendig waren, sie dem mutmaßlichen Willen des Auftraggebers entsprachen und sie ihm unverzüglich angezeigt wurden. Diese Voraussetzungen liegen vor. Die Änderung im Arbeitsablauf war erforderlich, um den geschuldeten Erfolg – nämlich die Verlegung der Schmutzwasserleitung auf der vereinbarten Strecke – zu erreichen. Sie entsprach auch dem mutmaßlichen Willen der Beklagten. Da sich andere technische Möglichkeiten nicht ergaben, mussten die Arbeiten zwangsläufig auf diese Art und Weise durchgeführt werden. Im Übrigen ist von der Stadt O. als Bauherrin bemerkt worden, dass die Klägerinnen zu einer anderen Arbeitsweise übergegangen waren. Diese Kenntnis muss sich die Beklagte wie eigenes Wissen zurechnen lassen. Die Beklagte hat die Bauaufsicht der Stadt O. überlassen. Diese war, wie die Beklagte selbst ins Feld führt, befugt, Anweisungen in ihrem Namen zu erteilen. Die Beklagte kann sich nicht darauf zurückziehen, dass ihr die Änderung im Arbeitsablauf unbekannt geblieben sei. Vor diesem Hintergrund war eine förmliche Anzeige an die Beklagte, wie sie in § 2 Nr. 8 Abs. 2 S. 2 VOB/B weiterhin vorgesehen ist, nicht mehr erforderlich (OLG Oldenburg, Urteil vom 15.06.2004 – 12 U 30/04

Mehrwertsteuer

Bauunternehmer müssen ihre Leistungen gegenüber dem Bauherrn mit dem jeweiligen Mehrwertsteuer-Satz belasten und die Mehrwertsteuer abführen. Sie sind berechtigt und auf Verlangen des Bauherrn sogar verpflichtet, eine Rechnung auszustellen, in der die Mehrwertsteuer gesondert ausgewiesen ist. Damit ist jedoch noch nicht entschieden, ob der Bauherr zivilrechtlich mit der Mehrwertsteuer vom Unternehmer zusätzlich zu den vereinbarten Unternehmerpreisen belastet werden kann.

Grundsätzlich kann nach der Rechtsprechung einem Vertragspreis die Umsatzsteuer nicht hinzugerechnet werden, wenn dies nicht ausdrücklich vereinbart ist Haben Bauherr und Unternehmer Pauschalpreise vereinbart, ohne eine Regelung hinsichtlich der Umsatzsteuer zu treffen, kann der Unternehmer nicht noch die Mehrwertsteuer zusätzlich verlangen. Vielmehr ist dann in dem Pauschalpreis die Mehrwertsteuer enthalten. Die Vereinbarung von →*Einheitspreisen* in einem Bauvertrag schließt ebenfalls die Mehrwertsteuer ein, wenn die Parteien darüber keine abweichende Regelung treffen. Einheitspreisverträge enthalten zwar keinen feststehenden Gesamtpreis, da dieser erst anhand des →*Aufmaßes* aus den Einheitspreisen durch die einzelnen Positionspreise ermittelt werden muss; doch ändert dies nichts daran, dass die Einheitspreise das vertraglich vereinbarte Entgelt darstellen, an das der Unternehmer gebunden ist

Wird ein Bauvertrag zwischen Unternehmern abgeschlossen, so kann etwas anderes gelten. Hier ist der Bauherr seinerseits umsatzsteuerpflichtig und damit nach § 15 UStG berechtigt, die Mehrwertsteuer, mit der er selbst belastet wird, als Vorsteuer abzuziehen. Aber auch hier können u. U.

die vereinbarten Preise nur dann vom Unternehmer später mit der Mehrwertsteuer belastet werden, wenn man insoweit einen Handelsbrauch in der Weise bejaht, dass zwischen Unternehmern vereinbarte Preise Nettopreise darstellen. Die Rechtsprechung hierzu ist nicht einheitlich.

Merkantiler Minderwert

Der merkantile Minderwert liegt nach der Rechtsprechung in der Minderung des Verkaufswerts einer Sache, die trotz völliger und ordnungsmäßiger Instandsetzung deshalb verbleibt, weil viele potentielle Verkäufer die Sache wegen des Verdachts verborgen gebliebener Schäden nicht erwerben werden, was den Preis mindert. Ein solcher Minderwert kann auch Bauwerken anhaften. Der merkantile Minderwert stellt einen „Schaden am Bauwerk" dar, den der Schädiger auszugleichen hat. Unerheblich ist dabei, dass etwaige Baumängel beseitigt worden sind, da die Annahme des merkantilen Minderwerts gerade auf der allgemeinen Lebenserfahrung beruht, dass eine einmal mit Mängeln behaftet gewesene Sache trotz sorgfältiger und vollständiger Reparatur im Geschäftsverkehr vielfach niedriger bewertet wird. So hat der BGH bei einer fehlerhaft geplanten Heizungsanlage, die zu einem Minderwert des Hauses führte, den Schaden „in der Differenz des Verkehrswerts des Hauses, den es bei mangelfrei geplanter und funktionstüchtiger Heizungsanlage hätte, und des Verkehrswertes, den es mangelbedingt hat", gesehen. Ein Minderwert kann allerdings nicht immer anzusetzen sein; allein, dass einem Haus „der Geruch" eines Mangels anhaftet, reicht noch nicht aus. Die Bewertung eines merkantilen Minderwerts ist damit immer eine Frage des Einzelfalls.

Mengenänderung

Eine Mengenänderung kann im Wege einer Mengenminderung oder einer Mengenmehrung vorkommen. Sie bedeutet, dass sich der Mengenansatz einer Position des →*Leistungsverzeichnisses* ändert, während die Beschaffenheit der Leistung gleich bleibt, mit anderen Worten, es stimmt die ausgeführte Menge nicht mit der dem Vertrag zugrunde liegenden Menge überein.

Mengenänderungen wirken sich regelmäßig auf die Vergütung aus, da diese nach § 2 Nr. 2 VOB/B grundsätzlich nach den vertraglichen →*Einheitspreisen* und den tatsächlich ausgeführten Mengen berechnet wird.

Kommt eine Mengenänderung ohne nachträgliches Zutun des Auftraggebers zustande, also ohne dass dieser durch eine Anordnung in den Bauablauf eingreift, regelt sich die Vereinbarung neuer Preise nach § 2 Nr. 3 VOB/B. Danach gilt für Mengen, die nicht mehr als 10 % von dem vertraglich vorgesehenen Umfang abweichen, der vertragliche Einheitspreis. Für die über 10 % hinausgehende Überschreitung des Mengenansatzes ist auf Verlangen ein neuer Preis unter Berücksichtigung der Mehr- oder Minderkosten zu vereinbaren, § 2 Nr. 3 Abs. 2 VOB/B.

Bei einer über 10 % hinausgehenden Unterschreitung des Mengenansatzes ist nach § 2 Nr. 3 Abs. 3 VOB/B auf Verlangen der Einheitspreis für die tatsächlich ausgeführte Menge der Leistung oder Teilleistung zu erhöhen, soweit der Auftragnehmer nicht durch Erhöhung der Mengen bei anderen Ordnungszahlen bzw. Positionen oder in anderer Weise einen Ausgleich erhält.

Minderung; Minderungsrecht

Unter der Minderung versteht man eine Herabsetzung der vereinbarten Vergütung, die dem Auftraggeber bei Vorliegen bei einer Bauleistung und Vorliegen weiterer Voraussetzungen, insbesondere eines →*Mangels*, zusteht. Sie ist näher in § 13 Nr. 6 VOB/B geregelt.

Grundsätzlich ist die →*Nachbesserung* gem. § 13 Nr. 5 VOB/B gegenüber der Minderung vorrangig.

Der Auftraggeber kann die Herabsetzung entsprechend dem mangelbedingten Wert der Leistung daher nur in drei Fällen verlangen: die Beseitigung des Mangels muss objektiv unmöglich sein, einen unverhältnismäßig hohen Aufwand erfordern oder dem Auftraggeber unzumutbar sein.

Unmöglichkeit der Nachbesserung bedeutet objektive Unmöglichkeit, weder der Auftragnehmer noch ein anderer Unternehmer darf in der Lage sein, den aufgetretenen Mangel zu beseitigen.

Zweite Konstellation ist der Fall, dass der Auftragnehmer die Mängelbeseitigung verweigert, weil sie für ihn einen unverhältnismäßig hohen Aufwand bedeuten würde. Unverhältnismäßig ist die Aufwendung dann, wenn der damit erzielbare Erfolg bei Abwägung aller Umstände in keinem vernünftigen Verhältnis zur Höhe des dafür gemachten Geldaufwandes steht. Dies kann z. B. bei geringfügigen Schönheitsfehlern der Fall sein, die die Gebrauchsfähigkeit so gut wie nicht beeinträchtigen (z. B. geringfügige Kratzer an einer Fensterscheibe). Die Weigerung des Auftragnehmers kann auch formlos erfolgen.

Schließlich kann ausnahmsweise eine Minderung bei einer Unzumutbarkeit der Mängelbeseitigung für den Auftraggeber erfolgen. Die Nachbesserung ist hier zwar möglich und erfordert vom Auftragnehmer auch keinen unverhältnismäßig hohen Aufwand, es liegen aber Umstände vor, die dem Auftraggeber die Hinnahme und Duldung der Mängelbeseitigung nach Treu und Glauben unzumutbar machen. Hierbei sind strenge Anforderungen zu stellen.

Die Minderung muss der Auftraggeber durch entsprechende formlose Willenserklärung gegenüber dem Auftragnehmer geltend machen; sie ist bindend, wenn sich der Auftragnehmer mit ihr einverstanden erklärt oder entsprechend verurteilt wird.

Die Berechnung der Minderung erfolgt dadurch, dass die vereinbarte Vergütung in dem Verhältnis herabgesetzt wird, in welchem der Wert der mangelfreien Leistung zum Wert der mangelbehafteten Leistung bei der Abnahme steht.

Mindestanforderungen an Nebenangebote

I. Einführung

In letzter Zeit ist zunehmend umstritten, welche Mindestanforderungen an Nebenangebote gestellt werden können, welcher Art diese Mindestanforderungen sein müssen und in welchem Umfang eine Angabe zu erfolgen hat. Dies gilt besonders seit einer EuGH-Entscheidung vom 16.10.2003. Mittlerweile gibt es einige divergierende Entscheidungen von Vergabekammern und Vergabesenaten.

II. Die Entscheidung des EuGH

Der Entscheidung des EuGH vom 16.10.2003, Rs. C-421/01, VergabeR 2004, 50 – Traunfellner) lag eine europaweite Ausschreibung der Österreichischen Autobahnen- und Schnellstraßen-Finanzierungs-AG von Brücken- und Straßenbaumaßnahmen zugrunde. Die Ausschreibung ließ Alternativangebote zu, ohne indessen ausdrückliche Festlegungen in Bezug auf die technischen Mindestanforderungen für Alternativangebote zu treffen. Es wurden auch keine Zuschlagskriterien zur Beurteilung der wirtschaftlichen und technischen Qualität der Angebote – sei es für ausschreibungskonforme Angebote oder für Alternativangebote – benannt. Ferner wurde in der Ausschreibung weder festgelegt, dass Alternativangebote eine gleichwertige Leistungserbringung sicherstellen müssen, noch was unter gleichwertiger Leistungserbringung zu verstehen ist. Ein Bieter reichte ein Alternativangebot ein. Der Auftraggeber lehnte dieses Angebot als nicht gleichwertig ab. Der Bieter leitete daraufhin ein Nachprüfungsverfahren ein. Im Rahmen des Verfahrens wurde dem EuGH die Frage vorgelegt, ob es mit Art. 19, 30 Baukoordinierungsrichtlinie 93/37/EWG zu vereinbaren sei, wenn der Auftraggeber nicht näher definiere, anhand welcher konkreten Vergleichsparameter die Gleichwertigkeit zu überprüfen sei.

Der EuGH kam in seiner Entscheidung zu dem Schluss, dass ein öffentlicher Auftraggeber, der nicht ausgeschlossen habe, dass Änderungsvorschläge vorgelegt würden, in den Verdingungsunterlagen die Mindestanforderungen zu erläutern habe, die diese Änderungsvorschläge erfüllen müssten. Denn nur eine Erläuterung in den Verdingungsunterlagen ermögliche den Bietern in gleicher Weise die Kenntnis von den Mindestanforderungen, die ihre Änderungsvorschläge erfüllen müssten, um vom Auftraggeber berücksichtigt werden zu können.

Es gehe dabei um eine Verpflichtung zur Transparenz, die die Beachtung des Grundsatzes der Gleichbehandlung der Bieter gewährleisten solle, der bei jedem von der Richtlinie erfassten Vergabeverfahren für Aufträge einzuhalten sei.

Habe der Auftraggeber entgegen Artikel 19 der Baukoordinierungsrichtlinie keine Angaben zu Mindestanforderungen gemacht, könne ein Änderungsvorschlag selbst dann nicht berücksichtigt werden, wenn die Änderungsvorschläge nicht, wie in Artikel 19 Absatz 2 vorgesehen, in der Bekanntmachung für unzulässig erklärt worden seien.

Wie anfangs bereits festgestellt, kann diesen und den übrigen Ausführungen des EuGH indes nicht entnommen werden, welcher Art beziehungsweise welchen Umfangs diese Mindestanforderungen sein müssen.

Divergierende Auslegungen durch die nationalen Vergabekammern und Vergabesenate waren damit vorprogrammiert.

III. Die enge Auslegung der EuGH-Entscheidung

Die überwiegende Zahl der Vergabekammern und Vergabesenate, die sich bisher mit der Frage der Angabe von Mindestanforderungen an Nebenangebote zu befassen hatte, neigt zu einer engen Auslegung der EuGH-Entscheidung, stellt mithin hohe Anforderungen an die Angabe von Mindestanforderungen.

Eine solche enge Auslegung haben zunächst das Bayerische Oberste Landesgericht sowie die Vergabekammer bei der Bezirksregierung Köln vorgenommen. Die Entscheidung des BayObLG vom 22.6.2004 – Verg 13/04, bezog sich auf einen Fall, in dem die Vergabestelle die Elektroinstallationsarbeiten für den Neubau einer Grundschule im Offenen Verfahren europaweit ausgeschrieben hatte. In der Bekanntmachung wurden Nebenangebote und Änderungsvorschläge zugelassen. Bestandteil der Vergabeunterlagen waren die Bewerbungsbedingungen gemäß Formblatt KVM BwB. Danach durften Leistungen, die von den vorgesehenen technischen Spezifikationen abweichen, nur angeboten werden, wenn sie mit dem geforderten Schutzniveau in Bezug auf Sicherheit, Gesundheit und Gebrauchstauglichkeit gleichwertig waren, wobei die Gleichwertigkeit mit dem Angebot nachzuweisen und die Abweichung im Angebot eindeutig zu bezeichnen waren. Die Vergabestelle beabsichtigte, den Zuschlag auf ein Nebenangebot des nach Submission zweitplatzierten Bieters zu erteilen. Hiergegen wandte sich ein Mitbewerber, der allerdings selbst vom Hauptangebot abweichende Fabrikate angeboten hatte.

Das BayObLG stellte fest, dass die Antragsgegnerin weder in der Bekanntmachung noch in den Verdingungsunterlagen Anforderungen an Nebenangebote und deren Wertung formuliert, sondern sich darauf beschränkt habe, Nebenangebote zuzulassen. In den Bewerbungsbedingungen sei zwar der Nachweis der Gleichwertigkeit gefordert, doch enthalte diese Anforderung keine Beschreibung von Mindestanforderungen. Es könne auch nicht auf die Anforderungen zurückgegriffen werden, welche das Leistungsverzeichnis aufstelle, denn das Leistungsverzeichnis befasse sich nur mit den Anforderungen, welche an das Hauptangebot gestellt würden.

Diesen Ausführungen des BayObLG kann eigentlich nur entnommen werden, dass es vor dem Hintergrund der EuGH-Entscheidung vom 16.10.2003 jedenfalls nicht ausreicht, wenn der Auftraggeber sich auf die Zulassung von Nebenangeboten und die Forderung nach deren Gleichwertigkeit beschränkt.

Gleichwohl hat die Vergabekammer Nordbayern in ihrer Entscheidung vom 6.8.2004 – 320. VK-3194-26/04, darüber hinausgehend ausgesprochen, dass auch die in den Bewerbungsbedingungen des Auftraggebers enthaltene Forderung, dass Nebenangebote alle Leistungen umfassen müssen, die zu einer einwandfreien Ausführung der Bauleistung erforderlich sind, keine der EuGH-Rechtsprechung entsprechende konkrete Vorgabe von Mindestbedingungen darstelle.

Auch in ihren Entscheidungen vom 24.8.2004 – 320. VK-3194-30/04 und vom 2.12.2004 – 320. VK-3194-47/04, gelangte die Vergabekammer Nordbayern – jeweils ohne größeren Begründungsaufwand – zu dem gleichen Ergebnis. Dem hat sich die Vergabekammer Thüringen, Beschluss vom 1.11.2004 – 360-4002.20-033/04-MGN, in einem ähnlich gelagerten Fall – ebenfalls ohne nähere Begründung – angeschlossen.

IV. Die weite Auslegung der EuGH-Entscheidung
Die Vertreter einer weiten Auslegung der EuGH-Entscheidung, die nur geringe Anforderungen an die Angabe von Mindestanforderungen an Nebenangebote stellen wollen, sind bisher in der Minderzahl. Lediglich die Vergabekammer Schleswig-Holstein und die Vergabekammer Lüneburg haben ihren Entscheidungen eine solche Auslegung zugrunde gelegt.
So führt die Vergabekammer Schleswig-Holstein in ihrer Entscheidung vom 3.11.2004 – VK-SH 28/04 aus, dass es dem öffentlichen Auftraggeber zwar nicht verwehrt sei, weitere Mindestbedingungen (z. B. hinsichtlich der technischen Leistungsfähigkeit oder der Materialbeschaffenheit) festzulegen, dass er dazu aber nicht verpflichtet sei.

Entgegen der Auffassung des BayObLG könne die Festlegung von technischen Mindestbedingungen nicht verlangt werden. Denn Sinn und Zweck der Zulassung von Nebenangeboten sei es, dass der öffentliche Auftraggeber in die Lage versetzt werden solle, von den Realisierungsideen der Bieter zu profitieren. Der Auftraggeber, der von bestimmten technischen Entwicklungen oder neuen Produkten auf dem Markt keine Kenntnis habe, könne eine Leistungsbeschreibung gar nicht formulieren, die diese Möglichkeiten einbeziehe. Folge man dem BayObLG, würde das Risiko der Leistungsbeschreibung für Nebenangebote dem öffentlichen Auftraggeber zugemutet, was letztlich dazu führen würde, dass aufgrund mangelnder Kenntnis von neuen Produkten oder Entwicklungen Nebenangebote nicht mehr zugelassen werden könnten, wenn der öffentliche Auftraggeber diese nicht schon bei Erstellung der Leistungsbeschreibung im Blick gehabt habe. Eine derartige Betrachtung würde dem Zweck von Nebenangeboten zuwiderlaufen und sei daher vom EuGH auch so nicht formuliert worden.

Die Vergabekammer Lüneburg teilt in ihrer Entscheidung vom 6.12.2004 – 203-VgK-50/2004 ausdrücklich die Auffassung der Vergabekammer Schleswig-Holstein, dass sich aus dem Urteil des EuGH vom 16.10.2003 das vom BayObLG statuierte restriktive Erfordernis der Definition und Bekanntmachung von technischen Mindestanforderungen als zwingende Voraussetzung für die Wertbarkeit von Nebenangeboten nicht ableiten lasse. Die Vergabekammer vertrete die Auffassung, dass eine transparente und den Anforderungen des Gleichheitsgrundsatzes genügende Wertung technischer Nebenangebote bereits dadurch gewährleistet werde, dass der Auftraggeber verpflichtet sei, in den Verdingungsunterlagen gemäß § 9 Absatz 1 VOB/A die Leistung eindeutig und erschöpfend zu beschreiben und gemäß § 9 Nr. 3 Absatz 1 VOB/A alle für eine einwandfreie Preisermittlung relevanten Umstände festzustellen und in den Verdingungsunterlagen anzugeben habe. Die damit zwingend vorgegebene Bekanntmachung und Definition von Eckpunkten des Auftragsgegenstandes biete bereits eine hinreichende Grundlage der Wertbarkeit von Nebenangeboten.

Mischkalkulation

I. Allgemeines

Eine Mischkalkulation ist eine Kalkulation, bei der durch sogenanntes „Abpreisen" bestimmter ausgeschriebener Leistungen auf einen →*Einheitspreis*, z. B. von 0,01 €, und sogenanntes „Aufpreisen" der Einheitspreise anderer angebotener Positionen Preise benannt werden, die die für die jeweiligen Leistungen geforderten tatsächlichen Preise weder vollständig noch zutreffend wiedergeben. Entgegen der VOB/A wird damit nicht der vollständige Betrag, der für die betreffende Leistung beansprucht wird, benannt.

II. Aktuelle Rechtsprechung
Die vergaberechtliche Zulässigkeit einer solchen Mischkalkulation war und ist unter den Obergerichten umstritten.

1. Insbesondere Kammergericht Berlin und OLG Dresden vertraten die Auffassung, es gebe weder eine Rechtsgrundlage noch eine praktische Notwendigkeit dafür, dem Bieter in der Regel taktisch/spekulativ motivierte Verschiebungen der Einheitspreise in Einzelpositionen generell zu untersagen und einen Verstoß hiergegen mit dem Verdikt des Wertungsausschlusses nach § 25 Nr. 1 Abs. 1 b VOB/A zu belegen. Weder die in § 97 GWB enthaltenen Vergaberechtsgrundsätze noch die Bestimmungen der nachgelagerten Verdingungsordnungen rechtfertigen das Verlangen an den Bieter, seine internen Kalkulationsergebnisse zu jeder einzelnen Position des Leistungsverzeichnisses unverändert in die Preisverlautbarungen des Angebots zu übernehmen. Ein entsprechendes Erfordernis ergebe sich auch nicht aus der Rechtsprechung des Bundesgerichtshofs, wonach „jeder in der Leistungsbeschreibung vorgesehene Preis so wie gefordert vollständig und mit dem Betrag angegeben wird, der für die betreffende Leistung beansprucht wird" (KG Berlin, Beschluss vom 26.2.2004 – 2 Verg 16/03; OLG Dresden, Beschluss vom 30.4.2004 – WVerg 0004/04).
2. Dagegen hat der BGH in einem neueren Urteil klargestellt, dass ein Bieter, der in seinem Angebot die von ihm tatsächlich für einzelne Leistungspositionen geforderten Einheitspreise auf verschiedene Einheitspreise anderer Leistungspositionen verteilt, nicht die von ihm geforderten Preise im Sinne von § 21 Nr. 1 Abs. 1 Satz 3 VOB/A benennt, sondern die Preise der ausgeschriebenen Leistungen in der Gesamtheit seines Angebots „versteckt". Ein solches Angebot widerspricht dem in § 21 Nr. 1 Abs. 1 VOB/A niedergelegten Grundsatz, weil es grundsätzlich ungeeignet ist, einer transparenten und alle Bieter gleichbehandelnden Vergabeentscheidung ohne weiteres zu Grunde gelegt zu werden. Nach Auffassung des Bundesgerichtshofs sind deshalb Angebote, bei denen der Bieter die Einheitspreise einzelner Leistungspositionen in „Mischkalkulationen" auf andere Leistungspositionen umlegt, grundsätzlich von der Wertung auszuschließen (BGH, Beschluss vom 18.5.2004 – X ZB 7/04).

Die praktische Feststellung, ob tatsächlich eine Mischkalkulation vorliegt, dürfte allerdings auch nach dem klarstellenden Urteil des BGH schwierig bleiben.

3. Ähnlich sah dies das BayObLG in einem aktuellen Fall: Eine bayerische Vergabestelle schrieb im Offenen Verfahren nach VOB/A europaweit ein Projekt zur Verbesserung des Hochwasserschutzes aus. Bei dem streitigen Los gab der für den Zuschlag vorgesehene Bieter ein um 1,33% teureres Angebot als die Antragstellerin ab. Im Aufklärungsgespräch mit der Antragstellerin nach § 24 VOB/A hinterfragte die Vergabestelle die Preisbildung der Position Baustelleneinrichtung des Leistungsverzeichnisses. Nach dem Text des Leistungsverzeichnisses war unter anderem die fortwährende Anwesenheit der Bauleitung in dieser Position zu berücksichtigen. Die Antragstellerin legte ihre Kalkulation offen und erklärte, sämtliche mit der Bauleitung zusammenhängenden Kosten in die Baustoffpositionen eingerechnet zu haben. Die Vergabestelle kündigte an, das wirtschaftlichere Angebot des anderen Bieters zu beauftragen, weil das Angebot der Antragstellerin Spekulationspotenzial und ein Kostenrisiko enthalte. Die Vergabekammer wies den Nachprüfungsantrag zurück, weil ein offenkundiger Fehler der Vergabestelle bei der Ermittlung des wirtschaftlichsten Angebots nicht feststellbar sei.

Die dagegen gerichtete Beschwerde wurde zurückgewiesen. Das Angebot der Antragstellerin war nach Auffassung des BayObLG gemäß § 21 Nr. 1 Abs. 1 VOB/A i.V.m. § 25 Nr. 1 Abs. 1 b VOB/A von der Wertung auszuschließen, weil es zur Position Baustelleneinrichtung im Leistungsverzeichnis nicht den tatsächlich geforderten Einheitspreis enthielt, sondern wesentliche Anteile dieser Leistung in Einheitspreise anderer Positionen einrechnet und diese dort „versteckt" hat. Es sei Sache des Auftraggebers, welche Preise und Angaben er für bestimmte, im Leistungsverzeichnis beschriebene Leistungen fordert. Es komme nicht darauf an, ob die Bauleitungskosten zur Baustelleneinrichtung gehören oder im Allgemeinen den Baustellengemeinkosten zuzuschlagen wären. Aufgrund der Schwierigkeiten auf der Baustelle war es dem Auftraggeber wichtig, die Baustelle durchgängig mit einer qualifizierten und durchsetzungsfähigen Führungskraft zu besetzen und dafür eine Preisangabe des Bieters zu fordern. Auch wenn ein Bieter seine Mischkalkulation nach Angebotsabgabe offen lege und die tatsächlich geforderten Einheitspreise benenne, könne die Vergabestelle das Angebot aus Wettbewerbs- und Gleichbehandlungsgründen nicht werten (BayObLG, Beschluss vom 20.9.2004 – Verg 21/04).

Missverhältnis von Preis und Leistung

Von einem Missverhältnis zwischen Preis und Leistung ist dann auszugehen, wenn eine Diskrepanz zwischen der angebotenen Gesamtleistung und dem Angebotspreis besteht, was sowohl nach oben als auch nach unten der Fall sein kann. Anders ausgedrückt liegt ein Missverhältnis vor, wenn der Angebotspreis nicht angemessen ist. Die Folge ist dann, dass das Angebot nicht in die engere Wahl kommt, vgl. § 25 Nr. 3 Abs. 1 VOB/A. Ob ein solches Missverhältnis tatsächlich gegeben ist, lässt sich abstrakt nicht bestimmen, sondern kann vielfach erst nach einer eingehenderen Prüfung festgestellt werden (→*Preisprüfung*). Hierzu können z. B. Preise aus vergleichbaren →*Ausschreibungen* herangezogen werden, u. U. können auch Verhandlungen mit dem Bieter zu Informationszwecken oder auch Einsicht in die (Vor-) Kalkulation notwendig sein. Wenn für die Vergabestelle ein Missverhältnis zwischen Preis und Leistung nicht ohne weiteres erkennbar ist, ist der Bieter verpflichtet, von sich aus Unterlagen vorzulegen, aus denen sich die Ursache für das Unterangebot ergibt.

Mittelstand, mittelständische Interessen

I. Allgemeines

Die VOB wie auch das →*Kartellvergaberecht* haben die Intention, den Mittelstand bei der Vergabe angemessen zu berücksichtigen. Als mittelstandsfreundlich können eine ganze Reihe von vergaberechtlichen Grundprinzipien, wie z. B. das →*Gleichbehandlungsgebot*, angesehen werden. Auch die VOB/B bildet nach Auffassung des Regelungsgebers ein mittelstandsfreundliches Regelungswerk, was sich z. B. in den Regelgewährleistungsfristen von § 13 Nr. 4 Abs. 1 VOB/B oder den Vorschriften über die Abschlagszahlungen (§ 16 Nr. 1 Abs. 1 VOB/B) ausdrückt.

Das wichtigste Instrument zur Förderung des Mittelstands ist das Prinzip der →*losweisen Vergabe*, welches in § 4 Nr. 2 VOB/B erwähnt und in § 97 Abs. 3 GWB besonders hervorgehoben wird.

Die Vorschrift des § 97 Abs. 3 GWB hat nicht nur den Charakter eines Programmsatzes, sondern gehört zu den Vorschriften, auf deren Beachtung der Bieter nach § 97 Abs. 7 GWB infolge der Prinzipien der Gleichbehandlung und des Wettbewerbs einen Anspruch hat. Daraus folgt, dass ein mittelständischer Bieter subjektive Rechte auf Beachtung der Losvergabe gegenüber dem Auftraggeber geltend machen kann

Der Wortlaut, wonach mittelständische Interessen „vornehmlich" durch Teilung der Aufträge in Fach- oder Teillose angemessen zu berücksichtigen sind, bedeutet jedoch nicht, dass die Vorschrift über den in den Verdingungsordnungen zu gewährleistenden Schutz mittelständischer Interessen hinaus geht und den Grundsatz der Mittelstandsförderung als allgemeinen Auslegungsgrundsatz festschreibt.

Es ist daher nicht zulässig, z. B. die Zugehörigkeit zum Mittelstand zu einem expliziten Wertungskriterium zu machen (→ *vergabefremde Aspekte*). Die Verfolgung allgemeiner wirtschaftspolitischer Ziele, wie etwa die Förderung kleiner und mittlerer Unternehmen, gehört ebenso wenig wie die Unterstützung ortsansässiger Unternehmen zu den Kriterien, auf die eine Vergabeentscheidung nach öffentlicher Ausschreibung gestützt werden kann. Um die Chancengleichheit unter den Bewerbern zu sichern, lässt das Vergaberecht nur die Berücksichtigung solcher Umstände bei der Entscheidung über den Zuschlag zu, die den durch die Vergabe bezeichneten Bedarf und den Inhalt der zur Deckung dieses Bedarfs abgegebenen Gebote betreffen (so der BGH, Entscheidung vom 17.2.1999 – X ZR 101/97).

II. Aktuelle Rechtsprechung

Die Vergabestelle schrieb im Nichtoffenen Verfahren Dienstleistungen des technischen und infrastrukturellen Gebäudemanagements aus. Ein an dem Auftrag interessiertes Unternehmen rügte den Loszuschnitt der Ausschreibung. Der Auftraggeber half der Rüge nicht ab. Daraufhin reichte das Unternehmen bei der Vergabekammer einen Nachprüfungsantrag ein. Die Vergabestelle vertritt die Auffassung, dass die Vorschriften über die Berücksichtigung mittelständischer Interessen einen Verstoß gegen europäisches Recht bedeuten.

Der Vergabesenat teilt diese Auffassung nicht. In den nationalen Bestimmungen des § 97 Abs. 3 GWB und des § 5 Nr. 1 VOL/A liegt nach seiner Auffassung keine Verletzung des Europarechts. Ein Verstoß gegen das

Diskriminierungsverbot des Art. 3 Abs. 2 Dienstleistungsrichtlinie 92/50/
EWG sei nicht ersichtlich. Es ist nicht zu erkennen, weshalb mit der losweisen Vergabe eine Diskriminierung großer Unternehmen einhergehen
soll. Der Wettbewerb wird hierdurch lediglich erweitert, wobei alle Wett-
bewerber die gleichen Bedingungen vorfinden. Den großen Unternehmen
bleibt der Vorteil, sich auf mehrere Lose bewerben zu können.

Das Argument, der Auftraggeber werde durch § 5 Nr. 1 VOL/A und § 97
Abs. 3 GWB gezwungen, ausschließlich die Interessen kleinerer und mittlerer Unternehmen zu berücksichtigen, trifft nicht zu. Der öffentliche Auftraggeber hat im Rahmen der nach § 97 Abs. 3 GWB gebotenen Abwägung die Interessen aller Bieter zu berücksichtigen. Im Rahmen seiner
ihm belassenen Gestaltungsfreiheit verstößt der nationale Gesetzgeber
nicht gegen EU-Vergaberecht, wenn er eine mittelstands- und zugleich
wettbewerbsfreundliche Regelung in Bezug auf die Losaufteilung trifft.

Ebenso wenig ist ein Verstoß gegen das Beihilfeverbot nach Art. 87
Abs. 1 EG gegeben. Nach dieser Bestimmung sind staatliche oder aus staatlichen Mitteln gewährte Beihilfen mit dem gemeinsamen Markt unverein-
bar, wenn sie durch die Begünstigung bestimmter Unternehmen oder Pro-
duktionszweige den Wettbewerb verfälschen oder zu verfälschen drohen.
Eine drohende Verfälschung des Wettbewerbs kann insoweit nicht festgestellt werden. Der Wettbewerb wird durch eine Losaufteilung lediglich erweitert, wobei alle Teilnehmer die gleichen Verhältnisse vorfinden. Auch
hier gilt, dass den großen Unternehmen kein Auftrag schon deshalb verloren geht, weil sich kleinere Unternehmen am Wettbewerb beteiligen. Es
besteht die Möglichkeit der Bewerbung um mehrere Lose und die Vergabe
im Falle des Obsiegens. Die mittelstandsfördernde Wirkung ist auch nicht
geeignet, den Handel zwischen den Mitgliedstaaten zu beeinträchtigen,
wie es Art. 87 Abs. 1 EG erfordert. Das Fördern der Gelegenheit für den
Mittelstand, sich ansonsten unter gleichen Bedingungen wie Großunter-
nehmen an öffentlichen Ausschreibungen zu beteiligen, stellt auch keine
„Beihilfe" dar.

Mitverschulden

Unter Mitverschulden versteht man im Zivilrecht, dass der Geschädigte
bei der Entstehung des Schadens schuldhaft mitgewirkt hat, vgl. § 254

BGB. Folge ist, dass sich der Schadensersatzanspruch des Geschädigten gegen den Schädiger verringert, u.U. sogar völlig entfällt. Der Umfang der Anspruchsminderung hängt von den Einzelumständen bzw. von dem jeweiligen Umfang der Verursachung und Mitverursachung ab.

Mitwirkungspflichten des Auftraggebers

Nach der VOB/B hat der Auftraggeber eine Reihe von Mitwirkungspflichten. Erst durch diese Mitwirkung des Auftraggebers wird für den Auftragnehmer die Möglichkeit geschaffen, seine Leistung vertragsgerecht zu erbringen. Falls der Auftraggeber diese Pflichten verletzt, begeht er daher eine Vertragsverletzung. Denkbar ist auch, dass durch sein Verhalten der Auftragnehmer behindert wird und seine Rechte aus § 6 VOB/B geltend machen kann. Schließlich kann durch eine unterlassene Mitwirkung eine Pflicht zur Entschädigung (vgl. § 642 BGB) entstehen.

Die wichtigsten Mitwirkungspflichten des Auftraggebers sind in § 3 und § 4 VOB/B geregelt. Hierzu zählen z. B. die rechtzeitige Bereitstellung des Baugrundstücks und die Aushändigung von Ausführungsplänen und anderen für die Ausführung benötigten Unterlagen (§ 3 Nr. 1 VOB/B), die Aufrechterhaltung der allgemeinen Ordnung auf der Baustelle und Koordinierung der am Bau beteiligten Auftragnehmer (§ 4 Nr. 1 Abs. 1 S.1 VOB/B) und die Pflicht, alle erforderlichen öffentlich-rechtlichen (z. B. bau- oder gewerberechtliche) Genehmigungen und Erlaubnisse zu beschaffen (§ 4 Nr. 1 S. 2 VOB/B).

Muster für die Bekanntmachung öffentlicher Aufträge

Bei europaweiten Vergabeverfahren (→*Kartellvergaberecht*) muss die →*Bekanntmachung* des Bauauftrags sowie die weitere Bekanntmachung, z. B. über den vergebenen Auftrag, zwingend mit bestimmten Mustern erfolgen, die als Anhang in der VOB/B enthalten sind.

Muster und Proben

Muster und Proben kann es im Baubereich, insbesondere bei Bauteilen und von Baustoffen, geben. Ein Beispiel eines Musters wäre z. B. ein Stück eines zu verlegenden Teppichbodens, ein Beispiel einer Probe etwa eine bestimmte Menge des vorgesehenen bituminösen Mischguts. Falls Muster und Proben von dem Bieter mit dem Angebot abgegeben werden, müssen sie, um eine Verwechslung zu vermeiden, nach § 21 Nr. 1 Abs. 4 VOB/B als zum Angebot gehörig gekennzeichnet werden. Sie können auch Bestandteil einer →*Leistungsbeschreibung*, also von dem Auftraggeber vorgegeben sein.

Mustertext für eine Forderung nach einer Gütesicherung Kanalbau RAL GZ 961

„→*Bieter* müssen vor Auftragsvergabe und während der Werkleistung die erforderliche Qualifikation (→*Fachkunde*, →*Leistungsfähigkeit* und →*Zuverlässigkeit*) nachweisen. Die Anforderungen der vom Deutschen Institut für Gütesicherung und Kennzeichnung e.V. herausgegebene Gütesicherung Kanalbau RAL-GZ 961 1) sind zu erfüllen.

Die Anforderungen sind erfüllt, wenn der Bieter die Qualifikation und Gütesicherung des Unternehmens nach RAL-GZ 961 mit dem Besitz des entsprechenden →*RAL-*→*Gütezeichens* Kanalbau nachweist.

Die Anforderungen sind erfüllt, wenn der Bieter die Qualifikation des Unternehmens durch einen Prüfbericht entsprechend Güte- und Prüfbestimmungen Abschnitt 4.1 „→*Erstprüfung*" nachweist und eine Verpflichtung vorlegt, dass der Bieter im Auftragsfall für die Dauer der Werkleistung einen Vertrag zur RAL-Gütesicherung GZ 961 entsprechend Abschnitt 4.3 abschließt und die zugehörige „→*Eigenüberwachung*" entsprechend Abschnitt 4.2 durchführt."

Mustertext für weitere Vereinbarungen zur Forderung nach einer Gütesicherung Kanalbau RAL GZ 961

Ergänzend zu dem →*Mustertext für eine Forderung nach einer Gütesicherung Kanalbau RAL GZ 961* werden vielfach weitere Vereinbarungen getroffen, um eindeutige Vertragsgrundlagen zu gewährleisten. Zum Beispiel:

- Der geforderte Qualifikationsnachweis ist als Anlage zum →*Angebot* am Eröffnungstermin (zur →*Submission*) vorzulegen. Angebote ohne fristgerechte Vorlage des Nachweises der Qualifikation des Bieters werden von der Angebotswertung ausgeschlossen.

- Der Auftragnehmer verpflichtet sich, mit Angebotsabgabe nach Zuschlagserteilung zeitgleich mit der jeweiligen Meldung der Baustellen an den Güteschutz Kanalbau auch den Auftraggeber über die Abgabe der Meldung der Baustelle zu unterrichten (Kopie an den Auftraggeber).

- Mit Angebotsabgabe verpflichtet sich der Auftragnehmer, alle Eigenüberwachungsunterlagen, Firmen- und Baustellenbesuchsberichte des Güteschutz Kanalbau dem Auftraggeber auf Verlangen vorzulegen.

Mustertext Vergabebekanntmachung Öffentliche Ausschreibung, Offenes Verfahren im Ausschreibungsanzeiger

Bedingungen für die Teilnahme bei der Herstellung und Erneuerung, Sanierung, Inspektion, Reinigung und Dichtheitsprüfung von Abwasserleitungen und –kanälen:

„→*Bieter* müssen vor Auftragsvergabe und während der Werkleistung die erforderliche Qualifikation (→*Fachkunde*, →*Leistungsfähigkeit* und →*Zuverlässigkeit*) nachweisen. Die Anforderungen der vom Deutschen Institut für Gütesicherung und Kennzeichnung e.V. herausgegebene Gütesicherung Kanalbau →*RAL*-GZ 961 sind zu erfüllen. Entsprechende Nachweise sind mit dem →*Angebot* einzureichen."

N

Nachbarrechtlicher Entschädigungsanspruch

I. Allgemeines

Das Eigentum genießt in einer Demokratie einen hohen Schutz. So wird in Deutschland das Eigentum durch das Grundgesetz gewährleistet und vor Eingriffen des Staates geschützt. Aber auch gegen Eingriffe Privater besteht ein Schutzsystem. So kann sich etwa der Grundstückseigentümer gegen schädliche Einwirkungen auf sein Grundstück wehren und im Falle einer Schadensverursachung Schadenersatz verlangen. Häufig streiten die Parteien darüber, ob überhaupt ein Schadenersatzanspruch besteht. Aber auch die Frage nach der Höhe des zu leistenden Schadenersatzes kann der Stein des Anstoßes sein, wie folgendes Beispiel aus der Rechtsprechung zeigen soll:

II. Rechtsprechung

Der Grundstückseigentümer E begehrt von der Gemeinde G Schadenersatz wegen →*Schäden*, die infolge von Tiefbauarbeiten an seinem Hausgrundstück entstanden sind. Das Haus des E ist aus unvermörteltem Bruchstein hergestellt worden. Über Ringanker verfügt das Gebäude nicht; es ist hierdurch extrem setzungsempfindlich. G ist Eigentümerin des an das Haus des E angrenzenden Straßengrundstücks. Sie beauftragt Bauunternehmen und Tiefbauingenieure mit Tiefbauarbeiten zur Erneuerung der Kanalisation. Durch diese Bauarbeiten entstehen Verschiebungen des Erdreiches, die massive Risse im Wohnhaus des E verursachen. Die Kosten für die Sanierung des Gebäudes werden von einem Sachverständigen auf 546.000 DM geschätzt; die G zahlt an den E als Schadensausgleich aber nur 100.000 DM. Ein weiteres Gutachten ergibt, dass das Wohngebäude vor dem Schadenseintritt nur einen Verkehrswert von knapp 150.000 DM gehabt hat. E begehrt Schadensersatz in Höhe der Sanierungskosten; das Landgericht gibt dem Schadensersatzbegehren des E nur teilweise statt. Gegen dieses Urteil legen beide Parteien Berufung ein.

Die Berufung der G hat Erfolg! Als Anspruchsgrundlage komme ein nachbarrechtlicher Entschädigungsanspruch des E entsprechend § 906 Abs. 2 Satz 2 BGB in Betracht. Durch die Kanalbauarbeiten sei das Grundstück der G entgegen § 909 BGB in der Weise vertieft worden, dass für das Wohnhaus des E Einsturzgefahr entstand. Grundsätzlich könne E für die störende Einwirkung die Beseitigungskosten verlangen; der Entschädigungsanspruch entspräche aber dann nicht den Wiederherstellungskosten, wenn entsprechend § 251 Abs. 2 BGB die Wiederherstellung einen unverhältnismäßig hohen Aufwand erfordern würde. Da hier die Wiederherstellungskosten den Verkehrswert um mehr als 50% überschritten und ein Abzug „neu für alt" vorzunehmen sei, sei der Verkehrswert des Hausgrundstückes unmittelbar vor dem Schadensereignis der richtige Ansatz für die Bemessung der Ersatzleistung. Diese Bemessungsgrundlage sei aber nochmals gemäß § 254 Abs. 1 BGB zu korrigieren, da das Hausgrundstück des E aufgrund der oben dargelegten Herstellungsweise extrem setzungsempfindlich gewesen sei. Auch im Rahmen des verschuldensunabhängigen nachbarrechtlichen Ausgleichsanspruchs sei § 254 Abs. 1 BGB anwendbar, und zwar nicht nur im Falle des Mitverschuldens, sondern auch im Falle bloßer Mitverursachung. Aufgrund der hierdurch eintretenden Anspruchsminderung habe E bereits eine angemessene Entschädigung in Höhe von 100.000 DM erhalten (OLG Frankfurt, Urteil vom 31.03.2005 – 1 U 257/04).

Ein Amtshaftungsanspruch (→ *Schadenersatz, Amtspflichtverletzung*) gegen die G scheidet hier aus. Zwar ist die Errichtung eines Abwasserkanals grundsätzlich hoheitliche Tätigkeit; G hat hier ihre Aufgabe aber in zulässiger Weise auf die Ebene des Privatrechts verlagert, indem sie durch privatrechtliche Verträge Bauunternehmer mit dieser Aufgabe beauftragte. Die Haftung richtet sich daher nach Privatrecht.

Nachbesserung

Der Unternehmer ist im Rahmen der →*Gewährleistung* verpflichtet, dem Auftraggeber ein mangelfreies Werk zu verschaffen. Im Werkvertragsrecht des BGB und noch stärker im Bereich der VOB hat die Mängelbeseitigung durch Nachbesserung allerdings Vorrang. Kommt der Auftragnehmer der Aufforderung zur Nachbesserung in einer angemessenen Frist nicht nach, so kann der Auftraggeber nach § 13 Nr. 5 Abs. 2 VOB/B die aufgetretenen Mängel auf Kosten des Auftragnehmers beseitigen lassen.

Nacherfüllung

Der Begriff der Nacherfüllung ist, im Gegensatz zur dem der →*Nachbesserung*, weiter. Nacherfüllung bedeutet die Beseitigung des →*Mangels* durch Nachbesserung als auch die Neuerbringung der geschuldeten Leistung. Im Bereich des BGB-Bauvertrags hat der Auftragnehmer nach § 634 BGB die Wahl, ob nachgebessert oder neu erbracht wird. Der Auftraggeber muss, wenn ein Mangel vorliegt, den Auftragnehmer grundsätzlich zur Nacherfüllung auffordern; nur ausnahmsweise kann der Auftragnehmer die Nacherfüllung verweigern.

Nachforderung von Unterlagen

Üblicherweise fordert die Vergabestelle von den Bietern die Beibringung von Unterlagen, die zum Nachweis der →*Leistungsfähigkeit* und →*Zuverlässigkeit* dienen. Auf die Anforderung entsprechender Nachweise weist die Vergabestelle bereits in der Vergabebekanntmachung und gegebenenfalls in weiteren Unterlagen (z. B den Verdingungsunterlagen) hin. Trotzdem fehlen die geforderten Unterlagen bei den eingehenden Angeboten in der Praxis häufig ganz oder in Teilen.

Diese fehlenden Unterlagen können nachgefordert werden, allerdings nur, wenn es sich hierbei um eine schlichte Tatsachenfeststellung handelt. Dies können z. B. ein angefordertes Gütesiegel oder die Angabe der Beschäftigten im Betrieb sein. Auf preisrelevante Unterlagen darf sich die Nachfrage nicht beziehen.

Die Preisrelevanz ist insbesondere für die →*Nachunternehmererklärung* streitig.

Nachfragemacht

In vielen Bereichen, in denen →*öffentliche Auftraggeber* Waren oder Dienstleistungen einkaufen, haben sie einen überwiegenden Marktanteil oder sind sogar der alleinige Nachfrager (z. B. im Straßenbau). Da öffentliche Auftraggeber Unternehmen im Sinne des Kartellrechts sind, finden auch die Vorschriften des →*GWB* Anwendung, nach dem sie die Marktgegenseite (also die Bieter) nicht diskriminieren dürfen. Angesichts spezifischen und stärkeren Rechtsschutzes durch →*Nachprüfungsverfahren* hat der Rechtsschutz durch die Vorschriften des Marktmachtmissbrauchs nur noch unterhalb der →*Schwellenwerte* praktische Bedeutung.

Nachlässe

→ *Preisnachlässe*

Nachprüfungsbehörden

Unter Nachprüfungsbehörden versteht man die Nachprüfungsinstanzen, die befugt sind, die Auftragsvergabe unmittelbar zu kontrollieren. Nachprüfungsbehörden sind die →*Vergabekammer*, der →*Vergabesenat* bei den Oberlandesgerichten sowie die weitgehend bedeutungslosen →*Vergabeprüfstellen.*

Nachprüfungsverfahren

I. Allgemeines

Die Nachprüfungsverfahren sind eine Besonderheit des vergaberechtlichen Rechtsschutzes. In ihnen soll die Vergabe öffentlicher Aufträge unmittelbar von den Bietern durch die zuständigen →*Nachprüfungsbehörden* kontrolliert werden können und somit die Rechtmäßigkeit des Vergabeverfahrens zugesichert werden. Ein Nachprüfungsverfahren ist nur dann zulässig, wenn das →*Kartellvergaberecht* anzuwenden ist, also insbesondere die →*Schwellenwerte* überschritten sind.

Das Nachprüfungsverfahren ist zweistufig aufgebaut. Eingangsinstanz ist die →*Vergabekammer*; deren Entscheidung kann im →*sofortigen Beschwerdeverfahren* angegriffen und kontrolliert werden.

Das Verfahren wird nur durch einen Antrag in Gang gesetzt und ist nur bis zur Erteilung des →*Zuschlags* zulässig. Nach § 113 muss die Vergabekammer binnen fünf Wochen über den Antrag entscheiden.

Gegen den Beschluss der Vergabekammer können die Verfahrensbeteiligten binnen zwei Wochen das Rechtsmittel der →*sofortigen Beschwerde* beim Oberlandesgericht einlegen (→*Primärrechtsschutz;* → *Rechtsschutz, vergaberechtlicher).*

II. Aktuelle Rechtsprechung

1. Die Vergabestelle schreibt im Nichtoffenen Verfahren Dienstleistungen des technischen und infrastrukturellen Gebäudemanagements aus. Die Teilnahmeanträge müssen bis zum 1.3.2004 abgegeben werden. Ein an dem Auftrag interessiertes Unternehmen rügt am 10.2.2004 den Loszuschnitt der Ausschreibung. Der Auftraggeber hilft der Rüge nicht ab. Daraufhin reicht das Unternehmen am 15.4.2004 bei der Vergabekammer einen Nachprüfungsantrag ein. Die Vergabestelle vertritt die Auffassung, dass sich aus dem Kontext des europäischen und nationalen Vergaberechts ergibt, dass der Nachprüfungsantrag nicht fristgerecht eingelegt worden ist.

Der Vergabesenat teilt diese Auffassung nicht. Die Unzulässigkeit des Nachprüfungsantrags folgt weder aus dem Beschleunigungsgrundsatz nach § 107 Abs. 3, § 113 Abs. 2 Satz 1 GWB noch aus Art. 1 Abs. 1 Rechtsmittelrichtlinie 89/665/EWG. Das Erfordernis, den Antrag bis zum Ablauf der Teilnahmefrist stellen zu müssen, ist diesen Bestimmungen nicht zu entnehmen. § 107 Abs. 3 GWB betrifft nur die Rügeobliegenheit, § 113 Abs. 2 Satz 1 GWB betrifft das eingeleitete Vergabekammerverfahren. Art. 1 Abs. 1 Rechtsmittelrichtlinie 89/665/EWG besagt nur, dass die Mitgliedstaaten die „erforderlichen Maßnahmen" ergreifen sollen, um sicherzustellen, dass das Verfahren zur Vergabe öffentlicher Aufträge möglichst rasch auf Vergaberechtsverstöße nachgeprüft werden kann. Letzteres ist im nationalen Recht in hinreichender Weise unter anderem durch § 107 Abs. 3 und § 113 Abs. 2 Satz 1 GWB geschehen. Die Annahme einer ungeschriebenen Frist zur Einreichung des Nachprüfungsantrags erscheint zur weiteren Beschleunigung auch nicht unabweisbar geboten. Bei zögerlicher Einreichung des Nachprüfungsantrags riskiert der Bieter den zwischenzeitlichen Zuschlag des Auftraggebers und damit den endgültigen Verlust des Auftrags. Das schon im nationalen Vergaberecht an mehreren Stellen verankerte Beschleunigungsprinzip muss nicht unbedingt um zusätzliche Elemente erweitert werden. Eine planwidrige Lücke des GWB, die eine analoge Anwendung des § 107 Abs. 3 GWB rechtfertigen könnte, besteht nicht. Wenn der GWB-Gesetzgeber eine bestimmte Frist für den Nachprüfungsantrag gewollt hätte, hätte er sie bei den Form- und Verfahrensvorschriften im Vierten Teil des GWB eingefügt (OLG Düsseldorf, Beschluss vom 8.9.2004 – Verg 38/04).

2. Entscheidet sich der Auftraggeber, kein europaweites Vergabeverfahren einzuleiten, weil er der Meinung ist, die →*Schwellenwerte* seien nicht überschritten, so kann diese Entscheidung allerdings gerichtlich überprüft werden. Denn insoweit kann die Entscheidung des →*öffentlichen Auftraggebers*, kein Vergabeverfahren einzuleiten, als Pendant zu seiner Entscheidung, ein solches Verfahren zu beenden, angesehen werden. Beschließt ein öffentlicher Auftraggeber, kein Vergabeverfahren einzuleiten, weil der Auftrag seiner Auffassung nach nicht in den Anwendungsbereich der einschlägigen Gemeinschaftsvorschriften fällt, so handelt es sich um die erste Entscheidung, die gerichtlich überprüfbar ist. Angesichts dieser Rechtsprechung sowie der Ziele, der Systematik und des Wortlauts der Richtlinie 89/665 und um die praktische Wirksamkeit dieser Richtlinie zu wahren, stellt also jede Maßnahme eines öffentlichen Auftraggebers, die im Zusammenhang mit einem öffentlichen Dienstleistungsauftrag getroffen wird, der in den sachlichen Anwendungsbereich der Richtlinie 92/50 fällt, und die Rechtswirkungen entfalten kann, eine nachprüfbare Entscheidung im Sinne von Artikel 1 Absatz 1 der Richtlinie 89/665 dar, unabhängig davon, ob diese Maßnahme außerhalb eines förmlichen Vergabeverfahrens oder im Rahmen eines solchen Verfahrens getroffen wurde (EuGH, Urteil vom 11.01.2005 – Rs. C-26/03).

Nachträge; Nachtragsangebot; Nachtragsvereinbarungen

I. Allgemeines

Nachträge werden sowohl die Nachtragsangebote als auch die Nachtragsvereinbarungen genannt.

Ein Nachtragsangebot ist ein Angebot, das nach →*Zuschlag* gemacht wird und auf eine Nachtragsvereinbarung abzielt. Ziel einer Nachtragsvereinbarung ist es, den Inhalt des ursprünglichen Vertrags zu ändern oder zu ergänzen. Gegenstand von Nachtragsvereinbarungen sind meist andere oder zusätzliche, bisher nicht vereinbarte Preise. In § 2 VOB/B wurde für solche Nachtragsvereinbarungen eine detaillierte Regelung getroffen (→*Leistungsänderung*; → *Mengenänderung*; →*zusätzliche Leistungen*).

II. Aktuelle Rechtsprechung

Ein Generalunternehmer macht gegenüber dem Bauherrn restlichen Werklohn aus einem Zusatzauftrag geltend, der für Ausgleichsmaßnahmen zur Beseitigung von Maßabweichungen der Spundwände der Baugrube erteilt worden war. Zuvor hatten die Parteien einen Generalunternehmervertrag zur schlüsselfertigen Erstellung eines Büro- und Wohngebäudes in Berlin-Mitte zum Pauschalfestpreis von 27 Mio. DM geschlossen. Der Generalunternehmer verlangt Vergütung für die Ausgleichsmaßnahmen entsprechend dem unstreitig erteilten Zusatzauftrag. Der Bauherr verteidigt sich mit dem Einwand, dass die zusätzlich beauftragte und abgerechnete Leistung bereits als Teil der zum Pauschalpreis zu erbringenden Hauptleistung geschuldet war.

Das Landgericht und das Kammergericht Berlin geben der Klage des Generalunternehmers statt und verurteilen den Bauherrn zur Zahlung. Nach Auffassung des Kammergerichts soll ein Bauherr, der auf dahingehende Forderung des Auftragnehmers einen Nachtrags- oder Zusatzauftrag erteilt, hieran in jedem Fall gebunden sein und die entsprechende Vergütung zahlen müssen, auch wenn sich später herausstellen sollte, dass die betroffene Leistung bereits vom Hauptauftrag umfasst ist. Die entsprechende Bindungswirkung des Nachtragsauftrags soll der Bauherr allenfalls im Wege der Anfechtung, die allerdings unverzüglich zu erklären wäre, beseitigen können. Ob und in welchem Umfang die im Hauptauftrag enthaltene, aber nach der spezielleren Regelung des Zusatzauftrags bezahlte Leistung tatsächlich doppelt zu vergüten ist oder ob sich die Pauschalvergütung des Hauptauftrags hinsichtlich dieses Leistungsteils vermindert, lässt das Kammergericht offen (Kammergericht Berlin, Urteil vom 4.11.2004 – 10 U 300/03).

Nachunternehmer

Nachunternehmer, auch →*Subunternehmer* genannt, sind solche Unternehmer, die ein Auftragsverhältnis nur zu einem →*Generalunternehmer* oder zu einem →*Generalübernehmer* haben, nicht jedoch zu dem Auftraggeber.

Die VOB/B lässt den Einsatz eines Nachunternehmers durch den Hauptunternehmer ohne Zustimmung des Auftraggebers dann zu, wenn der

Betrieb des Auftragnehmers auf die betreffende Leistung nicht eingerichtet ist. In allen übrigen Fällen ist die Zustimmung des Auftraggebers erforderlich. Bei der Weitervergabe an Nachunternehmer ist der Hauptunternehmer verpflichtet, die VOB zugrunde zu legen, § 4 Nr. 8 VOB/B, also nach den Vergaberegeln der VOB/A zu verfahren und im Vertrag mit dem Nachunternehmer die VOB/B und VOB/C zu vereinbaren.

Im Rahmen der VOB/A muss der Auftragnehmer auf Wunsch des Auftraggebers Art und Umfang der Vergabe an Nachunternehmer angeben und auch die vorgesehenen Nachunternehmer benennen (sog. →*Nachunternehmererklärung*). Bei der Weitervergabe des Auftrags muss der Generalunternehmer die VOB zu Grunde legen , § 4 Nr. 8 Abs. 2 VOB/B.

Ist in den Ausschreibungsunterlagen gefordert, dass der →*Bieter* ein →*Gütezeichen* vorweisen kann und beabsichtigt der Bieter, für die Arbeiten, für die das Gütezeichen gefordert wurde, einen Nachunternehmer einzusetzen, so muss auch dieser Nachunternehmer das Gütezeichen vorweisen können.

Nachunternehmererklärung

I. Allgemeines

Unter einer Nachunternehmererklärung wird üblicherweise die Erklärung des →*Bieters* zum Einsatz von →*Nachunternehmern* verstanden. Für eine solche Erklärung kommen folgende Möglichkeiten in Betracht:

Die Erklärung kann sich nur darauf beziehen, welche Leistungen der Auftragnehmer beabsichtigt, an Nachunternehmer zu vergeben, ohne deren Namen zu nennen (vgl. § 10 Nr. 5 Abs. 3 VOB/A). Sie ist aber auch als Erklärung denkbar und zulässig, in der die Namen der vorgesehenen Nachunternehmer einzutragen sind. Schließlich existieren Nachunternehmererklärungen, die den Hauptauftragnehmer verpflichten, den Nachunternehmer an bestimmte Preise bzw. Löhne zu binden (→*Tariftreueerklärungen*).

Die Erklärung ist nur dann abzugeben, wenn sie in den →*Vergabeunterlagen* vorgesehen ist. Sie lässt Rückschlüsse darauf zu, ob der Bieter zumindest einen wesentlichen Teil der Leistung selbst erbringen können muss (vgl. § 8 Nr. 2 Abs. 1 VOB/A; →*Eigenleistungsgebot*). In der Beschaffungspraxis der öffentlichen Hand, z. B. in den Bewerbungsbedingungen der Vergabehandbücher, ist regelmäßig vorgesehen, dass der Bieter in seinem Angebot Art und Umfang der durch Nachunternehmererklärung auszuführenden Leistung anzugeben und auf Verlangen die vorgesehenen Nachunternehmer benennen muss.

Die Folgen einer fehlenden Nachunternehmererklärung sind umstritten. Überwiegend wird angenommen, dass das Nichtvorliegen wegen ihrer Wettbewerbsrelevanz regelmäßig zu einem Ausschluss des Angebots führt (vgl. z. B. Vergabekammer Bund, Beschluss vom 17.9.2003 – VK 1-75/03; Vergabekammer Arnsberg, Beschluss vom 5.4.2004 – VK 1-4/04; Vergabekammer Nordbayern, Beschluss vom 11.11.2002 – 320. VK-3194-34/02; Vergabekammer Schleswig-Holstein, Beschluss vom 5.8.2004 – VK-SH 19/04, Beschluss vom 5.3.2004 – VK-SH 04/04; Vergabekammer Schwerin, Beschluss vom 24.6.2003 – 2 VK 8/04). Dies gilt jedenfalls dann, wenn ein wesentlicher Teil der Leistungen erfasst ist.

Auf eine zunächst fehlende Nachunternehmererklärung kann sich der öffentliche Auftraggeber allerdings dann nicht berufen, wenn eine langjährige Verwaltungspraxis dahingehend besteht, dass eine an sich geforderte Nachunternehmererklärung erst auf spätere Anforderung eingereicht werden muss. Eine solche Praxis muss die Vergabestelle nach Treu und Glauben gegen sich gelten lassen (OLG Düsseldorf, Beschluss vom 20.3.2003 – Verg 8/03). Nach richtiger Auffassung darf auch ein Wechsel des benannten Nachunternehmers nicht erfolgen, da ansonsten ein geändertes Angebot vorliegt (so OLG Düsseldorf, Beschluss vom 5.5.2004 – 10/04; a. A. OLG Bremen, Beschluss vom 20.7.2000 – 1/2000).

Der Bieter muss in der Nachunternehmererklärung Art und Umfang genau angeben, damit die Vergabestelle nachvollziehen kann, welche Arbeiten nicht von ihm durchgeführt werden. Durch eine Angabe wie z. B. „teilweise Beton- und Stahlarbeiten" auf Nachunternehmer übertragen zu wollen, ist allenfalls in Grundzügen die Art der zu übertragenden Arbeiten, jedenfalls nicht deren Umfang ersichtlich (vgl. Vergabekammer Bund, Beschluss vom 6.10.2003 – VK 2-80/03). Der Grund ist, dass der Auftraggeber ansonsten nicht abschätzen kann, welche konkreten Teilleistungen aus den angegebenen Bereichen nicht vom Bieter durchgeführt werden können. Insbesondere der exakte Umfang der zu übertragenden Leistungen steht dann nicht fest. Das Angebot muss in einem solchen Fall zwingend ausgeschlossen werden.

Der Bieter darf auch nicht, weil er den Umfang der Nachunternehmer-leistung noch nicht absehen kann, diesen mit einer optionalen Spanne z. B. zwischen 0% und maximal 30% angegeben. Jedenfalls ein Teil der Nachprüfungsinstanzen sieht eine solche Erklärung als einen unzulässigen Vorbehalt der Entscheidung, ob der Bieter Nachunternehmer einsetzen will oder nicht, an (so insbesondere BayObLG, Beschluss vom 25.9.2003 – Verg 14/03; Vergabekammer Südbayern, Beschluss vom 27.8.2003 – 34-07/03, Beschluss vom 27.8.2003 – 35-07/03). Begründung ist, dass er sich damit gegenüber den Mitbewerbern einen Wettbewerbs-vorteil schafft. Derartige Angebote sind nach dieser Auffassung auszu-schließen.

Angesichts dieser strengen Anforderungen sollten Unternehmen bei der Abgabe von Nachunternehmererklärungen große Sorgfalt walten las-sen, um nicht mit dem gesamten Angebot ausgeschlossen zu werden.

II. Aktuelle Rechtsprechung

1. Die Antragsgegnerin schrieb die Baumaßnahme „Bahnhof A, Rückbau Tunnel und Herstellung Baugrube" im Offenen Verfahren europaweit aus. In der Bekanntmachung war angegeben, dass „alle geforderten Erklärungen/Nachweise zwingend vorzulegen sind, ein Verweis auf frühere Bewerbungen wird nicht akzeptiert und kann zum Ausschluss führen. (...) Darüber hinausgehende Unterlagen sind nicht erwünscht." In Abschnitt III, Ziffer 2.1.2. heißt es unter der Überschrift „Wirtschaftliche und finanzielle Leistungsfähigkeit – geforderte Nachweise": „... über die beabsichtigte Zusammenarbeit mit anderen Unternehmen". Ziffer 3.3. lautete: „Das Angebot muss die Preise und (...) die geforderten Erklärungen und Angaben enthalten." In den Angebotsunterlagen war das Formular „Verzeichnis der Nachunternehmer" (Vers. 6/92) auf Seite 26 beigefügt. Die Bieter sollten bei einem geplanten Einsatz die Nachunternehmer benennen, die Ordnungszahl des Leistungsverzeichnisses (OZ) angeben und die Teilleistungen näher beschreiben. Die Antragstellerin füllte in ihrem Angebot das Nachunternehmerverzeichnis nicht aus und verwies stattdessen auf eine Anlage. Unter der Überschrift „Anmerkung" führte die Antragstellerin weiter aus, dass in der Anlage nur die größeren Gewerke, die von Nachunternehmern ausgeführt werden sollen, angegeben worden seien. Für jedes Gewerk stünde sie mit mehreren Nachunternehmern in Verbindung. Die Firmen, die letztlich nach den abgeschlossenen Auftragsverhandlungen

gewählt würden, könnten erst zu gegebener Zeit benannt werden. Am 10. Dezember 2003 fand ein Aufklärungsgespräch zwischen der Antragstellerin und der Antragsgegnerin statt, in dem technische Aspekte der Bauausführung und Fragen des Bauablaufs thematisiert wurden. Darüber hinaus überreichte die Antragstellerin ihr überarbeitetes Nachunternehmerverzeichnis, das wiederum die Einschränkung enthielt, dass in der Anlage nur die größeren Gewerke, die von Nachunternehmern ausgeführt werden sollen, angegeben worden seien. Benannt waren nunmehr als an Nachunternehmer zu vergebende Gewerke: Baufeldfreimachung, Erdbau, Abbruch; Wasserhaltungsmaßnahmen; Verbauarbeiten; Verankerungsarbeiten; HDI-Arbeiten; Strassen- und Wegebau (durch ein Konzernunternehmen); Gleisbauarbeiten; Kleingewerke (Schlosser, Maurer, Tischler, u.dgl.). Die drei im Vergleich zum o. g. Anhang neu aufgeführten Gewerke machen einen Gesamtbetrag von xx.xxx € aus. Die Eigenleistungsquote war von der Antragstellerin mit 64,33 % angegeben.

Das Angebot der Antragstellerin war nach Auffassung der Vergabekammer Bund zwingend auszuschließen. Die Vergabestelle ist zutreffend davon ausgegangen, dass das Angebot der Antragstellerin wegen unklarer und unvollständiger Angaben zum Nachunternehmerseinsatz nicht berücksichtigt werden kann.

Die Voraussetzungen des § 21 Nr. 1 Abs. 1 VOB/A sind jedenfalls hinsichtlich des anzugebenden Nachunternehmereinsatzes gegeben. Die dem Angebot der Antragstellerin beigefügte Nachunternehmererklärung ist unvollständig, sodass das Angebot im Ergebnis nicht alle geforderten Erklärungen enthält.

Gemäß § 10 Nr. 5 Abs. 3 VOB/A kann der Auftraggeber die Bieter auffordern, in ihrem Angebot die Leistungen anzugeben, die sie an Nachunternehmer zu vergeben beabsichtigen. Von dieser Möglichkeit hat die Vergabestelle Gebrauch gemacht, indem sie von den Bietern eine beschriebene Auflistung derjenigen Leistungen gefordert hat, die an Nachunternehmer übertragen werden sollen (Nachunternehmerliste), sowie die Benennung dieser Unternehmer verlangt hat. Die Nachunternehmererklärung ist auch als Bestandteil der Angebotsunterlagen von den Bietern auszufüllen gewesen.

Diesen Anforderungen genügt die mit dem Angebot abgegebene Nachunternehmerliste nicht. Die zu vergebenden Teilleistungen sind nicht eindeutig beschrieben, Ordnungszahlen nicht benannt und die Nachunternehmer nicht benannt worden.

Die Vergabestelle durfte auch nicht Aufklärungsgespräche hinsichtlich der zu vergebenden Gewerke oder der Benennung der Nachunternehmer durchführen.

Nachverhandlungen über die sich aus dem Angebot ergebenden Unklarheiten zum Nachunternehmereinsatz sind nicht statthaft (§ 24 Nr. 3 VOB/A), weil die Verschiebung der Leistungsanteile zwischen Haupt – und Nachunternehmer einen tiefgehenden Eingriff in die Angebotsgestaltung darstellt. Da sich aus den Angebotsunterlagen der Antragstellerin nur unzureichende Anhaltspunkte für den Einsatz der Nachunternehmer ergaben, hätten Nachverhandlungen zu Manipulationsmöglichkeiten führen können (Vergabekammer Bund, Beschluss vom 14.4.2004 – VK 2-34/04).

2. Die Vergabestelle schreibt die Vergabe von Bauleistungen für den Neubau einer Bundesstraße europaweit im Offenen Verfahren nach der VOB/A aus. Die Verdingungsunterlagen sehen für die Vergabe wesentlicher Teile der Leistungen an Nachunternehmer vor, dass ein Nachunternehmerverzeichnis einzureichen ist, in dem die vorgesehenen Nachunternehmer zu benennen sind. Die antragstellende Bieterin hat in ihrem Nachunternehmerverzeichnis neben der Angabe einzelner Nachunternehmer ergänzend „o. glw." hinzugefügt.

Die Vergabekammer Sachsen-Anhalt hat der Vergabestelle aufgegeben, das Angebot der Bieterin vom weiteren Vergabeverfahren auszuschließen. Soweit ein Bieter entgegen den Bewerbungsbedingungen in einem geforderten Nachunternehmerverzeichnis zwar Nachunternehmer benennt, jedoch durch den Zusatz „o. glw." offen lässt, ob diese oder andere Nachunternehmer tatsächlich eingesetzt werden, ist der Ausschluss des Angebots nach der Auffassung der Vergabekammer zwingend. Das Angebot genügt insoweit nicht den Anforderungen von § 25 Nr. 1 Abs. 1 b, § 21 Nr. 1 Abs. 1, 2 VOB/A. Der Vergabestelle ist es verwehrt, die fehlenden bzw. unklaren Erklärungen nachzufordern und den Sachverhalt insoweit aufzuklären. Etwaige Nachverhandlungen zwischen der Vergabestelle und der Bieterin über den Austausch von Nachunternehmer sind nach § 24 Nr. 3 VOB/A unzulässig. Verbleiben bei der Auslegung der Nachunternehmererklärungen aus dem objektiven Empfängerhorizont eines verständigen

Auftraggebers Zweifel, können diese aus Transparenz- und Gleichbehand-
lungsgesichtspunkten nicht im Rahmen eines Aufklärungsgesprächs geheilt werden. Die Vergabekammer Sachsen-Anhalt folgt damit der strengen Rechtsprechung der Vergabekammer Bund (Vergabekammer Sachsen-
Anhalt, Beschluss vom 30.11.2004 – VK 2-LVwA LSA 40/04).

3. Eine Vergabestelle schreibt Entsorgungsdienstleistungen im Offenen
Verfahren europaweit aus. Die Vergabeunterlagen enthalten unter anderem die Forderung, dass jeder Bieter, der einen Nachunternehmer einsetzen will, darzulegen hat, dass er tatsächlich über die Leistungen oder Einrichtungen des Dritten verfügen kann. Im Rahmen dieser Forderung wird
ausdrücklich auf die entsprechende Rechtsprechung des EuGH zu den Anforderungen an eine Generalübernehmervergabe hingewiesen. Ein Bieter
erfüllt diese Forderung nicht. Die Vergabestelle schließt deshalb sein Angebot aus. Der Bieter leitet ein Nachprüfungsverfahren ein. Nachdem die
Vergabekammer sich der Argumentation der Vergabestelle anschließt, erhebt der Bieter sofortige Beschwerde.

Der Vergabesenat des OLG Düsseldorf bestätigt im Ergebnis die Entscheidung der Vergabestelle und der Vergabekammer. Die Vergabestelle
greift in ihrer Leistungsbeschreibung die Rechtsprechung des EuGH zur
sog. Generalübernehmervergabe auf und überträgt sie auf einen Einsatz
von Nachunternehmern. Dies ist jedenfalls in einem Fall, in dem die Vergabestelle diese Rechtsprechung des EuGH gezielt auch auf einen beabsichtigten Nachunternehmereinsatz angewandt sehen will, nicht zu beanstanden. Die Verdingungsunterlagen geben – kurz gefasst – zutreffend die
Entscheidungssätze der Urteile des EuGH wieder, dass der Unternehmer,
der Leistungen untervergeben will, nachzuweisen hat, dass er tatsächlich
über die Einrichtungen und Mittel (des Nachunternehmers) verfügt, die
für die Ausführung des Auftrags von Bedeutung sind. Damit die Vergabestelle bereits in der Prüfungsphase die Leistungsfähigkeit und Qualität der
Einrichtungen und Mittel des Nachunternehmers prüfen kann, hat der
Bieter, dem im eigenen Unternehmen nicht die Mittel zur Ausführung des
Auftrags zu Gebote stehen oder der sich ihrer nicht bedienen will, selbstverständlich bereits mit dem Angebot von sich aus darzulegen und den
Nachweis zu führen, welcher anderen Unternehmen, die die Einrichtungen und Mittel im Umfang des geplanten Nachunternehmereinsatzes besitzen, er sich zur Ausführung des Auftrags bedienen wird, und dass die

Einrichtungen und Mittel des anderen Unternehmens als ihm tatsächlich zur Verfügung stehend anzusehen sind. Da das Angebot diese Nachweise nicht enthält, ist es zwingend auszuschließen (OLG Düsseldorf, Beschluss vom 22.12.2004 – Verg 81/04).

Nachverhandlungen, Nachverhandlungsverbot

Häufig besteht von Seiten des Auftraggebers ein Interesse, über Einzelheiten des zu vergebenden Vertrags Verhandlungen zu führen. Solche Verhandlungen sind grundsätzlich nur unterhalb der Schwellenwerte bei einer →*freihändigen Vergabe* zulässig. Nach § 24 VOB/A gilt für →*Offenes* und →*Nichtoffenes Verfahren* (bzw. →*Öffentliche* und →*Beschränkte Ausschreibung*) ein strenges Verhandlungsverbot. Sinn dieses Verhandlungsverbots ist es, den ordnungsgemäßen Wettbewerb und Grundsatz der Gleichbehandlung dadurch sicherzustellen, dass die Konditionen der Ausschreibung und die Preise der Bieter nicht verhandelbar sind, da die Auftraggeber ansonsten ihre →*Nachfragemacht* missbräuchlich einsetzten könnten oder bestimmte Bieter diskriminiert werden könnten.

Bei dem Verhandlungsverfahren bzw. der freihändigen Vergabe darf der Auftraggeber zwar verhandeln, ist aber gleichzeitig an die grundlegenden Prinzipien der →*Transparenz* und des →*Diskriminierungsverbots* gebunden.

Bis zur Angebotseröffnung gilt ein absolutes Verhandlungsverbot. Von einem Nachverhandlungsverbot spricht man erst ab Angebotseröffnung. Ab diesem Zeitpunkt gelten verschiedene Ausnahmen. Nach § 24 VOB/A darf der Auftraggeber bis zur Erteilung des →*Zuschlags* mit einem Bieter insoweit verhandeln, als er sich über seine technische und wirtschaftliche Eignung sowie kalkulatorische oder technische Details des Angebots vergewissern will.

Andere Verhandlungen, insbesondere über Preise, sind unzulässig und können zum Ausschluss des verhandelnden Bieters führen.

Das Land Nordrhein-Westfalen hat im Rahmen eines Modellversuches diese strikte Bindung an das Nachverhandlungsversuches aufgehoben, um zu überprüfen, ob sich durch Nachverhandlungen Kostenvorteile für die öffentliche Hand ergeben können. Eine endgültige Evaluation dieses Modellprojektes steht noch aus.

Nebenangebote

I. Begriff

Unter einem Nebenangebot ist ein Angebot zu verstehen, das von einem Bieter neben dem geforderten Angebot, dem Hauptangebot, eingereicht wird. Der Begriff setzt stets eine Abweichung vom geforderten Angebot voraus, und zwar eine Abweichung jeder Art, unabhängig von ihrem Grad, ihrer Gewichtung oder ihrem Umfang (OLG Celle, Beschluss vom 30.4.1999 – 13 Verg 1/99.) Auf eine genaue Bezeichnung als Nebenangebot oder →*Änderungsvorschlag* kommt es nicht an. Entscheidend ist, dass es der Sache nach jedenfalls eine Änderung der im Leistungsverzeichnis und im Hauptangebot vorgesehenen Leistung beinhaltet (OLG Düsseldorf, Beschluss vom 4.7.2001 – Verg 20/01; Vergabekammer Bund, Beschluss vom 25.3.2003 – VK 1-11/03).

II. Zulässigkeit

Grundsätzlich sind nach § 25 Nr. 5 VOB/B Nebenangebote wie Hauptangebote zu werten. Nach § 10 Nr. 5 VOB/A soll der Auftraggeber an sich angeben, ob Nebenangebote erwünscht sind. Falls er sich in der →*Bekanntmachung* oder in den →*Verdingungsunterlagen* nicht dazu äußert, muss er sie genauso werten wie Hauptangebote.

Falls er sie jedoch entweder in der Bekanntmachung oder in den Vergabeunterlagen ausschließt, sind sie nicht der Wertung zugänglich. Das gilt auch im Hinblick auf eine nicht zugelassene Ausführungsart. Solche Angebote kommen genau genommen überhaupt nicht in den eigentlichen Wertungsvorgang, weil sie schon nach § 25 Nr. 1d VOB/A ausgeschlossen werden müssen. An einen ausdrücklichen Ausschluss ist der Auftraggeber gebunden.

III Anforderungen an die Wertung von Nebenangeboten

1. Formale Anforderungen

Die Wertung von Änderungsvorschlägen und Nebenangeboten ist häufig schwieriger als bei Hauptangeboten. Sie müssen deshalb so eindeutig und erschöpfend beschrieben sein, dass sich der Auftraggeber ein klares Bild über die im Rahmen des Änderungsvorschlags oder Nebenangebots vorgesehene Ausführung der Leistung machen kann und insbesondere auch die Angemessenheit des Preises prüfen kann. Aus dem Änderungsvorschlag oder Nebenangebot muss eindeutig hervorgehen, welche in den Verdingungsunterlagen vorgesehene Leistungen oder vertragliche Regelungen ersetzt werden.

Im Übrigen müssen gemäß § 21 Nr. 3 VOB/A etwaige Änderungsvorschläge oder Nebenangebote auf besonderer Anlage gemacht, als solche deutlich gekennzeichnet und ihre Anzahl an einer vom Auftraggeber bezeichneten Stelle in den Verdingungsunterlagen bezeichneten Stelle angegeben werden. Die Änderungsvorschläge und Nebenangebote müssen weiterhin klare Bezugnahmen auf das →*Leistungsverzeichnis* aufweisen.

Nach § 22 Nr. 3 Abs. 2 VOB/A muss beim →*Eröffnungstermin* vom Verhandlungsleiter bekannt gegeben werden, ob und von wem Änderungsvorschläge oder Nebenangebote eingereicht worden sind. Wird dies versehentlich unterlassen, so wird dadurch die Wertung nicht gehindert, weil dies von der Ausschließungsregelung in § 25 Nr. 1 VOB/A nicht erfasst ist. Ein Entschädigungsanspruch des Bieters, der gewünschte oder ausdrücklich zugelassene Änderungsvorschläge oder Nebenangebote bearbeitet und eingereicht hat, besteht auf der Grundlage von § 20 Nr. 2 Abs. 1 Satz 2 VOB/A nicht, weil Änderungsvorschläge oder Nebenangebote hier nicht verlangt, sondern nur gewünscht werden, wodurch der Entschädigungsanspruch noch nicht ausgelöst wird.

2. Gleichwertigkeit und Nachweis der Gleichwertigkeit

Ein besonderes Gewicht kommt im Rahmen der Wertung der Prüfung der Gleichwertigkeit des Änderungsvorschlags bzw. des Nebenangebots zu. In der Regel ist davon auszugehen, dass ein Bietervorschlag nur dann zum Zug kommen kann, wenn er unter Abwägung aller Gesichtspunkte, z. B. Preis, Ausführungsfrist, Betriebs- und Folgekosten usw., wirtschaftlicher ist als der Auftraggebervorschlag. Wirtschaftlicher heißt in diesem Zusammenhang, dass der Bietervorschlag entweder eine bessere Lösung darstellt und nicht teurer ist oder eine gleichwertige Lösung darstellt und preislich günstiger ist. Maßgeblich für die Bewertung eines Nebenangebots sind die Anforderungen, die sich aus den Vergabeunterlagen ergeben. Erforderlich ist auch, dass das Nebenangebot, so wie es vorliegt, mit hinreichender Sicherheit geeignet ist, dem Willen des Auftraggebers in allen technischen und wirtschaftlichen Einzelheiten gerecht zu werden (VK Sachsen, Beschluss vom 14.12.2001 – 1/SVK/123-01). Dabei hat der Auftraggeber einen eigenen Beurteilungsspielraum bei der Wertung, innerhalb dessen er mit sachgerechten Erwägungen über die Annahme oder Ablehnung eines zugelassenen Nebenangebots entscheiden darf. Ein nicht gleichwertiges Nebenangebot darf keinesfalls im Wege von →*Nachverhandlungen* gleichwertig gemacht werden. Vielmehr muss es bereits bei Angebotsabgabe so beschaffen sein, dass es als gleichwertig angesehen werden kann.

Gleichwertigkeit eines Nebenangebots bedeutet, dass es einem Hauptangebot sowohl qualitativ als auch quantitativ gleichwertig ist.

Als nicht quantitativ gleichwertig sind Änderungsvorschläge zu bezeichnen, die einen geringeren als den vom Auftraggeber vorgesehenen Leistungsumfang zum Inhalt haben (Vergabekammer Nordbayern, Beschluss vom 6.2.2003 – 320. VK-3194-01/03). →*Abmagerungsangebote*, die gegenüber dem Hauptangebot lediglich einen geänderten Leistungsumfang aufweisen, sind also unzulässig, weil sie nicht gleichwertig sind.

Eine qualitative Gleichwertigkeit ist nicht schon dadurch gegeben, dass mit dem Alternativangebot lediglich der Zweck der nachgefragten Leistung erreicht werden kann. Vielmehr ist die Alternative dahingehend zu prüfen, ob sie den Mindestbedingungen des Leistungsverzeichnisses entspricht. Eine Gleichwertigkeit zum Amtsvorschlag kann nur dann festgestellt werden, wenn die Alternative die verbindlichen qualitativen Vorgaben des Leistungsverzeichnisses erfüllt (Thüringer OLG, Beschluss vom 18.3.2004 – 6 Verg 1/04; Vergabekammer Nordbayern, Beschluss vom 06.04.2004 – 320. VK-3194-09/04).

Ist ein Nebenangebot als technisch gleichwertig wie ein Hauptangebot akzeptiert worden, kommt es in der weiteren Wertung nur noch auf den Preis an, sofern kein anderes Vergabekriterium bekannt gemacht worden ist.

IV. Aktuelle Rechtsprechung

1. Der öffentliche Auftraggeber muss in den Verdingungsunterlagen die Mindestanforderungen erläutern, die Änderungsvorschläge erfüllen müssen, um sie bei der Wertung berücksichtigen zu können. Nur eine Erläuterung in den Verdingungsunterlagen ermöglicht den Bietern in gleicher Weise die Kenntnis von den Mindestanforderungen, die ihre Änderungsvorschläge erfüllen müssen, um vom Auftraggeber berücksichtigt werden zu können. Es geht dabei um eine Verpflichtung zur Transparenz, die die Beachtung des Grundsatzes der Gleichbehandlung der Bieter gewährleisten soll, der bei jedem von der Richtlinie erfassten Vergabeverfahren für

Aufträge einzuhalten ist. Hat der Auftraggeber also entgegen Art. 19 Baukoordinierungsrichtlinie 93/37/EWG keine Angaben zu Mindestanforderungen an Änderungsvorschläge gemacht, kann folglich ein Änderungsvorschlag selbst dann nicht berücksichtigt werden, wenn Änderungsvorschläge in der Bekanntmachung für zulässig erklärt worden sind. (EuGH, Urteil vom 16.10.2003, Rs. C-421/01, VergabeR 2004, 50 – Traunfellner).

2. Unterlässt es die Vergabestelle, in der Bekanntmachung oder in den Verdingungsunterlagen Mindestanforderungen an Nebenangebote und deren Wertung zu formulieren, so dürfen gleichwohl abgegebene Nebenangebote nicht gewertet werden. Nebenangebote sind nur dann wertbar, wenn sie die Mindestanforderungen erfüllen, welche der Auftraggeber für Nebenangebote aufgestellt hat. Aus Artikel 19 Abs. 2 Baukoordinierungsrichtlinie 93/37/EWG ergibt sich, dass der Auftraggeber verpflichtet ist, in den Verdingungsunterlagen die Mindestanforderungen zu erläutern, die Änderungsvorschläge erfüllen müssen. Ein bloßer Verweis auf eine nationale Rechtsvorschrift, die die Gleichwertigkeit der vorgeschlagenen mit der ausgeschriebenen Leistung fordert, genügt nicht. Dies gilt auch für die Bewerbungsbedingungen. Zwar ist dort der Nachweis der Gleichwertigkeit gefordert. Eine solche allgemeine Anforderung ersetzt jedoch keine Beschreibung von konkreten Mindestanforderungen. Für die Mindestanforderungen an Nebenangebote kann auch nicht auf die Anforderungen des Leistungsverzeichnisses zurückgegriffen werden. Das Leistungsverzeichnis befasst sich nur mit den Anforderungen, die an das Hauptangebot gestellt werden. Damit bleibt unklar, welche Kriterien an Nebenangebote angelegt werden sollen (BayObLG, Beschluss vom 22.6.2004 – Verg 13/04).

3. Anderer Auffassung ist die Vergabekammer Schleswig-Holstein. Die Vergabekammer erachtet es hinsichtlich der Mindestbedingungen für ausreichend, dass nach den Ausschreibungsunterlagen Nebenangebote auf einer besonderen Anlage gemacht werden, deutlich gekennzeichnet sein und eine eindeutige und erschöpfende Beschreibung enthalten müssen. Daneben müsse das Nebenangebot so beschaffen sein, dass es der Auftraggeber bei der Abgabe des Angebots als gleichwertig beurteilen kann. Die Vergabekammer folgt damit nicht der Auffassung, dass der Auftraggeber auch technische Mindestbedingungen für Nebenangebote angeben muss (BayObLG a. a. O.), um diese werten zu dürfen. Der Recht-

sprechung des EuGH sei eine derart restriktive Auslegung von Art. 19 Abs. 2 Baukoordinierungsrichtlinie 93/37/EWG nicht zu entnehmen. Würde man damit ernst machen, wäre der Sinn und Zweck von Nebenangeboten, nämlich dass dem Auftraggeber ihm nicht bekannte Produkte und Verfahren angeboten werden, völlig entwertet. Der technische Fortschritt ginge an öffentlichen Auftragsvergaben vorbei, da der Vergabestelle schwerlich zugemutet werden könne, in Unkenntnis sämtlicher möglicher Alternativen für alle Leistungspositionen technische Mindestbedingungen zu formulieren.

Bei der Vergabe öffentlicher Bauaufträge müssen Nebenangebote nicht ausdrücklich zugelassen sein, damit sie als gleichwertig eingestuft werden können (OLG Celle, Urteil vom 21.8.2003 – 13 Verg 13/03). Nach § 25 Nr. 5 S. 1 VOB/A darf die Vergabestelle Nebenangebote nicht werten, wenn sie ausweislich der Vergabebekanntmachung oder der Vergabeunterlagen (ausdrücklich) nicht zugelassen sind. Nebenangebote sind demnach zugelassen, wenn der öffentliche Auftraggeber sie nicht ausdrücklich ausschließt. Bieter können demnach davon ausgehen, dass Nebenangebote zugelassen sind, soweit die Vergabestelle sie nicht ausdrücklich ausgeschlossen hat. Zwar ist Voraussetzung für die Wertung eines Nebenangebots, dass das Nebenangebot gemäß § 21 Nr. 2 VOB/A in Bezug auf Sicherheit, Gesundheit und Gebrauchstauglichkeit gleichwertig zu dem Amtsvorschlag ist. Keine Voraussetzung der technischen Gleichwertigkeit ist jedoch, dass die alternativ angebotene technische Lösung bereits in der Vergabebekanntmachung oder der Aufforderung zur Angebotsabgabe ausdrücklich von der Vergabestelle als gleichwertig ausgewiesen oder überhaupt zugelassen ist.

Die „Mindestbedingungen" sind allerdings noch nicht den allgemeinen Anforderungen an Nebenangebote, wie sie in Ziff. 4.5 der Bewerbungsbedingungen und dem Formblatt EVM (B) BwB/E 212 enthalten sind, zu entnehmen. Diese betreffen nur Formalien, nicht aber inhaltlich-leistungsbezogene Anforderungen mit Bezug zu einer bestimmten Bauleistung. Das Erfordernis, für Nebenangebote Mindestanforderungen anzugeben, wird aus Art. 19 Abs. 2 der Baukoordinationsrichtlinie 93/97 EWG vom 14.6.1993 (a. a. O.) abgeleitet. Nach dieser Bestimmung können von Bietern vorgelegte Änderungsvorschläge nur berücksichtigt werden, wenn diese den vom Auftraggeber in den Verdingungsunterlagen festgelegten Mindestanforderungen entsprechen. Wegen des Inhalts dieser Mindestan-

forderungen darf nicht einfach auf nationale Rechtsvorschriften verwiesen werden (vgl. EuGH, Urteil vom 16.10.2003, Rs. C-421/01, VergabeR 2004, 50 – Traunfellner; BayObLG, Beschluss vom 22.6.2004 – Verg 13/04; OLG Rostock, Beschluss vom 24.11.2004 – 17 Verg 6/04). Der Vergabesenat vor dem OLG Schleswig-Holstein hat die damit angesprochene Problematik im Anschluss an vorhergehenden Beschluss (OLG Schleswig-Holstein, Beschluss vom 28.12.2004 – 6 Verg 5/04) einer erneuten Überprüfung unterzogen. Diese führte dazu, dass im vorliegenden Fall schon aus tatsächlichen Gründen ein Erfordernis für die Angabe von (besonderen) „Mindestanforderungen" an Schachtbauwerke für Hauskontrollschächte nicht besteht. Damit entfiel auch ein Anlass, die Sache gem. § 124 Abs. 2 GWB dem Bundesgerichtshof vorzulegen, weil eine Divergenz der hier zu treffenden Entscheidung zu den Entscheidungen des BayObLG und des OLG Rostock vom 24.11.2004 – 17 Verg 6/04 wegen unterschiedlicher Fallgestaltungen nicht entstehen konnte (OLG Schleswig, Beschluss vom 15.02.2005 – 6 Verg/04).
→ *Mindestanforderungen an Nebenangebote*

Nebenleistungen

Nebenleistungen sind → *Leistungen,* die auch ohne Erwähnung in der → *Leistungsbeschreibung* zur vertraglichen Leistung des Auftragnehmers gehören. Nebenleistungen sind durch den vereinbarten Preis abgegolten und nicht besonders zu vergüten. In den Allgemeinen Technischen Vertragsbedingungen im Teil der VOB findet sich eine nicht erschöpfende Aufzählung, welche Leistungen zu den Nebenleistungen zu zählen sind. Abzugrenzen sind die Nebenleistungen insbesondere von den → *Besonderen Leistungen.*

Newcomer

I. Allgemeines

Newcomer ist ein anderer Begriff für neu gegründete Unternehmen. Eine Schwierigkeit für solche Betriebe besteht häufig darin, dass die von Vergabestellen geforderten → *Eignungsnachweise,* z. B. Referenzen, von diesen nicht beigebracht werden können.

Zum Teil wird aus dem → *Wettbewerbsgrundsatz* abgeleitet, dass eine solche uneingeschränkte und ausschließliche Verwendung des Kriteriums „vergangener Erfahrungen" dem Wettbewerbsgedanken und der Vorschrift des § 4 Abs. 5 VOF zuwiderlaufe, da neue Bewerber von vornherein schlechtere Bedingungen vorfinden würden. Richtigerweise wird man allerdings von öffentlichen Auftraggebern nicht verlangen können, an schwierigen und komplexen Aufträgen Berufsanfänger immer angemessen zu beteiligen (OLG Düsseldorf, Beschluss vom 23.7.2003 – Verg 27/03). Jedenfalls bei einem legitimen Interesse des Auftraggebers am Einbezug der Eignungsnachweise werden die Erschwernisse für Newcomer in Kauf zu nehmen sein (Vergabekammer Bund, Beschluss vom 30.1.2002 – VK 1-01/02; OLG Düsseldorf , a. a. O.).

II. Aktuelle Rechtsprechung
Eine Vergabestelle schrieb Dienstleistungen zur Berufsausbildung in einer außerbetrieblichen Einrichtung gemäß § 241 SBG III aus. Nach den Vergabeunterlagen hatte der Bieter zu beachten, dass die Ausbildungsberechtigung für die geforderten Berufe durch die zuständige Stelle erteilt sein muss. Nur in begründeten Ausnahmefällen war die Einreichung eines Nachweises der Ausbildungsberechtigung vor Beginn der Maßnahme möglich. Ein Bieter erfüllte diese Anforderungen nicht. Die Vergabestelle schloss deshalb sein Angebot aus.

Die Vergabekammer Bund machte den Ausschluss rückgängig. Grundsätzlich sei nach den Umständen davon auszugehen, dass der Bieter als „Newcomer" anzusehen ist, dem nicht zugemutet werden könne, vor Erteilung des Zuschlags kostspielige Investitionen in sachlicher (Investitionssumme von 15.000 Euro) und personeller Hinsicht vorzunehmen. Anders als bei Investitionen, die ein „Newcomer", der sich neu auf einem Markt betätigen möchte, ohne Rücksicht auf die Erfolgsaussichten vorzunehmen hat, sei dies für eine derartige „Vorleistung", die der Bieter zu erbringen hat, nicht anzunehmen. Es liege nicht in der Einflusssphäre des Bieters, ob und wie er seine Leistung auf dem Markt anbieten könne. Um den Wettbewerb nicht von vornherein auf ortsansässige Bieter unzulässigerweise zu verengen, müsse eine Vergabestelle die Vorlage von Ausbildungsberechtigungen, die erkennbar mit Investitionen verbunden ist, auf einen Zeitpunkt nach der Erteilung des Zuschlags verschieben. Zudem müsse der Zeitraum, der dem Bieter für die Vornahme der Investitionen einzuräumen ist, das heißt zwischen Erteilung des Zuschlags und Beginn der Maßnahme, angemessen sein. Die Vorgabe eines fixen Termins für die Vorlage der Ausbildungsberechtigung, der nicht ortsansässige Bewerber diskriminiert, entspricht nicht dem Vergaberecht und beinhaltet einen Verstoß gegen das Gleichbehandlungsgebot nach § 97 Abs. 2 GWB (Vergabekammer Bund, Beschluss vom 02.12.2004 – VK 2-181/04).

Nicht bestellte Leistungen

Nicht bestellte Leistungen sind →*Leistungen*, die der Auftragnehmer erbracht hat, obwohl sie vertraglich nicht geschuldet sind. In der Praxis tritt eine solche Erbringung häufig bei →*Eventualpositionen* auf. Nicht bestellte Leistungen muss der Auftraggeber nach § 2 Nr. 8 VOB/B nicht vergüten; vielmehr müssen sie von dem Auftragnehmer auf seine Kosten entfernt werden. Ausnahmsweise ist eine Vergütung denkbar, wenn der Auftraggeber diese anerkennt oder solche Leistungen für die Erfüllung des Vertrags notwendig waren und dem mutmaßlichen Willen des Auftraggebers entsprachen sowie ihm unverzüglich angezeigt worden sind, § 2 Nr. 8 Abs. 2 VOB/B.

Nichtoffenes Verfahren

I. Begriff

Das Nichtoffene Verfahren ist eine Art der →*Ausschreibung* im europäischen Vergaberecht oberhalb der →*Schwellenwerte*. Es entspricht im Wesentlichen der →*Beschränkten Ausschreibung* bei einer nationalen Ausschreibung nach den →*Basisparagraphen*. Unterschied ist zum einen, dass im Nichtoffenen Verfahren ein vorgeschalteter öffentlicher Teilnahmewettbewerb zwingend erforderlich ist (§ 3 a VOB/A) und dieser europaweit auszuschreiben ist.

Das Nichtoffene Verfahren ist, wie das →*Verhandlungsverfahren*, als Ausnahme zum grundsätzlich anzuwendenden →*Offenen Verfahren* ausgestaltet und kommt dann zur Anwendung, wenn die Voraussetzungen für die Durchführung der Beschränkten Ausschreibung nach § 3 Nr. 3 VOB/A vorliegen. Dies ist der Fall bei unverhältnismäßigem Aufwand, einer öffentlichen Ausschreibung ohne annehmbares Ergebnis, Unzweckmäßigkeit, einem beschränkten Kreis von geeigneten Unternehmern sowie außergewöhnlich hohem Aufwand für eine Angebotsbearbeitung.

II. Aktuelle Rechtsprechung

Die Vergabekammer Sachsen stellte für die Durchführung eines Nichtoffenen Verfahrens, insbesondere hinsichtlich der dem Auftraggeber obliegenden Dokumentationspflichten, folgende Grundsätze auf:

Die Beweislast für das Vorliegen von Ausnahmetatbeständen für das Abweichen vom Offenen Verfahren liegt beim Auftraggeber.

Hat der Auftraggeber in der Vergabeakte/Vergabevermerk demgegenüber nicht dokumentiert, warum er vom Vorrang des Offenen Verfahrens gemäß § 101 Abs. 5 GWB abweichen darf, ist ein gegen die Durchführung eines Nichtoffenen Verfahrens gerichteter Nachprüfungsantrag grundsätzlich – bei unterstellter individueller Rechtsverletzung im Übrigen – schon aus diesem Grund begründet .

Der Auftraggeber muss eine – vorherige – Prognose anstellen, welchen konkreten Aufwand ein Offenes Verfahren bei ihm, aber auch der noch unbekannten Anzahl potenzieller Bieter voraussichtlich verursachen würde. Dabei hat er auf der Grundlage benötigter Verdingungsunterlagen den Kalkulationsaufwand eines durchschnittlichen Bieters für die Erstellung und Übersendung der Angebote und dessen sonstige Kosten zu schätzen. Zum Teil kann der Auftraggeber auch auf Erfahrungswerte parallel gelagerter Ausschreibungen oder auf eigene Schätzungen in Fällen der möglichen Überschreitung der EU-Schwellenwerte zurück greifen. Diese ermittelten Schätzkosten sind danach in ein Verhältnis zu dem beim Auftraggeber durch das Offene Verfahren erreichbaren Vorteil oder alternativ den Wert der Leistung zu setzen.

Bei der Ermittlung des Aufwands ist auch im Gegenzug einzustellen, welche Fixkosten der Auftraggeber im Nichtoffenen Verfahren als Sowieso-Kosten (z. B. Auswertungskosten und Kosten für vorgezogenen Teilnahmewettbewerb) hat und welche Refinanzierungsposten (z. B. für die Kosten der Vervielfältigung der Verdingungsunterlagen) den zusätzlichen Aufwand beim Offenen Verfahren andererseits wiederum gegenüber dem Nichtoffenen Verfahren schmälern.

Ein für sich gesehen hoher Aufwand für die Durchführung eines Offenen Verfahrens sei unerheblich. Vielmehr muss der Auftraggeber zum einen den ermittelten Aufwand – in der ersten Variante – zu dem positiv erreichbaren Vorteil eines Offenen Verfahrens ins Verhältnis setzen. Selbiges gilt – wertneutral – zum alternativ relevanten Wert der Leistung bei Variante zwei. Erst wenn zumindest zu einer der beiden Bezugsgrößen zweifelsfrei ein Missverhältnis festgestellt würde, darf das Nichtoffene Verfahren angewandt werden. Dabei geht die Vergabekammer – gestützt auf Berichte der Rechnungshöfe und auch auf eine sachverständige Wirtschaftlichkeitsbetrachtung – grundsätzlich davon aus, dass – aufgrund auch mathematischer Wahrscheinlichkeit – das wirtschaftlichste Angebot bei z. B. 50 fiktiven Angeboten im Offenen Verfahren preislich niedriger liegt als bei lediglich zehn Angeboten, zumal wenn diese – wie vorliegend – ausgelost werden.

Ein Missverhältnis liegt erst dann vor, wenn der zusätzliche Aufwand eines Offenen Verfahrens den ermittelten Vorteil um ein Vielfaches übersteigt.

Selbiges gilt für ein Missverhältnis zum Wert der Leistung. Nur dann, wenn der – zusätzliche – Aufwand eines Offenen Verfahrens einen Großteil des Wertumfangs der Leistung ausmacht, ist ein Nichtoffenes Verfahren gerechtfertigt. Bei der erforderlichen Individualbetrachtung steht ein immer höherer Wert der Leistung proportional zum Aufwand des Offenen Verfahrens. Je höher der betroffene Wert der Leistung, um so weniger wahrscheinlich kann der Aufwand des Offenen Verfahrens zu einem beachtlichen Missverhältnis führen. Ein anerkennenswerter Zusatzaufwand des Offenen Verfahrens von einem Prozent des Leistungswerts steht nicht im Missverhältnis zum Leistungswert.

Bei dieser Gesamtbetrachtung muss insbesondere der Ausnahmecharakter des Nichtoffenen Verfahrens gegenüber dem Offenen Verfahren berücksichtigt werden. Würde der Auftraggeber anhand nur von ihm vorgenommener und ungesicherter Prognosewerte zum Aufwand eines Offenen Verfahrens und geschätzter fiktiver Kosten einer noch ungewissen Anzahl von Bietern in jenem Offenen Verfahren generell das Nichtoffene Verfahren anwenden, wäre dem Haus- und Hoflieferantentum Tür und Tor geöffnet. Dies gilt um so mehr als der wettbewerbliche Aspekt der Beschaffungen durch § 97 Abs. 1 GWB gegenüber dem unterhalb der EU-Schwellenwerte allein dominierenden haushaltsrechtlichem Aspekt an Bedeutung gewonnen hat (VK Sachsen, Beschluss vom 20.8.2004 – 1/SVK/067-04).

Niedrigpreisangebote

Der Begriff des Niedrigpreisangebots ist wie der (wegen seiner Mehrdeutigkeit zu vermeidende) Begriff des →*Dumpingangebots* nicht eindeutig bestimmt. Angebote mit möglichst niedrigen Preisen sind schon vom Wettbewerbsprinzip her im Vergaberecht ohne weiteres erlaubt und zulässig. Die Grenze ist in § 25 Nr. 3 VOB/A gezogen, nach der ein Angebot mit einem „unangemessen hohen oder niedrigen Preis" nicht bezuschlagt werden soll (→*Angebotswertung*; →*Preisprüfung*). Aus der absoluten Höhe des Preises wird man regelmäßig nicht schließen können, ob es sich um ein solches Angebot i. S. v. § 25 Nr. 3 VOB/A handelt.

NUTS-Code

Der NUTS-Code ist eine Kennziffer, die bei europaweiten Ausschreibungen (z. B. in der Datenbank →*TED*) für den geographischen Bereich verwendet wird und ähnlich wie der CPV-Code nach – geographischer – Genauigkeit ausdifferenziert ist. Beispielsweise steht der NUTS-CODE „DEE" für Sachsen-Anhalt; „DEE1" steht für Dessau". NUTS ist eine Abkürzung von „Nomenclature of territorial units for statistics" bzw. „Nomenclature des Unités Territoriales Statistique".

Objektlose

→Teillose

Öffentliche Ausschreibung

Die Öffentliche Ausschreibung ist neben der →*Beschränkten Ausschreiung* und der →*Freihändigen Vergabe* eine der von der VOB/A vorgesehenen Vergabearten. Sie soll nach § 3 Nr. 2 VOB/A die Regel, wenn nicht die besonderen begründungsbedürftigen Ausnahmen greifen, die eine der beiden anderen Vergabearten ermöglichen. Hintergrund für den Vorrang der Öffentlichen Ausschreibung ist, dass diese sich an einen zahlenmäßig nicht beschränkten Kreis von Bewerbern wendet, so dass der Wettbewerb bei ihr am intensivsten ist. Die dabei notwendige Aufforderung von Unternehmen zur Anforderung der Vergabeunterlagen geschieht durch eine →*Bekanntmachung*, z. B. in Form einer Annonce in Tageszeitungen oder speziellen Ausschreibungsblättern. Bei europaweiten Vergaben ist das →*Offene Verfahren* mit der Öffentlichen Ausschreibung weitgehend identisch.

Bei Anforderung der Verdingungsunterlagen muss die Vergabestelle diese grundsätzlich an alle Bewerber abgeben, die sich →*gewerbsmäßig* mit der Ausführung von Bauleistungen der ausgeschriebenen Art befassen. Die →*Eignung* der Bewerber zur Durchführung des Auftrags wird bei der Öffentlichen Ausschreibung erst bei der Wertung der Angebote überprüft. Bei einer Öffentlichen Ausschreibung muss die Angebotsfrist länger bemessen werden als bei einer Beschränkten Ausschreibung.

Öffentlich-rechtliche Genehmigungen und Erlaubnisse

Der Auftraggeber ist nach § 4 Nr. 1 Abs. 1 S. 2 VOB/B verpflichtet, die erforderlichen öffentlich-rechtlichen Genehmigungen und Erlaubnisse herbeizuführen. Damit sind solche Genehmigungen gemeint, die das in Auftrag gegebene Werk betreffen, also z. B. die Baugenehmigung, gewerbe-

oder wasserrechtliche Genehmigungen oder feuerpolizeiliche Erlaubnisse. Welche Genehmigungen und Erlaubnisse konkret einzuholen sind, hängt von den Umständen des Einzelfalles ab. Nicht erfasst sind somit solche Genehmigungen und Erlaubnisse, die sich ausschließlich auf den vom Auftragnehmer zu gestaltenden Betrieb der Baustelle beziehen, also z. B. die Genehmigung eines Schwertransportes zur Beförderung von Fertigteilen. Zweck der Regelung ist es, dem Arbeitnehmer die ungestörte und fristgerechte Ausführung der geschuldeten Bauleistung zu ermöglichen.

Öffnung des ersten Angebots

Die Öffnung des ersten Angebots ist mit dem Zeitpunkt des Aufschneidens des ersten Angebotsumschlags erfolgt. Angebote, die im →*Eröffnungstermin* bei Öffnung des ersten Angebots dem Verhandlungsleiter nicht vorgelegen haben, werden von der Wertung ausgeschlossen.

Offenes Verfahren

Das Offene Verfahren ist die Vergabeart, die bei europaweitem Wettbewerb der →*Öffentlichen Ausschreibung* entspricht. Wie bei dieser findet keine Beschränkung des Wettbewerbs statt; abgesehen von dem →*Sektorenbereich* ist das Offene Verfahren die Regelform. Die Wahl eines anderen Verfahrens (→*Nichtoffenes Verfahren*; →*Verhandlungsverfahren*) ist nur unter besonderen Voraussetzungen möglich. Anders als bei der Öffentlichen Ausschreibung muss die Bekanntmachung zwingend im →*Amtsblatt* der Europäischen Gemeinschaft unter Verwendung der im Anhang der VOB/A enthaltenen Formblätter geschehen.

Option; Optionsrecht

Eine Option ermöglicht es einer Vertragspartei, ein inhaltlich bereits endgültig gestaltetes, aber zunächst in einem Schwebestand befindliches Rechtsverhältnis später wirksam werden zu lassen. Vor Ausübung ist nur der Vertragspartner des Optionsberechtigten gebunden. Die Bindung des Optionsberechtigten tritt dagegen erst mit Ausübung der Option ein.

Am häufigsten dürfte ein Optionsrecht in Form einer Verlängerungsoption praktiziert werden. Hierbei kann der Optionsberechtigte, z. B. bei einem Miet- oder Dienstleistungsvertrag, einseitig die Verlängerung eines wirksamen Vertrags bewirken. Im VOB-Bereich kann sich ein Optionsrecht des Auftraggebers auf einen weiteren Bauabschnitt beziehen.

Bei Berechnung der →*Schwellenwerte* ist der Wert der vorgesehenen Optionen mit einzuberechnen.

Ordnungszahl

→*Position*

Ortsansässigkeit; ortsansässige Bewerber

In der Vergabepraxis kommt es insbesondere bei kommunalen Auftraggebern häufig vor, dass ortsansässige Bewerber bevorzugt werden oder bevorzugt werden sollen.

Eine solche Bevorzugung ist jedoch aus vergaberechtlicher Sicht als überaus kritisch zu bewerten. Im Regelfall verstößt eine Bevorzugung ortsansässiger Bewerber gegen § 8 Nr. 1 VOB/A. Die damit gleichzeitig verbundene Bevorzugung inländischer Bieter gegenüber ausländischen Bietern würde gravierend gegen das europarechtliche →*Diskriminierungsverbot* verstoßen, das zu den wichtigsten Grundsätzen des Europarechts zählt. Die Ortsansässigkeit ist somit für sich genommen kein Aspekt, der bei der Wertung der Angebote herangezogen werden könnte (→*vergabefremde Aspekte*). Sofern ortsansässige Bewerber bezuschlagt werden sollen, muss dies aufgrund eines objektiven Vorteils für den Auftraggeber geschehen.

Ortsbesichtigung

Eine Angabe in den Verdingungsunterlagen über die Möglichkeit von Ortsbesichtigungen ist vor allen Dingen dann notwendig, wenn nur an Ort und Stelle wichtige Erkenntnisse über die Art oder Form der Ausführung gewonnen werden können. Der Hinweis auf die Möglichkeit einer Ortsbesichtigung entbindet den Auftraggeber aber nicht von der Pflicht, eine eindeutige und vollständige →*Leistungsbeschreibung* zu erstellen. Sie kann auch nicht, wie in der Praxis häufig, mit einer Allgemeinen Geschäftsbedingung z. B. in der Form ausgeschlossen werden, dass der Auftragnehmer nicht mehr geltend machen kann, dass er die Verhältnisse nicht oder nicht genügend gekannt hat.

Ortsübliche Vergütung

Die ortsübliche Vergütung kann eine Rolle spielen, wenn ein Vertrag ohne Vereinbarung einer bestimmten →*Vergütung* abgeschlossen wurde. In einem solchen Fall gilt nach § 632 Abs. 2 BGB die übliche Vergütung vereinbart. Üblich in diesem Sinne ist die Vergütung, die zur Zeit des Vertragsabschlusses nach Auffassung der beteiligten Kreise am Ort der Werkleistung gewährt zu werden pflegt.

OZ

Abkürzung für Ordnungszahl.
→*Position*

P

Parallelausschreibung

Eine Parallelausschreibung ist eine →*Ausschreibung*, bei der es mehrere, vom Auftraggeber vorgegebene mögliche Varianten für die Angebotsabgabe gibt. Meist können dabei nach Wahl des Bieters mehrere der vorgegebenen Möglichkeiten, alle oder auch nur eine der Möglichkeiten angeboten werden.

Bei Parallelausschreibungen im Baubereich werden typischerweise entweder Bauleistungen als Generalunternehmerleistungen bzw. fachlosweise Bau- und Finanzierungsleistungen oder Bau- und Betriebsleistungen parallel, d. h. gleichzeitig und nebeneinander, ausgeschrieben (→*Fachlose*; →*Teillose*). Gegen Parallelausschreibungen bestehen keine durchgreifenden vergaberechtlichen Bedenken, sofern die berechtigten Interessen im Hinblick auf einen zumutbaren Arbeitsaufwand zur Angebotserstellung gewahrt werden, das Verfahren für die Beteiligten hinreichend →*transparent* ist und sichergestellt ist, dass die wirtschaftlichste Verfahrensweise zum Zuge kommt.

Die in der Praxis am häufigsten verwendete Erscheinungsform der Parallelausschreibung ist die Ausschreibung derselben Leistung zum einen als Generalunternehmerpaket und zum anderen als einzelne Fach- bzw. Teillospakete. Eine solche durch die Ausschreibung ermöglichte wahlweise Abgabe von Angeboten für einzelne Fachlose und/oder für zusammengefasste Gruppen von Einzellosen bzw. für alle Lose enthält keinen Verstoß gegen das Transparenzgebot (§ 9 Nr. 1 VOB/A). Insbesondere handelt es sich nicht um eine unzulässige Doppelausschreibung identischer Leistungen als Teilleistung in mehreren Losen, weil die Vergabeeinheiten für die Generalunternehmer- und die Einzelangebote sich inhaltlich nicht überschneiden, sondern decken.

Parallelausschreibungen sind nicht ohne weiteres zulässig, sondern an bestimmte Voraussetzungen geknüpft. Die Zulässigkeit einer Parallelausschreibung kann immer nur im Einzelfall beurteilt werden. Insbesondere muss die Grenze des § 16 VOB/A (→*vergabefremde Zwecke*) berücksichtigt werden. Dies bedeutet, dass auch bei Parallelausschreibungen die Fertigstellung der Verdingungsunterlagen für alle möglichen Varianten gegeben sein muss und innerhalb der angegebenen Fristen mit der Ausführung begonnen werden kann (§ 16 Nr. 1 VOB/A). Bei der alternativen Bau- und Finanzierungsausschreibung muss der Auftraggeber die Bieter für den Fall des Nichtvorliegens einer Haushaltsfinanzierung hierüber voll umfänglich informieren. Denn insbesondere die Bieter zu Los 1 (Bauleistung) werden so darauf aufmerksam gemacht, dass eine Zuschlagserteilung für den Fall nicht möglich ist, dass entweder keine Privatfinanzierung über Los 2 gefunden wird oder aber nur eine Privatfinanzierung, die jedoch teurer ist als eine typische Haushaltsfinanzierung und daher nicht zum Zuge kommen kann. Der öffentliche Auftraggeber muss daher zur Vermeidung von Bieteransprüchen darauf hinweisen, dass zum einen die Finanzierung entgegen § 16 Nr. 1 noch nicht gesichert ist und das Vorhaben in der geplanten Ausführungsfrist nur dann verwirklicht werden kann, wenn über die Ausschreibung des Loses 2 (Finanzierung) eine Privatfinanzierung gefunden werden kann, die insbesondere nicht teurer ist, als eine Haushaltsfinanzierung.

Weiter setzt eine Parallelausschreibung voraus, dass der Auftraggeber bereits auf diese besondere Form der Ausschreibung sowohl in der →*Bekanntmachung* (§§ 17, 17 a, 17 b VOB/A) als auch in den →*Vergabeunterlagen* (§§ 10, 10 a, 10 b VOB/A) deutlich hinweist. Der Hinweis in den Vergabeunterlagen muss dabei zwingend bereits im Anschreiben (§ 10 Nr. 1 Abs. 1 a VOB/A), also der →*Aufforderung zur Angebotsabgabe*, enthalten sein. Es wäre unzumutbar, erst die Vielzahl der Verdingungsunterlagen durcharbeiten zu müssen, bevor ein Bewerber dann von den Besonderheiten, die mit der Parallelausschreibung verbunden sind, erfährt. Eine entscheidende Grenze für Parallelausschreibungen enthält die Vorschrift des § 16 Nr. 2 VOB/A, die Ausschreibungen für →*vergabefremde Zwecke* (z. B. Ertragsberechnungen) für unzulässig erklärt. Markterkundungen und Wirtschaftlichkeitsberechnungen gehören zu den Pflichten der Vergabestelle vor Beginn der Ausschreibung, sodass eine Ausschreibung, die erkennbar Markterkundungen und Wirtschaftlichkeitsberechnungen bezweckt, vergabefremden Zwecken dient. Neben der erforderlichen hinreichend konkreten Beschreibung der Leistung auch bei Parallelausschreibungen – vergleichbar mit der bei der Funktionalausschreibung bekannten Problematik – müssen bei einer Parallelausschreibung insbesondere auch die Grundsätze eines ordnungsgemäßen Wettbewerbs, eines transparenten Vergabeverfahrens und der Gleichbehandlung der Bieter und Bewerber gewährleistet sein (vgl. § 97 Abs. 1 und 2 GWB und § 2 Nr. 1 und Nr. 2 VOB/A). Dies bedeutet auch, dass bei Parallelausschreibungen die berechtigten Interessen der Bieter im Hinblick auf einen zumutbaren Arbeitsaufwand gewahrt werden, das Verfahren für die Beteiligten hinreichend transparent ist und sichergestellt ist, dass die wirtschaftlichste Verfahrensweise zum Zuge kommt. Parallelausschreibungen sind immer dann unzulässig, wenn sie nicht auf die Beschaffung des gleichen Leistungsgegenstands gerichtet sind, sondern auf die Feststellung zunächst des günstigsten Verfahrens für den Ausschreibenden, um sodann die Leistungen zu beschaffen. Parallelausschreibungen müssen daher immer dann als unzulässig wegen Verstoßes gegen den →*Wettbewerbs-*, den →*Gleichbehandlungs-* und den →*Transparenzgrundsatz* angesehen werden, wenn sie mit dem Zwecke der Markterkundung im Grundsatz von vornherein zwei getrennte Ausschreibungsverfahren beinhalten, von denen nur eines zum Zuge kommen kann, während das andere zwingend aufgehoben werden muss. In diesem Sinne muss etwa eine Ausschreibung, mit der erst erkundet werden soll, ob die Sanierung einer Schule oder deren Neubau an anderer Stelle wirtschaftlicher ist, als unzulässige Markterkundung angesehen werden. In all diesen Fällen liegen zwei getrennte und damit unzulässige Ausschreibungen vor. „Parallelausschreibung" ist daher immer als Einzahl zu verstehen, mit dem ein und derselbe Ausschreibungszweck erreicht werden soll. Dies folgt zwingend aus § 16 Nr. 2 VOB/A, da jeweils nur einmal (Beispiel: Bauvergabe oder Vergabe der Finanzierung; Generalunternehmen oder Fachunternehmen für Gewerke; Hängebrücke oder Bogenbrücke) vergeben werden kann.

Insgesamt entsprechen Parallelausschreibungen, die das Wettbewerbs-, Transparenz- und Gleichbehandlungsgebot beachten und keinen Verstoß gegen § 16 Nr. 2 VOB/A darstellen, durchaus einem sachgerechten Bedürfnis der Praxis und insbesondere der Auftraggeberseite. Dies gilt zumindest für alle vom Auftraggeber objektiv nicht vorab eindeutig festlegbaren Leistungsbeschreibungen, sodass er erst durch eine Parallelausschreibung Kenntnis darüber erhält, welche Angebotsvariante für ihn im Ergebnis wirtschaftlicher ist. Derartige Zweifelsfälle sind insbesondere bei komplexeren und umfangreicheren Bauvorhaben mit technischen Schwierigkeiten gegeben. Hier muss daher eine Parallelausschreibung zum Zwecke des wirtschaftlichen und technischen Vergleichs (vgl. auch § 4 Nr. 3 Satz 2 VOB/A) zwischen den Angeboten zugelassen werden. In diesem Sinne müssen auch

Parallelausschreibungen im Rahmen von Privatisierungen öffentlicher Bauvorhaben, bei denen gleichzeitig eine VOB-Ausschreibung für den Bau sowie eine VOL-Ausschreibung für Bau, Betrieb und Finanzierung, z. B. eines Blockheizkraftwerks, durchgeführt wird, für grundsätzlich zulässig erachtet werden. Aber auch in den Fällen, in denen der Auftraggeber bei komplexeren technischen Vorhaben durch eine Parallelausschreibung die wirtschaftlichste und technisch beste Form der Vergabe erkunden will, bleibt die Parallelausschreibung die Ausnahme. Grundsätzlich hat sich daher die Vergabestelle vor der Ausschreibung darüber abschließend Gedanken zu machen, was sie konkret beschaffen will oder kann.

Pauschalpreis

Ein Pauschalpreis kann als Gegenbegriff zu einem →*Einheitspreis* verstanden werden, bei dem sich die →*Vergütung* erst in Verbindung mit den auf den Einheitspreis bezogenen ausgeführten Mengen ergibt. Der Pauschalpreis ist dagegen unabhängig von der erbrachten Leistung und erlaubt somit eine erheblich vereinfachte →*Abrechnung*.

Bezieht sich der Pauschalpreis auf die gesamte ausgeführte Leistung, spricht man von einem →*Pauschalvertrag*.

Pauschalvertrag

I. Allgemeines

Ein Pauschalvertrag ist ein Vertrag, bei dem zwischen den Parteien als →*Vergütung* eine →*Pauschalsumme* vereinbart ist. Nach § 5 Nr. 1 b) VOB/A soll der Pauschalvertrag die Ausnahme sein. Regelmäßig soll nach der erbrachten Leistung, also im Wege eines →*Einheitspreisvertrags*, abgerechnet werden. Der Pauschalvertrag ist nur zulässig, wenn die Leistung nach Ausführungsart und Umfang genau bestimmt ist und mit einer Änderung bei der Ausführung nicht zu rechnen ist.

Zum Teil wird im Rahmen eines Pauschalvertrags noch zwischen einem Detail-Pauschalvertrag und einem Global-Pauschalvertrag differenziert. Bei der ersten Variante ist die Leistung durch eine differenzierte →*Leistungsbeschreibung* umfassend beschrieben; dagegen ist ein Global-Pauschalvertrag dadurch gekennzeichnet, dass er durch eine →*funktionale Leistungsbeschreibung* lediglich den Zweck der Leistung beschreibt, ohne dass eine Konkretisierung, wie von § 9 Nr. 12 VOB/A gefordert, erfolgen würde. Diese Variante ist mit der VOB/A nicht vereinbar, da sie zum einen mit einem →*ungewöhnlichen Wagnis* für den Auftragnehmer verbunden ist, zum anderen die Leistung nicht hinreichend im Angebot konkretisiert wird.

II. Aktuelle Rechtsprechung

Ein Auftragnehmer führt für einen Auftraggeber zum Pauschalpreis die Montage einer Heizungsanlage durch. Der Auftraggeber kündigt den Werkvertrag. Der Auftragnehmer rechnet die Leistung ab, ohne die ausgeführten von den nicht erbrachten Leistungen abzugrenzen. Der Auftraggeber hält der Werklohnforderung einen Vorschussanspruch wegen Mängeln entgegen, obgleich er das Gebäude verkauft hat.

Das OLG Brandenburg entschied wie folgt: Das OLG bejahte zunächst die Fälligkeit der Werklohnforderung. Da die Leistung und die Mengen nur pauschal beschrieben waren und die Heizungsanlage in Gebrauch genommen war, war das Werk als insgesamt erbracht anzusehen, sodass keine getrennte Abrechnung ausgeführter und nicht ausgeführter Leistungen erforderlich war. Allerdings konnte der Auftraggeber auch nach Kündigung und trotz Veräußerung des Gebäudes einen Vorschuss geltend machen, der mit dem Werklohn zu verrechnen war. Nach den Grundsätzen über den gekündigten Pauschalvertrag muss der Unternehmer nicht die erbrachten von den nicht erbrachten Leistungen getrennt abrechnen, um die Fälligkeit der Vergütung gemäß § 16 Nr. 3 Abs. 1 Satz 1 VOB/B zu bewirken. Ein Global-Pauschalpreisvertrag zeichne sich durch eine fehlende detaillierte Leistungsbeschreibung aus. Lediglich funktional wird eine Leistung beschrieben, was eine Verlagerung des Leistungsrisikos auf den Auftragnehmer zur Folge habe (OLG Brandenburg, Urteil vom 8.12.2004 – 4 U 24/04).

Pflichtverletzung

Die Pflichtverletzung ist seit der Schuldrechtsmodernisierung der zentrale Begriff des geänderten Vertragsrechts geworden. Der Begriff umfasst alle Formen der Leistungsstörung, wie z. B. den →*Mangel*, →*Verzug* oder auch das Verschulden bei Vertragsschluss (→*culpa in contrahendo*). Es ist unerheblich, ob der Schuldner eine Haupt- oder eine Nebenpflicht, eine Leistungs- oder eine Schutzpflicht verletzt hat. § 280 Abs. 1 BGB stellt allein auf die Kausalität zwischen der Pflichtverletzung und dem →*Schaden* ab.

Der Schuldner hat im Rahmen seiner Haftung grundsätzlich Vorsatz und Fahrlässigkeit zu vertreten, § 276 BGB. Die Parteien können aber eine strengere oder mildere Haftung vereinbaren. So ist es z. B. denkbar, dass der Schuldner eine Garantie übernimmt, aus der sich eine verschuldensunabhängige Haftung ergebt, § 276 Abs. 1 BGB. Der Schuldner haftet, wie nach dem bisherigen Recht, für ein Verschulden seines gesetzlichen Vertreters und seiner Erfüllungsgehilfen, § 278 BGB.

Planungsfehler

I. Allgemeines

→*Mängel* an einem →*Bauwerk* können einerseits durch eine fehlerhafte →*Ausführung der Leistung* entstehen. Sie können ihre Ursache aber andererseits auch bereits in einem früheren Stadium haben. Resultieren Mängel aus einer fehlerhaften Planung des Architekten, etwa weil er zu dünne Leitungen eingeplant hat, so spricht man von Planungsmängeln. Hierzu ein Fall aus der Rechtsprechung:

II. Rechtsprechung

Der Bauherr beauftragt einen Unternehmer mit der Verlegung von Abwasserrohren für ein Doppelhaus. Nach einem Wassereinbruch im Keller des Gebäudes wird im Rahmen eines Schiedsgutachterverfahrens durch den Sachverständigen festgestellt, dass die Rohre unzureichend an das Gebäude angedichtet worden sind. Für die Mängelbeseitigung veranschlagt der Sachverständige Kosten in Höhe von pauschal netto 9.000 Euro. Nach fruchtloser Fristsetzung lässt der Bauherr die Mängelbeseitigung durch ein Drittunternehmen ausführen. Die mit 10.392,76 Euro in Rechnung gestellten Arbeiten sowie die Kosten des Schiedsgutachtens in Höhe von 998,76 Euro macht der Bauherr im Wege des Schadensersatzes geltend. Hiergegen wendet sich der Unternehmer unter anderem mit dem Einwand, der Bauherr müsse sich ein 50%-iges Mitverschulden anrechnen lassen, weil der planende Architekt die erforderliche Abdichtung nicht vorgegeben habe.

Erstinstanzlich lässt das LG Heidelberg den Mitverschuldenseinwand nicht durchgreifen. Die Kammer begründet dies damit, dass sich der Bauunternehmer nicht auf einen Planungsfehler berufen könne, weil er hätte erkennen können und müssen, dass die Ausführung des Planes zu einem Mangel des Werks führe. Dieser Argumentation schließt sich das OLG Karlsruhe nicht an und kürzt den Anspruch des Bauherrn wegen des Verschuldens des von ihm mit der Planung der Entwässerung beauftragten Architekten gemäß §§ 254, 278 BGB um 1/3. Sachverständig beraten kommt der Senat zunächst zu dem Ergebnis, dass es sich bei der Abdichtung der Wanddurchdringung der Abwasserrohre mittels eines sog. Flansch um eine planerische Leistung handle, die vorliegend nicht erbracht worden sei. Damit die Zurechnung des Planungsfehlers für den Bauherrn entfalle, sei entgegen der Auffassung des LG jedoch Voraussetzung, dass der Unternehmer den fehlerhaften Plan ausführe, obwohl er genau erkenne, dass der Planungsfehler mit Sicherheit zu einem Mangel des Bauwerks führen müsse. Es reiche nicht aus, dass der Unternehmer den Mangel der Planung hätte erkennen können oder müssen (OLG Karlsruhe, Urteil vom 19.10.2004 – 17 U 107/04).

Position; Positionsarten

I. Arten von Positionen

Eine Position, auch als Ordnungszahl (OZ) bezeichnet, ist ein Teil der Gesamtleistung, der im →*Leistungsverzeichnis* unter einer eigenen Nummer bzw. Ordnungszahl aufgeführt ist und als Teilleistung verstanden werden kann. Unter einer Position sollen nach § 9 Nr. 9 S. 1 VOB/A nur solche Leistungen aufgenommen werden, die nach ihrer technischen Beschaffenheit und für die Preisbildung als in sich gleichartig anzusehen sind. Hinter jeder Position kann ein →*Einheitspreis* oder auch ein →*Pauschalpreis* stehen.

Unterschieden wird im Rahmen einer Position zwischen den Grundpositionen, Wahl- oder →*Alternativpositionen*, Bedarfspositionen sowie Zuschlagspositionen.

Grundpositionen sind die Positionen, die im Leistungsverzeichnis aufgeführt sind und auszuführen sind und für die die Vergütung abschließend als Festpreis vom Bieter im Leistungsverzeichnis anzugeben ist.

Wahl- oder Alternativpositionen müssen im Leistungsverzeichnis als solche bezeichnet werden. Sie kommen nur an Stelle der alternativ aufgeführten Grundpositionen zur Ausführung. Der Auftraggeber entscheidet dann bei der Auftragserteilung, ob die Grund- oder die Alternativposition ausgeführt werden muss; ausnahmsweise kann er die Entscheidung auch noch während der Ausführungszeit treffen, wobei die Entscheidung in jedem Fall so rechtzeitig erfolgen muss, dass der Auftragnehmer die notwendigen Vorbereitungen treffen kann.

Bedarfs- oder Eventualpositionen zeichnen sich dagegen dadurch aus, dass bei Fertigstellung der Ausschreibungsunterlagen noch nicht feststeht, ob und in welchem Umfang sie ausgeführt werden. Dies wird vom Auftraggeber vielmehr bei Auftragserteilung oder auch erst bei der Bauausführung entschieden. Bedarfs- oder Eventualpositionen entsprechen daher grundsätzlich nicht den Anforderungen von § 9 Nr. 1 VOB/A, wonach der Auftraggeber die Leistung eindeutig und erschöpfend in der Weise beschreiben muss, dass alle Bewerber ihre Preise sicher berechnen können. Daher können Bedarfspositionen nur ausnahmsweise für Teilleistungen ausgeschrieben werden, die von untergeordneter Art sind und zusammen nur einen unerheblichen Anteil am Gesamtauftrag haben. Anderenfalls kommt ein Schadensersatzanspruch gegen den Auftraggeber in Betracht.

Eine Bedarfsposition wird nur dann ausgeführt, wenn der Auftraggeber eine entsprechende Anordnung erteilt.

Zuschlagspositionen sind Positionen, bei denen der Auftragnehmer unter bestimmten Voraussetzungen eine zusätzliche Vergütung zu einer Grundposition verlangen kann.

Denkbar ist z. B. die Vereinbarung einer Zuschlagsposition, wenn bei Erdarbeiten die Möglichkeit besteht, dass der Boden schweren Fels enthält, durch den zusätzliches schweres Gerät erforderlich ist.

II. Aktuelle Rechtsprechung

Grundlage der vom Auftraggeber öffentlich ausgeschriebenen Sanierungsarbeiten für einen Faulturm seines Klärwerks ist die im Leistungsverzeichnis enthaltene und im Leitsatz wiedergegebene, vom Auftragnehmer mit dem Einheitspreis versehene Eventualposition. Die Leistung ist innerhalb von 60 Werktagen zu erbringen. Sie verlängert sich aber infolge vereinbarter Nachträge um 199 Werktage. Der Auftragnehmer beruft sich darauf, dass der Einheitspreis von 892 DM für die verlängerte Vorhaltung des Außengerüsts pro Tag gilt. Er beansprucht 892 DM x 199 = 177.508 DM an zusätzlicher Vergütung.

Das OLG Schleswig folgte dem nicht. Nach der durch Beschluss des BGH rechtskräftig gewordenen Entscheidung des OLG hat der Auftraggeber nur eine zusätzliche Vergütung von 199 : 20 = 9,95 x 892 DM = 8.875,40 DM zu zahlen. Der im Leistungsverzeichnis eingetragene Einheitspreis bezieht sich bei verständiger Auslegung auf die in der Mengenrubrik angegebene Zeitspanne von jeweils 20 Tagen. Die Ausschreibung ist nach den Vorgaben der VOB/A verfasst. Mit dem Zuschlag wird das für die Auslegung der Ausschreibung maßgebende Verständnis der Leistungsbeschreibung Werkvertragsinhalt. Für die Auslegung ist gemäß § 9 Nr. 1 VOB/B auf den objektiven Empfängerhorizont, also die Sicht aller Bieter, abzustellen. Dem vorgegebenen Aufbau, dem Wortlaut, der Systematik der Gesamtausschreibung und den in der VOB/A enthaltenen Regelungen kommt hierbei besondere Bedeutung zu. Nach diesen grundsätzlichen Auslegungskriterien ist mit Blick auf § 5 Nr. 1 a VOB/A zu berücksichtigen, dass beim Einheitspreisvertrag über technisch und wirtschaftlich einheitliche Leistungen deren Menge nach Maß, Gewicht oder Stückzahl vom Auftraggeber in der Leistungsbeschreibung anzugeben ist, auf die sich der einzusetzende Einheitspreis bezieht. Der Auftragnehmer hat bezüglich der Hauptpositionen den Positionspreis entsprechend § 23 Nr. 3 Abs. 1 VOB/A durch Multiplikation des Einheitspreises mit der jeweils angegebenen Maßeinheit ermittelt. Folglich ist nach seinem Verständnis und auch demjenigen aller anderen Bieter die Angabe von „20 Tagen" als Maßeinheit für den einzusetzenden Einheitspreis zu verstehen, sofern ein anderer übereinstimmender Wille der Parteien dem Wortlaut des Vertrages und jeder anderen Deutung nicht vorgeht. Dass bei der Eventualposition kein Positionspreis eingetragen wurde, ändert nichts. Der Eintrag unterblieb nur deshalb, weil die Dauer der in Betracht zu ziehenden Vorhaltung nicht absehbar war (OLG Schleswig, Urteil vom 16.1.2004 – 1 U 19/03).

Präqualifizierung; Präqualifikationsverfahren

Das Präqualifikationsverfahren ist eine Besonderheit für Auftragsvergaben des →Sektorenbereichs. Die näheren Einzelheiten sind in § 8 b Nr. 5 VOB/A, § 5 Nr. 5 VOB/SKR normiert. Der Auftraggeber kann damit in einem vorgezogenen Verfahren, also unabhängig von einer konkreten Vergabe, feststellen, welche Unternehmer generell geeignet sind, die Anforderungen an bestimmte, sich in der Zukunft wiederholende Auftragsvergaben des betreffenden Auftraggebers zu erfüllen (→*Eignung*). Gerade im Bereich der Sektoren werden häufig hohe Anforderungen an die von den Bietern zu beschaffenden Ausrüstungen und Anlagen gestellt. Es ist daher wahrscheinlich, dass von vornherein nur bestimmte Unternehmer für die Auftragsvergabe in Betracht kommen. Das Präqualifikationsverfahren bedeutet eine erhebliche Erleichterung für den Auftraggeber, weil er bei qualifizierten Unternehmern keine Eignungsprüfung mehr durchführen muss, was auf Seiten des Auftraggebers regelmäßig deutlich weniger personellen und zeitlichen Aufwand zur Folge hat. Vorteil ist außerdem, dass der sonst erforderliche Aufruf zum Wettbewerb in einem →*Nichtoffenen Verfahren* oder in einem →*Verhandlungsverfahren* durch die Bekanntmachung über das Bestehen eines Qualifikationssystems ersetzt wird .

Mit dem Prüfungsverfahren ist die Einrichtung und Anwendung eines bestimmten Systems zur Prüfung von Unternehmern verbunden. Der Auftraggeber legt also ein einheitliches Schema für Vergaben von Leistungen in den Sektorenbereichen fest. Die Einrichtung eines solchen Prüfsystems kann bei allen Vergabeverfahren erfolgen, also auch im Offenen Verfahren. Neben den oben dargelegten Vorteilen für den Auftraggeber dient das System zur Prüfung von Unternehmern auch dazu, den Bewerbern Gelegenheit zur Überlegung zu geben, ob sie sich an einer bestimmten Vergabe beteiligen können oder wollen.

Wenn ein Auftraggeber ein Prüfsystem eingerichtet hat und betreibt, wird durch die Verpflichtung in § 8 b Nr. 5 VOB/A, § 5 Nr. 5 VOB/SKR sichergestellt, dass interessierte Unternehmer, die an den vorhergehenden Verfahren nicht teilgenommen haben oder aus Gründen abgelehnt wurden, die zwischenzeitlich aber beseitigt sind, sich jederzeit einer Prüfung unterziehen können. Hintergrund ist, dass kein geschlossener Zirkel aus Auftraggeber und den bereits qualifizierten Unternehmern entstehen soll, der den Wettbewerb stark einschränken könnte. Der Auftraggeber muss also Anträge von außenstehenden Unternehmen auf Qualifizierung stets entgegennehmen und prüfen.

Das Prüfungssystem kann mehrere Qualifikationsstufen umfassen. Für diesen Fall könnten z. B. zunächst breite bzw. allgemeinere Prüfungsstufen und erst dann mehr bzw. speziellere Stufen der Prüfung festgelegt sein, also eine Art Ausfilterung stattfinden. Selbstverständlich muss auch dieses System auf der Grundlage der vom Auftraggeber aufgestellten objektiven Regeln und Kriterien gehandhabt werden. Dies bedeutet zunächst, dass der Auftraggeber im Falle eines von ihm gewollten Systems der Prüfung von Unternehmern dieses nach objektiven Gesichtspunkten festlegen und durchführen muss. Insbesondere ist es auch hier von großer Bedeutung, was die Bezugnahme auf die technischen Spezifikationen klarstellt, Unternehmer aus anderen EU-Ländern auch im Rahmen des Prüfungssystems nicht zu diskriminieren. Der Auftraggeber ist also, wenn er ein Prüfungssystem einrichtet, zur Nachforschung verpflichtet, ob eine bzw. welche europäische Norm über die Qualifizierung von Unternehmern besteht, die den aus objektiver Sicht berechtigten Anforderungen in seinem Fall genügt. Wenn eine solche Norm besteht, muss er diese in sein System mit aufnehmen und auf sie Bezug nehmen.

Erforderlich ist schließlich, dass die Prüfungskriterien und Regeln auf Verlangen interessierten Unternehmern zu übermitteln sind.

Preise

Bei den Preisen im Bereich der VOB lassen sich verschiedene Unterteilungen treffen. Zunächst lässt sich zwischen →*Einheitspreisen*, die als Preis je Mengeneinheit definiert sind und →*Pauschalpreisen*, bei denen nur eine Pauschalsumme bestimmt ist, trennen. Die Multiplikation einer bestimmten Einheit mit dem Einheitspreis ergibt den betreffenden Gesamtpreis der jeweiligen Position, der auch als Positionspreis verstanden werden kann. Schließlich lässt sich nach dem Umfang der zusammengefassten Preise auch von Positionspreisen und Angebotspreis – also dem Preis des Gesamtangebotes – unterscheiden.

Soweit in der VOB vom Preis schlechthin die Rede ist, ist in der VOB/A meist, z. B. in § 2 Nr. 1 S. 1 VOB/A, der Angebotspreis gemeint. Dagegen bezieht sich dieser Ausdruck in der VOB/B auf den Einheitspreis oder einen Pauschalpreis.

Preis als Zuschlagskriterium

I. Allgemeines

Bei der Würdigung, welches Angebot als das →*wirtschaftlichste Angebot* anzusehen ist, ist der Preis regelmäßig ein ganz wesentliches, aber nicht das allein ausschlaggebende →*Zuschlagskriterium*. Die Wirtschaftlichkeit bedeutet also anders als in der Praxis vieler Vergabestellen keine Notwendigkeit, das Angebot mit dem niedrigsten Preis zu bezuschlagen. Das wird in § 25 Nr. 2 Abs. 3 S. 3 VOB/A klargestellt, wonach der niedrigste Angebotspreis allein nicht entscheidend ist. Eine qualitativ höherrangige Leistung kann also durchaus einen höheren Preis rechtfertigen. Bei inhaltlich völlig gleichen Angeboten, d. h. wenn sich die Angebote hinsichtlich anderer bekannt gemachter Zuschlagskriterien, wie z. B. Ausführungsfrist, Betriebs- und Folgekosten oder Rentabilität, nicht unterscheiden, ist allerdings unter den in die engere Wahl gekommenen Angeboten das wirtschaftlichste dasjenige mit dem niedrigsten Preis.

Ob es eine „Mindestwertigkeit" für das Kriterium des Preises gibt, ist in der Rechtsprechung umstritten:

Nach Auffassung des OLG Dresden kommt dem Preis eine besondere Bedeutung für die Vergabeentscheidung zu. Im Rahmen der Berücksichtigung mehrerer Vergabekriterien seien insoweit 30% eine Größenordnung, die regelmäßig nicht unterschritten werden sollte, dies insbesondere vor dem Hintergrund der sparsamen Haushaltsführung, der bei Bund, Ländern und Kommunen gleichermaßen gilt (OLG Dresden, Beschluss vom 5.1.2001 – WVerg 11/00 und WVerg 12/00).

Dagegen ist das OLG Düsseldorf der Auffassung, dass es keinen das Vergaberecht beherrschenden Grundsatz gibt, dass der Preis mit wenigstens einem Drittel oder mit irgendeinem anderen bestimmten Bruchteil in die Angebotswertung einzufließen habe. Der Angebotspreis sei zwar ein außerordentlich wichtiges Kriterium bei der Angebotswertung und Zuschlagserteilung, stelle aber unter den in Betracht zu ziehenden Faktoren lediglich ein Merkmal dar, welches in die mit Blick auf Wirtschaftlichkeit und Mitteleinsatz in jedem einzelnen Fall gebotene Abwägung aller Umstände in die Vergabeentscheidung einzubeziehen sei. Die Rolle, die der Angebotspreis hierbei spielt, entziehe sich einer im vorhinein festgelegten und für alle Vergabefälle gleichermaßen geltenden Bewertungsmarge. Hierbei habe der Auftraggeber einen erheblichen Beurteilungs- und Ermessenspielraum (OLG Düsseldorf, Beschluss vom 29.12.2001 – Verg 22/01).

II. Aktuelle Rechtsprechung

Schwierigkeiten treten in dem Fall auf, in dem die Vergabestelle weder in der →*Bekanntmachung* noch in der →*Aufforderung zur Angebotsabgabe* Zuschlagskriterien benannt hat. Nach wohl ganz überwiegender Auffassung muss in diesem Fall einziges Wertungskriterium der niedrigste Angebotspreis sein. Zwar haben öffentliche Auftraggeber grundsätzlich die Wahl, auf Grundlage welcher Kriterien das wirtschaftlichste Angebot ermittelt werden soll. Aus Gründen der →*Transparenz* muss der öffentliche Auftraggeber jedoch die Wirtschaftlichkeitskriterien, die bei der Angebotsauswertung herangezogen werden sollen, allen Bietern zuvor bekannt geben. Werden keine Zuschlagskriterien angegeben, dürfen allgemeine Gesichtspunkte der Wirtschaftlichkeit bei der Angebotsauswertung nicht mehr berücksichtigt werden. Entscheidend kann dann nur noch der niedrigste Angebotspreis sein. Andernfalls könnte der öffentliche Auftraggeber nach freiem Belieben nachträglich zuvor nicht bekannt gegebene Wirtschaftlichkeitskriterien in die Angebotsbewertung einführen und den Ausgang des Vergabeverfahrens beeinflussen (vgl. insbesondere Vergabekammer Lüneburg, Beschluss vom 25.03.2004 – 203-VgK-07/2004; zuletzt Vergabekammer Berlin, Beschluss vom 8.12.2004 – VK-B1-66/04).

Preisabsprachen

Preisabsprachen zwischen Unternehmen im Rahmen einer Ausschreibung sind eine Form eines nach § 1 GWB unzulässigen →*Kartells*. Vergaberechtlich sind sie als unzulässige wettbewerbsbeschränkende Absprachen einzustufen, die nach § 2 Nr. 1 S. 3 VOB/A zu bekämpfen ist. Unzulässige Preisabsprachen richten sich unmittelbar gegen den Auftraggeber und schädigen ihn finanziell. Nach § 8 Nr. 5 Abs. 1 c) VOB/A darf ein Bieter vom Vergabeverfahren ausgeschlossen werden, wenn gegen den Geschäftsführer des betreffenden Unternehmens Bußgeldbescheide wegen wettbewerbsbeschränkender Maßnahmen ergangen sind. Dies gilt selbst für den Fall, dass die zugrunde liegenden Taten bis zu vier Jahre zurücklagen. Denkbar ist auch, dass eine solche Preisabsprache den Tatbestand von § 298 StGB oder eines

→*Submissionsbetruges* erfüllt. Denkbar ist, dass ein Unternehmen die durch solche Absprachen abzusprechende →*Zuverlässigkeit* im Wege einer →*Selbstreinigung* wiederherstellt.

Preisermittlung

→*Kalkulation*

Preisgleitklauseln

→*Gleitklauseln, Lohn-, Preis-*

Preisnachlässe

I. Allgemeines

Zahlreiche Angebote enthalten Preisnachlässe, was darauf zurückzuführen ist, dass der Bieter nach Angebotserstellung seine Wettbewerbsposition und Auftragschance noch verbessern will. Sie werden in verschiedener Form, entweder als Eurobetrag oder in Prozentsätzen angegeben.

Wird ein Nachlass als Eurobetrag angeboten und nicht ausdrücklich als Nettobetrag bezeichnet, so ist er als Bruttobetrag einschließlich Umsatzsteuer zu verstehen und als solcher von der Bruttoangebotssumme abzuziehen. Soll der Nachlass erst bei der Schlusszahlung abgezogen werden, entsteht dem Auftraggeber im Vergleich mit den anderen Angeboten ein zu berücksichtigender Zinsverlust.

Preisnachlässe in Prozentsätzen sind meist auf die Angebotssumme oder die Abrechnungssumme bezogen. Fehlt bei einem Angebot die Angabe einer Bezugsgröße, so ist er von der Abrechnungssumme zu berechnen.

II. Preisnachlässe unter Bedingungen

Häufig werden Preisnachlässe von Bietern nur unter bestimmten Bedingungen angeboten, z. B. unter der Bedingung eines bestimmten Zeitpunkts der Auftragserteilung („...falls Auftrag bis zum ... erteilt wird"). Entscheidend für die Zulässigkeit eines solchen Nachlasses ist, ob die gestellte Bedingung vom Auftraggeber eingehalten werden kann.

Handelt es sich um eine Bedingung, die nicht der Auftraggeber, sondern der Nachlassgewährende bestimmen oder beeinflussen kann (z. B. ein Preisnachlass, der sich an die Durchführung einzelner Teile der vom Bieter auszuführenden Bauleistung knüpft), so muss dies als eine Verfälschung des Wettbewerbs angesehen werden und kann nicht hingenommen werden. Der Preisnachlass kann im Wettbewerb mit anderen Bietern nicht herangezogen werden, da eine Wertung zu Wettbewerbsverzerrungen der Vergabeentscheidung führen würde (Vergabekammer Baden-Württemberg, Beschluss vom 07.03.2003 – 1 VK 06/03; 1 VK 11/03).

Auch wenn die Bedingung an sich vom Verhalten des Auftraggebers abhängt, kommt es bei der Frage der Berücksichtigung des bedingten Preisnachlasses auf die faktische Erfüllbarkeit der Bedingung durch den Auftraggeber an. Diese ist dann nicht gegeben, wenn sich der Eintritt der Bedingung einer exakten Vorhersage bzw. Beurteilung durch den Auftraggeber entzieht. Konsequenterweise kann deshalb ein Angebot nicht gewertet werden, wenn es die Erfüllung der ausgeschriebenen Leistung mit Bedingungen verknüpft, deren Eintritt ungewiss ist.

III. Aktuelle Rechtsprechung

Bei der Ausschreibung eines Brückenneubaus formulierte der Auftraggeber in den Verdingungsunterlagen im Angebotsschreiben unter Ziffer 3 u.a.: „3. Gegebenenfalls Angabe eines Preisnachlasses ohne Bedingungen:...v. H." Einer der Bieter trug unter Ziffer 3 des Angebotsschreibens zur Frage eines pauschalen Preisnachlasses einen Querstrich ein, reichte aber gleichzeitig ein Nebenangebot ein, das den Satz enthielt: „Technische Erläuterungen – Nebenangebot 2 – Nachlass: Wir gewähren Ihnen 3% Nachlass auf die Summe des Angebots des Amtsentwurfs." Die folgenden 10 Seiten (Zusammenstellung des Änderungsvorschlags/Nebenangebots, Angebotssumme 1) bis 9) wurden ohne weitere Angaben leer angefügt.

Die Vergabekammer Schleswig-Holstein entschied, dass das Nebenangebot Nr. 2 gemäß § 25 Nr. 5 Satz 2 VOB/A in Verbindung mit § 21 Nr. 4 VOB/A zwingend auszuschließen sei, da der darin enthaltene Preisnachlass ohne Bedingungen nicht an der von dem Auftraggeber bezeichneten Stelle aufgeführt wurde. Die Stelle, an der globale Preisnachlässe einzutragen gewesen wären, wäre die Ziffer 3 des Angebotsschreibens gewesen. An dieser vom Auftraggeber vorgesehenen Stelle hatte der Bieter aber ausdrücklich einen Querstrich eingetragen. Durch die Eintragung eines Querstrichs an der vom Auftraggeber vorgesehenen Stelle für Preisnachlässe, ist nicht nur für den Auftraggeber, sondern auch für einen objektiven Betrachter zu erkennen gewesen, dass die Antragstellerin keinen Preisnachlass gewähren wollte. Dies steht zwar im Widerspruch zu einer weiteren Willenserklärung der Antragstellerin, nämlich dem angebotenen Preisnachlass im Nebenangebot Nr. 2, welche aber nicht zu werten ist, da diese nicht den formellen Anforderungen der VOB nach § 25 Nr. 5 Satz 2 VOB/A in Verbindung mit § 21 Nr. 4 VOB/A genügt (Vergabekammer Schleswig-Holstein, Beschluss vom 1.4.2004 – VK-SH 05/04).

Preisspiegel

Unter dem Preisspiegel versteht man eine Tabelle, die die →*Einheitspreise* und Gesamtbeträge der einzelnen →*Positionen* der nachgerechneten Angebote enthält. Die Angebote werden dabei in aufsteigender Reihenfolge der Angebotsendsummen aufgeführt und bei jeder Position der höchste und niedrigste Preis gekennzeichnet.

Primärrechtsschutz

Unter Primärrechtsschutz versteht man die Möglichkeit von Bietern, sich unmittelbar gegen eine Vergabe wenden zu können und diese im Wege eines →*Nachprüfungsverfahrens* kontrollieren zu können. Der Primärrechtsschutz wird in erster Instanz durch die →*Vergabekammern*, in zweiter Instanz durch die →*Vergabesenate* bei den Oberlandesgerichten ausgeübt. Gegenbegriff ist der →*Sekundärrechtsschutz*, in dem bei Verstößen der Vergabestelle nicht das Vergabeverfahren als solches angegriffen wird, sondern von dem Bieter Schadensersatz begehrt wird.

Projektanten

I. Begriff
Unter Projektanten versteht man Bewerber, die (z. B. bei der Technischen Ausrüstung von Gebäuden) bereits im Vorfeld für den Auftraggeber geplant und die Leistungsbeschreibung erstellt haben. Die rechtliche Proble-

matik liegt darin, dass ein solcher Bewerber einen Informationsvorsprung gegenüber anderen Bietern hat und diesen u. U. in wettbewerbsverzerrender Weise für sich ausnutzen kann. So ist es z. B. denkbar, dass der Projektant die Leistungsbeschreibung für das eigene Unternehmen zuschneidet, z. B. indem Erzeugnisse vorgegeben werden, die der Projektant zu günstigeren Konditionen als die Mitbewerber anbieten kann.

II. Aktuelle Rechtsprechung
Die Rechtsprechung hierzu ist nicht einheitlich.
Nach einer Auffassung ist Rechtsfolge des § 7 Nr. 1 Buchstabe a) VOB/A, dass die Sachverständigen, die bei der Leistungsbeschreibung mitgewirkt haben, zwingend bei dem eigentlichen Vergabeverfahren als Bewerber oder Bieter auszuschließen sind. Wegen der Rechtsfolge des zwingenden Ausschlusses bei Verwirklichung einer der Tatbestände des § 7 Nr. 1 a)-c) kann der Ausschluss im Falle einer Sachverständigentätigkeit nach Buchstabe a) nicht auf die Fälle beschränkt werden, in denen der bei der Sachverständigentätigkeit erzielte Informationsvorsprung zu einem vor allem in preislicher Hinsicht überlegenen Angebot führt. Abgesehen davon, dass sich die Kausalität zwischen einem günstigen Angebot und dem erlangten Informationsvorsprung schwerlich nachweisen lässt, bezweckt die Vorschrift ganz generell, dass ein Bieter aufgrund der Erstellung des Leistungsverzeichnisses keine Informationsvorsprünge und Einflussmöglichkeiten erlangen darf und die Auftraggeberseite bei ihrer Vergabeentscheidung von jeglichen Bieterinteressen frei sein muss.

Aus der Vorschrift des § 7 VOB/A ergibt sich nach der Rechtsprechung also zweierlei: Zum einen darf derjenige, der sich unmittelbar – namentlich als Bieter/Bewerber – oder mittelbar – z. B. als Mitarbeiter oder Berater eines bietenden Unternehmens – am Vergabeverfahren beteiligt (oder beteiligen will), nicht zum Sachverständigen berufen werden. Zum anderen ist derjenige, der den öffentlichen Auftraggeber bei der Vorbereitung oder Durchführung des Vergabeverfahren sachverständig unterstützt (oder unterstützen soll), als Bieter oder Bewerber um den ausgeschriebenen Auftrag ausgeschlossen (OLG Düsseldorf, Beschluss vom 16.10.2003 – VII Verg 57/03).

Nach Meinung der Vergabekammer Baden-Württemberg hingegen (Vergabekammer Baden-Württemberg, Beschluss vom 23.1.2003 – 1 VK 70/02, Beschluss vom 10.2.2003 – 1 VK 72/02, Beschluss vom 28.10.2003 –

1 VK 60/03) können Interessenkollisionen in Beschaffungsvorgängen vor allem dann auftreten, wenn sich Bieter dergestalt an der Vergabe von öffentlichen Aufträgen beteiligt haben, dass sie im Vorfeld die Planung übernommen oder an der Erstellung der Leistungsbeschreibung mitgewirkt haben und diese sich dann später an der Ausführung der Maßnahmen beteiligen. Hier besteht die Gefahr, dass es zu Wettbewerbsverzerrungen kommt und die Chancengleichheit der Bewerber beeinträchtigt wird. Die Chancengleichheit wäre gefährdet, wenn eine Person durch ihre Tätigkeit als Sachverständiger einen eventuellen Wissensvorsprung gegenüber anderen Bewerbern nutzen könnte.

Bei der Beurteilung der Schwere der Wettbewerbsverzerrung kommt es vor allem darauf an, ob lediglich eine Beteiligung an den Entwurfs- und Planungsarbeiten bestand, oder ob unmittelbar an den Vorarbeiten für die Ausschreibung, insbesondere bei der Erstellung des Leistungsverzeichnisses, mitgewirkt wurde. Für die Annahme einer Wettbewerbsverzerrung müssen besondere Umstände hinzukommen, dass etwa Leistungsbeschreibungen auf die spezifischen Interessen des Sachverständigen zugeschnitten sind oder die Formulierung im Leistungsverzeichnis nur von diesem richtig verstanden werden kann.

Um einen Ausschluss annehmen zu können, muss die Chancengleichheit der Bewerber dermaßen gefährdet sein, dass ein objektives Verfahren nicht mehr garantiert werden kann. Im Ergebnis ist daran festzuhalten, dass sich deutliche Hinweise auf rechtswidrige Vorteile zeigen müssen, die aus der Beziehung zwischen einem Sachverständigen und der Vergabestelle resultieren.

Der „böse Schein" einer Voreingenommenheit genügt also nicht. Hat ein Auftraggeber alles unternommen, um den vorhandenen Informationsvorsprung eines Sachverständigen gegenüber allen anderen Teilnehmern am Verhandlungsverfahren zu neutralisieren und damit einen Verstoß gegen das Wettbewerbsgebot des § 97 Abs. 1 GWB zu vermeiden, und kann auch im Nachprüfungsverfahren weder schriftlich noch in der mündlichen Verhandlung durch substantiierten Vortrag gegenüber der erkennenden Kammer dargelegt werden, welche speziellen Kenntnisse der Sachverständige gegenüber den anderen Teilnehmern vorgehalten hat, gibt es keinen Grund für ein Teilnahmeverbot

Prüfbarkeit der Abrechnung

I. Allgemeines

Die Prüffähigkeit der →*Abrechnung* ist häufiger Streitpunkt im Rahmen von Ansprüchen des Auftragnehmers auf →*Vergütung*. Sie hat wichtige Rechtsfolgen, insbesondere die *Fälligkeit*. § 14 VOB/B stellt insoweit eine Reihe von Erfordernissen auf. Die dort genannten Bedingungen gelten unabhängig davon, ob es sich um einen →*Pauschalpreis-* oder um einen →*Einheitspreisvertrag* handelt.

Aus § 14 Nr. 1 S. 2 bis 4 VOB/B werden die gesetzlichen Anforderungen deutlich: Der Auftragnehmer hat danach die Rechnung übersichtlich aufzustellen und dabei die Reihenfolge der Posten entsprechend dem Auftrag einzuhalten und die in den Vertragsbestandteilen enthaltenen Bezeichnungen zu verwenden. Die zum Nachweis von Art und Umfang der Leistung erforderlichen Mengeberechnungen, Zeichnungen und andere Belege sind beizufügen. Änderungen und Ergänzungen des Auftrags sind in der Rechnung besonders kenntlich zu machen. Bei dem Einheitspreisvertrag ist der substantiierte Vortrag des Leistungsumfangs erforderlich. Hierfür bedarf es in aller Regel des →*Aufmaßes*.

Ist eine Schlussrechnung nach diesen Grundsätzen nicht prüfbar, so hat der Auftragnehmer auch nach Abweisung einer darauf gestützten Klage die Möglichkeit, eine neue – prüffähige -Schlussrechnung vorzulegen und diese in einem neuen Klageverfahren durchzusetzen.

II. Schranken der Rechtsprechung hinsichtlich der Prüfbarkeit

Die Abrechnung muss nicht so erstellt sein, das sie für jedermann verständlich ist. Eine Prüfbarkeit der Abrechnung ist vielmehr auch dann zu bejahen, wenn sie für den Fachkundigen, also insbesondere denjenigen, der die Bauleitung hatte, prüfbar ist. Die Rechtsprechung, insbesondere des BGH, hat in diesem Sinne in den letzten Jahren zunehmend auf subjektive Elemente auf Seiten des Auftraggebers abgestellt und insbesondere klargestellt, dass die Prüfbarkeit einer Schlussrechnung kein Selbstzweck ist, sondern sich aus den Informations- und Kontrollinteressen des Auftraggebers ergibt. Daher ist es eine Frage des Einzelfalls, in welchem Umfang die Schlussrechnung aufgeschlüsselt werden muss, damit sie den Auftraggeber in die Lage versetzt, sie in der gebotenen Weise zu überprüfen.

III. Aktuelle Rechtsprechung

Diese Begrenzungen der Prüffähigkeit hat der Bundesgerichtshof in einem aktuellen Urteil erweitert und präzisiert.

Bei der Durchführung von Entsorgungsarbeiten war eine Rechnung vorgelegt worden, bei der die Prüffähigkeit objektiv nicht festgestellt werden könne.

Anders als die Vorinstanz ging der BGH davon aus, dass sich der Auftraggeber nicht mehr auf die fehlende Prüffähigkeit der Rechnung als Fälligkeitsvoraussetzung des Werklohns berufen kann. Im VOB/B-Vertrag wird, ebenso wie nach § 8 Abs. 1 HOAI, die Prüfbarkeit einer Schlussrechnung zur Fälligkeitsvoraussetzung erhoben. Einwendungen gegen die Prüffähigkeit muss der Auftraggeber in der zweimonatigen Frist des § 16 Nr. 3 Abs. 1 VOB/B erheben. Versäumt er diese Frist, findet die Sachprüfung statt, ob die Forderung berechtigt ist. Er kann im Rahmen der Sachprüfung auch solche Einwendungen vorbringen, die er gegen die Prüfbarkeit der Rechnung hätte vorbringen können. Der Auftraggeber müsse eine fehlende Prüffähigkeit binnen zwei Monaten rügen. Habe der Auftraggeber eines Vertrags, in dem die VOB/B vereinbart worden ist, nicht binnen zwei Monaten nach Zugang der Schlussrechnung Einwendungen gegen deren Prüfbarkeit erhoben, werde der Werklohn auch dann fällig, wenn die Rechnung objektiv nicht prüffähig ist. Es findet die Sachprüfung statt, ob die Forderung berechtigt ist (BGH, Urteil vom 23.9.2004 – VII ZR 173/ 03).

Prüfung der Angebote

Die Prüfung der Angebote schließt sich unmittelbar an die Angebotseröffnung im →*Eröffnungstermin* an. Sie bezieht sich auf die formelle und sachliche Beurteilung der einzelnen Angebote, nicht dagegen auf einen Vergleich der Angebote untereinander. Sie geht der →*Wertung der Angebote* voraus, bei denen die bei der Prüfung der Angebote festgestellten Tatsachen zugrunde gelegt und aus diesen rechtliche Konsequenzen gezogen werden.

Die Prüfung der Angebote, die in § 23 VOB/A normiert ist, lässt sich in die formelle und die sachliche Prüfung unterteilen. Bei der formellen Prüfung der Angebote (§ 23 Nr. 1 VOB/A) wird zunächst die Einhaltung der

→*Angebotsfrist* überprüft. Diese läuft ab, sobald im Eröffnungstermin mit der Öffnung der Angebote begonnen wurde (§ 18 Nr. 2 VOB/A). Angebote, die im Eröffnungstermin dem Verhandlungsleiter nicht vorgelegen haben, brauchen nicht geprüft werden, sondern sind bei der Wertung gem. § 25 Nr. 1 Abs. 1 a) VOB/A ohnehin ausgeschlossen. Ebenfalls nicht zu überprüfen sind Angebote, bei denen die Unterschrift fehlt, Änderungen an den Verdingungsunterlagen vorgenommen wurden oder Änderungen des Bieters an seinen Eintragungen nicht zweifelsfrei sind.

Die verbleibenden Angebote werden dann in rechnerischer Hinsicht geprüft. Hierbei sind →*Rechenfehler* im Angebot aufzudecken und zu korrigieren. Unbeabsichtigte Rechenfehler im Angebot führen nicht zum Ausschluss vom weiteren Vergabeverfahren.

Im Anschluss erfolgt die technische und wirtschaftliche Prüfung der Angebote, die im Gegensatz zu der rechnerischen Prüfung allerdings bei den Angeboten unterbleiben kann, die keine Aussicht haben, bei der Wertung in die engere Wahl zu kommen. Die technische Prüfung dient der Aufgabe festzustellen, ob das Angebot den technischen Erfordernissen entspricht, also den vorgesehenen Zweck erfüllt. Geprüft werden muss ebenfalls, ob im Hinblick auf das ausgeschriebene Bauobjekt die anerkannten →*Regeln der Technik* beachtet worden sind. Insbesondere →*Nebenangebote* bedürfen einer besonders gründlichen Prüfung.

Schließlich ist das Angebot auch in wirtschaftlicher Hinsicht zu prüfen. Hierbei werden insbesondere die Höhe der angebotenen →*Preise*, →*Preisnachlässe*, →*Skonti* usw. festgestellt. Die Wirtschaftlichkeit selbst wird erst im Rahmen der Wertung der Angebote ermittelt.

Nach § 23 Nr. 4 VOB/A ist das Prüfungsergebnis, insbesondere die auf Grund der Prüfung festgestellten Angebotsendsummen, in der Niederschrift über den Eröffnungstermin zu dokumentieren.

Public Private Partnership (PPP)

I. Begriff und Abgrenzungen

Unter dem Begriff der Public Private Partnership wird eine langfristige, vertraglich geregelte Zusammenarbeit zwischen der öffentlichen Hand und privaten Unternehmen bei gemeinsamen Projekten verstanden. Gegenstand der Projekte ist regelmäßig die Übertragung von Teilen der staatlichen bzw. kommunalen Aufgabenerfüllung auf den Privaten unter Beibehaltung bestimmter Steuerungsmöglichkeiten und Befugnisse für den öffentlichen Auftraggeber. Konkret werden die erforderlichen Ressourcen, wie Know-How, Kapital oder Betriebsmittel, von den Projektbeteiligten in einen gemeinsamen Organisationsrahmen gestellt. Abgegrenzt werden kann der Begriff der PPP zum einen gegen die sog. materielle Privatisierung. Bei dieser geht es um den vollständigen Verzicht eines Verwaltungsträgers, eine Aufgabe weiterhin in eigener Verantwortung wahrzunehmen. Diese Privatisierungsform ist schon deshalb kein Thema der PPPs, weil die öffentliche Hand den Privaten hier nicht in einem Verhältnis der Kooperation gegenübersteht. Vielmehr wendet sie sich ihnen als Anbieter zu, zum Beispiel in Form des Verkaufs von Unternehmen oder Gesellschaftsanteilen. Diese Vorgänge sind grundsätzlich vergaberechtsfrei. Ausnahmen gelten jedoch dann, wenn mit dem Übergang von Unternehmen oder Gesellschaftsanteilen Garantien bestimmter Auftragsvergaben verbunden sind oder Erwerber durch Gesamtrechtsnachfolge in bestehende Vertragsverhältnisse eintreten.

Ebenfalls nicht von dem Begriff der PPP erfasst wird die rein formelle Privatisierung. Diese Art der Privatisierung ist dadurch gekennzeichnet, dass bisher öffentlich-rechtlich erfüllte staatliche Aufgaben in privatrechtlichen Handlungs- oder Organisationsformen, aber unter allein staatlichem Einfluss fortgeführt werden. Beispiel für eine solche Organisationsprivatisierung ist die Gründung der Gesellschaft für Entwicklung, Beschaffung und Betrieb mbH (GEBBmbH) durch den Bund, um die Beschaffung und den Betrieb der Bundeswehr effizienter zu gestalten. Während es bei der materiellen Privatisierung um eine Aufgabenprivatisierung geht, handelt es sich bei der formellen Privatisierung lediglich um eine Organisationsprivatisierung.

II. Beispiel einer PPP

Beliebt sind PPPs in den letzten Jahren z. B. im Bereich der Schulbausanierung. Hier ist eine Sanierung auf der Grundlage der laufenden Haushaltsmittel wegen der leeren Kassen der Kommunen regelmäßig nicht möglich. Eine PPP könnte bei dieser Sachlage wie folgt aussehen: Die Kommune stellt als Eigentümerin die Grundstücke, auf denen die zu sanierenden Schulen stehen, dem privaten Partner unentgeltlich zur Verfügung. Dies erfolgt allerdings nur auf der Basis schuldrechtlicher Verträge; eine über die Sanierung und Unterhaltung hinausgehende Verfügungsmacht des Privaten über Grundstücke und Gebäude wird im Übrigen ausgeschlossen.

Der private Dritte plant, finanziert und realisiert die vertraglich vereinbarten Unterhaltungs- und Bewirtschaftungsmaßnahmen und führt die vertraglich vereinbarten Investitionsmaßnahmen durch. Die sanierten und bewirtschafteten bzw. neu errichteten Gebäude stellt er anschließend der Kommune für eine langjährige Laufzeit, z. B. für 20 Jahre, zur Verfügung. Dies geschieht gegen ein in festen Zeitabschnitten zu zahlendes, vertraglich zu fixierendes Entgelt, das mit Klauseln über die Entgeltanpassung verbunden sein sollte. Am Ende der Vertragslaufzeit werden die sanierten Gebäude und Grundstücke von dem privaten Partner wieder der Kommune zur Verfügung gestellt, wobei u. U. noch eine Restvergütung zu zahlen ist.

Die Durchführung des zu schließenden Vertrages erfolgt über die Gründung einer Projektgesellschaft. Regelmäßig ist damit aber keine unmittelbare Gesellschafterstellung der Kommune verbunden. Diese lässt sich jedoch in einem Garantievertrag umfangreiche Informations-, Kontroll- und Mitwirkungsrechte einräumen.

III. Vorteile

Die Vereinbarung PPP kann zunächst als ein Lösungsweg gesehen werden, trotz akuter Finanznot, insbesondere der kommunalen Auftraggeber, an sich dringend notwendige Sanierungsmaßnahmen zu verwirklichen. Daneben haben Wirtschaftlichkeitsvergleiche gezeigt, dass im Vergleich zu Eigenrealisierungen eine PPP auch unter Einbeziehung der Risikopotentiale ca. 15,2 % wirtschaftlicher ist.

Die höhere Wirtschaftlichkeit ergibt sich insbesondere aus einem zentralen Grundgedanken von PPP: Im Unterschied zu konventionellen Projekten entlässt der Auftraggeber den Privaten nach der Fertigstellung des öffentlichen Hochbaus und der Inbetriebnahme nicht aus seiner Aufgabe, sondern bindet ihn auch in die Bewirtschaftung der Immobilien ein. Im eigenen Interesse wird daher der private Unternehmer die Herstellung so optimieren, dass später der Betrieb der Immobilie kostengünstiger, sogar ertragsreicher wird. In dieser Verzahnung von Herstellung und Betrieb wurzeln die Effizienzgewinne.

IV. Aktuelle Rechtsprechung

Ein Krankenhaus schrieb die Suche nach einem strategischen Partner für die Aufnahme in eine neu zu gründende Service GmbH europaweit im →*Nichtoffenen Verfahren* mit vorgeschaltetem →*Teilnahmewettbewerb* aus. Das Aufgabenspektrum der neu zu gründenden Gesellschaft war zunächst auf die Erbringung infrastruktureller Dienstleistungen im Krankenhausbereich, wie Gebäudeunterhaltsreinigung, Hol- und Bringdienste, Speisenversorgung und Hausmeisterleistungen, bezogen gewesen. Eine spätere Ausweitung auf sonstige Dienstleistungen schloss das ausschreibende Krankenhaus aber nicht aus. Das Krankenhaus beabsichtigt nach Auswertung der Angebote, den Zuschlag auf das Angebot einer Bietergemeinschaft zu erteilen.

Die Vergabekammer Lüneburg hatte gegen die Durchführung des Vergabeverfahrens im Wege des Nichtoffenen Verfahrens mit vorgeschaltetem Teilnahmewettbewerb gemäß § 3 a Nr. 1 VOL/A in Verbindung mit § 7 a Nr. 3 VOL/A keine Beanstandungen. Das Nichtoffene Verfahren stelle zwar im Vergleich zum →*Offenen Verfahren* einen Ausnahmetatbestand dar, der gemäß § 3 a Nr. 1 Abs. 1 Satz 1 VOL/A nur in begründeten Ausnahmefällen zur Abweichung vom Offenen Verfahren berechtigt. Ein Verzicht auf ein Offenes Verfahren müsse aber möglich sein, wenn die Leistung nach ihrer Eigenart nur von einem beschränkten Kreis von Unternehmen in geeigneter Weise ausgeführt werden kann. Das gelte insbesondere, wenn außergewöhnliche Fachkunde, Leistungsfähigkeit oder Zuverlässigkeit erforderlich ist. Das müsse bei einem komplexen Kooperationsvertrag im Rahmen einer PPP regelmäßig angenommen werden. Dabei könne für solche Kooperationsmodelle nicht nur ein Nichtoffenes Verfahren, sondern häufig sogar das →*Verhandlungsverfahren* nach vorheriger Vergabebekanntmachung gemäß § 3 a Nr. 1 Abs. 4 b, c VOL/A gerechtfertigt sein.

Diese Voraussetzungen waren für die vorliegende Ausschreibung erfüllt gewesen, die einen anspruchsvollen und sensiblen Dienstleistungsbereich, wie den Betrieb eines Krankenhauses, zum Gegenstand hatten (Vergabekammer Lüneburg, Beschluss vom 5.11.2004 – 203-VgK-48/2004).

Q

Qualität als Zuschlagskriterium

In vielen Bekanntmachungsformularen findet sich als →*Zuschlagskriterium* die „Qualität". Die Benennung von „Qualität" als Zuschlagskriterium ist aufgrund der Unschärfe dieses Begriffs jedoch als problematisch einzustufen.

Nach Auffassung einiger →*Vergabekammern* stellt die allgemeine Angabe „Qualität" im Hinblick auf das in § 97 Abs. 1 GWB enthaltene →*Transparenzgebot* kein zulässiges Wertungskriterium dar (so zuletzt die Vergabekammer Südbayern, Beschluss vom 21.4.2004 – 24-04/04).

Qualitätsmanagement

→*Zertifizierung nach DIN ISO 9001*

R

Rahmenvereinbarungen

Unter einer Rahmenvereinbarung versteht man eine Vereinbarung mit einem oder mehreren Unternehmen, in der die Bedingungen für Einzelaufträge festgelegt werden, die im Laufe eines bestimmten Zeitraums vergeben werden sollen, insbesondere über den in Aussicht genommenen Preis und ggf. die in Aussicht genommene Menge (vgl., § 5 b VOB/A).

Regelungen für Rahmenvereinbarungen finden sich nach derzeit geltendem Recht nur in den §§ 3 Abs. 8 VgV, § 5 b VOL/A, VOB/A sowie § 4 VOL/A, VOB/A SKR. Die Berechnungsregelung in § 3 VgV bedeutet keine generelle Zulässigkeit von Rahmenverträgen im Vergaberecht. Da die Zulässigkeit dieser Vereinbarungen außerhalb des →*Sektorenbereichs* nicht ausdrücklich geregelt, muss die Rechtslage bei Rahmenvereinbarungen außerhalb des Sektorenbereichs als zur Zeit weitgehend ungeklärt bezeichnet werden.

Umgekehrt kann aus dieser fehlenden Regelung jedoch nicht geschlossen werden, dass der Abschluss von Rahmenvereinbarungen außerhalb des Sektorenbereichs unzulässig ist. Diese Vereinbarungen ermöglichen dem Auftraggeber eine flexible Verfahrensgestaltung, die eine wirtschaftliche Verwendung der Mittel gewährleistet. Nach wohl überwiegender Auffassung ist damit die Vereinbarung einer Rahmenvereinbarung auch für klassische Auftraggeber möglich.

Diese grundsätzliche Anerkennung gilt jedoch nur, wenn tatsächlich eine Rahmenvereinbarung bzw. ein Rahmenvertrag anzunehmen ist. Hierfür ist unerlässlich, dass die Vereinbarung einen Verpflichtungsinhalt und -umfang hat. Die wesentlichen Vertragsbestandteile für die späteren Einzelverträge sind, insbesondere die Art der Leistungen, eine hinreichend klare Festlegung des Zeitraums, innerhalb dessen Einzelverträge nach Rahmen abgeschlossen werden können und der Preis der zu liefernden Leistung bzw. die dafür erforderlichen Berechnungsgrundlagen (→*Einheitspreise*, Pauschalen, Stundenlöhne).

Eine neuere Entscheidung des Berliner Kammergerichts hat den Auftraggebern deutlich die Grenzen von Rahmenvereinbarungen aufgezeigt (Kammergericht Berlin, Beschluss vom 19.4.04 – 2 Verg 22/03). Eine Rahmenvereinbarung im vergaberechtlichen Sinne liegt nach Auffassung des KG insbesondere dann nicht vor, wenn sich die Ausschreibung des Rahmenvertrags nicht auf die Vergabe der ausgeschriebenen Leistung richtet. In diesem Falle liegt eine unzulässige Ausschreibung zu →*vergabefremden Zwecken* i.S.v. § 16 VOL/A bzw. VOB/A vor.

Mit dem Entwurf der neuen Vergabeverordnung (→*neues Vergaberecht*) hat der Verordnungsgeber eine Anerkennung und ausführliche Regelung der Rahmenvereinbarung für Aufträge auch außerhalb des Sektorenbereichs vorgenommen. Diese soll jedoch auf Liefer- und Dienstleistungsaufträge beschränkt sein.

RAL

Das RAL Deutsches Institut für Gütesicherung und Kennzeichnung e. V. ist in Deutschland für die Vergabe von „Gütezeichen zuständig. Keine andere Stelle in Deutschland vergibt Gütezeichen. Der Name RAL geht zurück auf den 1925 gegründeten Reichs-Ausschuss für Lieferbedingungen, der sich ursprünglich mit der Vereinheitlichung präziser technischer Lieferbedingungen mit dem Ziel der Rationalisierung beschäftigte. Heute ist es die neutrale Stelle zur Schaffung von Gütezeichen und zur Überwachung der Gütegemeinschaften. Ein RAL-Gütezeichen ist also ein Prüf- oder Überwachungszeichen. Es ist aber darüber hinaus ein Nachweis stetig neutral überwachter hoher Qualität von Produkten und Dienstleistungen. Derzeit existieren über 160 Gütezeichen, die viele tausende Produkte kennzeichnen oder von Leistungsanbietern genutzt werden.

RAL-Gütesicherung

→*RAL* legt in einem Anerkennungsverfahren gemeinsam mit Herstellern und Anbietern, Handel und Verbrauchern, Prüfinstituten und Behörden die Anforderungen für die jeweiligen Anwendungsbereiche fest. Eine RAL-Gütesicherung umfasst alle wichtigen produkt- und leistungsspezifischen Qualitätskriterien. Sie sind objektiv überprüfbar und jedermann zugänglich. RAL-Gütezeichen werden durch von RAL anerkannte Gütegemeinschaften an Hersteller und Dienstleister vergeben, die die jeweiligen strengen Güte- und Prüfbestimmungen erfüllen.

Hinter jedem RAL-Gütezeichen steht eine Gütegemeinschaft als die von RAL anerkannte Organisation zur Durchführung und Überwachung der Gütesicherung für eine bestimmte Warengruppe oder Dienstleistung. Die Einhaltung der RAL-Gütesicherung wird durch ein System der lückenlosen Überwachung gewährleistet. Sie erstreckt sich auf die Einhaltung der Gütekriterien sowie die korrekte Anwendung des Gütezeichens und wird im Auftrag der Gütegemeinschaften durchgeführt. Die Gütegemeinschaften nehmen die Verleihung des Rechts zur Führung des jeweiligen Gütezeichens an solche Hersteller und Anbieter vor, die sich freiwillig zur Erfüllung der Gütebedingungen verpflichten und sich der Güteüberwachung unterwerfen. Die Gütegemeinschaften überwachen die Erfüllung der Gütebedingungen und die geregelte Anwendung des Gütezeichens. Sie haben das Recht, Verstöße zu ahnden und gegen missbräuchliche Verwendung des Gütezeichens vorzugehen.

So kann eine Gütegemeinschaft, bzw. ihr Güteausschuss Verstöße mit verschiedenen Maßnahmen ahnden. Werden vom Güteausschuss Mängel in der Gütesicherung festgestellt, verhängt der Vorstand auf Vorschlag des Güteausschusses Ahndungsmaßnahmen gegen den Zeichenbenutzer. Diese reichen, je nach Schwere des Verstoßes, von zusätzlichen Auflagen im Rahmen der Eigenüberwachung über eine Vermehrung der Fremdüberwachung und eine Verwarnung bis hin zu einem befristeten oder im Extremfall dauernden Zeichenentzug.

RAL-Verfahren

→*RAL-Gütezeichen* genießen marken- und wettbewerbsrechtlichen Schutz, denn sie werden beim Deutschen Patent- und Markenamt eingetragen und unterliegen dem Schutz des Gesetzes gegen unlauteren Wettbewerb. Marken, die nicht den „Grundsätzen für Gütezeichen" entsprechen, dürfen nicht als RAL-Gütezeichen beworben werden. Der Begriff „→*Gütezeichen*" wird von RAL vor rechtswidrigem Gebrauch zur Wahrung des Gütezeichensystems verteidigt.

Der Weg bis zu einem RAL-Gütezeichen unterliegt dabei einem bestimmten Verfahren. In einem RAL-Anerkennungsverfahren werden gemeinsam mit Herstellern und Anbietern, Handel und Verbrauchern, Prüfinstituten und Behörden die besonderen Anforderungen für das jeweilige

Gütezeichen festgelegt. Für ein bestimmtes Produkt oder eine Dienstleistung kann nur jeweils ein Gütezeichen gelten. Zunächst erfolgt die genaue Festlegung des Geltungsbereiches des jeweiligen Gütezeichens. Die Güte- und Prüfbestimmungen sowie das übrige Satzungswerk (Vereinssatzung, Gütezeichen-Satzung, Durchführungsbestimmungen) werden gemeinschaftlich erarbeitet. Alle Satzungs- und Zeichenunterlagen unterliegen einer kartell-, marken- und wettbewerbsrechtlichen Prüfung. Die Güte- und Prüfbestimmungen müssen eine genaue Festlegung aller wesentlichen Güte- und Prüfmerkmale für die Produkte bzw. Dienstleistungen enthalten. Sie müssen durch RAL anerkannt und jedermann zugänglich sein. Nach Erfüllung aller Voraussetzungen und im Benehmen mit den Fach- und Verkehrskreisen sowie nach Zustimmung des Bundesministeriums für Wirtschaft und Technologie erkennt RAL das neue Gütezeichen an und bescheinigt dies der Gütegemeinschaft. Abschließend wird das Gütezeichen im Bundesanzeiger veröffentlicht.

Rechenfehler

Rechenfehler im Angebot sind nach § 23 VOB/A im Rahmen der →*rechnerischen Prüfung* aufzudecken und zu berücksichtigen. Zu beachten ist allerdings, dass zulässige Korrekturen, welche der Auftraggeber bei der rechnerischen Bewertung der Angebote vornehmen darf, ausschließlich Additionsfehler und Multiplikationsfehler sind. Der angegebene Einheitspreis ist maßgeblich für eine eventuelle rechnerische Korrektur und darf unter keinen Umständen von der Auftraggeberseite verändert werden (vgl. § 23 Nr. 3 VOB/A). Eine Korrektur im Rahmen der rechnerischen Prüfung nach § 23 Nr. 2 in Verbindung mit Nr. 3 Abs. 1 VOB/A scheidet aus, wenn die Multiplikation von Mengenansatz und Einheitspreis dem eingesetzten Gesamtbetrag entspricht; ein rechnerischer Widerspruch oder Rechenfehler besteht dann nicht. Ergibt das Produkt aus Menge und Einheitspreis nicht den angegebenen Gesamtbetrag, so ist gemäß § 23 Nr. 3 Abs. 1 Satz 1 VOB/A die Multiplikation der Menge mit dem angegebenen Einheitspreis maßgebend. Von dieser Regel ist auch dann nicht abzuweichen, wenn der Einheitspreis offenbar falsch ist. Dies gilt unabhängig davon, ob der falsche Einheitspreis versehentlich oder mit Absicht in das Angebot eingesetzt wurde. Nur durch die konsequente Anwendung der

Rechenregel des § 23 Nr. 3 Abs. 1 Satz 1 VOB/A kann Manipulationsversuchen wirksam begegnet werden. Es wird im Einzelfall nämlich kaum nachzuweisen sein, wann der Fall einer absichtlichen Veränderung des Einheitspreises vorliegt und wann nicht. Jeder Bieter muss sich daran festhalten lassen, dass er grundsätzlich für die von ihm gemachten Preisangaben selbst verantwortlich ist.

Rechenfehler können unter Umständen zu einem Ausschluss des Bieters wegen fehlender →*Zuverlässigkeit* führen, wenn sie offensichtlich in manipulativer Absicht erfolgt sind. Dies ist allerdings nur dann der Fall, wenn sie bewusst von einem Bieter in ein Vergabeverfahren eingeschmuggelt werden. Ein Rechenfehler begründet also keine Unzuverlässigkeit, wenn er offensichtlich ist und kein Fall einer Option auf einen unredlich erworbenen Gewinn vorliegt, weil bei rechnerischer Prüfung des Angebots durch den Auftraggeber der Rechenfehler schon aufgrund seiner auffälligen Größenordnung sofort ins Auge fallen musste, der Fehler weder geschickt versteckt war noch sonstige Anzeichen dafür erkennbar waren, dass der Bieter auf ein Übersehen des Fehlers spekuliert hat. In einem solchen Fall ist es nicht gerechtfertigt, allein aufgrund der notwendigen Korrektur eines Rechenfehlers bei der Prüfung nach § 23 VOB/A ein Angebot von der Wertung auszuschließen.

Rechnerische Prüfung der Angebote

Nach § 23 Nr. 2 VOB/A sind Angebote u. a. rechnerisch zu prüfen. Ziel ist es, →*Rechenfehler* im Angebot zu erkennen und zu beseitigen. Gegenstand der rechnerischen Prüfung ist das Zahlen- und Rechenwerk in den Angeboten. Bei der rechnerischen Prüfung unterstellt man, dass sich die Bieter nicht verrechnen wollten, indem das rechnerisch richtige Ergebnis in die →*Wertung der Angebote* eingeht.

Bei widersprüchlichen Preisangaben müssen die Auslegungsregeln von § 23 Nr. 3 VOB/A herangezogen werden. In diesen kommt der Vorrang des Einheitspreises gegenüber den davon abgeleiteten Preisen zum Ausdruck.

Rechtsschutz, vergaberechtlicher

I. Einleitung

Das System des vergaberechtlichen Rechtsschutzes lässt sich in Primärrechtsschutz und Sekundärrechtsschutz unterteilen. Unter dem Primärrechtsschutz versteht man, dass sich der Bieter unmittelbar gegen Entscheidungen der Vergabestelle, insbesondere gegen die Erteilung des
→*Zuschlags*, wendet und diese beanstandet. Mit Sekundärrechtsschutz ist
insbesondere das Verfolgen von Ansprüchen auf Schadensersatzes auf der
Grundlage einer für rechtswidrig gehaltenen Vergabeentscheidung gemeint. Die Zuschlagsentscheidung wird also hier nicht unmittelbar angegriffen; vielmehr prüft das zuständige Gericht nur mittelbar, ob eine scha-
densbegründende Pflichtverletzung in Form einer Verletzung von vergaberechtlichen Vorschriften vorgelegen hat.

II. Primärrechtsschutz oberhalb der Schwellenwerte

Im Rahmen des Primärrechtsschutzes ist die auch sonst das Vergaberecht
durchziehende Zweiteilung in einen Rechtsschutz oberhalb und unterhalb
der →*Schwellenwerte* von großer Bedeutung (→*Kartellvergaberecht*; →*europaweite Vergabeverfahren*). Oberhalb der Schwellenwerte bestehen umfangreiche Möglichkeiten, die Entscheidung der Vergabeverfahren in
Form von →*Nachprüfungsverfahren* zu kontrollieren. Die §§ 102 ff. des
→*Gesetzes gegen Wettbewerbsbeschränkungen* (GWB) geben bei der Verletzung von bieterschützenden Vergabevorschriften die Möglichkeit, effektiven Rechtsschutz in Form des →*Nachprüfungsverfahrens* vor den
→*Vergabekammern* bzw. in Form der →*sofortigen Beschwerde* vor den
OLG-Vergabesenaten zu erlangen.

Nach §§ 100 Abs. 1 i.V.m. 127 Nr. 1 GWB i.V.m. der Vergabeverordnung
(VgV) finden die Rechtsschutzmöglichkeiten des 4. Abschnitts des GWB
jedoch nur oberhalb der von der Bundesregierung jeweils festgesetzten
→*Schwellenwerte* Anwendung.

§ 97 Abs. 7 GWB, der festlegt, dass die Unternehmen Anspruch darauf
haben, dass der Auftraggeber die Bestimmungen über das Vergabeverfahren einhält, führt zu der grundsätzlichen Anerkennung von subjektiven
Rechten für Teilnehmer an einem Vergabeverfahren und eröffnet ihnen
die Möglichkeit, die Einhaltung der Bestimmungen über das Vergabeverfahren gerichtlich überprüfen zu lassen. Besonders schwerwiegend ist,

dass durch die Einleitung des Nachprüfungsverfahrens durch die Vergabestelle dem Auftraggeber verboten wird, den Zuschlag zu erteilen (vgl.
§ 115 Abs. 1 GWB). Diese Möglichkeit besteht jedoch, insbesondere um einen Investitionsstau und Missbrauch durch Antragsteller zu vermeiden,
nur innerhalb gewisser Grenzen. Insbesondere werden bei einem Antrag
auf Nachprüfung strenge Anforderungen an die Zulässigkeit gestellt. So
muss die Antragsbefugnis nach § 107 Abs. 2 GWB vorliegen und der Bieter seiner Rügeobliegenheit nachgekommen sein.

Antragsbefugt ist ein Bieter, wenn er ein Interesse an dem Auftrag hat
und geltend macht, in eigenen Rechten verletzt zu sein, die durch § 97
Abs. 7 GWB eingeräumt werden. Darüber hinaus hat der Bieter darzulegen, dass ihm durch die behauptete Verletzung der Vergabe-vorschriften
ein Schaden entstanden ist bzw. zu entstehen droht.

Noch wichtiger ist in der Praxis die Beachtung der →*Rügeobliegenheit*
(§ 107 Abs. 3 GWB). Der Antrag ist nach dieser Vorschrift unzulässig, soweit der Antragsteller den gerügten Verstoß gegen Vergabevorschriften
bereits im Vergabeverfahren erkannt und gegenüber dem Auftraggeber
nicht unverzüglich gerügt hat. Der Antrag ist außerdem unzulässig, soweit
Verstöße gegen Vergabevorschriften, die aufgrund der →*Bekanntmachung*
erkennbar sind, nicht spätestens bis zum Ablauf der in der Bekanntmachung benannten Frist zur Angebotsabgabe oder zur Bewerbung gegenüber dem Auftraggeber gerügt werden.

III. Primärrechtsschutz unterhalb der Schwellenwerte
Unterhalb der Schwellenwerte ist der Rechtsschutz für Bieter stark eingeschränkt. Der 4. Abschnitt des GWB findet keine Anwendung. Dies hat zur
Folge, dass auch das System des Primärrechtsschutzes mit der Möglichkeit
eines Verfahrens vor den Vergabekammern bzw. vor den Vergabesenaten
der Oberlandesgerichte ausgeschlossen ist. Soweit versucht worden ist, einen unmittelbaren Schutz gegen eine rechtswidrige Vergabeentscheidung,
z. B. über das Gesetz gegen den unlauteren Wettbewerb (UWG), vor den
ordentlichen Gerichten zu erlangen, wurde dies von der Rechtsprechung
abgelehnt. Unterhalb der Schwellenwerte können daher Vergabeentschei-
dungen nur durch Gegendarstellungen sowie durch Dienst- und Fachauf-
sichtsbeschwerden bzw. vor speziellen VOB-Stellen gerügt werden. In der
Praxis haben diese informellen Verfahren regelmäßig nur wenig Bedeutung.

IV. Sekundärrechtsschutz

Mit Sekundärrechtsschutz sind Schadensersatzansprüche der Bieter gegen die Vergabestelle aufgrund von Verstößen gegen Vergaberecht gemeint. Diese sind generell vor den ordentlichen Gerichten einzuklagen.

Für Schadensersatzansprüche aufgrund von Verstößen gegen vergaberechtliche und unternehmensschützende Vorschriften kommt zum einen § 126 GWB in Betracht. Dieser gibt einen Anspruch auf Ersatz des Schadens, der dem Unternehmen durch die Vorbereitung des Angebots bzw. die Teilnahme an dem Vergabeverfahren entstanden ist. Voraussetzung für den Anspruch ist, dass das Unternehmen ein Angebot vorbereitet oder an einem Vergabeverfahren teilgenommen hat und eine echte Chance auf den Zuschlag gehabt hätte. Dies ist dann der Fall, wenn der Bieter in die engere Wahl gekommen wäre.

In Betracht kommt ferner ein Schadensersatzanspruch nach dem Rechtsinstitut der →*culpa in contrahendo (c. i. c.)*, § 311 BGB n. F.. Insoweit ist anerkannt, dass spätestens mit der Anforderung der Ausschreibungsunterlagen durch den Bieter zwischen diesem und dem Auftraggeber ein auf eine mögliche Auftragserteilung gerichtetes vorvertragliches Vertrauensverhältnis begründet wird. Im Allgemeinen ist auch ein solcher Anspruch auf Ersatz der durch die Beteiligung an der Ausschreibung entstandenen Aufwendungen beschränkt und kann nur in seltenen Fällen auch den entgangenen Gewinn umfassen. Dies wird nur dann der Fall sein können, wenn dem klagenden Bieter bei korrektem Verhalten der Zuschlag hätte erteilt werden müssen.

V. Aktuelle Rechtsprechung

1. Im Jahre 1999 war der Auftragnehmer mit bautechnischen Planungsleistungen für die Sanierung und Erweiterung eines Klinikbaus beauftragt worden. Für dasselbe Bauvorhaben schreibt der Auftraggeber nun die Vergabe eines Ingenieurvertrags europaweit aus. Der Auftragnehmer rügt die erneute Ausschreibung als unzulässig. Die ausgeschriebene Leistung decke sich in wesentlichen Teilen mit dem Auftragsinhalt des Auftragnehmer. Auf die Rüge teilt der Auftraggeber mit, dass er im Umfang der Neuausschreibung keine weiteren Leistungen beim Auftragnehmer abrufen werde. Mit dem Ziel, die Aufhebung der Ausschreibung zu erreichen, leitet der Auftragnehmer ein Nachprüfungsverfahren ein. Gegen die ableh-

nende Entscheidung wendet er sich mit der sofortigen Beschwerde und dem Antrag auf Verlängerung der aufschiebenden Wirkung.

Der Antrag bleibt erfolglos. Die Vergabekammer hat nach Auffassung des OLG Brandenburg den Antrag zu Recht als unzulässig zurückgewiesen. Dem Auftragnehmer fehlt bereits die Antragsbefugnis. Ziel des Auftragnehmers ist es, die Auftragsvergabe insgesamt zu unterbinden. Der Auftragnehmer meint, dass ihm der Auftrag bereits erteilt sei und der neu ausgeschriebene Auftrag deshalb nicht anderweitig vergeben werden dürfe. Auf ein solches Rechtsschutzziel ist das Nachprüfungsverfahren jedoch nicht ausgerichtet. Dem Auftragnehmer fehlt bereits ein Interesse an dem ausgeschriebenen Auftrag. Wenn sich der Auftraggeber vorzeitig aus dem vergebenen früheren Auftrag lösen will, stellt dies möglicherweise eine Vertragsverletzung dar, die im Extremfall auch Ansprüche gemäß § 826 BGB begründen kann. Die Verletzung vergaberechtlicher Vorschriften wird dadurch jedoch nicht begründet (OLG Brandenburg, Beschluss vom 5.10.2004 – Verg W 12/04).

2. Eine Vergabestelle erteilte im Rahmen eines Offenen Verfahrens nach VOB/A den Zuschlag für den ausgeschriebenen Bauauftrag an Bieter A. Die zuständige Vergabeprüfstelle stellte nach Erteilung des Zuschlags die Rechtswidrigkeit des durchgeführten Vergabeverfahrens fest. Ein Bieter begehrte von der Vergabestelle Schadensersatz in Form des entgangenen Gewinns an der Auftragserteilung wegen vergaberechtswidriger Zuschlagserteilung an den bezuschlagten Bieter.

Nach Auffassung des OLG Naumburg hat der zu Unrecht übergangene Bieter einen Anspruch auf Ersatz des ihm entgangenen Gewinns. Der Anspruch ergibt sich aufgrund schuldhafter Verletzung des zwischen der Vergabestelle und Bieter B bestehenden vorvertraglichen Schuldverhältnisses. Im vorliegenden Fall hätte das Angebot des bezuschlagten Bieters wegen Veränderungen der Verdingungsunterlagen gemäß § 25 Nr. 1 Abs. 1 b i.V.m. § 21 Nr. 1 Abs. 2 VOB/A ausgeschlossen und der Zuschlag bei ordnungsgemäßem Vergabeverfahren dem übergangenen Bieter B erteilt werden müssen. Das OLG stellte klar, dass das zuständige Zivilgericht die Voraussetzungen dieses Anspruchs selbst feststellt und an die vorangegangene Entscheidung der Vergabeprüfstelle (im Unterschied zu Entscheidungen von Vergabekammern oder Vergabesenaten) nicht gebunden ist (OLG Naumburg, Urteil vom 26.10.2004 – 1 U 30/04).

Referenzen

Bei einer Referenz geht es inhaltlich allgemein um den Nachweis konkreter praktischer Erfahrungen eines Bewerbers, die sich nur über die Durchführung entsprechender Vorhaben oder ihre weitgehende Durchführung gewinnen lassen. Dazu kann unter Umständen der Nachweis genügen, dass der →*Bieter* in dem genannten Zeitraum einen Auftrag für nur einen →*Auftraggeber* durchgeführt hat, sofern dieser Auftrag nach Gegenstand und Umfang im Hinblick auf die vorliegende Vergabe aussagekräftig ist.

Die Abforderung von Referenzen ist nur eine von mehreren Möglichkeiten des Auftraggebers, sich einen Überblick über die fachliche →*Eignung* und die →*Zuverlässigkeit* eines Bieters zu verschaffen. Eine andere, für den Auftraggeber zumeist einfachere Möglichkeit, besteht in der Forderung eines →*Gütezeichens*.

Es ist nicht zu beanstanden, wenn ein Auftraggeber bei der Eignung und Zuverlässigkeit der Bieter maßgeblich auf die Einholung und Auswertung von Referenzen abstellt. Die Einholung von Referenzen stellt eine geeignete, vergaberechtskonforme Maßnahme dar, die es dem Auftraggeber erleichtert, die Eignungsprüfung im Rahmen der Angebotswertung durchzuführen.

Die Forderung in den Bewerbungsbedingungen für einen Dienstleistungsauftrag, dass mit dem Angebot bestimmte Referenzen vorzulegen sind, stellt regelmäßig keine Mindestanforderung in dem Sinne dar, dass sämtliche Ansprüche, mit denen die geforderten Referenzen nicht vorgelegt werden, zwangsläufig auszuschließen sind. Vielmehr können solche Angebote nur ausgeschlossen werden (§ 25 Nr. 1 Abs. 2 a VOL/A). Will der Auftraggeber der Forderung die weitergehende Bedeutung einer Mindestanforderung geben, so muss er dies eindeutig zum Ausdruck bringen.

Wenn Unterlagen von Dritten als →*Eignungsnachweise* gefordert werden, ist davon auszugehen, dass es sich bei diesen Unterlagen um von den Dritten ausgestellte Dokumente handeln muss; eigene Erklärungen der Bieter sind dementsprechend nicht ausreichend.

Regeln der Technik

Nach § 4 Nr. 2 Abs. 1 S. 2 VOB/B ist der Auftragnehmer verpflichtet, die anerkannten Regeln der Technik zu beachten. Tut er dies nicht oder nicht hinreichend, verletzt er vertragliche Pflichten, was u.U. zur Zahlung von →*Schadensersatz* verpflichten kann.

Unter den anerkannten Regeln der Technik sind die allgemeinen Regeln der Bautechnik gemeint. Als anerkannte Regeln der Technik sind also sämtliche Vorschriften und Bestimmungen anzusehen, die sich in der Theorie als richtig erwiesen und in der Praxis bewährt haben. Im Baubereich gehören dazu in erster Linie die DIN-Vorschriften, aber auch z. B. die Einheitlichen Technischen Baubestimmungen (ETB), die Bestimmungen des Verbandes der Elektrotechniker (VDE), die Unfallverhütungsvorschriften der Bauberufsgenossenschaft usw.. Diese Regeln der Technik sind allerdings nicht feststehend, sondern einer ständigen Fortentwicklung unterworfen.

Aufgrund der Pflicht zur Beachtung der anerkannten Regeln der Technik sieht § 13 Nr. 1 VOB/B die Leistung schon dann als mangelhaft an, wenn die anerkannten Regeln der Technik nicht eingehalten sind. In solchen Fällen kommt es nicht darauf an, ob daneben auch eine Einschränkung oder Aufhebung der allgemeinen Gebrauchstauglichkeit der Leistung vorliegt. Die erbrachte Leistung ist daher bereits deshalb mangelhaft, weil gegen die anerkannten Regeln der Technik verstoßen wurde.

Regiebetriebe

Unter Regiebetrieben versteht man Einrichtungen der öffentlichen Hand innerhalb der allgemeinen Verwaltung. Gegenstück sind die Eigenbetriebe, die außerhalb der allgemeinen Verwaltung als Sondervermögen ohne eigene Rechtspersönlichkeit geführt werden. Für Regiebetriebe besteht generell, also auch unterhalb der →*Schwellenwerte*, eine Bindung an die VOB.

Risiko, gewöhnliches, ungewöhnliches

→*ungewöhnliches Wagnis*

Rücktritt vom Vertrag

Unter einem Rücktritt vom Vertrag versteht man die Auflösung eines Vertrags durch einseitige Erklärung eines Vertragspartners. Im Gegensatz zur →*Kündigung* hat ein Rücktritt vom Vertrag rückwirkende Kraft. Folge des

Rücktritts ist die Verpflichtung der Parteien, einander die empfangenen Leistungen zurückzugeben (§ 346 BGB). Da dies bei Bauleistungen in der Regel nicht möglich ist, hat der Rücktritt bei Bauverträgen so gut wie keine praktische Bedeutung.

Rügeobliegenheit

I. Einleitung

Nach § 107 Abs. 3 S. 2 GWB ist ein Nachprüfungsantrag unzulässig, soweit Verstöße gegen Vergabevorschriften, die aufgrund der Bekanntmachung erkennbar sind, nicht spätestens bis zum Ablauf der in der Bekanntmachung benannten Frist zur Angebotsabgabe oder zur Bewerbung gegenüber dem Auftraggeber gerügt werden. Diese Rügepflicht des § 107 Abs. 3 GWB ist in der Praxis der →*Nachprüfungsverfahren* von kaum zu unterschätzender Bedeutung. Ein großer Teil der Verfahren geht für die Antragsteller bereits deshalb verloren, weil der Antrag aufgrund fehlender oder unzureichender Rügen bereits als unzulässig angesehen wird.

Sinn und Zweck der Rügeobliegenheit ist es, dass die Vergabestelle die Möglichkeit hat, vom Bieter erkannte Fehler zu korrigieren. Der Bieter soll bereits erkannte Verstöße nicht bis zu der Einleitung eines Nachprüfungsverfahrens „aufsparen" können.

II. Rügen von Verstößen in der Bekanntmachung und von sonstigen Verstößen

§ 107 Abs. 3 GWB differenziert zwischen aus der Bekanntmachung erkennbaren Verstößen (§ 107 Abs. 3 S. 2 GWB) und sonstigen Verstößen gegen Vergabevorschriften (§ 107 Abs. 3 S. 1 GWB)

Der Maßstab, wann ein Verstoß aufgrund der Vergabebekanntmachung erkennbar ist, wird von der Rechtsprechung der Vergabekammern nicht einheitlich beurteilt.

Im Grundsatz gilt: Regelverstöße sind erkennbar, die bei üblicher Sorgfalt und den üblichen Kenntnissen von einem durchschnittlichen Unternehmen erkannt werden. Bei der Konkretisierung dieses Maßstabs kommt es auch darauf an, ob das Unternehmen schon erhebliche Erfahrungen mit öffentlichen Aufträgen hat und daher gewisse Rechtskenntnisse vorausgesetzt werden können, die beim unerfahrenen Unternehmen nicht vorhanden sind.

Keine Übereinstimmung herrscht in der Frage, ob zusätzlich zur Ausschlussfrist des § 107 Abs. 3 S. 2 GWB (= bis zum Ablauf der Angebotsfrist) die Rüge auch im Sinne von § 107 Abs. 3 S. 1 GWB auch „unverzüglich" sein muss. Die Pflicht zur unverzüglichen Rüge wird von der Vergabekammer Baden-Württemberg verneint: Weder aus dem Zusatz „spätestens" noch aus der Regelung im Übrigen könne auf eine gesetzliche Pflicht zur sofortigen und intensiven Prüfung des Bekanntmachungsinhalts auf etwaige vergaberechtliche Verstöße verbunden mit der Folge einer Präkludierung im Falle des Verstoßes gegen diese (etwaige) Verpflichtung geschlossen werden (Vergabekammer Baden-Württemberg, Beschluss vom 21.11.2002 – 1 VK 58/02).

Etwas anderes gilt für Verstöße, die sich aus den weiteren Verdingungsunterlagen, etwa der Aufgabenbeschreibung, ergeben. Für solche im Vergabeverfahren erkannten Verstöße gilt § 107 Abs. 3 S. 1 GWB; der Bieter muss den erkannten Verstoß also unverzüglich rügen.

III. Form und Inhalt der Rüge

Formal werden keine Anforderungen an eine Rüge nach § 107 GWB gestellt; diese kann auch mündlich oder per Telefax eingelegt werden. Aus Beweiszwecken ist es empfehlenswert, schriftlich oder per Telefax zu rügen. Umgekehrt ist es für die Vergabestelle empfehlenswert, auch telefonische Anfragen, die als Rügen ausgelegt werden könnten, sorgfältig zu dokumentieren.

Hinsichtlich der inhaltlichen Anforderungen an eine Rüge fordert § 107 Abs. 3 GWB lediglich die Angabe von Verstößen gegen Vergabevorschriften. Im Sinne der Gewährung effektiven Rechtsschutzes sind an die Rüge daher nur geringe Anforderungen zu stellen. Insbesondere ist es nicht erforderlich, dass der Bewerber explizit das Wort „Rüge" verwendet oder exakt einzelne Normen des Vergaberechts benennt, die er als verletzt ansieht.

Inhaltlich ist für eine Rüge erforderlich, dass objektiv und vor allem auch gegenüber dem Auftraggeber deutlich ist, welcher Sachverhalt aus welchem Grund als Verstoß angesehen wird. Es muss also deutlich sein, dass es sich nicht nur um die Klärung etwaiger Fragen, um einen Hinweis oder Kritik handelt, sondern dass der Bieter von der Vergabestelle erwartet und bei ihr erreichen will, dass der (vermeintliche) Verstoß behoben wird.

An einer wirksamen Rüge fehlt es daher, wenn diese entweder objektiv nicht als solche erkennbar ist oder von der Vergabestelle nicht als solche erkannt werden konnte oder musste, wobei von der Sicht eines verständigen Dritten auszugehen ist. Eine Rüge muss klar und deutlich in der Weise formuliert sein, dass die Vergabestelle die Erklärung des Bieters unter Berücksichtigung aller Umstände als solche und als Aufforderung verstehen muss, den beanstandeten Verstoß zu beseitigen.

IV. Unverzüglichkeit der Rüge
„Unverzüglich" heißt nach allgemeinen Grundsätzen – entsprechend § 121 BGB – „ohne schuldhaftes Zögern". Die Konkretisierung dieser Rügefrist ist ständiges Thema der Entscheidungen der Nachprüfungsinstanzen.

Einigkeit besteht schon seit den ersten Entscheidungen nach Inkrafttreten des VgRÄG, dass als Maximalfrist für eine unverzügliche Rüge ein Zeitraum von 10-14 Tagen zuzubilligen ist. Dies hat allerdings, wie mittlerweile wohl einhellige Auffassung ist, zur Voraussetzung, dass ein hochgradig schwieriger Sachverhalt vorliegt.

Die Meinungen, welche Frist in einem Regelfall anzusetzen ist, gehen auseinander. Einige Vergabesenate und -kammern gehen davon aus, dass bei einem durchschnittlichen Vergabesachverhalt die Rüge innerhalb von ein bis drei Tagen erfolgen muss. Die Mehrzahl der übrigen Vergabekammern und Vergabesenaten geht dagegen von einem Zeitraum von etwa fünf Tagen aus.

Diese Rügefrist beginnt allerdings erst zu laufen, nachdem der Bieter den Vergaberechtsverstoß tatsächlich erkannt hat. Dies ist nach der Rechtsprechung erst dann der Fall, wenn er sichere Tatsachen- und Rechtskenntnis hat; er muss also nicht nur die Tatsachen kennen, sondern aus ihnen – zumindest laienhaft – auch den Schluss auf die Rechtswidrigkeit gezogen haben. Der Bieter muss also nicht „ins Blaue hinein" vermeintliche Verstöße der Vergabestelle rügen, sondern darf im Regelfall z. B. vorher Rechtsrat einholen. Andererseits darf er vor erkannten Verstößen nicht mutwillig die Augen verschließen. Schärfer sind die Anforderungen bei fachkundigen Unternehmen. Für die Kenntnis eines konkreten, von einem Bieter geltend zu machenden Vergaberechtsverstoßes bedarf es für diese in der Regel nicht der vorherigen Konsultation eines Rechtsanwalts.

V. Aktuelle Rechtsprechung

1. Bei einer Ausschreibung informierte eine Vergabestelle in Sachsen-Anhalt mit Schreiben vom 16.8.2004 die unterlegenen Bieter umfassend über das Ergebnis der Wertung. Ein Bieter kam am 24.8.2004 zu dem Ergebnis, dass die Entscheidung der Vergabestelle vergaberechtswidrig ist und rügte mit Schreiben vom 27.8.2004, das am selben Tag, einem Freitag, gegen 14.30 Uhr, zur Post gebracht wird. Die Rüge ging erst am 30.8.2004 bei der Vergabestelle ein. Die Vergabekammer verwirft den Nachprüfungsantrag mangels einer unverzüglichen Rüge als unzulässig und hielt es für eine schuldhaftes Zögern im Sinne des § 121 BGB, dass der Antragsteller das Rügeschreiben nicht per Telefax übermittelt hat.

Der Vergabesenat bestätigt die Entscheidung der Vergabekammer. Im Allgemeinen ist den Anforderungen des § 121 Abs. 1 Satz 2 BGB genügt, wenn die Erklärung unverzüglich abgesandt wird. Unerwartete Verzögerungen bei der Übermittlung der Erklärung hat der Absender nicht zu verantworten. In der Regel ist die Wahl des einfachen Postwegs ausreichend und eine schnellere Übermittlung, insbesondere durch Telegramm, nicht erforderlich. Es kann deshalb geboten sein, eine Rüge nicht auf dem einfachen Postwege, sondern per Telefax oder in einer anderen beschleunigten Form zu übermitteln (z. B. Eilbrief, Bote, elektronische Post), jedenfalls dann, wenn seit dem Zugang von Informationen über den vermeintlichen Vergabemangel annähernd zwei Wochen vergangen sind, wenn außerdem der Ablauf der Frist des § 13 Satz 5 VgV bei Absendung der Rügeschrift kurz bevorsteht und anzunehmen ist, dass die Übermittlung per Post zu einer Verzögerung des Zugangs der Rügeschrift um mehrere Tage führen wird. Unter diesen Umständen stellt die Wahl des einfachen Postwegs eine schuldhafte Verzögerung dar, die zur Unzulässigkeit des Nachprüfungsantrags führt (OLG Naumburg, Beschluss vom 25.1.2005 – 1 Verg 22/04).

2. Der Auftraggeber schrieb den 100%-ig öffentlich geförderten Mietkauf eines Schulgebäudes europaweit aus. Von den Bietern war die Errichtung nach Vorgaben des Auftraggebers auf einem bieterseitig zu beschaffenden Grundstück nebst Sicherstellung der Baugenehmigung und Finanzierung gefordert. Bereits in der Bekanntmachung gab der Auftraggeber an, das Gebäude müsse bei Fertigstellung mittels öffentlicher Verkehrsmittel binnen 15 Minuten vom Hauptbahnhof erreichbar sein. Acht Tage nach Er-

halt der Vorabinformation rügte ein Bieter die Verfahrensfehlerhaftigkeit, denn das Angebot des Beigeladenen erfülle die Anforderung an den Standort nicht. Der Rüge gingen umfangreiche Erkundigungen hinsichtlich des Standorts sowie daran anschließend die Einholung qualifizierten Rechtsrats voraus.

Nach Ansicht des BayObLG war der Antragsteller mit seiner Rüge nicht gemäß § 107 Abs. 3 GWB ausgeschlossen. Zwar ergaben sich die Standortanforderungen bereits aus der Bekanntmachung. Dass das Angebot der Beigeladenen trotz Nichterfüllen der Vorgaben als zuschlagsfähig angesehen wird, konnte diese aber erst aus der Vorabinformation ersehen. Die bloße Vermutung eines Vergabeverstoßes reiche aber nicht aus. Die am achten Tag nach Zugang der Vorabinformation angebrachte Rüge wird als noch unverzüglich im Sinn von § 121 BGB angesehen (BayObLG, Beschluss vom 29.9.2004 – Verg 22/04).

3. Die Vergabekammer Schleswig-Holstein stellte in einer aktuellen Entscheidung klar, dass die in der Rechtsprechung für eine Rüge gemäß § 107 Abs. 3 GWB angenommene Maximalfrist von zwei Wochen nur für Fälle mit besonders schwieriger Sach- und Rechtslage gelte. Eine Rüge ist demnach nicht mehr unverzüglich i.S.v. § 107 Abs. 3 GWB, wenn sie nahezu zwei Wochen nach Kenntnis des vermeintlichen Vergaberechtsverstoßes erfolgt und die Antragstellerin einräumt, dass ihr die rechtliche Bewertung des Sachverhalts innerhalb von drei Tagen möglich war (Vergabekammer Schleswig-Holstein, Beschluss vom 22.12.2004 – VK-SH 34/04).

S

Sanierungsverfahren

Ziel einer Sanierung ist es, die vorhandenen Schäden so zu beseitigen, dass ein vorher definierter Sollzustand des Netzes erreicht wird. Die DIN EN 752 „Entwässerungssysteme außerhalb von Gebäuden – Teil 5: Sanierung" unterteilt die Sanierungsverfahren in drei Gruppen:

- Reparatur (Behebung örtlich begrenzter Schäden)
- Renovierung (Verbesserung der aktuellen Funktionsfähigkeit von Abwasserleitungen und -kanälen unter vollständiger oder teilweiser Einbeziehung ihrer ursprünglichen Substanz)
- Erneuerung (Herstellung neuer Abwasserleitungen und -kanäle in der bisherigen oder einer anderen Linienführung, wobei die neuen Anlagen die Funktion der ursprünglichen Abwasserleitungen und -kanäle einbeziehen).

Für jede dieser Gruppen stehen zahlreiche Verfahren zur Verfügung.

Schaden

Unter einem Schaden ist der Nachteil, den ein schädigendes Ereignis verursacht, zu verstehen. Es sind materielle und immaterielle Schäden zu unterscheiden. Im Baurecht sind nur die materiellen Schäden von Bedeutung. Die Herstellung eines mit Mängeln behafteten Bauwerks stellt in der Regel keinen Sachschaden i.S. des § 823 Abs. 1 BGB dar, sondern nur einen Vermögensschaden. Der Schaden selbst muss wiederum in unmittelbare und mittelbare Schäden aufgeteilt werden; daneben sind die Mangelfolgeschäden von großer Bedeutung.

Schadensersatz

Unter Schadensersatz ist der Ausgleich des einer Person entstandenen →*Schadens* durch einen anderen zu verstehen. In Betracht kommen für Schadensersatzansprüche zum einen Verletzungen von vertraglichen oder vertragsähnlichen (→*culpa in contrahendo*) Pflichten, zum anderen gesetzliche Schadensersatzanprüche, die auf einer Haftung für unerlaubte Handlungen beruhen (z. B. Schadensersatzansprüche wegen Sachbeschädigung).

Voraussetzung für jede Schadensersatzpflicht ist, dass das schädigende Ereignis den eingetretenen Schaden verursacht hat (Kausalität). Dabei scheiden im Zivilrecht solche Kausalverläufe aus, die dem Verantwortlichen billigerweise rechtlich nicht mehr zugerechnet werden können. Der Schaden muss also objektiv vorhersehbar gewesen sein.

Ein Schadensersatzanspruch setzt immer auch eine entsprechende Anspruchsgrundlage voraus. Aus der Vielzahl existierender Anspruchsgrundlagen sollen im Folgenden exemplarisch einige vorgestellt werden.

Schadensersatz, Amtspflichtverletzung

I. Allgemeines

Ein möglicher Schadensersatzanspruch kann sich daraus ergeben, dass eine Behörde oder ein sonstiger Träger staatlicher Gewalt gegen Pflichten verstößt, die sich aus seinem öffentlichen Amt ergeben und gegenüber und zum Schutz von Dritten bestehen. Man spricht dann von Amtspflichtverletzungen. Auch im Baugewerbe kommen immer wieder Amtspflichtverletzungen als Anspruchsgrundlagen eines Schadensersatzanspruches in Betracht. Zur Veranschaulichung soll folgendes Beispiel dienen:

II. Rechtsprechung

Der Kläger ist Eigentümer eines teilweise unterkellerten Hausgrundstücks. Unter dem Keller befindet sich ein Felsenkeller, der sich auch unter die angrenzende Straße erstreckt. Bei Kanalbauarbeiten im Straßenbereich im Auftrag der zuständigen Gemeinde weist der Eigentümer sowohl die Baufirma als auch den Architekten, jedoch nicht die Kommune auf den Felsenkeller hin. Der Felsenkeller wird durch die Bauarbeiten „angeschnitten" und die Kanaltrasse verursacht infolge ihrer Drainagewirkung, dass Wasser in den Felsenkeller und auf diesem Wege in die Bausubstanz des Eigentümers eindringt und dort Schäden verursacht. Der Eigentümer begehrt unter anderem von der Kommune Schadensersatz mit dem Hinweis auf Amtshaftungsgrundsätze (BGB § 839) sowie unter Berufung auf § 2 Abs. 1 →*HPflG*.

Das OLG Nürnberg verneint einen Schadensersatzanspruch des Klägers und lehnt Amtshaftungsansprüche ab, weil keine schuldhafte Amtspflichtverletzung gegeben sei. Nur die Auswahl und Beauftragung der weiteren Baubeteiligten könne als hoheitliche Handlung qualifiziert werden. Dabei habe die Gemeinde ihren →*Sorgfaltspflichten* genügt, indem sie renommierte und fachkundige Architekten und Bauunternehmer ausgewählt habe. Einen weitergehenden maßgeblichen Einfluss auf die Arbeiten oder eine Kenntnis von dem Felsenkeller aufseiten der Gemeinde könne der Nachbar nicht nachweisen. Auch ein Anspruch aus § 2 Abs. 1 HPflG scheitert, obwohl der streitgegenständliche Mischwasserkanal eine Rohrleitungsanlage im Sinne dieser Bestimmung darstellt: Eine →*Haftung* scheide aus, weil das Wasser, das hier den Nachbarn geschädigt habe, nicht von dieser Anlage ausgegangen sei (Grundsatz der →*Wirkungshaftung*). Auch der Grundsatz der Zustandshaftung ist für den Nachbarn hier nicht hilfreich: So sei der Schadensfall zwar dem Wortlaut nach abgedeckt, da es ohne den Kanal auch den Kanalgraben und damit die von diesem ausgehende Drainagewirkung nicht gegeben hätte. Doch seien diese Schäden nicht vom Schutzzweck der Norm umfasst; denn ursächlich für diese Schäden sei nicht der Zustand der Leitung selbst, sondern der ihrer unmittelbaren Umgebung (OLG Nürnberg, Urteil vom 09.01.2002 – 4 U 281/00).

Schadensersatz, verwaltungsrechtliches Schuldverhältnis

I. Allgemeines

Schadensersatzansprüche können ihre Grundlage auch in einem verwaltungsrechtlichen Schuldverhältnis haben. Dies ist etwa dann der Fall, wenn ein öffentlich-rechtliches Benutzungsverhältnis vorliegt, wie beispielsweise bei der Nutzung von Abwasserleitungen. Häufig tritt allerdings neben einen Schadensersatzanspruch aus verwaltungsrechtlichem Schuldverhältnis auch ein Anspruch auf →*Schadensersatz wegen Amtspflichtverletzung*.

II. Rechtsprechung

Die Parteien streiten um Schadensersatz auf Grund eines Wasserrückstaus in der Schmutzwasserleitung des Hauses der Klägerin sowie auf Grund der Maßnahmen zu dessen Beseitigung. Die Klägerin ist Eigentümerin eines Hauses in einer Straße, in der die Beklagte Straßenbauarbeiten durchführen ließ. Am 16.02.2000 trat aus den Abflüssen im Kellergeschoss des klägerischen Anwesens Wasser in den Keller ein. Für den streitgegenständlichen Rückstau war eine Verstopfung der Kanalisation ursächlich, die dadurch entstanden ist, dass während länger andauernder Bauarbeiten in der betroffenen Straße Baumaterialien, insbesondere Sand und Teerreste, über einen offen stehenden Kanalschacht in den Kanal gelangt sind und dort ein Strömungshindernis gebildet haben.

Die Klägerin verlangt von der Gemeinde Schadenersatz.

Die Klage hat Erfolg. Die Beklagte hat ihre der Klägerin gegenüber bestehende Verpflichtung aus dem Kanalanschluss- und -benutzungsverhältnis sowie die hiermit korrespondierende allgemeine Amtspflicht verletzt, den Abwasserkanal von Verunreinigungen und Verstopfungen, die ein ungehindertes Abfließen der Abwässer verhindern können, freizuhalten. Diese Pflicht stellt zum einen eine allgemeine Amtspflicht dar und resultiert zum anderen aus dem öffentlich-rechtlichen Benutzungs- oder Leistungsverhältnis, so dass neben die Amtshaftung auch eine Haftung aus der Verletzung des verwaltungsrechtlichen Schuldverhältnisses tritt. Der Gemeinde obliegt dabei sowohl das Sammeln und Beseitigen von Abwässern als auch die Aufsicht über die einem Privatunternehmer übertragenen Straßenbau- oder Kanalisationsarbeiten. Kommt es zu Schäden infolge eines Rückstaus aus der Kanalisation, so kommt grundsätzlich eine Haftung der Gemeinde in Betracht.

Hier steht fest, dass die Mitarbeiter der Beklagten es unterlassen haben, dafür zu sorgen, dass die Kanalschächte während der fraglichen Bauarbeiten entweder verschlossen waren, so dass bei Regenfällen keine Baumaterialien durch das Wasser in diese eingespült werden konnte, oder aber dass gleichwohl auftretende Verunreinigungen des Kanalinneren so rechtzeitig wieder beseitigt wurden, um die Herausbildung eines Abflusshindernisses und damit eine Schädigung der an das Kanalsystem angeschlossenen Anwesen zu vermeiden. Die Mitarbeiter der Beklagten hätten diesbezüglich zumindest Mitarbeiter der bauausführenden Firma instruieren und die Erfüllung dieser Verpflichtung überwachen müssen. Dadurch, dass sie dies nicht getan haben, haben sie eine gerade (auch) im Interesse der Klägerin bestehende Pflicht verletzt.

Nach der neueren Rechtsprechung des Bundesgerichtshofs hat in einem solchen Fall jeder Eigentümer sein an die Gemeindekanalisation angeschlossenes Grundstück durch geeignete Maßnahmen – insbesondere die Installation von Rückstauklappen – jedenfalls vor solchen Rückstauschäden zu sichern, die durch einen bis zur Rückstauebene, d. h. in der Regel bis zur Straßenoberkante, reichenden normalen Rückstaudruck verursacht werden und mit den üblichen Sicherungsvorkehrungen sicher abgewandt werden können. Dies gilt selbst dann, wenn der Gemeinde eine objektive Verletzung von Amtspflichten oder ihrer Pflichten aus dem öffentlich-rechtlichen Kanalanschluss- und -benutzungsverhältnis anzulasten ist, da deren Schutzbereich die normale Rückstausicherung der Anliegergrundstücke nicht umfasst und folglich auch keine Haftung begründen kann.

Der vorliegende Fall ist jedoch mit dem vom Bundesgerichtshof entschiedenen nicht gleichzusetzen. Seine Besonderheit besteht darin, dass es sich um ein sog. Trennsystem handelt. Das bedeutet, dass Schmutzwasser und Niederschlagswasser in voneinander völlig getrennten Kanälen gesammelt und abgeleitet wird. Deshalb ist normalerweise nicht damit zu rechnen, dass Regenwasser in die Schmutzwasserleitung eindringt. Das kann nur passieren, wenn Fehlanschlüsse vorhanden sind. Sind keine Fehlanschlüsse vorhanden, fließt sämtliches Regenwasser ausschließlich in den Regenwasserkanal. In den Schmutzwasserkanal kann dagegen ausschließlich das häusliche Schmutzwasser der Anlieger gelangen. Somit bestand für die Klägerin also kein Anlass, sich durch die Anbringung von Rückstauklappen gegen ein Eindringen von Regenwasser – den klassischen Rückstau – zu schützen. Vielmehr durfte sie darauf vertrauen, dass dieses über den Regenwasserkanal abgeleitet wurde und im Übrigen der Schmutzwasserkanal entsprechend der Verpflichtung der Beklagten von Verunreinigungen freigehalten wurde, so dass es auch hierdurch nicht zu einem Rückstau kommen konnte.

Die Pflichtverletzung erfolgte ferner schuldhaft, nämlich fahrlässig. Im Rahmen einer Amtspflichtverletzung gilt ein objektivierter Sorgfaltsmaßstab. Dies bedeutet, dass nicht das Verschulden einer individuellen Einzelperson nachgewiesen werden muss, sondern dass es genügt festzustellen, dass überhaupt irgendwelche Amtsträger der in Anspruch genommenen Körperschaft Dritten gegenüber obliegende Amtspflichten schuldhaft verletzt haben, also letztlich das Gesamtverhalten der betreffenden Verwaltung in einer den verkehrsnotwendigen Sorgfaltsanforderungen widersprechenden Weise amtspflichtwidrig war. Bei der Anwendung der im Verkehr erforderlichen Sorgfalt hätten die zuständigen Amtsträger der Gemeinde die Baustelle überwacht und dafür Sorge getragen, dass der Kanal nicht verunreinigt bzw. bestehende Verunreinigungen beseitigt wurden.

Daneben besteht auch ein Anspruch aus § 2 Abs. 1 Satz 1 HPflG, da die Schäden auf die typischen Wirkungen des im Kanal der Beklagten transportierten Wassers zurückzuführen sind (OLG Saarbrücken, Urteil vom 04.05.2004 – 4 U 8/03).

Schadensersatz, Wirkungshaftung

I. Allgemeines

Der Schadensersatz aus Wirkungshaftung ist ein Unterfall eines Schadensersatzanspruches nach dem →Haftpflichtgesetz (HPflG). Darin wird unterschieden zwischen der Wirkungshaftung einerseits (das schädigende Ereignis wird durch die Wirkung der Elektrizität, der Gase, der Dämpfe oder der Flüssigkeiten ausgelöst) und der Zustandshaftung andererseits (das schädigende Ereignis beruht nicht auf der Wirkung von Elektrizität, Gas, Dampf oder Flüssigkeit, sondern auf dem nicht ordnungsgemäßen Zustand derselben Anlage). Ein Beispiel zur Wirkungshaftung soll im Folgenden gegeben sein:

II. Rechtsprechung

Neben einem mit einem Haus bebauten Hanggrundstück verläuft ein von einer Gemeinde verrohrter Bachlauf, der auch als Vorfluter der Abwasserkanalisation dient. Am 03.05.2001 kommt es in dem Ort für ca. 3,5 Stunden zu Niederschlägen von über 100 mm. Regenfälle über 66 mm sind in dem betroffenen Ortsteil nur alle 100 Jahre zu erwarten. Infolge des Regens läuft die Kanalleitung über und das Wasser ergießt sich in den Keller des Hauses auf dem Hanggrundstück. Der Eigentümer verlangt von der Gemeinde Schadensersatz.

Ohne Erfolg. Der BGH hält zwar grundsätzlich eine →Haftung der Gemeinde für Überschwemmungen aus der Abwasserkanalisation für gegeben. Diese ergebe sich aus § 2 HPflG, der eine verschuldensunabhängige Gefährdungshaftung aus dem bloßen Betrieb einer Kanalisationsanlage begründe. Im vorliegenden Fall sei aber der Schaden durch höhere Gewalt verursacht worden, die weder vorhersehbar gewesen sei, noch durch wirtschaftlich vernünftige Maßnahmen hätte vermieden werden können. Er könne nicht mehr dem Betrieb der Anlage, sondern nur dem Naturereignis zugerechnet werden. Daher sei ausnahmsweise eine Haftung der Gemeinde zu verneinen (BGH, Urteil vom 22.04.2004 – III ZR 108/03).

Die in der Praxis nicht sehr bekannte Vorschrift des § 2 HpflG erleichtert dem Geschädigten, den Betreiber gefährlicher Anlagen – wie Strom-, Gas- und Wasserleitungen – in Anspruch zu nehmen, weil sie ein Verschulden des Betreibers nicht verlangt. Für die Haftung genügt, dass der Schaden beim Betrieb der Anlage entstanden ist. Angesichts knapper öffentlicher Haushalte und eingeschränkter Wartungsarbeiten der Kommunen an der Abwasserkanalisation dürfte diese Rechtsnorm künftig größere praktische Bedeutung erlangen. § 2 Abs. 3 HPflG schränkt die Haftung aus dem Betrieb gefährlicher Anlagen aber ein. Sie gilt zum einen nicht, wenn der Rückstau innerhalb des Gebäudes des Geschädigten entsteht. Hauseigentümer müssen also für einen ausreichend bemessenen Anschluss auf ihrem eigenen Grundstück sorgen und können das Risiko dort zu knapp bemessener Erschließungsleitungen nicht auf den Betreiber des Kanalnetzes abwälzen. Zum anderen gilt die Haftung nicht, wenn der Schaden durch ein außergewöhnliches Naturereignis – wie hier ein Jahrhundertregen – verursacht wird. Für Regenfälle mit einer Wiederkehrzeit von zehn bzw. zwanzig Jahren muss der Betreiber der Kanalisation – die Gemeinde oder das Versorgungsunternehmen – dagegen Vorsorge treffen.

Scheinausschreibung

In § 16 Nr. 2 VOB/A ist ein Verbot der Scheinausschreibung festgelegt. Die Norm knüpft an die Grundsatzregelung des § 16 Nr. 1 VOB/A an, nach der der Auftraggeber nur dann ausschreiben soll, wenn es zu einem ordnungsgemäßen Bauauftrag, also der Vergabe einer Leistung an ein sich im Vergabeverfahren bewerbendes Bauunternehmen, kommen kann. Unzulässig ist es, dass der Auftraggeber Bauleistungen ohne Bauabsicht ausschreibt. Die nicht unerhebliche Mühen und Kosten der Angebotserstellung wendet ein Bieter nur auf, weil er regelmäßig die Chance sieht, auch den Bauauftrag zu erhalten. Hat ein Auftraggeber daher keine ernste Bauabsicht und schreibt er nur zweckentfremdend aus, macht er sich grundsätzlich wegen eines vorvertraglichen Verschuldens gegenüber den Bewerbern (§ 311 Abs. 2 i. V. m. § 241 Abs. 2, § 280 ff. BGB) schadensersatzpflichtig (c. i. c.).

Beispiele für Scheinausschreibungen sind Ausschreibungen zum Ziel der Ertragsberechnung, also um die voraussichtlichen Baukosen zu ermitteln. Ebenfalls unzulässig sind auch Vergleichsanschläge und Markterkundungen. Alle genannten Fälle haben eines gemeinsam: Dem Auftraggeber fehlt die konkrete Absicht zum Abschluss eines Bauauftrags. Eine fehlende Marktübersicht über die vorhandenen Unternehmer muss sich der Auftraggeber ggf. durch einen vorgeschalteten öffentlichen →*Teilnahmewettbewerb* verschaffen, der aber bereits die Vorstufe für die Erteilung eines Bauauftrages nach Durchführung des Vergabeverfahrens ist.

Untersagt durch § 16 Nr. 2 VOB/A ist es z. B., durch Ausschreibungen Auskünfte darüber einzuholen, ob der eigene Bauhof des Auftraggebers bestimmte Grundstücksarbeiten preiswerter als externe Bieter durchführen kann oder dadurch feststellen zu lassen, ob die vorgesehenen Haushaltsmittel für ein Bauvorhaben von den jeweiligen Angeboten gedeckt sind.

§ 16 Nr. 2 VOB/A verbietet allerdings nicht Umfragen bzw. Markterkundungen, sofern der Auftraggeber die befragten Unternehmen auf die fehlende Bauabsicht klar und eindeutig hinweist und zu diesem Zwecke von vornherein den Anschein der Durchführung eines ordnungsgemäßen Vergabeverfahrens mit öffentlicher Bekanntmachung etc. vermeidet. Sind bei einer solchen Umfrage allerdings von den befragten Unternehmen in sich abgeschlossene und umfangreichere Arbeiten verlangt, wie z. B. die Anfertigung und die Abgabe einer komplexeren Ertragsberechnung, wird bei Durchführung der Arbeiten regelmäßig der stillschweigende Abschluss eines eigenständigen und vergütungspflichtigen →*Werkvertrags* anzunehmen sein. Der Auftraggeber riskiert in diesem Fall, für von ihm verlangte aufwändige Leistungen allen hierzu aufgeforderten Bewerbern eine übliche →*Vergütung* zahlen zu müssen.

Schiedsgericht; Schiedsvereinbarung

Neben der Möglichkeit, bauvertragliche Streitigkeiten vor den ordentlichen Gerichten entscheiden zu lassen, besteht auch das gerade im Baubereich häufig genutzte Recht, diese unter Ausschluss des ordentlichen Rechtswegs durch ein Schiedsgericht entscheiden zu lassen. Vorteile eines solchen schiedsgerichtlichen Verfahrens sind vor allem die Kürze des Verfahrens, u.U. auch die besondere Sachkunde der entscheidenden Schiedsrichter. Nachteilig sind die vor allem bei geringeren Forderungen hohen Kosten.

Voraussetzung für ein solches Verfahren ist eine Schiedsvereinbarung zwischen den Parteien. Nach § 1029 ZPO ist darunter eine Vereinbarung zu verstehen, das alle oder einzelne Streitigkeiten, die zwischen den Parteien in Bezug auf ein bestimmtes Rechtsverhältnis vertraglicher oder nichtvertraglicher Art entstanden sind oder künftig entstehen, der Entscheidung durch ein Schiedsgericht zu unterwerfen.

Erforderlich ist, dass in dem Schiedsvertrag genau angegeben wird, über welche konkreten Rechts- bzw. Vertragsverhältnisse die Schiedsvereinbarung abgeschlossen wird. Eine Vereinbarung, nach der sämtliche Streitigkeiten aus den Geschäftsbeziehungen der Parteien im Rahmen eines Schiedsverfahrens geklärt werden sollen, reicht also nicht aus. Außerdem muss die – den Parteien überlassene – Zusammensetzung des Schiedsgerichts geregelt sein und ob auf eine bestimmte Schiedsgerichtsordnung (in der Praxis bekannt ist z. B. die Schiedsgerichtsordnung für das Bauwesen einschließlich Anlagenbau – SGO Bau) Bezug genommen wird.

Falls die Parteien eine wirksame Schiedsvereinbarung getroffen haben, sind sämtliche Rechtsstreitigkeiten aus dem betreffenden Rechtsverhältnis ausschließlich durch das jeweilige Schiedsgericht zu entscheiden. Eine Klage einer Partei vor einem ordentlichen Gericht wäre unzulässig.

Schlussrechnung

I. Allgemeines

Unter Schlussrechnung ist eine →*Abrechnung* zu verstehen, die nach Fertigstellung der gesamten geschuldeten Leistung bzw. dann, wenn der Auftragnehmer keine weiteren Bauleistungen mehr zu erbringen hat, zu erstellen ist.

Die Anforderungen an die →*Prüfbarkeit* der Schlussrechnung sind für die Schlussrechnung, wie alle Arten der Abrechnung, in der VOB/B in § 14 Nr. 1 VOB/B geregelt. Es handelt sich um Mindestanforderungen. Danach ist die Rechnung übersichtlich aufzustellen und es sind die in den Vertragsbestandteilen enthaltenen Bezeichnungen zu verwenden. Die zum Nachweis von Art und Umfang der Leistung erforderlichen Mengenberechnungen, Zeichnungen und andere Belege sind beizufügen. Änderungen und Ergänzungen des Vertrags sind in der Rechnung besonders kenntlich zu machen; sie sind auf Verlangen getrennt abzurechnen. Die Anforderungen der Prüfbarkeit sollen gewährleisten, dass der Besteller die Berechtigung des Vergütungsanspruchs ohne weiteres nachvollziehen kann. Die Rechnung hat sich also grundsätzlich an dem Auftrag zu orientieren. Unschädlich ist es, wenn die Schlussrechnung nicht insgesamt neu geschrieben wird, sondern auf prüfbare Abschlagsrechnungen Bezug nimmt

II. Zeitpunkt der Vorlage der Schlussrechnung
Der Auftragnehmer ist nach § 14 Nr. 3 VOB/B verpflichtet, die Schlussrechnung bei Leistungen mit einer vertraglichen Ausführungsfrist von höchstens drei Monaten spätestens zwölf Werktage nach Fertigstellung einzureichen. Bei längerer Ausführungsfrist verlängert sich die Vorlagefrist um je drei Werktage pro drei Monate längerer Ausführungsfrist.

Sieht die vertragliche Vereinbarung keine Ausführungsfristen vor, so ist die Zeit maßgeblich, die zur Ausführung der geschuldeten Leistung unter normalen Umständen erforderlich ist. Legt der Auftragnehmer die Schlussrechnung nicht fristgemäß vor, kann der Auftraggeber diese auf Kosten des Auftragnehmers selbst aufstellen (§ 14 Nr. 5 VOB/B; →*Abrechnung* IV.) Daneben kann der Auftraggeber den ihm entstandenen →*Schaden* (z. B. keine Auszahlung eines Baukredites wegen der fehlenden Abrechnung) vom Auftragnehmer verlangen.

Schlusszahlung

Eine Schlusszahlung liegt vor, wenn der Auftraggeber entweder ausdrücklich oder konkludent zu erkennen gibt, dass er die nach seiner Meinung noch bestehenden Rechtverbindlichkeit befriedigen und keine weiteren Zahlungen mehr leisten will. Die Schlusszahlung ist also die abschließende Bezahlung des Auftragnehmers aus dem Bauvertrag. Ob eine Zahlung als Schlusszahlung gelten soll, bestimmt der Auftraggeber, der dies dem Unternehmer gegenüber klar zum Ausdruck bringen muss. Nicht erforderlich ist, dass er dabei das Wort „Schlusszahlung" verwendet, allerdings ist der abschließende Charakter der Zahlung eindeutig und zweifelsfrei zu kennzeichnen. Da die Schlusszahlung mit erheblichen Folgen für den Auftragnehmer verbunden ist, insbesondere die Einrede des →*Vorbehalts bei Schlusszahlung*, stellt die Rechtsprechung, insbesondere die des Bundesgerichtshofs, an diese Kennzeichnung hohe Anforderungen. So kann von einer Schlusszahlung nicht gesprochen werden, wenn der Auftraggeber im Rahmen einer Abrechnung nur von einem Zurückbehaltungsrecht Gebrauch macht.

Die eindeutige Erklärung, nichts mehr zu zahlen, reicht allerdings aus (vgl. § 16 Nr. 3 Abs. 3 VOB/B); sie muss nicht weiter begründet werden.

Die Schlusszahlung setzt in jedem Fall eine →*Schlussrechnung* voraus, zu deren Erstellung der Auftragnehmer nach § 14 Nr. 1 VOB/B verpflichtet ist. Ausreichend ist auch, dass der Auftraggeber diese unter den Voraussetzungen von § 14 Nr. 4 VOB/B selbst aufgestellt hat. Die Schlusszahlung des Auftraggebers setzt aber nicht voraus, dass die Schlussrechnung, auf deren Grundlage die Schlusszahlung erfolgt, auch prüffähig ist. Vielmehr hat der Unternehmer die fehlende Prüffähigkeit seiner Rechnung selbst zu vertreten. Die Stellung der Schlussrechnung und die darauf folgende Schlusszahlung bedeutet allerdings noch nicht, dass damit allein Nachträge ausgeschlossen wären. Dies ist nur unter den Voraussetzungen von § 16 Nr. 3 VOB/B der Fall (→*Vorbehalt bei Schlusszahlung*).

Der Anspruch auf Schlusszahlung wird erst →*fällig*, nachdem der Auftraggeber die Möglichkeit hatte, die Schlussrechnung zu prüfen und den Zahlungsbetrag zu prüfen. § 16 Nr. 3 Abs. 1 S. 1 VOB/B legt allerdings fest, dass der Anspruch auf die Schlusszahlung spätestens innerhalb von zwei Monaten nach Zugang der Schlussrechnung fällig wird. Nur in Ausnahmefällen kann auch ein späterer Eintritt der Fälligkeit in Betracht kommen, insbesondere dann, wenn es dem Auftraggeber objektiv und in nicht zu vertretender Weise nicht möglich war, die Prüfung fristgerecht vorzunehmen, z. B. weil für die Prüfung erforderliche Unterlagen gerichtlich beschlagnahmt wurden oder weil die zu prüfende Rechnung außergewöhnlich umfangreich und schwierig ist. Die Fälligkeit tritt dann zu dem Zeitpunkt ein, zu dem der Auftraggeber die Prüfung in zumutbarer Zeit hätte durchführen können.

Zahlt der Auftraggeber nach Ablauf der Prüffrist nicht, kann der Auftragnehmer dem Auftraggeber eine angemessene Nachfrist setzen, deren

Länge von den Umständen des Einzelfalls abhängt. Dies kann auch mündlich erfolgen, auch wenn sich aus Beweisgründen die Schriftform empfiehlt.

Ist auch die gesetzte Nachfrist verstrichen, kann der Auftraggeber die Verzinsung seines Vergütungsanspruchs verlangen. Die Höhe der Verzugszinsen liegt gemäß § 16 Nr. 5 Abs. 3 und 4 VOB/B i.V.m. § 288 BGB n. F. 5 % über dem – von der Europäischen Zentralbank halbjährlich festgesetzten – Basiszinssatz.

Schlusszahlungseinrede

→ *Vorbehalt bei Schlusszahlung*

Schuldnerverzug

Unter Schuldnerverzug versteht man die nicht rechtzeitige Erbringung der (von dem Auftragnehmer zu erbringenden) Leistung. Für diesen Fall gelten die §§ 5, 6 Nr. 6 und § 8 Nr. 3 VOB/B. Danach kann der Auftraggeber aus einer verzögerten Bauausführung nur in den folgenden Fällen Ansprüche herleiten:

1. Der Auftragnehmer verzögert den Beginn der Bauausführung, z. B. indem er trotz Aufforderung nicht fristgerecht mit der Bauausführung beginnt.

2. Der Unternehmer kommt mit der Vollendung der Ausführung in Verzug.

3. Die Arbeitskräfte, Geräte, Bauteile, Gerüste, Stoffe oder Bauteile des Auftragnehmers sind so unzureichend, dass die Ausführungsfristen offensichtlich nicht eingehalten werden können.

Liegen diese Voraussetzungen vor, kann der Auftraggeber nach § 6 Nr. 6 VOB/B → *Schadensersatz* verlangen. Dieser umfasst alle mittelbaren und unmittelbaren Schäden, die auf die schuldhaft verzögerte Bauleistung des Unternehmers zurückzuführen sind, so z. B. höhere Materialkosten, ein zusätzliches Architektenhonorar oder auch Gutachterkosten. Verweigert der Bauunternehmer ohne Berechtigung endgültig und ernsthaft die Erfüllung des Bauvertrags, kann der Bauherr auch entgangenen Gewinn geltend machen.

Neben dem Schadensersatzanspruch hat der Auftraggeber nach § 5 Nr. 4 ein Recht auf →*Kündigung* des Vertrags. Erforderlich ist dafür neben dem Schuldnerverzug, dass der Auftraggeber dem Unternehmer eine angemessene Nachfrist zur Vertragserfüllung setzt. Mit der Fristsetzung muss ein Hinweis verbunden sein, dass er ihm nach fruchtlosem Fristablauf den Auftrag entzieht. Nach Kündigung des Auftrags ist der Auftraggeber berechtigt, den noch nicht vollendeten Teil der Leistung zu Lasten des Unternehmers durch einen Dritten ausführen zu lassen, wobei der Auftraggeber bei der Auswahl des Drittunternehmers weitgehend frei ist; weder muss er eine Ausschreibung vornehmen noch den billigsten Anbieter beauftragen.

Schließlich ist der Bauherr nach § 8 Nr. 3 Abs. 2 S. 2 VOB/B berechtigt, auf die weitere Ausführung zu verzichten und Schadensersatz wegen Nichterfüllung zu verlangen, wenn er an der Ausführung aufgrund der Gründe, die zu der Kündigung geführt haben, kein Interesse mehr hat.

Schwarzarbeit

Nicht selten werden Bauvorhaben ganz oder teilweise in Schwarzarbeit durchgeführt, obwohl diese nach dem Gesetz zur Bekämpfung der Schwarzarbeit als Ordnungswidrigkeit mit hohen Geldbußen geahndet werden können. Durch dieses Gesetz soll verhindert werden, dass Schwarzarbeit überhaupt zu gegenseitigen Leistungs- bzw. Zahlungsansprüchen führen kann.

Unter dem Tatbestand der Schwarzarbeit ist zu verstehen, dass ein Unternehmen ein Gewerbe ausübt, ohne dass die gewerberechtlichen Voraussetzungen vorliegen. Schwarzarbeit liegt demnach nicht nur vor, wenn das Unternehmen weder der Industrie- und Handelskammer noch der Handwerkskammer angehört, sondern auch in dem Fall, wenn zwar eine Zugehörigkeit besteht, die angemeldete Gewerbetätigkeit jedoch nicht mit der auszuführenden Leistung übereinstimmt. So darf z. B. ein für Erdarbeiten angemeldetes Baggerunternehmen keine Straßenbauarbeiten durchführen.

Wird ein Verstoß gegen das Gesetz zur Bekämpfung der Schwarzarbeit bereits in dem Vergabeverfahren bekannt, ist der Bieter auszuschließen, da Schwarzarbeit zu den in § 2 VOB/A erwähnten „ungesunden Begleitererscheinungen" zu rechnen ist.

Schwellenwert

I. Einleitung; Höhe der Schwellenwerte

Grundlegende Anwendungsvoraussetzung des Vergaberechts ist neben der Klärung, ob ein öffentlicher →*Auftrag* (§ 99 GWB), der durch einen öffentlichen →*Auftraggeber* i.S.v. § 98 GWB ausgeschrieben wird, die Frage, ob die maßgeblichen Schwellenwerte überschritten werden. Sinn der Festlegung von Schwellenwerten ist es, dass nur Aufträge mit einem hohen Bauvolumen, die für einen grenzüberschreitenden, europaweiten Wettbewerb in Betracht kommen, den strengen Vorgaben der →*europaweiten Vergabeverfahren* unterliegen.

Die Höhe der Schwellenwerte ergibt sich aus § 2 VgV; für den Bereich der Bauaufträge beträgt sie 5.000.000 Euro.

II. Schätzung der Schwellenwerte

Die Schwellenwerte bestimmen sich nach dem jeweiligen Auftragswert. Die Umsatzsteuer bleibt nach § 3 VgV bei der Schätzung des Auftragswerts außer Betracht.

Der insoweit maßgebliche Gesamtauftragswert errechnet sich aus der Summe aller für die Erstellung der baulichen Anlage erforderlichen Leistungen; nicht zum Gesamtauftragswert gehören unter anderem die Baunebenkosten. An die erforderliche Schätzung des Auftragswerts durch den Auftraggeber dürfen keine übertriebenen Anforderungen gestellt werden. Sie hat aber nach objektiven Kriterien zu erfolgen. Andererseits darf der Auftraggeber bei der Schätzung nicht wesentliche Leistungsteile unberücksichtigt lassen. Bleibt z.B. das Ergebnis der Kostenschätzung unterhalb des Schwellenwerts, ergibt sich aber aus dem Leistungsverzeichnis eine Überschreitung des Schwellenwerts, so ist das Leistungsverzeichnis maßgebend. Nach der Rechtsprechung können bei der Ermittlung des Schwellenwerts zwar gewisse Fehlertoleranzen zugestanden werden. Werden aber wesentliche Leistungsanteile, die in das Leistungsverzeichnis Eingang gefunden haben, in einer Kostenermittlung nicht berücksichtigt, kann dies nicht hingenommen werden, da die Kostenermittlungen ihrerseits so genau, planungsaktuell und vollständig sein sollen, wie dies nach den Umständen darstellbar ist.

Maßgebender Zeitpunkt für die Schätzung des Gesamtauftragswerts ist nach § 1 a VOB/A die Einleitung des Vergabeverfahrens, also der Tag der Absendung der zu veröffentlichenden Bekanntmachung. Bei einer sehr frühzeitigen Kostenschätzung kann eine Aktualisierung zum Zeitpunkt der Einleitung des Vergabeverfahrens erforderlich sein.

III. Neuregelung in der neuen Vergabeverordnung

Mit den Vorgaben der europäischen Richtlinien (→*Legislativpaket*) wurden auch die bisherigen Schwellenwerte geändert bzw. erhöht. Die neuen Werte betragen laut Art. 7 c) 6.242 Mio. €.

Nach dem Entwurf des geplanten →*neuen Vergaberechts* sollen sich die Schwellenwerte für Bauaufträge dagegen nur auf 5,9 Mio. Euro erhöhen (§ 3 VgV n. F.).

IV. Aktuelle Rechtsprechung

Ein bayerischer Auftraggeber schrieb Baumeisterarbeiten für einen Neubau als öffentliche Ausschreibung aus. Nach der Kostenschätzung blieb der Gesamtauftragswert knapp unter 5 Mio. Euro. Zeitnah zum Bau sollte eine neue befahrbare Brücke gebaut werden, welche die alte dort seit längerem bestehende Brücke ersetzen soll. Diese Brücke sowie die beidseitigen Straßen- und Wegeanbindungen sollten ein angrenzendes Wohngebiet sowie die landschaftlich genutzten Flächen erschließen. Die Kosten für Brückenbau und Erschließungsmaßnahmen wurden nicht in der Kostenschätzung des Antragsgegners erfasst.

Die Vergabekammer Südbayern sah die Schwellenwerte von § 3 VgV als nicht überschritten an. Die Brücke mit anbindender Straße erfülle als öffentliche Erschließung eine selbstständige Funktion. Es handele sich um den Ersatzbau einer bereits seit langem bestehenden Erschließung; mit den Planungen für die Brücke sei bereits vor denen des Neubaus begonnen worden (Vergabekammer Südbayern, Beschluss vom 3.8.2004 – 43-06/04).

Schwere Verfehlung

Unter einer schweren Verfehlung sind Ausschlussgründe im persönlichen Bereich zu verstehen. Nach § 8 Nr. 5 Abs. 1 c) VOB/B haben sie zur Folge, dass der Bieter, der sich einer schweren Verfehlung schuldig gemacht hat, von dem Vergabeverfahren ausgeschlossen werden kann.

Beispiele von schweren Verfehlungen sind zum einen wirtschaftsbezogene Straftaten wie Bestechung, Diebstahl, Unterschlagung, Erpressung oder Betrug, zum anderen Verstöße gegen das →*GWB*, wie z. B. →*Preisabsprachen* oder andere verbotene →*Kartelle*.

Sektoren

I. Begriff

Unter den so genannten Sektoren versteht man insbesondere die Wirtschaftsbereiche der Wasser, Energie- und Verkehrsversorgung.

Eine wesentliche Besonderheit des Sektorenbereichs ist, dass mit den Sektorenvorschriften auch genuin private Unternehmen erfasst werden. Für die Einbeziehung dieser Unternehmen spricht, dass diese Rechte entweder als Monopolrechte den Wettbewerb ausschließen oder als besondere Rechte dem Inhaber eine wettbewerbsfremde Stellung geben.

Nach Auffassung der Kommission lässt sich diese im Hinblick auf grenzüberschreitende Aufträge äußerst restriktive Beschaffungstätigkeit auf zwei Umstände zurückführen:
Typischerweise unterliegen Sektorenauftraggeber aus technischen, wirtschaftlichen und rechtlichen Gründe keinem Wettbewerb. Dies kann den Hintergrund haben, dass es sich um ein Unternehmen der Netzwirtschaft handelt, in denen eine natürliche Tendenz zur Entwicklung in ein Monopol oder Oligopol besteht.

Ein fehlender oder unzureichenden Wettbewerb liegt aus rechtlichen Gründen häufig vor, wenn der Staat einem Unternehmen eine Konzession oder eine Genehmigung erteilt, ein bestimmtes Gebiet zu einem gegebenen Zweck – z. B. der Erdölgewinnung – zu nutzen. Auch in diesem Fall ist die Entstehung eines funktionierenden Wettbewerbs gehemmt.

Folge der fehlenden Marktkräfte ist, dass die Sektorenauftraggeber außer dem Ziel, sich das wirtschaftlichste Angebot zu sichern, noch andere Ziele einschließlich dem Schutz inländischer Lieferanten verfolgen können.

II. Regelungen im Sektorenbereich

Die Sektorenauftraggeber haben den Dritten oder Vierten Abschnitt der VOB/A, also die sog. b- bzw. SKR-Paragraphen anzuwenden. Während sich die SKR-Paragraphen an rein private Unternehmen im Sektorenbereich richten, sind die weitgehend mit den →*a-Paragraphen* vergleichbaren b-Paragraphen für Auftraggeber im Sinne von § 98 Nr. 1-3 GWB, die zugleich eine Sektorentätigkeit ausüben, vorgesehen.

Der Sektorenbereich ist daher durch eine Vielzahl von Besonderheiten gekennzeichnet. Die von den Sektorenauftraggebern anzuwendenden Vergabeverfahren sind wesentlich flexibler geregelt als im Bereich der „klassischen" Auftragsvergabe. Insbesondere konnte und kann der Sektorenauftraggeber das Vergabeverfahren im Unterschied zum staatlichen Auftraggeber völlig frei wählen. Eine Vereinfachung gegenüber dem herkömmlichen Verfahrensablauf stellt z. B. auch das bisher →*Präqualifikationsverfahren* genannte Verfahren dar. Schließlich enthalten die spezifischen Vorschriften für Sektorenauftraggeber eine Vielzahl von Ausnahmevorschriften, die den Zweck haben, die Besonderheiten der in Frage stehenden Unternehmen in vollem Umfang zu berücksichtigen. Entsprechend den allgemeinen Auslegungsgrundsätzen im →*Kartellvergaberecht* sind auch die Ausnahmebestimmungen im Sektorenbereich eng auszulegen.

III. Aktuelle Änderungen

Der Entwurf des Bundeswirtschaftsministeriums zur neuen Vergabeverordnung (→*neues Vergaberecht*) sieht eine deutliche Ausweitung und Flexibilisierung der Vorschriften für Sektorenauftraggeber vor.

Durch die Aufgabe von Sonderregelungen, wie sie bisher in Form des 3. Teils der Verdingungsordnungen („b-Paragraphen") bestanden, werden die klassischen Auftraggeber nach § 98 Nr. 1-3, die eine Sektorentätigkeit ausüben, den privaten Sektorenauftraggebern gleichgestellt. Auch sie profitieren daher zukünftig von den flexibleren Verfahrensarten, insbesondere von der Möglichkeit, nach § 9 Abs. 1 VgV n. F. die Verfahrensart frei zu wählen. Damit wird sich die praktische Bedeutung der Sektorenvorschriften vermutlich deutlich erhöhen.

Sektorenauftraggeber

Sektorenauftraggeber sind öffentliche →*Auftraggeber,* die im →*Sektoren-bereich* tätig sind. Im Unterschied zu den klassischen Auftraggebern (z. B. Bund, Länder, Kommunen) und von diesen beherrschten Auftraggebern (z. B. kommunale Krankenhaus-GmbH) können Sektorenauftraggeber nicht nur formal privatrechtlich organisiert sein, sondern auch materiell staatunabhängige Unternehmen sein (z. B. Energiekonzerne).

Selbstständiges Beweisverfahren

Das selbstständige Beweisverfahren ist in der Praxis ein Sicherungsmittel, um insbesondere Baumängel frühzeitig festzustellen und dadurch eine späteren Prozess vorzubereiten. Hintergrund ist, dass bei Meinungsver-schiedenheiten über bestimmte Tatsachen, insbesondere das Vorliegen und die Ursache von Mängeln, ein privates Gutachten nur als Parteivor-trag gewertet werden kann, sodass das Gericht erneut Sachverständigen-gutachten erheben muss. In vielen Fällen haben sich die tatsächlichen Ge-gebenheiten auf der Baustelle, z. B. durch den Baufortschritt oder die Wit-terung, bereits so verändert, dass eine spätere Feststellung eines Baumangels nicht mehr möglich ist. Hier greift das selbstständige Beweis-verfahren ein, durch das außerhalb eines Prozesses eine gerichtliche Be-weiserhebung vorweggenommen wird, sodass diese einem Urteil zugrun-de gelegt werden kann.

Die praktisch wichtigste Form ist das selbstständige Beweisverfahren bei rechtlichem Interesse nach § 485 Abs. 2 ZPO. Hier ist nur ein rechtli-ches Interesse an der Feststellung erforderlich, das anzunehmen ist, wenn die Feststellung der Vermeidung eines Rechtsstreits dienen kann.

Gegenstand eines Verfahrens können z. B. die Feststellung von Män-geln, Restarbeiten oder der Umfang der ausgeführten Arbeiten bei Kün-digung oder Insolvenz sein. Als einziges Beweismittel ist der Sachver-ständigenbeweis zulässig. Neben der Verwertungsmöglichkeit in einem Folgeprozess ist eine wichtige Rechtsfolge des selbstständigen Beweisver-fahrens, dass es die Verjährung hemmt (§ 204 Nr. 6 BGB).

Selbstreinigung

Fehlt die →*Zuverlässigkeit* aufgrund der Bestrafung wegen schweren Verfehlungen, z. B. wegen →*Bestechung*, →*Preisabsprachen* oder →*Submissonsbetrug*, kann ein davon betroffenes Unternehmen die Zuverlässigkeit mittels einer „Selbstreinigung" wieder herstellen.

Notwendig ist dafür, dass sich ein Unternehmen z. B. nach dem Bekanntwerden von Bestechungsvorwürfen ernsthaft und nachhaltig darum bemüht, die Vorgänge aufzuklären und die erforderlichen personellen und organisatorischen Konsequenzen zu ziehen. Dies kann etwa durch eine Sonderprüfung über ihre Aufsichtsratsmitglieder oder durch die Überlassung des Sonderprüfungsberichtes an die Ermittlungsbehörde geschehen. Denkbar ist auch, dass das Unternehmen sich von allen Mitarbeitern, die in dem Verdacht stehen, von den Machenschaften gewusst oder an ihnen mitgewirkt zu haben, trennt, alle Prokuren und Handlungsvollmachten überprüft bzw. neue Handlungsvollmacht und Prokura nur an diejenigen Personen erteilt, gegen die nach einer entsprechenden Überprüfung kein Verdacht der Mittäterschaft oder Mitwisserschaft bestand. Falls solche Anstrengungen belegen, dass das Unternehmen die „Selbstreinigung" ernsthaft und konsequent betrieben hat, wird man davon ausgehen können, dass das Unternehmen auch in Zukunft etwaig auftretenden Verdachtsmomenten nachgehen und bei Vorliegen eines hinreichenden Verdachts die gebotenen Maßnahmen ergreifen wird und nunmehr (wieder) die für eine Auftragsvergabe erforderliche Zuverlässigkeit besitzt.

Sicherheitsleistung

Bei dem VOB-Vertrag muss (wie bei einem BGB-Bauvertrag) eine Sicherheitsleistung ausdrücklich zwischen den Vertragsparteien vereinbart werden. Eine Vereinbarung über Sicherheitsleistung kann zu Gunsten des Auftraggebers (Bauherrn) wie auch zu Gunsten des Unternehmers erfolgen. So kann auch der Unternehmer auf Vereinbarung einer Sicherheitsleistung durch den Auftraggeber zur Absicherung seines Vergütungsanspruchs bestehen. In der Praxis dient die Sicherheitsleistung aber fast immer nur der Absicherung der vertraglichen Interessen des Auftraggebers gegenüber dem Unternehmer, insbesondere der Sicherstellung der vertragsgemäßen Ausführung der Leistung (z. B. in Form einer Erfüllungs-

bürgschaft) und der Gewährleistung (z. B. in Form einer Gewährleistungs-
bürgschaft).

Die Einzelheiten einer Sicherheitsleistung sind in §17 VOB/B geregelt.
Form, Höhe und Zeitraum der Sicherheitsleistung müssen im Einzelnen
zwischen den Vertragsparteien bestimmt sein. Bezüglich der Höhe einer
Sicherheitsleistung wird man davon ausgehen können, dass 5% als Sicherheitseinbehalt branchenüblich sind. Als Zeitraum kommt grundsätzlich
der der Gewährleistungsfrist in Betracht. Die Parteien können aber auch
einen anderen Zeitraum bestimmen. Wenn im Vertrag nichts anderes vereinbart ist, kann Sicherheit durch →*Einbehalt* oder →*Hinterlegung* von
Geld oder – in der Praxis am häufigsten – durch →*Bürgschaft* eines in den
Europäischen Gemeinschaften zugelassenen Kreditinstituts oder Kredit-
versicherers geleistet werden.

Skonto

I. Begriff

Ein Skonto ist ein Betrag, um den die Rechnungssumme gekürzt werden
darf, wenn innerhalb einer bestimmten Zeit gezahlt wird. Es soll Anreiz
für eine beschleunigte Zahlung bilden, um die Liquidität des Auftragnehmers zu erhöhen.

Vom Rechnungsbetrag kann ein Skonto nur abgezogen werden, wenn
die Vertragsparteien eine entsprechende Vereinbarung (insbesondere über
die Höhe des Skontos und eine Skontofrist) getroffen haben; einen Handelsbrauch oder eine Verkehrssitte für einen Skontoabzug gibt es auch in
der Baubranche nicht. Nicht selten wird zwar ein Skonto vereinbart, aber
nichts darüber bestimmt, wann, in welcher Höhe und auf welche Zahlungen der Skontoabzug vorgenommen werden kann, was immer wieder zu
Streitigkeiten führt. Eine wirksame Abrede über einen Skontoabzug setzt
grundsätzlich voraus, dass die Parteien die Modalitäten für den Skontoabzug im Einzelnen vertraglich festgelegt haben; ein Hinweis auf die VOB/B
allein reicht insoweit nicht aus.

In aller Regel darf ein vereinbarter Skonto nur bei der Schlusszahlung
abgezogen werden, es sei denn, es wird in der Skontoabrede auf § 16 VOB/
B Bezug genommen.

II. Aktuelle Rechtsprechung

Gegenstand einer jüngst vom BGH zurückgewiesenen Nichtzulassungsbeschwerde war folgender Fall: Die Parteien stritten über Skontoabzüge in
Höhe von 110.000 Euro. Der Auftragnehmer, ein Aufzugsbauer, hatte seinen Werklohn in Höhe von ca. 2 Mio. Euro über mehrere Abschlagsrechnungen und eine Schlussrechnung abgerechnet. Vereinbart war eine Erfüllungssicherheit in Höhe von 5% auf die Netto-Werklohnsumme. Diese
Sicherheit wurde gestellt durch 10%-ige Einbehalte von den Abschlagsrechnungen, bis die Erfüllungssicherheit von 5% erreicht war. Der Auftraggeber berechnete diese Einbehalte jedoch auf die Brutto-Werklohn-
summe und nahm daher jeweils um 16% überhöhte Abzüge vor. Ansonsten zahlte der Auftraggeber alle Rechnungen innerhalb der vereinbarten
Skontofrist von 14 Werktagen. Der Auftragnehmer meinte, die Abzüge für
den Sicherheitseinbehalt seien jeweils zu hoch gewesen, damit sei der gesamte Skontoabzug ohne Berechtigung.

Das Kammergericht gab dem Auftragnehmer vollumfänglich Recht.
Ein Skontoabzug komme nur bei vollständiger Zahlung in Betracht. Auch
wenn die Teilzahlung nur unerheblich hinter dem Rechnungsbetrag blei-
be, berechtigt dies nicht zum Skontoabzug. Ein Skontoabzug darf nur vorgenommen werden, wenn der nach dem Vertrag geschuldete Betrag den
gezahlten Betrag nicht übersteigt. Auch geringfügige Differenzen zwischen dem geschuldeten Rechnungsbetrag und dem Zahlbetrag führen
zum Verlust des Skontos.

Die Nichtzulassungsbeschwerde gegen das Urteil des Kammergerichts
wurde vom BGH zurückgewiesen (Kammergericht Berlin, Urteil vom
12.12.2003 – 4 U 263/01; BGH, Beschluss vom 10.2.2005 – VII ZR 22/04).

Sofortige Beschwerde

Die sofortige Beschwerde zum Oberlandesgericht ist die im →*Nachprüfungsverfahren* vorgesehene Überprüfungsmöglichkeit von Entscheidungen der →*Vergabekammern*. Sie ist vergleichbar mit der Möglichkeit einer
Berufung vor den ordentlichen Gerichten.

Nach § 116 Abs. 1, 2 GWB ist die sofortige Beschwerde zulässig gegen
Entscheidungen der Vergabekammer bzw. wenn die Vergabekammer über

einen Antrag auf Nachprüfung nicht innerhalb der Fünfwochenfrist des § 113 Abs. 1 GWB entschieden hat.

Beschwerdeberechtigt sind alle am Nachprüfungsverfahren vor der Vergabekammer Beteiligten, also nicht nur Antragsteller und Antragsgegner, sondern auch Beigeladene. Die Beschwerdeberechtigung eines Beigeladenen hängt nicht davon ab, ob der Beigeladene im Nachprüfungsverfahren Anträge gestellt oder sich überhaupt vor der Vergabekammer geäußert hat. Vielmehr kommt es in Fällen der fehlenden formellen Beschwer darauf an, ob der Beschwerdeführer geltend machen kann, durch die angefochtene Entscheidung materiell in seinen Rechten verletzt zu sein (Oberlandesgericht Naumburg, Beschluss vom 5.5.2004 – 1 Verg 7/04; Thüringer Oberlandesgericht, Beschluss vom 22.4.2004 – 6 Verg 2/04).

Die sofortige Beschwerde ist binnen zwei Wochen nach Zustellung der Entscheidung schriftlich und begründet bei dem Beschwerdegericht einzulegen (§ 117 Abs.1, 2 GWB). Sie muss grundsätzlich durch einen bei einem deutschen Gericht zugelassenen Rechtsanwalt unterzeichnet sein (§ 117 Abs. 3 S. 1 GWB).

Zwei Wochen nach Ablauf der Beschwerdefrist entfällt die aufschiebende Wirkung gegenüber der Entscheidung der Vergabekammer. Ein Antrag auf Verlängerung der aufschiebenden Wirkung ist nach § 118 Abs.1 GWB bis zur Entscheidung über die Beschwerde möglich.

Sorgfaltspflicht

I. Allgemeines

Grundsätzlich hat jedermann darauf zu achten, anderen keinen →*Schaden* zuzufügen. Er muss sich also Dritten gegenüber sorgfältig verhalten, oder juristisch ausgedrückt: Er darf die im Verkehr erforderliche Sorgfalt nicht außer Acht lassen. Es besteht also eine allgemeine Sorgfaltspflicht, deren Verletzung Schadensersatz zur Folge haben kann. Oftmals lässt sich eine weitere Untergliederung der allgemeinen Sorgfaltspflicht in besondere Pflichten (z. B. →*Erkundigungspflicht*) vornehmen. So auch im folgenden Fall, in dem die Erkundigungspflicht auf die allgemeine Sorgfaltspflicht zurückzuführen ist:

II. Rechtsprechung

Ein bestehendes Gebäude wird abgerissen, ein neues an seiner Stelle errichtet. Der Rohbauunternehmer legt bei Betonarbeiten an der Grundstücksgrenze einen Fundamentgraben ohne Schalung für das neue Gebäude. Beim Betonguss fließt Beton in ein altes Abflussrohr und weiter in das Kanalisationsnetz, wo er erhärtet. Die Verstopfung lässt sich nicht beseitigen, so dass der Abwasserkanal erneuert werden muss. Der Eigentümer der Kanalisation nimmt den Rohbauunternehmer in Anspruch. Dieser verteidigt sich damit, der Bauherr habe bei einer Baustellenbegehung vor Baubeginn erklärt, alle Leitungen des abgerissenen Gebäudes seien tot. Das Abbruchunternehmen habe das alte Rohr verschließen müssen. Zudem sei die Abwasserleitung nicht sichtbar gewesen. Die Grundsätze für Tiefbauarbeiten an öffentlichen Flächen seien auf Bauarbeiten bei privaten Grundstücken nicht übertragbar.

Ohne Erfolg. Das OLG Hamm verurteilt den Rohbauer zum Schadensersatz. Den Rohbauunternehmer treffe ebenso wie den Bauherrn, den Generalunternehmer und den Abbruchunternehmer eine Sorgfaltspflicht, sich zu vergewissern, ob im Umfeld der Arbeiten gefährdete Leitungen lägen. Hierzu genüge es nicht, sich auf mündliche Aussagen des Bauherrn zu verlassen, die mehrdeutig seien. Vielmehr müsse der Unternehmer die Bestandspläne selbst einsehen und vor Ort überprüfen. Aus den Plänen wäre die Lage der Leitung eindeutig hervorgegangen. Wenn der Unternehmer auf eine Prüfung der Pläne verzichte, müsse er eine Ausführung – wie hier die Schalung – wählen, die Gefahren ausschließe (OLG Hamm, Urteil vom 30.07.2002 – 24 U 200/01).

Sowiesokosten

Bei den Sowiesokosten handelt es sich um diejenigen Mehrkosten, um die das Bauwerk bei ordnungsgemäßer Ausführung von vornherein teurer gewesen wäre Bei der Bemessung der Höhe der berücksichtigungsfähigen Sowiesokosten ist deshalb immer auf den Zeitpunkt abzustellen, zu dem die Leistungen ordnungsgemäß hätten erbracht werden müssen .

Einem Unternehmer ist nicht gestattet, sich über die Sowiesokosten seiner werkvertraglichen Haftung zu entziehen; hat deshalb der Unternehmer die Werkleistung zu einem bestimmten Preis – vor allem Pauschalpreis –

versprochen, so ist er an diese „Zusage" gebunden. Das bedeutet: Hat sich die beabsichtigte Bauausführung nachträglich als unzureichend (mangelhaft) erwiesen und sind deshalb z. B. aufwendigere Maßnahmen erforderlich, so muss der Unternehmer diese Kosten tragen und kann sie nicht auf den Bauherrn abwälzen. Hat der Unternehmer z. B. nach dem Bauvertrag eine „wasserabweisende äußere Isolierung" herzustellen und kann dieser geschuldete Erfolg nur erreicht werden, wenn zusätzlich eine Drainage eingebaut wird, muss der Unternehmer diese tragen. Anders ist die Sachlage, wenn die Parteien eine bestimmte Ausführungsart vereinbaren und die Kalkulation des Werklohns nicht nur auf den Vorstellungen des Unternehmers beruht. Wenn sich dann die Leistung als mangelhaft erweist, können notwendige Zusatzarbeiten von dem Unternehmer im Rahmen der Gewährleistung als Sowiesokosten berücksichtigt werden.

Spekulationspreise

Spekulationspreise sind einzelne Einheitspreise, die von Bietern bewusst hoch oder niedrig in ein Angebot eingesetzt werden. Hintergrund ist die – häufig durch besondere Ortskenntnisse bedingte – Erwartung, dass sich die unter dem entsprechenden →*Einheitspreis* erfasste Menge bei der Bauausführung mehrt oder mindert und sich somit die Abrechnung für den Unternehmer verbessert.

Ein solches Verhalten kann im Grundsatz nicht beanstandet werden. Die Preisermittlung ist nach der Rechtsprechung ausschließlich Sache des Bieters. Dann kann ihm aber nicht verboten werden, einzelne Einheitspreise abweichend von einem ordnungsgemäß ermittelten Preis anzubieten. Falls das Angebot einen angemessenen Gesamtpreis aufweist, kann es regelmäßig nicht ausgeschlossen werden. Anderes gilt, wenn nicht nur ein Spekulationspreis, sondern sogar eine →*Mischkalkulation* vorliegt. Denkbar ist auch, dass ein Bieter, der erkennt, dass einzelne Positionen mit weit überhöhten Mengenansätzen ausgeschrieben sind und den Auftraggeber nicht auf die unrichtige →*Leistungsbeschreibung* hinweist, als nicht →*zuverlässig* angesehen werden muss. Für einen auf diesem Grund beruhenden Ausschluss müssen allerdings hinreichende Anhaltspunkte vorhanden sein.

Stoffe, Prüfung von

Liefert der Auftragnehmer Stoffe oder Bauteile selbst bzw. lässt er sie von Dritten liefern, muss er sie aufgrund seiner vertraglichen Leistungspflicht auf ihre Tauglichkeit prüfen. Falls sie mangelhaft sind und dies zu einem Mangel seiner Leistung führt, muss er hierfür einstehen (vgl. § 4 Nr. 6 und 7 VOB/B; § 13 Nr. 5-7 VOB/B). Die Prüfungspflicht des Auftragnehmers bezieht sich sowohl auf die Art der Baustoffe als auch auf ihre Qualität. Er muss sich für die Prüfung an den maßgeblichen Gütevorschriften, insbesondere an einschlägigen DIN-Normen und an den anerkannten Regeln der Technik orientieren.

Stundenlohnvertrag

Der Stundenlohnvertrag ist eine Art der →*Vergütung* von Bauleistungen, bei dem nicht nach der Bauleistung, sondern nach dem Aufwand der Arbeitsstunden abgerechnet wird. Er ist in der VOB nur als Ausnahme vorgesehen und bedarf immer einer besonderen Vereinbarung (vgl. § 2 Nr. 10 VOB/B). Stundenlohnarbeiten müssen immer im Einzelnen spezifiziert und substantiiert vorgetragen werden, so dass es im Streitfall meist einer näheren Darlegung bedarf, welche Leistungen als übliche Nebenleistungen von den →*Einheitspreisen* erfasst werden und welche „Zusatzarbeiten" nicht kalkulierbar waren, so dass für sie eine Abrechnung auf Stundenlohnbasis vereinbart wurde.

Weitere Abrechnungsmöglichkeiten sind der →*Pauschalpreisvertrag* und der →*Selbstkostenerstattungsvertrag*. In der Regel werden nur Bauleistungen geringeren Umfangs, die überwiegend Lohnkosten verursachen, z. B. Reparaturarbeiten und Nebenleistungen, im Stundenlohn vergeben (§ 5 Nr. 2 VOB/A). Den speziellen Abrechnungsmodus beim Stundenlohnvertrag regelt § 15 VOB/B.

Submission

Submission ist eine andere Bezeichnung für den →*Eröffnungstermin*. Zum Teil wird der Ausdruck auch in der Bedeutung von „Vergabe" verwendet.

Submissionsbetrug, Submissionsabsprachen

Im Bereich der Vergabe von Bauleistungen stellt sich häufig heraus, dass der Wettbewerb auf Unternehmerseite durch rechtswidrige Preisabsprachen manipuliert wurde. Dies stellt nicht nur eine Ordnungswidrigkeit nach den Vorschriften des →GWB dar. Grundsätzlich kommt auch eine Strafbarkeit wegen Betrugs zum Nachteil des Auftraggebers gemäß § 263 StGB in Betracht. Voraussetzung dafür ist allerdings, dass durch die Preisabsprache dem Auftraggeber ein Vermögensnachteil entstanden ist. Dies setzt voraus, dass der ohne Preisabsprache bei Beachtung der für das Ausschreibungsverfahren geltenden Vorschriften erzielbare Wettbewerbspreis niedriger ist als der tatsächlich mit dem Unternehmer vereinbarte Preis. Eine Bestrafung wegen Betrugs scheitert in der Praxis meist an dem Nachweis eines tatsächlichen Vermögensschadens. Die Behauptung der Beschuldigten, der Auftraggeber habe trotz der Preisabsprache ein angemessenes Angebot erhalten und angenommen, wird so gut wie nicht widerlegt werden können.

Vor diesem Hintergrund entschloss sich der Gesetzgeber, mit dem Gesetz zur Bekämpfung der Korruption eine neue Vorschrift in das Strafgesetzbuch aufzunehmen, die rechtswidrige Preisabsprachen erfasst. Der Tatbestand der wettbewerbsbeschränkenden Absprachen bei Ausschreibungen gemäß § 298 StGB setzt als abstraktes Gefährdungsdelikt keinen Vermögensschaden voraus. Schutzgut ist nicht das Vermögen des Ausschreibenden, sondern der freie Wettbewerb. Die Strafbestimmung ist daher ohne Rücksicht auf die Höhe des Preises erfüllt, wenn ein Angebot abgegeben wird, das auf einer rechtswidrigen Absprache bei einer Ausschreibung über Waren oder gewerbliche Dienstleistungen beruht. Demzufolge ist selbst dann eine Strafbarkeit nach § 298 StGB möglich, wenn das Angebot angemessen ist und auch im Wettbewerb kein wirtschaftlicheres Angebot zu erzielen gewesen wäre. Nicht unter den Begriff der Ausschreibung fällt die →Freihändige Vergabe, da bei dieser Verfahrensart ein vorausgehender öffentlicher Teilnahmewettbewerb nicht vorgesehen ist.

Subunternehmer

→Nachunternehmer

Subventionierte Bieter

Zum Teil wird die Teilnahme von mit öffentlichen Geldern subventionier-
ten Bietern (z. B. öffentliche Einrichtungen) als Verstoß gegen das Vergaberecht angesehen, insbesondere als Verstoß gegen den Gleichbehandlungsgrundsatz und das Wettbewerbsprinzip. Argumentiert wird damit,
dass diese Bieter Preise verlangen, die nicht angemessen sind. Zumindest
einen Teil der für ihre Kalkulation relevanten fixen und variablen Kosten
übernehme der Staat.

Der →*Europäische Gerichtshof* hat dagegen die Subventionierung von
Bietern nicht als einen vergaberechtlich relevanten Tatbestand angesehen.
Der →*Gleichbehandlungsgrundsatz* ist nicht schon dadurch verletzt, dass
Auftraggeber zu einem Vergabeverfahren Einrichtungen zulassen, die aufgrund von Zuwendungen zu Preisen erheblich unter denen nicht subven-
tionierter Mitbewerber anbieten können. Unter Bietern im Sinne der europäischen Richtlinien ist nach seiner Auffassung jeder Dienstleistungserbringer, der ein Angebot eingereicht hat, zu verstehen. Dazu zählen auch
öffentliche Einrichtungen, die Dienstleistungen anbieten. An keiner Stelle
ist vorgesehen, einen Bieter nur deshalb auszuschließen, weil er öffentliche Zuwendungen erhält.

Allerdings hält der EuGH öffentliche Auftraggeber im Einzelfall für
verpflichtet, Bieter auszuschließen, die nicht vertragskonforme Beihilfen
erhalten haben. Wenn der Auftraggeber der Ansicht sei, dass die Verpflichtung eines solchen Bieters zur Rückzahlung einer rechtswidrig ge-
währten Beihilfe seine finanzielle →*Leistungsfähigkeit* gefährde, müsse er
ihn von der Ausschreibung ausschließen, weil er nicht die notwendigen finanziellen und wirtschaftlichen Sicherheiten biete.

System zur Prüfung von Lieferanten und Unternehmen

Vor der Vergabe öffentlicher Aufträge für Entsorgungsleitungen ist der
→*öffentliche Auftraggeber* gemäß VOB gehalten, sich der →*Fachkunde*,
→*Leistungsfähigkeit* und →*Zuverlässigkeit* des →*Auftragnehmers* zu vergewissern. In der DIN EN 1610: 1997-10 Verlegung und Prüfung von Abwasserleitungen und –kanälen heißt es hierzu in Abschnitt 15: Qualifikationen der Auftragnehmer:

„Die folgenden Faktoren zu Qualifikationen sind zu berücksichtigen:
- entsprechend ausgebildetes und erfahrenes Personal wird zur Überwachung und Ausführung des Bauvorhabens eingesetzt
- durch den →*Auftraggeber* eingesetzte Auftragnehmer haben die erforderlichen Qualifikationen, die zur Ausführung der Arbeit notwendig sind;
- Auftraggeber versichern sich, dass die Auftragnehmer die erforderlichen Qualifikationen besitzen.

Die Auftraggeber, die dieses wünschen, können ein System zur Prüfung von Lieferanten oder Unternehmen einrichten und betreiben. ..."

Die nationale Ergänzung hierzu ist im Arbeitsblatt ATV-DVWKA 139: Juni 2001, Einbau und Prüfung von Abwasserleitungen und -kanälen im Abschnitt 15: Qualifikationen ausgeführt: "Auftraggeber sind verpflichtet, entsprechende Sorgfalt bei der Vergabe der Bauausführung anzuwenden und die erforderlichen Qualifikationen anzufragen bzw. sich von diesen Qualifikationen der Auftragnehmer zu überzeugen. Hinweise dazu gibt DIN 1960 (VOB/A § 8 (3)). DIN EN 1610 fordert den Nachweis der speziellen Fachkunde und →*Eignung*. Die →*RAL*-Gütesicherung GZ 961 enthält hierzu Anforderungen an:
- Personal,
- Geräte,
- Aus- und Weiterbildung,
- →*Eigenüberwachung* der →*Bauleistung*,
- →*Fremdüberwachung*,
- Einsatz von →*Nachunternehmern*,
- Bezug von Lieferungen und Fremdleistungen.

Der Auftraggeber kann sich eines "Systems zur Prüfung von Lieferanten oder Unternehmen" gemäß EG-Richtlinie vom 17.09.1990 bedienen (Anhang C der DIN EN 1610).

Die Gütesicherung nach RAL GZ 961 „Kanalbau" ist ein solches System."

Auftragnehmer, die mit dem →*Gütezeichen* Kanalbau ausgezeichnet sind, weisen mit dem Gütezeichen ihre Eignung nach und unterliegen gemäß der RAL-Gütesicherung GZ 961 einer regelmäßigen Qualifikationsprüfung durch die Gütegemeinschaft.

T

Tariftreueerklärung

Eine Tariftreueerklärung ist eine Erklärung, die der Bieter bei Abgabe seines Angebots abgibt und in der er versichert, bestimmte Tariflöhne einzuhalten. Die Zulässigkeit der Forderung nach Tariftreueerklärungen ist äußerst umstritten. Es lassen sich zwei verschiedene Typen von Tariftreueerklärungen unterscheiden:

Der erste Typus betrifft nur solche Bieter, die ohnehin tarifgebunden sind und hält den Bieter mit bestimmten Sanktionen zur Einhaltung der für diesen bereits bestehenden Tarifpflichten an (so z. B. der Erlass des Bundesbauministeriums vom 7.7.1997). Die Abgabe von Tariftreueerklärungen hat hier nur deklaratorische Wirkung.

Der zweite Typus geht wesentlich weiter. Er zielt auf eine Ausweitung der Wirkung von Tarifverträgen – auch – auf Tarifaußenseiter (und ausländische Unternehmen) ab. Durch diesen Typ einer „Tariftreueerklärung" sollen sich auch nicht tarifgebundene Bieter verpflichten, bei Ausführung des Auftrages bestimmte tarifvertragliche (Lohn-)Mindeststandards einzuhalten. Man kann insoweit von einer konstitutiven Wirkung der Tariftreueerklärung sprechen.

Bieter, die die geforderte Tariftreueerklärung nicht mit ihrem Angebot abgeben, werden von der Vergabestelle wegen unvollständiger Angebotsunterlagen ausgeschlossen.

Bei Bietern, die die Erklärung abgegeben haben, ist im Fall von Verstößen bei allen Tariftreueregelungen der Ausschluss von weiteren Aufträgen (sog. „Auftragssperre") für einen bestimmten Zeitraum (meist zwei Jahre) vorgesehen. Zum Teil werden auch empfindliche Vertragsstrafen für einen Verstoß gegen die abgegebene Erklärung verhängt.

Aufgrund des Vorbehaltes von § 97 Abs. 4 Hs. 2 GWB ist die Forderung von Tariftreueerklärungen jedenfalls nur dann zulässig, wenn sie in einem Bundes- oder Landesgesetz geregelt ist. Derartige Landesgesetze bestehen in allen westlichen Bundesländern mit Ausnahme von Rheinland-Pfalz und Baden-Württemberg; das Tariftreuegesetz in Sachsen-Anhalt wurde zwischenzeitlich wieder aufgehoben. Der Bundesgerichtshof hat starke Zweifel an der Verfassungsmäßigkeit des Berliner Tariftreuegesetzes geäußert; ein entsprechendes Normenkontrollverfahren vor dem Bundesverfassungsgericht läuft noch (BGH, Beschluss vom 18.1.2000 – KVR 23/98). Von Seiten der Vergabekammern wurden Tariftreueerklärungen – ihre Verfassungsmäßigkeit unterstellt – bei entsprechendem Landesgesetz für zulässig gehalten (vgl. zuletzt Vergabekammer Münster, Beschluss vom 24.9.2004 – VK 24/04).

Tatsächliche Abnahme

Unter die tatsächliche →*Abnahme* fallen die ausdrückliche Abnahme (§ 12 Nr. 1 VOB/B), die →*förmliche Abnahme* (§ 12 Nr. 4) sowie die stillschweigende Abnahme. Keine tatsächliche Abnahme ist dagegen die →*fiktive Abnahme* (§ 12 Nr. 5), bei der eine Abnahme überhaupt nicht stattfindet, sondern gerade fingiert wird.

Technische Vertragsbedingungen

Technische Vertragsbedingungen können als Gegenstück zu den →*Allgemeinen Vertragsbedingungen* verstanden werden. Unterscheiden lassen sich die →*Allgemeinen Technischen Vertragsbedingungen (ATV)*, die in der VOB/C enthalten sind, sowie diese ergänzende Zusätzliche Technische Vertragsbedingungen (ZTV).

TED

TED ist die Abkürzung für „Tenders Electronic Daily", eine Suchdatenbank des Europäischen Amts für Veröffentlichungen, in denen die europaweiten →*Bekanntmachungen,* die im Supplement des Amtsblatts der Europäischen Union veröffentlicht werden, nach zahlreichen Kriterien, z. B. dem Namen des Auftraggeber, dem →*CPV-Code* oder dem →*NUTS-Code,* durchsucht werden können. Die Recherche ist kostenlos. Die TED-Datenbank findet sich unter http://ted.publications.eu.int.

Teilabnahme

Die Teilabnahme ist in § 12 Nr. 2 VOB/B geregelt. Eine Teilabnahme muss Gegenstand desselben Bauvertrags sein wie die Gesamtleistung. Daher kommt nur eine Gesamtabnahme, nicht eine Teilabnahme, in Betracht, wenn die Teilleistungen mit Einzelverträgen an den Auftragnehmer vergeben wurden. Damit eine Teilabnahme vorgenommen werden kann, muss es sich außerdem um in sich abgeschlossene Teile der Leistung handeln, die sich in ihrer Gebrauchsfähigkeit abschließend beurteilen lassen. Eine Teilabnahme kommt beispielsweise in Betracht, wenn ein Auftragnehmer sowohl Einbau einer Heizungsanlage als auch andere Installationsarbeiten schuldet. Falls die Heizungsanlage abnahmereif eingebaut wurde, kann der Auftragnehmer für diesen Teil Teilabnahme verlangen. Die Teilabnahme hat dieselben rechtlichen Wirkungen wie eine →*Abnahme* der gesamten Baumaßnahme, ist aber auf diesen Teil beschränkt.

Keine Teilabnahme, sondern ein Sonderfall der endgültigen Abnahme einer Leistung, ist die Abnahme nach →*Kündigung* oder Vertragsaufhebung.

Teilkündigung

Bei einer Teilkündigung wird der Bauvertrag nur teilweise gekündigt (→*Kündigung*). Im Übrigen bleibt der Vertrag bestehen und verpflichtet den Auftragnehmer zur Erfüllung. Regelmäßig wird sich eine Teilkündigung auf in sich abgeschlossene Teile beschränken.

Teilleistungen

I. Allgemeines

Der Auftragnehmer ist, wie § 266 BGB klarstellt, zu Teilleistungen grundsätzlich nicht berechtigt. Eine abweichende Regelung trifft § 12 Nr. 2 VOB/B, nach dem auf Verlangen Teilleistungen abzunehmen sind. Die Verpflichtung zur →*Abnahme* von Teilleistungen muss entweder in sich abgeschlossene Teile der vertraglichen Leistung betreffen oder es muss sich um andere Leistungsteile handeln, die durch die weitere Bauausführung der Prüfung und Feststellung entzogen werden. Im Übrigen werden nach § 6 Nr. 5 VOB/B bei Unterbrechung der Bauausführung für eine voraussichtlich längere Dauer die bereits erbrachten Teilleistungen nach den Vertragspreisen abgerechnet.

II. Aktuelle Rechtsprechung

Ein Werkunternehmer macht ausstehenden Werklohn gegenüber einem Geschäftsführer einer GmbH geltend. Diese sind teilabgenommen worden. Der Geschäftsführer wendet ein, dass die beauftragten Werkleistungen nicht vollständig erbracht sind. Des Weiteren wendet er ein, dass die vom Unternehmer aufgebrachte Beschichtung mangelhaft sei, da diese bei direktem Regen abgewaschen wird und die aufgetragene Beschichtung vom Unternehmer hätte geschützt werden müssen. Der Unternehmer hat den Geschäftsführer darauf hingewiesen, dass die Beschichtung vor Regen geschützt werden muss. Ursprünglich sollten die beschichteten Säulen im Innenbereich errichtet werden, nach einer Umplanung sind sie aber in den Außenbereich verlegt worden. Die Beschichtung ist zu diesem Zeitpunkt bereits aufgebracht gewesen. Der Werkunternehmer verlangt 5.100 Euro.

Das OLG spricht dem Unternehmer den Werklohn zu. Bei einer Teilabnahme wird der für die teilabgenommene Werkleistung entsprechende Werklohn fällig. Die Gewährleistungsfrist für diese Teilleistungen beginnt dann zu laufen. Die in Rechnung gestellten Werkleistungen wären aufgrund einer Teilabnahme zur Zahlung fällig. Eine Teilabnahme begründet die Fälligkeit für den der Teilleistung entsprechenden Werklohn und setzt die Gewährleistungsfristen in Gang. Die Einwendungen des Geschäftsführers greifen nach Ansicht des OLG nicht durch. Der Unternehmer hat ihn darauf hingewiesen, dass die Beschichtung vor Regen geschützt werden muss (OLG Brandenburg, Urteil vom 5.5.2004 – 4 U 118/03).

Teillos

Im Unterschied zu den →*Fachlosen* erfolgt bei den Teillosen der Zuschnitt des Loses nicht nach fachlichen Gesichtspunkten, sondern ausschließlich in einer räumlichen Unterteilung (z. B. ein Teillos pro Gebäude oder pro Strecke eines bestimmten Straßenabschnitts). Regelmäßig umfassen die einzelne Teillose daher auch verschiedene Gewerbezweige. Eine Unterteilung von umfangreichen Bauarbeiten in verschiedene Teillose ist wegen des erwünschten Schutzes des →*Mittelstands* nach § 4 Nr. 2 geboten. Dabei ist jedoch nach § 4 Nr. 1 VOB/A die Erzielung einer zweifelsfreien und umfassenden →*Gewährleistung* zu beachten.

Teilnahmewettbewerb, Öffentlicher

Der öffentliche Teilnahmewettbewerb ist ein Vorschaltverfahren zur →*Beschränkten Ausschreibung.* Während bei der normalen Beschränkten Ausschreibung der Auftraggeber von sich aus bestimmte Bewerber zur Angebotsabgabe auffordert, hat bei dem vorgeschalteten Öffentlichen Teilnahmewettbewerb ein unbeschränkter Bewerberkreis die Möglichkeit, sein Interesse an der vom Auftraggeber beabsichtigten Beschränkten Ausschreibung zu bekunden. Der Auftraggeber macht in diesem Fall die Vergabeabsicht öffentlich bekannt, verbunden mit der Aufforderung an den in Betracht kommenden Bewerberkreis, Anträge auf Teilnahme an der Beschränkten Ausschreibung zu stellen. Aus den eingegangenen Teilnahmeanträgen wählt der Auftraggeber in einem zweiten Schritt die Unternehmen aus, die zur Angebotsabgabe aufgefordert werden sollen. Hierbei stellt der Auftraggeber die Eignungsvoraussetzungen der →*Fachkunde,* →*Leistungsfähigkeit* und →*Zuverlässigkeit* fest und verlangt hierzu entsprechende →*Eignungsnachweise* von ihnen, die bereits mit dem Teilnahmeantrag vorgelegt werden müssen.

Sinn des Öffentlichen Teilnahmewettbewerbs ist eine Erhöhung von Öffentlichkeit und →*Transparenz* und somit eines Verstärkung des Wettbewerbs. Die Prüfung und Bejahung der Eignung eines Bewerbers durch den Auftraggeber ist hiernach im Verhandlungsverfahren mit vorgeschaltetem Öffentlichen Teilnahmewettbewerb eine notwendige Voraussetzung dafür, dass ein Bewerber zur Einreichung eines Angebots aufgefordert wird.

Der Öffentliche Teilnahmewettbewerb ist ein eigenes förmliches Verfahren, das von dem Verfahren der eigentlichen Beschränkten Ausschreibung zu trennen ist. Im Nichtoffenen Verfahren ist der Öffentliche Teilnahmewettbewerb, wie sich aus § 3 a Nr. 1 b) VOB/A ergibt, zwingend durchzuführen.

Teilnehmer am Wettbewerb

Die Regelung der Teilnehmer am Wettbewerb ist in § 8 VOB/A, insbesondere in § 8 Nr. 2 VOB/A, enthalten. Zu differenzieren ist zwischen den Teilnehmern bei →*Öffentlicher Ausschreibung*, Teilnehmern bei →*Beschränkter Ausschreibung* und Teilnehmern bei →*Freihändiger Vergabe*.

Für Teilnehmer an einer Öffentlichen Ausschreibung ist nach § 8 Nr. 2 Abs. 1 VOB/A zwingende Voraussetzung, dass die Unterlagen an alle Bewerber abzugeben sind, die sich gewerbsmäßig mit der Ausführung von Bauleistungen der ausgeschriebenen Art befassen (→*Gewerbsmäßigkeit*). Dies bedeutet, dass sie sich zum einen mit Bauleistungen im Sinne der VOB/A gewerbsmäßig befassen und es sich gerade um Bauleistungen der ausgeschriebenen Art handelt. Aus diesem Grundsatz wird zudem gefolgert, dass ein Unternehmen, das lediglich als Vermittler von Bauleistungen auftritt, nicht als Teilnehmer am Wettbewerb zur Angebotsabgabe aufgefordert werden darf (→*Generalübernehmer*; →*Unternehmereinsatzformen*; →*Totalübernehmer*).

Ist dieses Kriterium erfüllt, sind bei einer Öffentlichen Ausschreibung die Unterlagen „an alle Bewerber" abzugeben. Der Auftraggeber kann sich also nicht z. B. darauf berufen, die Ausschreibungsunterlagen wären nicht mehr vorrätig. Eine Verpflichtung zur Abgabe der →*Verdingungsunterlagen* besteht nur dann nicht, wenn Gründe für einen Ausschluss des Bewerbers nach § 8 Nr. 5 oder Nr. 6 (z. B. →*Insolvenz)* vorliegen.

Bei einer Beschränkten Ausschreibung findet dagegen eine Beschränkung der Teilnehmer am Wettbewerb sowohl nach oben als auch nach unten statt. Nach § 8 Nr. 2 Abs. 2 sind im Allgemeinen nur 3 bis 8 geeignete Bewerber zur Abgabe von Angeboten aufzufordern (→*Eignung*; →*Fachkunde*; →*Leistungsfähigkeit*; →*Zuverlässigkeit*). Die Begrenzung nach oben ist nicht zwingend, es können bei entsprechendem Interesse durchaus mehr Bewerber zu Angeboten aufgefordert werden. Eine Beschränkung des Bewerberkreises in regionaler Hinsicht darf auch bei einer Beschränkten Ausschreibung nicht erfolgen. Der in § 8 Nr. 1 VOB/A enthaltene →*Gleichheitsgrundsatz*, der auch für diese Verfahrensart gilt, stellt dies eindeutig klar.

Hinsichtlich der Teilnehmer bei Freihändiger Vergabe enthält § 8 Nr. 2 VOB/A keine konkreten Vorschriften. Die Entbindung von Formvorschriften bei der Freihändigen Vergabe bedeutet jedoch nicht, dass die Vergabestelle von der grundsätzlichen Verpflichtung zum Wettbewerb abweichen darf. Auch hier muss im Regelfall eine Aufforderung von mehreren Unternehmen stattfinden; eine Begrenzung auf z. B. ortsansässige Unternehmen ist nach der VOB/A nicht zulässig.

Totalübernehmer

Der Totalübernehmer ist ein →*Generalübernehmer*, der neben Bauleistungen auch Planungsleistungen erbringt bzw. diese an seine →*Nachunternehmer* weitervergibt. Ein Totalübernehmer tritt also entweder als Planer und Manager oder nur als Manager auf. Der Einsatz des Totalübernehmers wurde bisher, wie der des Generalübernehmers, als nicht mit der VOB konform angesehen.

→*Unternehmereinsatzformen*

Totalunternehmer

Ein Totalunternehmer ist ein →*Generalunternehmer*, der für die Angebotsabgabe zusätzlich Planungsleistungen im Sinne der HOAI durchführt, wobei der Entwurf mit dem Angebot für die ausgeschriebene Bauleistung vorzulegen ist. Diese Unternehmereinsatzform entspricht der →*funktionalen Ausschreibung* mit Leistungsprogramm, die nach § 9 Nr. 10 VOB/A nur ausnahmsweise zulässig ist. Wie der Generalunternehmer muss der Totalunternehmer einen wesentlichen Teil der Leistung selbst erbringen; ansonsten ist er als →*Totalübernehmer* anzusehen, dessen Einsatz (wie der des →*Generalübernehmers*) jedenfalls unterhalb der →*Schwellenwerte* nicht mit der VOB/A zu vereinbaren ist.

→*Unternehmereinsatzformen*

Transparenzgebot

I. Begriff und Reichweite

§ 97 Abs. 1 GWB bestimmt, dass öffentliche Aufträge im Wege transparenter Vergabeverfahren vergeben werden müssen. Dieser Transparenzgrundsatz lässt sich aus den europäischen Grundfreiheiten und dem

Rechtsstaatsprinzip (Art. 20 Abs. 3 GG) ableiten. Das Transparenzgebot gilt im Rahmen sämtlicher Verfahrenarten, insbesondere auch im →*Verhandlungsverfahren.*

Transparent ist ein Vergabeverfahren, wenn die Maßstäbe der Entscheidungen im Vergabeverfahren (insbesondere des Ausschlusses, der Eignungswertung und der Zuschlagswertung) zuvor offen gelegt (Vorhersehbarkeit, Ex-ante-Transparenz), die Begründungen sämtlicher Entscheidungen dokumentiert und den Bietern zugänglich gemacht werden (Nachvollziehbarkeit, Ex-post-Transparenz). Zum Zwecke der Vorhersehbarkeit der Entscheidungsfindung muss der öffentliche Auftraggeber daher die →*Bekanntmachung* und die →*Leistungsbeschreibung* unzweifelhaft und mit größtmöglicher Bestimmtheit abfassen sowie die erforderlichen →*Eignungsnachweise,* die →*Eignungskriterien* und die →*Zuschlagskriterien* benennen. Verwendet der öffentliche Auftraggeber zuvor nicht bekannt gegebene Kriterien, so verstößt er gegen das Transparenzgebot. Dies gilt in europarechtskonformer Auslegung auch für gesetzlich zugelassene →*vergabefremde Kriterien.* Die Zuschlagskriterien müssen ferner eine gewisse Bestimmtheit aufweisen und dürfen dem Auftraggeber keine uneingeschränkte Entscheidungsfreiheit belassen. Insbesondere ist die allgemeine Verweisung auf oder die Wiederholung von in den Verdingungsordnungen genannten Oberkriterien, wie etwa Qualität oder Wirtschaftlichkeit, unzureichend (→*Qualität als Zuschlagskriterium*). Zur vorangehenden Gewichtung der Zuschlagskriterien ist der Auftraggeber hingegen grundsätzlich nicht verpflichtet. Der Auftraggeber soll aber möglichst die Kriterien in der Reihenfolge der Bedeutung angeben, das heißt er ist zur Bekanntgabe der Gewichtung verpflichtet, sobald diese feststeht. Wird gegen die Verpflichtung zur Bekanntgabe der Zuschlagskriterien verstoßen, so ist allein der niedrigste Preis ausschlaggebendes Kriterium.

Die Entscheidungen des Vergabeverfahrens müssen darüber hinaus im Nachhinein auf Grund der Aktenführung des Auftraggebers nachvollziehbar sein. Insbesondere die Begründung der Bewertungen der Bieter/Bewerber und der Angebote ist im →*Vergabevermerk* (§ 30 VOL/A, VOB/A, § 18 VOF) oder in den Vergabeakten zeitnah und fortlaufend zu dokumentieren. Wegen der Rechtsschutzfunktion des Vergabevermerks muss sich dieser auch während des laufenden Vergabeverfahrens bei den Vergabeakten befinden. Lücken in der Dokumentation gehen als Vergabefehler zu Lasten des Auftraggebers. Sachdienliche Akten sind aufzubewahren (§ 13

VOB/A-SKR, § 14 VOL/A-SKR). Diese Akten und Vermerke sind den Bietern/Bewerbern nach Maßgabe des § 111 GWB offen zu legen. Einzelne Entscheidungen im Vergabeverfahren erfordern zudem eine gesonderte Information der Bieter (vgl. etwa § 26 Nr. 4 VOL/A, § 26 Nr. 2 VOB/A, § 17 Abs. 5 VOF). Die VOB/A verlangt ein gewisses Maß an Transparenz des Vergabegeschehens gegenüber den Unternehmern. Insbesondere sollen Interessierte beabsichtigte Wettbewerbe erfahren können, um sich an ihnen beteiligten zu können. Daneben sollen sie bis zu einem gewissen Grad den Ablauf der Vergabeverfahren mitverfolgen und kontrollieren sowie vom Ergebnis Kenntnis erhalten können. Der Transparenz dienen z. B. die →*Bekanntmachung*, die →*Vorinformation*, der *Eröffnungstermin* und der Vergabevermerk.

Im Bereich der europaweiten Vergabeverfahren ist die Bedeutung des Transparenzgebots gegenüber den nationalen Verfahren noch erhöht. Grenze des Transparenzgebots ist allerdings der →*Geheimwettbewerb*.

Ausfluss des Transparenzgebots sind auch die diversen Dokumentationspflichten.

Der Grundsatz der Transparenz gebietet auch einen höchstmöglichen Bestimmtheitsgrad der Ausschreibungsunterlagen. Das Transparenzgebot ist daher z. B. verletzt, wenn der Bieter über die Gründe bestimmter, in den Verdingungsunterlagen verlangter Informationen im Unklaren gelassen wird. Ebenso folgt aus ihm das Erfordernis, bei der Aufstellung bestimmter Vergabekriterien deutlich werden zu lassen, welche Bedeutung die verlangten Angaben für die Prüfung der Angebote haben sollen.

II. Aktuelle Rechtsprechung

In einem Vergabeverfahren in Sachsen-Anhalt wurden von Seiten des Antragstellers verschiedene Dokumentationsfehler gerügt. So fand sich in dem Vergabevermerk weder das Ergebnis der Auswertung der eingegangenen Angebote noch eine Begründung der getroffenen abschließenden Entscheidung durch den Auftraggeber. Lediglich der chronologische Ablaufs des Verfahrens wurde wiedergegeben. Die Auswertung der Angebote fand durch mehrere Hochschulen statt, die in dem Vergabevermerk erwähnt wurden.

Die Vergabekammer Sachsen Anhalt hielt dieses Vorgehen für unzulässig. Es gehöre zum Gebot der Transparenz des Vergabeverfahrens, dass der öffentliche Auftraggeber den Gang, vor allem aber die wesentlichen

Entscheidungen des Vergabeverfahrens in den Vergabeakten dokumentiert. Diese Dokumentation diene dabei dem Ziel, die Entscheidung der Vergabestelle sowohl für die Nachprüfungsinstanzen als auch für die Bieter überprüfbar zu machen. Es genügt dabei nicht, dass der Vergabevermerk erst nach Abschluss des Vergabeverfahrens und Zuschlagserteilung vorliegt. Vielmehr muss die Dokumentation aus eben diesen Gründen zeitnah nach jeder Einzelentscheidung erfolgen und laufend fortgeschrieben werden. Dabei muss so detailliert vorgegangen werden, dass die das gesamte Vergabeverfahren tragenden Aspekte für einen mit der Sachlage des jeweiligen Vergabeverfahrens vertrauten Leser nachvollziehbar sind.

Der bloße Hinweis auf den Eingang von Auswertungsergebnissen der beauftragten Hochschulen könne nicht als eine ausreichende Bezugnahme auf ein vorliegendes Auswertungsergebnis einer derartigen Institution gewertet werden, welches man sich gewissermaßen zu Eigen machen will und damit zum Bestandteil des Vergabevermerks zu rechnen wäre. Die bloße Dokumentation des Eingangs der Stellungnahme eines mit der Auswertung beauftragten Dritten stelle keinerlei Willenserklärung des Auftraggebers dar, da der Antragsgegner seiner Dokumentationspflicht nicht oder zumindest nicht ausreichend nachgekommen sei, liege ein rechtswidriges Versäumnis seinerseits vor, welches grundsätzlich nicht durch ein nachträgliches Ergänzen des Vergabevermerks geheilt werden könne. Die Vergabekammer verpflichtete die Vergabestelle zur Wiederholung des Vergabeverfahrens ab dem Zeitpunkt, ab dem die Dokumentation unzureichend ist. (Vergabekammer Sachsen-Anhalt, Beschluss vom 23.7.2004 – 1 VK LVwA 31/04).

U

Überwachungsrecht des Auftraggebers

Nach § 4 Nr. 1 Abs. 2 S. 1 VOB/B hat der Auftraggeber das Recht, die vertragsgemäße Ausführung der Leistung zu überwachen. Sinn ist, dass eine mangelfreie und vertragsgerechte Leistung erbracht wird. Der Auftraggeber soll durch sein Überwachungsrecht vor allem die Kontrolle darüber haben, ob die Bauausführung einem Willen entspricht und insbesondere die vertraglichen Ausführungsfristen eingehalten werden. Das Überwachungsrecht beginnt mit der Aufnahme der Arbeit durch den Auftragnehmer und endet mit der Fertigstellung der Leistung. Der Auftraggeber hat im Rahmen von § 4 Nr. 1 zum einen das Recht, sich Zutritt zu den Arbeitsplätzen, Werkstätten und Lagerräumen, wo die vertragliche Leistung hergestellt oder Stoffe und Bauteile gelagert werden, zu verschaffen. Dies gilt nicht für Betriebsstätten von Dritten, etwa von →*Nachunternehmern.*

Nach § 4 Nr. 1 Abs. 2 S. 3 VOB/B hat der Auftraggeber neben diesem Zutrittsrecht auch das Recht, Werkzeichnungen oder andere Ausführungsunterlagen zur Einsicht zu verlangen, um die wirkliche Bauausführung mit den als richtig befundenen Ausführungsunterlagen zu vergleichen.

Beide Formen des Überwachungsrechts sind jedoch nur Rechte, keine Pflichten des Auftraggebers. Der Auftraggeber ist also nicht verpflichtet, das ihm eingeräumte Überwachungsrecht auch auszuüben; aus der Nichtausübung kann der Auftragnehmer keine Ansprüche ableiten.

Eingeschränkt wird das Überwachungsrecht durch das Interesse des Auftragnehmers, seine Geschäftsgeheimnisse zu wahren. Im Regelfall hat der Auftragnehmer allerdings nicht das Recht, den Zutritt des Auftraggebers zu verweigern; vielmehr hat der Auftraggeber in diesem Fall lediglich die Pflicht, die Geschäftsgeheimnisse vertraulich zu behandeln. Bei Verletzung dieser Vertraulichkeitspflicht hat der Auftragnehmer einen Schadensersatzanspruch.

Übliche Vergütung

In der Praxis kommt es häufiger vor, dass sich die Vertragsparteien eines Bauvertrages zwar darüber verständigt haben, dass die auszuführenden Leistungen nach Zeitaufwand vergütet werden sollen, die Höhe der Vergütungssätze aber offen geblieben ist. Für diesen Fall trifft § 15 Nr. 1 Abs. 2 VOB/B eine Regelung, nach der für den Stundenlohn die ortsübliche Vergütung als vereinbart gilt. Ortsüblich ist nach der Rechtsprechung die Vergütung, die am Ort der Leistungsausführung für Löhne, Geräteeinsatz usw. zur Zeit des Vertragsschlusses gewährt zu werden pflegt. Die Anerkennung als „üblich" setzt gleiche Verhältnisse bei zahlreichen Einzelfällen voraus.

Ausschlaggebend für die Hauptkosten sind die Sätze, wie sie für das jeweilige Gewerk zur Zeit der Bauleistung an dem Ort ihrer Ausführung oder in dessen engerem Bereich allgemein und daher üblicherweise bezahlt werden. Dagegen sind die Zuschläge für →*Gemeinkosten* und Gewinn grundsätzlich nach dem Zeitpunkt des Vertragsschlusses bzw. der Vereinbarung der Stundenlohnabrechnung festzulegen. Dies gilt dann nicht, wenn sich Kostenentwicklungen ergeben, die zur genannten Zeit noch nicht voraussehbar waren.

Falls zwischen den Parteien Uneinigkeit über die Höhe der üblichen Vergütung besteht, bietet es sich an, Auskünfte oder Gutachten ortsansässiger Berufsvertretungen, z. B. wie Handwerkskammern, Industrie- und Handelskammern, einzuholen. Falls auch dies keine eindeutige Auskunft ermöglicht, wird ein Sachverständiger herangezogen werden müssen.

Die Darlegungs- und Beweislast für die ortsübliche Vergütung trägt der Auftragnehmer.

Umweltschutz als Vergabekriterium

Insbesondere im Bereich der europaweiten Vergaben war längere Zeit umstritten, ob das Kriterium des Umweltschutzes im Rahmen der Wertung von Angeboten zulässigerweise berücksichtigt werden kann. Hintergrund der Diskussion ist, dass weder in den europäischen Vergabekoordinierungsrichtlinien noch in den →*Verdingungsordnungen* ein solches Kriterium auftaucht, die Wertungskriterien vielmehr an in erster Linie betriebswirtschaftlichen Kriterien orientiert sind. Zum Teile wurde daher angenommen, dass es sich bei dem Kriterium „Umweltschutz" um ein unzulässiges →*vergabefremdes Kriterium* handelt.

Nach mehreren Urteilen des →*Europäischen Gerichtshofs* ist mittlerweile klargestellt, dass eine Berücksichtigung von Umweltschutzkriterien gleichwohl möglich ist. So sind z. B. entsprechende Anforderungen an den Bieter im Rahmen der technischen →*Leistungsfähigkeit* zulässig, wenn besondere Fachkenntnisse durch den Vertragsgegenstand gerechtfertigt sind. Denkbar ist auch, im Rahmen der Zuschlagskriterien eine höhere Bewertung für wieder verwendbare Produkte vorzusehen.

Der Europäische Gerichtshof hat allerdings eine Reihe von Einschränkungen vorgenommen. Das konkrete umweltbezogene Kriterium muss mit dem Gegenstand des Auftrags zusammenhängen, es muss bekannt gemacht worden sein, darf dem Auftraggeber keine unbeschränkte Entscheidungsfreiheit einräumen und nicht zur Diskriminierung von Bietern führen.

Unangemessen niedriges Angebot

I. Begriff

Auf Angebote, deren Preise in offenbarem Missverhältnis zur Leistung stehen, darf nach § 25 Nr. 3 VOB/A der Zuschlag nicht erteilt werden. Dieses Verbot dient dem Ziel, die wirklich seriös kalkulierten Angebote in die letzte Wertungsphase einzubeziehen. Die Regelung des § 25 Nr. 3 Abs. 1 dient in erster Linie dem Schutz des Auftraggebers vor der Eingehung eines wirtschaftlichen Risikos, nicht jedoch dem Schutz des Bieters vor seinem eigenen zu niedrigen Angebot. Der Auftraggeber läuft bei der Zuschlagserteilung auf ein solches Unterangebot Gefahr, dass der Auftragnehmer in wirtschaftliche Schwierigkeiten gerät und den Auftrag nicht oder nicht ordnungsgemäß, insbesondere nicht mängelfrei, zu Ende führt.

II. Aktuelle Rechtsprechung

Von einem ungewöhnlich niedrigen Preis ist dann auszugehen, wenn der angebotene (Gesamt-)Preis derart eklatant von dem an sich angemessenen Preis abweicht, dass eine genauere Überprüfung nicht im einzelnen erforderlich ist und die Unangemessenheit des Angebotspreises sofort ins Auge fällt (so z. B. Vergabekammer Münster, Beschluss vom 2.7.2004 – VK 13/04; Vergabekammer Thüringen, Beschluss vom 21.1.2004 – 360-4002.20-037/03-MHL). Ein beträchtlicher Preisabstand zwischen dem niedrigsten und den nachfolgenden Angeboten allein ist für sich genommen noch kein hinreichendes Merkmal dafür, dass der niedrige Preis auch im Verhältnis zur zu erbringenden Leistung ungewöhnlich niedrig ist. Erforderlich sind Anhaltspunkte dafür, dass der Niedrigpreis nicht wettbewerblich begründet ist. Hierbei muss nach Auffassung des Bundesgerichtshofs berücksichtigt werden, dass der Bieter mangels verbindlicher Kalkulationsregeln grundsätzlich in seiner Preisgestaltung frei bleibt (BGH, Beschluss vom 18.5.2004 – X ZB 7/04, ihm folgend Vergabekammer Lüneburg, Beschluss 29.04.2004 – 203-VgK-11/2004).

Abgestellt werden darf nicht auf einzelne Positionen des Leistungsverzeichnisses, sondern auf die Endsumme des Angebots. Setzt ein Bieter für eine bestimmte Einzelleistung einen auffallend niedrigen Preis ein, ist dies noch kein unangemessen niedriger Preis, sofern er dies bei entsprechend hoher Kalkulation bei anderen Positionen ausgleichen kann (Kammergericht, Beschluss vom 15.3.2004 – 2 Verg 17/03; Vergabekammer Thüringen, Beschluss vom 4.10.2004 – 360-4003.20-037/04-SLF, Vergabekammer Lüneburg, Beschluss vom 24.5.2004 – 203-VgK-14/2004).

Der Auftraggeber ist auch berechtigt und verpflichtet, die Preise für einzelne Leistungspositionen zu prüfen. Ist bei gewichtigen Einzelpositionen ein Missverhältnis zwischen Leistung und Preis festzustellen, kommt es darauf an, ob an anderer Stelle des Angebots ein entsprechender Ausgleich geschaffen ist und damit das Angebot insgesamt kein Missverhältnis zwischen Leistung und Preis aufweist (Vergabekammer Nordbayern, Beschluss vom 15.1.2004 – 320. VK-3194-46/03).

Aus der Rechtsprechung des Europäischen Gerichtshofs folgt zudem, dass der Bieter, bei dem Anhaltspunkte für ein unangemessen niedriges Angebot bestehen, Gelegenheit zur Stellungnahme haben muss.

Unternehmereinsatzformen

Die VOB hat ein bestimmtes Leitbild der Form des Unternehmereinsatzes, der die zu beauftragenden Unternehmen genügen müssen. Nicht alle zivil- bzw. gesellschaftsrechtlichen Einsatzformen genügen diesem Leitbild, so dass einige Unternehmereinsatzformen als nach der VOB unzulässig bezeichnet werden müssen.

Unterscheiden lassen sich Qualifikation und Anteil des Unternehmens an der Durchführung der Leistung Alleinunternehmer, Fachunternehmer,

Haupt- und Nachunternehmer, Generalunternehmer und Generalübernehmer.

Die VOB geht zunächst in § 8 Nr. 3 VOB/A davon aus, dass mit der Ausführung von Bauleistungen nur Unternehmen beauftragt werden sollen,
die aufgrund ihrer Ausstattung in der Lage sind, die Leistung selbst auszuführen; Leistungen dürfen nur an Unternehmen vergeben werden, die
sich gewerbsmäßig mit der Ausführung solcher Leistungen befassen (§ 8
Nr. 2 Abs. 1 VOB/A).

Damit schwebt der VOB die Unternehmereinsatzform des Fachunter-
nehmers vor, der Bauleistungen eines bestimmten Fachgebietes anbietet
und in Auftrag nimmt und in der Lage ist , die betreffenden Leistungen
im Wesentlichen im eigenen Betrieb zu erbringen.

Aus dem Grundsatz der Eigenausführung in § 4 Nr. 8 VOB/B folgt zudem, dass der Fachunternehmer regelmäßig →*Alleinunternehmer* sein soll,
der die Leistung ohne →*Nachunternehmer* ausführt.

Falls ein Fachunternehmer für einzelne Leistungsteile mit einem dritten →*Nachunternehmer* zusammenarbeitet, so wird er in diesem Verhältnis →*Hauptunternehmer* genannt.

Hauptunternehmer ist im Allgemeinen auch der →*Generalunternehmer*, da dieser in der Regel einen Großteil der Leistung an Nachunternehmer weitervergibt. Der Generalunternehmer unterscheidet sich vom
→*Fachunternehmer* dadurch, dass er Bauaufträge für mehrere Leistungsbereiche („Gewerke") annimmt, ohne gleichzeitig in allen diesen Bereichen gewerbsmäßig tätig zu sein oder alle Leistungen von seiner Kapazität her ausführen zu können. Er vergibt deshalb regelmäßig Teile der in
Auftrag genommenen Bauleistung an Fachunternehmer als Nachunternehmer.

Voraussetzung für den Generalunternehmereinsatz ist, dass dieser wesentliche Teile der Bauleistung im eigenen Betrieb erbringt. Nach der
Rechtsprechung ist unter einem „wesentlichen Teil" ein Umfang von mindestens einem Drittel zu verstehen (so OLG Frankfurt, Beschluss vom
16.5.2000 – 11 Verg 1/99). Erbringt der Unternehmer weniger als ein Drittel, ist er als →*Generalübernehmer* anzusehen.

Die VOB/B lässt den Einsatz eines Nachunternehmers durch den Hauptunternehmer ohne Zustimmung des Auftraggebers dann zu, wenn der
Betrieb des Auftragnehmers auf die betreffende Leistung nicht eingerichtet ist. In allen übrigen Fällen ist die Zustimmung des Auftraggebers erfor-

derlich. Bei der Weitervergabe an Nachunternehmer ist der Hauptunternehmer verpflichtet, die VOB zugrunde zu legen, § 4 Nr. 8 VOB/B, also nach den Vergaberegeln der VOB/A zu verfahren und im Vertrag mit dem Nachunternehmer die VOB/B und VOB/C zu vereinbaren.

Der Auftragnehmer muss regelmäßig Art und Umfang der Vergabe an Nachunternehmer angeben und dem Auftraggeber die vorgesehenen Nachunternehmer benennen (sog. →*Nachunternehmererklärung*).

Noch weniger Eigenleistungen erbringt der sog. →*Generalübernehmer.* Anders als der Generalunternehmer, der zumindest einen Teil der Leistungen im eigenen Betrieb ausführt, wird die Ausführung von Bauleistungen von dem Generalübernehmer vollständig an Nachunternehmer weitergegeben; der Generalübernehmer beschränkt sich also auf die Vermittlung, Koordination und Überwachung von Bau- oder Lieferleistungen (Saarländisches OLG, Beschluss vom 21.4.2004 – 1 Verg 1/04). Im Gegensatz zum Leitbild der VOB befasst er sich selbst nicht gewerbsmäßig mit der Ausführung von Bauleistungen, sondern tritt lediglich als „Makler von Bauleistungen" auf.

In Literatur und Rechtsprechung überwog daher bisher die Auffassung, dass der Generalübernehmereinsatz mit der VOB, insbesondere mit den oben dargelegten Grundsätzen, nicht vereinbar sei. Unternehmen, die keine Bauleistungen durchführen, waren nach dieser Auffassung vom Vergabeverfahren auszuschließen.

Der Europäische Gerichtshof hat in letzter Zeit diese Auffassung jedenfalls für den Bereich der europaweiten Vergabeverfahren (→*Kartellvergaberecht*) in Frage gestellt worden. Nach den neueren Entscheidungen des Gerichtshofs dürfen auch Generalübernehmer, also solche Unternehmen, die nicht die Absicht oder die Mittel haben, Bauarbeiten selbst auszuführen, nach europäischem Gemeinschaftsrecht dann bei einer Ausschreibung von öffentlichen Bauaufträgen nicht unberücksichtigt bleiben, wenn sie nachweisen, dass sie unabhängig von der Art der rechtlichen Beziehung zu den ihnen verbundenen Unternehmen tatsächlich über die diesen Unternehmen zustehenden Mittel verfügen können, die zur Ausführung eines Auftrags erforderlich sind (Saarländisches OLG, Beschluss vom 21.4.2004 – 1 Verg 1/04).

Unzweckmäßigkeit der öffentlichen Ausschreibung

Nach § 3 Nr. 4 VOB/A ist eine →*Freihändige Vergabe* dann möglich, wenn eine →*Öffentliche* oder →*Beschränkte Ausschreibung* unzulässig ist. Ob dies der Fall ist, hat der Auftraggeber im konkreten Fall pflichtgemäß zu prüfen. Er hat dabei zwar einen gewissen Ermessensspielraum, muss aber die zwingende Vorgabe in § 3 Nr. 2 VOB/A beachten, nach der die Abweichung von der Öffentlichen Ausschreibung nur dann zulässig ist, wenn die Eigenart der Leistung oder besondere Umstände dies rechtfertigen. Seinen Ermessensspielraum muss der öffentliche Auftraggeber durch eine sachliche Begründung ausfüllen; erforderlich ist vor allem eine sorgfältige Prüfung, ob nicht doch unter Berücksichtigung aller Gegebenheiten und Anforderungen eine Vergabe durch Ausschreibung möglich ist. Die Begründung für die Wahl der Freihändigen Vergabe muss der Auftraggeber im →*Vergabevermerk* dokumentieren.

Insbesondere wird eine Öffentliche oder Beschränkte Ausschreibung unzweckmäßig sein, wenn das Beschaffungsziel mit diesen Verfahrenstypen nicht wirtschaftlich erreicht werden kann. Allerdings muss sich die Ungeeignetheit der Öffentlichen und Beschränkten Ausschreibung auch einem objektiven Dritten geradezu aufdrängen. Für die Zulässigkeit der Freihändigen Vergabe kommt es ganz auf die Gegebenheiten des einzelnen Falls an.

Unzweckmäßigkeit liegt z. B. dann vor, wenn der Aufwand, den eine Öffentliche oder Beschränkte Ausschreibung verursachen würde, in keinem Verhältnis zu dem Wert der zu vergebenden Leistung stünde. Der Grundsatz der wettbewerblichen Bauvergabe darf nicht umgangen werden. Dies kann durch Festlegung einer Wertgrenze erreicht werden, bei der nach aller Erfahrung der Aufwand bei einer Öffentlichen oder Beschränkten Ausschreibung unverhältnismäßig wäre. Hier wird man, um den der VOB/A innewohnenden Wettbewerbsgedanken nicht zu gefährden, nicht höher als 5.000 € gehen können.

V

Verbundene Unternehmen

Bei Bietern, die untereinander konzernrechtlich verbunden sind, kommt unter Umständen, insbesondere bei Personenidentität des Geschäftsführers, ein Verstoß gegen den Grundsatz des →*Geheimwettbewerbs* in Betracht (→*Wettbewerbsprinzip*). Die Rechtssprechung ist insoweit nicht einheitlich.

Verdingungsordnungen

Verdingungsordnung ist die hergebrachte Bezeichnung für die nunmehr in „Vergabe- und Vertragsordnung für Bauleistungen" umbenannte →*VOB*. Für den Bereich der in der VOL geregelten Liefer- und Dienstleistungen und der in der VOF geregelten freiberuflichen Leistungen ist es bei dem Ausdruck „Verdingungsordnung" geblieben.

Verdingungsunterlagen

Die Verdingungsunterlagen werden in § 10 Nr. 1 Abs. 1 VOB/A als Teil der Vergabeunterlagen definiert. Sie sind negativ als diejenigen Teile der Vergabeunterlagen bestimmt, die nicht Teil der „Aufforderung zur Angebotsabgabe" nebst Bewerbungsbedingungen im Sinne von § 10 Nr. 5 VOB/A sind (vgl. Buchstabe a).

Die Verdingungsunterlagen bestehen aus den Allgemeinen, Besonderen und evt. Technischen Vergabebedingungen. Diese Vergabebedingungen dürfen entsprechend § 10 Nr. 2 VOB/A nicht verändert werden, weil sie das vertragliche Verhältnis der Parteien zueinander regeln und im Fall einer Abänderung der Bedingungen nicht ein Zuschlag im Rechtssinne erfolgen kann.

Verfahrensprinzipien

Die grundlegenden vergaberechtlichen Verfahrensprinzipien sind in § 2 VOB/A sowie § 97 GWB definiert. Danach ist bei Vergaben das →*Diskriminierungsverbot* und das →*Wettbewerbsprinzip* zu beachten. Bei europaweiten Vergabeverfahren ist daneben auch das →*Transparenzprinzip* von elementarer Bedeutung.

Verfehlungen, schwere

I. Begriff
Schwere Verfehlungen sind Ausschlussgründe im persönlichen Bereich. Sie sind in § 8 Nr. 6 VOB/A geregelt. Beispiele für schwere Verfehlungen sind etwa Bestechung, Vorteilsgewährung und schwerwiegende Vermögensdelikte wie Diebstahl und Unterschlagung, Erpressung, Betrug und Urkundenfälschung. Daneben zählen auch Verstöße gegen das →*GWB*, insbesondere unzulässige Preisabsprachen zu den schweren Verfehlungen.

II. Aktuelle Rechtsprechung
Ein Unternehmen aus dem deutschlandweit bekannt gewordenen „Bühnenkartell" bewirbt sich um einen Auftrag zur Erneuerung und Sanierung der Bühnentechnik im Staatstheater Wiesbaden. Die Vergabestelle erhält während des der Ausschreibung vorgeschalteten Teilnahmewettbewerbs Kenntnis, dass die Staatsanwaltschaft gegen den ehemaligen Geschäftsführer des Unternehmens ein Ermittlungsverfahren wegen ca. fünf Jahre zuvor begangener Preisabsprachen durchführt. Gleichwohl sieht sie von einem Ausschluss des Unternehmens aus dem Vergabeverfahren ab. Nach Wertung der Angebote benachrichtigt sie vielmehr die beteiligten Bieter, diesem Unternehmen den Zuschlag zu erteilen. Zwei Wochen später schließt sie das Unternehmen jedoch aus und begründet den Ausschluss mit strafbewährten Preisabsprachen des ehemaligen Geschäftsführers.

Das OLG Frankfurt hält den Ausschluss für unzulässig. Die Unzulässigkeit ergibt sich aus der Selbstbindung der Verwaltung. Indem die Vergabestelle während des Teilnahmewettbewerbs zu dem Ergebnis gelangt ist, dass ein Ausschluss des Unternehmens nicht gerechtfertigt ist, und diese Entscheidung dem Unternehmen mitgeteilt hat, hat sie ein schutzwürdiges Vertrauen erzeugt. Daher ist der nachträgliche Ausschluss nur zulässig, wenn neue Tatsachen hinzukommen, die jedoch nicht vorgetragen worden sind. Unabhängig davon ist der Ausschluss auch unzulässig, weil die Vergabestelle nicht in ausreichendem Maße dargelegt und dokumentiert hat, inwiefern die Preisabsprachen zu einer Unzuverlässigkeit gerade in Hinblick auf den zu vergebenden Auftrag geführt haben. Vorliegend spricht gegen eine solche Prognose, dass die Preisabsprachen mehr als vier Jahre zurückliegen und das Unternehmen den in die Preisabsprachen angeblich verwickelten Geschäftsführer in einer Art „Selbstreinigung" entlassen hat (OLG Frankfurt, Beschluss vom 20.7.2004 – 11 Verg 6/04).

Vergabeakten

Der öffentliche Auftraggeber ist aus dem Gebot der →*Transparenz* des Vergabeverfahrens verpflichtet, die wesentlichen Entscheidungen des Vergabeverfahrens – insbesondere die →*Wertung der Angebote* – in den Vergabeakten zu dokumentieren. Die Dokumentation dient dem Ziel, die Entscheidungen der Vergabestelle transparent und sowohl für die Überprüfungsinstanzen (Vergabekammer und Vergabesenat) als auch für die Bieter überprüfbar zu machen. Aus diesem Grund bestimmt § 10 Abs. 2 S. 3 GWB, dass der Auftraggeber nach Einleitung eines →*Nachprüfungsverfahrens* die Vergabeakten der Vergabekammer sofort zur Verfügung stellen muss.

Vergabefremde Aspekte; vergabefremde Zwecke

Der Begriff der vergabefremden Aspekte oder Zwecke ist mehrdeutig. Zum einen kann der Begriff „vergabefremd" im Sinne von § 16 VOB/A gemeint sein. Nach § 16 Nr. 2 VOB/A sind Ausschreibungen für vergabefremde Zwecke unzulässig. Gemeint ist damit, dass der öffentliche Auftraggeber nur dann ausschreiben soll, wenn er gewillt ist, den Auftrag auch tatsächlich zu vergeben (→*Scheinausschreibung*). Angesichts der Kosten, die der Bieter aufwenden muss, um ein Angebot zu erstellen, darf eine Ausschreibung nicht dazu missbraucht werden, z. B. eine Markterkundung durchzuführen. Verletzt der Auftraggeber § 16, stehen den Bietern Schadensersatzansprüche insbesondere aus →*culpa in contrahendo* zu.

Mit Begriff „vergabefremd" ist in letzter Zeit ein anderer Sachverhalt gemeint. Unter dem Schlagwort „vergabefremd" bezeichnet man diejenigen Anforderungen an Bieter, die nicht auf die ausgeschriebene Leistung bezogen sind, sondern politisch motiviert sind. Beispiele sind der Ausschluss von Unternehmen, die keine →*Tariftreueerklärung* abgegeben haben oder die gezielte Begünstigung von Unternehmen, die Arbeitslose einstellen oder Frauen fördern. Solche Anforderungen sind der VOB an sich fremd. Für den Bereich des →*Kartellvergaberechts* legt § 97 Abs. 4 2. Halbsatz GWB jetzt als Kompromissformel fest, dass Aufträge grundsätzlich an →*fachkundige*, →*leistungsfähige* und →*zuverlässige* Unternehmen vergeben werden. Stellt die Vergabestelle andere oder weitergehende Anforderungen, will sie mit anderen Worten vergabefremde Aspekte bei der Wertung der Angebote berücksichtigt wissen, so ist dies nur zulässig, wenn diese Anforderungen durch Bundes- oder Landesgesetz vorgesehen ist. Dies ist bisher nur für den Bereich der →*Tariftreueerklärungen* der Fall.

Ob und in welchem Ausmaß die Berücksichtigung von vergabefremden Kriterien zulässig ist, ist außerordentlich umstritten. Jedenfalls solche politischen Kriterien, die mittelbar oder unmittelbar bestimmte Bieter diskriminieren, z. B. durch Bevorzugung von lokalen Bietern, sind in jedem Fall unzulässig.

Vergabehandbuch

Das Vergabehandbuch für die Durchführung von Bauaufgaben des Bundes im Zuständigkeitsbereich der Finanzbauverwaltungen – VHB Ausgabe 2002 ist eine für die Praxis wesentliche Hilfe, an deren Richtlinien und Muster sich auch zahlreiche Vergabestellen außerhalb der Bundesbauverwaltung orientieren.

Es wird vom Bundesministerium für Verkehr-, Bau- und Wohnungswesen herausgegeben und besteht aus insgesamt 6 Teilen: Teil I enthält Richtlinien zur VOB/A und zur VOB/B, und zwar bei der VOB/A auch zu den →*a-Paragraphen* und hat damit große Bedeutung für die Ausschreibung von Bauleistungen und deren Vergabe sowie die Zusammenstellung der Verdingungsunterlagen. Teil II enthält die Einheitlichen Verdingungsmuster (EVM), Teil III die →*Einheitlichen Formblätter (EFB)*, u. a. auch die wichtigen EFB-Preis und EFB-Nachtrag. Teil IV hat Allgemeine Vorschriften und Teil V Sonstige Richtlinien und Hinweise für die Finanzbauverwaltungen zum Gegenstand.

Vergabekammer

Die Vergabekammer ist die zentrale Institution im vergaberechtlichen →*Nachprüfungsverfahren*. Sie ist, obwohl sie organisatorisch der Verwaltung zugeordnet ist (z. B. einer Bezirksregierung oder einem Landesverwaltungsamt), mit einem erstinstanzlichen Gericht vergleichbar; insbesondere übt die Vergabekammer ihre Tätigkeit nach § 105 GWB unabhängig und in eigener Verantwortung aus. Die Vergabekammer besteht aus einem Vorsitzenden, der regelmäßig die Befähigung zum Richteramt besitzen muss, einem haupt- und einem ehrenamtlichen Beisitzer. Die Mitglieder werden für eine Amtszeit von fünf Jahren bestellt.

Die Zahl der Vergabekammern ist von Bundesland zu Bundesland unterschiedlich; sie liegt zwischen einer (z. B. in Berlin) und fünf (in Nordrhein-Westfalen).

Vergabekriterien

Unter dem Begriff der Vergabekriterien sind die Kriterien zu verstehen, die von dem Auftraggeber bestimmt werden können und die er seiner →Wertung von Angeboten zugrundelegt. Dies sind insbesondere die konkretisierten →*Eignungskriterien*, die →*Zuschlagskriterien* sowie ggf. →*vergabefremde Aspekte*.

Vergabeprüfstelle

Die Vergabeprüfstellen sind neben den →*Vergabekammern* eine weitere Nachprüfungsinstanz, deren Einrichtung allerdings nur fakultativ ist. Vergabeprüfstellen gibt es beim Bund sowie den Ländern Bremen, Rheinland-Pfalz, Schleswig-Holstein und Thüringen. Die Verfahren vor den Vergabeprüfstellen stellen zwar geringere Anforderungen an den prüfenden Bieter, insbesondere ist ein Antrag formlos und ohne Antragsbefugnis möglich (→*Nachprüfungsverfahren*). Das Verfahren ist jedoch für den Bieter auch weniger wirkungsvoll als das Verfahren vor der Vergabekammer. Insbesondere ist die Vergabeprüfstelle nicht befugt, das Vergabeverfahren auszusetzen und den Zuschlag zu verhindern.

Diese Entscheidung hat dazu geführt, dass die Vergabeprüfstellen in der vergaberechtlichen Praxis kaum eine Rolle spielen. In dem →*neuen Vergaberecht* sind sie nicht mehr vorgesehen.

Vergaberecht, neues

Die Bundesregierung hat am 12. Mai 2004 vor dem Hintergrund des →*Legislativpakets* Eckpunkte für eine Verschlankung des Vergaberechts beschlossen und das Bundesministerium für Wirtschaft und Arbeit aufgefordert, einen entsprechenden Gesetzes- und einen Verordnungsentwurf vorzulegen. Seit dem 8. Oktober 2004 ist der Arbeitsentwurf veröffentlicht, um frühzeitig eine breite Fachöffentlichkeit in die Diskussion über die Reform des Vergaberechts einzubeziehen.

Der Entwurf zielt auf eine grundlegende systematische Neuordnung ab.

Kern der Reform wird die neue Vergabeverordnung sein. Die →*Verdingungsordnungen* werden in der jetzigen Form abgeschafft und in die neue Vergabeverordnung integriert; unterhalb der →*Schwellenwerte* soll eine deutlich gekürzte VOB/A treten.

Das neue Vergaberecht führt in Umsetzung der europäischen Richtlinien neue Verfahrensarten ein, insbesondere den sog. „wettbewerblichen Dialog", der eine Art Verhandlungsverfahren für technisch anspruchsvolle Aufträge ist. die Möglichkeiten für Auftraggeber, sich elektronischer Vergabeverfahren zu bedienen (→*elektronische Auktion*; →*elektronischer Katalog*), werden verstärkt.

Die Wahl der Verfahrensart für Auftraggeber wird erleichtert; der bisherige Vorrang des →*Offenen Verfahrens* bzw. der →*Öffentlichen Ausschreibung* soll aufgegeben werden, so dass sich die Auftraggeber ohne Begründungszwang zwischen Offenem und →*Nichtoffenem Verfahren* entscheiden können.

Die Schwellenwerte werden deutlich erhöht; im Bereich der Bauaufträge steigen sie auf 5,9 Mio. Euro.

Eine →*de-facto-Vergabe* soll grundsätzlich nichtig sein, wobei die Rüge der Nichtigkeit strengen Anforderungen unterliegt.

Vergabesenat

Die Vergabesenate bei den Oberlandesgerichten sind in einem →*Nachprüfungsverfahren* für die Entscheidung über eine →*sofortige Beschwerde* zuständig; sie bilden also gewissermaßen die zweite Instanz im Nachprüfungsverfahren.

Die Senate sind nach § 122 GVG grundsätzlich mit drei Berufsrichtern besetzt, nämlich einem Vorsitzenden und zwei Beisitzern. Die in § 116 Abs. 3 Satz 2 GWB getroffene Regelung ähnelt jener zur Bildung der Kartellsenate in § 91 Satz 1 GWB. Durch diese Bestimmung konzentrieren sich Vergabesachen bei einem Senat, was die Spezialisierung und damit die Beschleunigung und Qualität des Vergabeverfahrens fördert.

Vergabeunterlagen

Die Vergabeunterlagen sind in § 10 VOB/A geregelt. Sie bestehen aus der Aufforderung zur Angebotsabgabe, u. U. den Bewerbungsbedingungen sowie den →*Verdingungsunterlagen.*

Bewerbungsbedingungen sind die Erfordernisse, die der Bewerber bei der Bearbeitung der Angebote beachten muss.

Verdingungsunterlagen sind die in § 9 ausführlich geregelte →*Leistungsbeschreibung*, die Allgemeinen Vertragsbedingungen sowie gegebenenfalls die Zusätzlichen Vertragsbedingungen (z. B. die →*ZVB/E-StB* 2000) und die →*Zusätzlichen Technischen Vertragsbedingungen.*

Hintergrund dieser für die Vergabeunterlagen vorgegebenen Ordnung ist, eine Ordnungsvorschrift vorzugeben, die einen widersprüchlichen oder in Teilpunkten unklaren Vertrag möglichst vermeiden soll.

Vergabevermerk

I. Begriff und Inhalt

Nach § 30 VOB/A muss die Vergabestelle über die Vergabe einen Vermerk fertigen, der die einzelnen Stufen des Verfahrens, die maßgebenden Feststellungen und die Begründung der Einzelentscheidungen enthält.

Diese Pflicht zur Erstellung eines Vergabevermerkes resultiert aus dem Gebot des →*Transparenzprinzips*, nach dem der öffentliche Auftraggeber das Verfahren transparent gestalten muss und seinen Ablauf – auch für eine mögliche Nachprüfung – dokumentieren muss.

In dem Vergabevermerk ist regelmäßig – mindestens – Name und Anschrift des Auftraggebers, Wert des Auftrags, Art und Umfang der Leistung, , das Vergabeverfahren und die einzelnen Stufen des Verfahrens, Namen der berücksichtigten und ausgeschlossenen Bewerber bzw. Bieter und das Ergebnis der Wertung aufzuführen sein. Die Anfertigung des Vergabevermerkes ist zwingend. Kommt die Vergabestelle ihrer diesbezüglichen Dokumentationspflicht nicht nach, so macht allein dieser Fehler das Vergabeverfahren rechtswidrig.

II. Aktuelle Rechtsprechung

Das OLG Schleswig hat die Rechtsprechung anderer Nachprüfungsinstanzen bestätigt, nach der aufgrund der Bedeutung des Schwellenwerts für ein Vergabeverfahren seine Berechnung im Vergabevermerk festzuhalten ist, und zwar bezogen auf den Zeitpunkt des Beginns des Verfahrens (OLG Schleswig, Beschluss vom 30.3.2004 – 6 Verg 1/03).

Die Grenzen der Dokumentationspflicht hat eine Entscheidung der Vergabekammer Bremen aufgezeigt: Nach Einsichtnahme in die Vergabeakte stellte ein Bieter während des Nachprüfungsverfahrens fest, dass der sich in der Akte befindende „Vergabevermerk gemäß § 30 VOB/A" das Datum vom 11.8.2004 trug und das Informationsschreiben über die beabsichtigte Nichtberücksichtigung seines Angebots vom 28.7.2004 datierte. Er beanstandete die Dokumentation als vergaberechtswidrig.

Die Vergabekammer Bremen (Vergabekammer Bremen, Beschluss vom 10.9.2004 – VK 3/04) folgte dieser Auffassung nicht. Sie hielt die Dokumentation vergaberechtskonform. Allein aus den Daten folge nicht, dass die Vergabeentscheidung erst nach Absendung der Absageschreiben getroffen worden sei. Vielmehr ergebe sich aus den Druckdaten der Bodenleiste des Vergabeberichts und den weiter vorliegenden Unterlagen, dass der seit dem 21.7.2004 vorliegende Vergabebericht fortgeschrieben und lediglich die Unterschrift des in der Vergabeakte befindlichen Vergabeberichts in der Endfassung zu einem späteren Zeitpunkt geleistet worden wäre. Dieser Vergabevorschlag hatte zum Zeitpunkt der Vergabeentscheidung dem zuständigen Mitarbeiter vorgelegen, auf dessen Grundlage das Absageschreiben vom 28.7.2004 basierte. Die spätere Erstellung des Vergabevermerks sei unschädlich, da sich dies auf die Rechtsstellung des Antragstellers nicht auswirke und auch keine Veränderung der Bieterreihenfolge herbeiführe.

Vergabeverordnung (VgV)

Die Vergabeverordnung trifft nähere Bestimmungen über das bei der Vergabe öffentlicher Aufträge einzuhaltende Verfahren sowie über die Zuständigkeit und das Verfahren bei der Durchführung von →*Nachprüfungsverfahren* für öffentliche Aufträge, deren geschätzte Auftragswerte die in § 2 geregelten Beträge ohne Umsatzsteuer erreichen oder übersteigen (→*Schwellenwerte*).

Aufgrund des Kaskadenaufbaus des Vergaberechts (→*GWB* – VgV – VOB/A bzw. VOL/A – VOF) regelt die Vergabeverordnung aber nur Teile des Vergabeverfahrens und des *Nachprüfungsverfahrens*. In erster Linie finden sich die Vorschriften über das Vergabeverfahren in der VOB, die Regelungen des Nachprüfungsverfahrens im GWB.

In dem Entwurf des Bundeswirtschaftsministeriums zur neuen Vergabeverordnung soll dieser Aufbau aufgegeben werden und sämtliche Verfahrensvorschriften in einer deutlich erweiterten neuen Vergabeverordnung gebündelt werden (→*neues Vergaberecht*).

Vergütung

I. Allgemeines

Die Entgeltlichkeit der Bauleistungen ist ein Wesensmerkmal des auf Basis der VOB abgeschlossenen →*Bauvertrags*. Folge ist, dass bei fehlender Einigung über eine Vergütung der Bauvertrag überhaupt nicht zustande kommt. Dies bedeutet allerdings nicht, dass sich die Parteien auch über eine bestimmte Höhe der Vergütung einigen müssen. Wenn dies bei Vertragsschluss nicht der Fall war, gilt eine angemessene Vergütung als vereinbart (vgl. § 2 Abs. 1 S. 1 VOB/B) Für die Angemessenheit sind sowohl die Vorstellungen des Auftraggebers als auch die des Auftragnehmers maßgeblich. Der Vergütungsanspruch entsteht bereits mit Vertragsschluss; weitere Voraussetzung für einen vollwirksamen Zahlungsanspruch ist jedoch die →*Fälligkeit* des Anspruchs.

Die Art der Berechnung der Vergütung hängt von dem gewählten Vertragstyp ab. Grundsätzlich soll die Vergütung nach Leistung erfolgen (→*Leistungsvertrag*); die Vergütung erfolgt dann entweder nach Einheitspreisen (→*Einheitspreisvertrag*) oder nach Pauschalpreisen (→*Pauschalpreisvertrag*). Ausnahmsweise kann auch nach Stundenlöhnen abgerechnet werden.

§ 2 VOB/B trifft darüber hinaus eine Fülle von Sonderregelungen für die Vergütung, so insbesondere in § 2 Nr. 3 VOB/B für den Fall von Mehr- oder Minderleistungen (→*Mengenänderung*), in § 2 Nr. 5 VOB/B für die Änderung des Bauentwurfs und in Nr. 6 für die Vergütung von →*Zusätzlichen Leistungen*.

→*Leistung ohne Auftrag*
→*Nicht bestellte Leistungen*
→*Zahlung des Werklohns*
Mit der Frage, wie hoch die Vergütung sein muss, beschäftigt sich auch der nachfolgende Fall. Darin geht es um die Frage, ob sich die Abrechnungsmassen bei Aushub- und Verfüllarbeiten nach der tatsächlich angefallenen oder der (technisch) erforderlichen Menge richten.

II. Rechtsprechung

Bei der Herstellung von Rohrleitungsgräben hängen die Abrechnungsmassen bei den Aushub- und den Verfüll-Positionen davon ab, mit welchem Böschungswinkel gearbeitet wird. Die Baufirma verlangt bei der Abrechnung eines VOB-Vertrages, dass ihr die tatsächlich erbrachten Leistungen vergütet werden. Der Bauherr will nach DIN 18300 abrechnen. Außerdem verlangt die Firma eine Zulage zu ihrer Vergütung von insgesamt rund 40.000 DM für 960 cbm verunreinigten Boden, der zu einer Deponie gefahren und entsorgt werden musste. Zum Nachweis legt sie Deponiescheine vor. Der Bauherr erkennt lediglich 60 cbm an.

Der Bauherr hat nach Ansicht des Gerichts bei beiden Positionen die Vergütung zu Recht versagt. Die VOB/C enthält in der DIN 18300 Abschnitt 5.2 Vorschriften zur Abrechnung von Rohrgräben. Danach hat die Abrechnung – losgelöst von den tatsächlichen Verhältnissen auf der Baustelle – auf der Grundlage der Nr. 5.2.2 und Nr. 5.2.3 i. V. m. DIN 4124 zu erfolgen. Aus dem Gutachten des Sachverständigen lässt sich entnehmen, dass der Rohrgraben entsprechend DIN 18300 mit steilerer Böschung als nach dem →*Aufmaß* der Klägerin gegeben auszuschachten gewesen wäre. Dadurch hätten sich geringere Aushubmengen ergeben. Wenn die Klägerin mehr ausgehoben hat, als nach den Allgemeinen Regeln der Technik erforderlich war, kann sie hierfür keine Bezahlung verlangen. Deponiescheine sind kein Beweis für von der Baustelle abgefahrene Schuttmengen. Aus ihnen ergibt sich lediglich, dass die Baufirma Bodenaushub und Bauschutt an die Deponie angeliefert hat. Sie kann damit jedoch nicht nachweisen, dass diese Erdmassen von einer bestimmten Baustelle stammen (OLG Düsseldorf, Urteil vom 11.02.2000 – 22 U 154/99; BGH, Beschluss vom 07.12.2000 – VII ZR 112/00 – Revision als unzulässig verworfen).

Verhandlungen mit Bietern

→*Nachverhandlungen; Nachverhandlungsverbot*

Verhandlungsverfahren

I. Begriff

Das Verhandlungsverfahren tritt nach § 3 a VOB/A bei europaweiten Vergabeverfahren an die Stelle der →*freihändigen Vergabe*. Wie dieses ist es ein Verfahren, in dem der Auftraggeber ausgewählte Personen anspricht, um über die Auftragsbedingungen zu verhandeln.

Die VOB regelt keine Details zur sachgerechten Durchführung des Verhandlungsverfahrens. Für das Verhandlungsverfahren nach der VOB hat der Gesetzgeber lediglich vorgesehen, dass der Auftraggeber in der Bekanntmachung sowohl die Einsendefrist als auch den Zeitpunkt des Beginns der Bauleistung einschließlich ihrer Dauer mitzuteilen hat. Zu Recht ist daher anerkannt, dass die Vergabestelle beim Verhandlungsverfahren nach der VOB einen großen Gestaltungsspielraum besitzt.

Trotz der geringeren formalen Anforderungen ist das Verhandlungsverfahren aber kein wettbewerbsfreier Raum. Auch hier unterliegt der
Auftraggeber den wesentlichen →*Verfahrensprinzipien* des Vergaberechts.
Der im Vergleich zu den anderen Verdingungsordnungen größere Gestaltungsspielraum geht also mit einer höheren Verantwortung der Vergabestelle für die Beachtung der Grundprinzipien einher.

Im →*Offenen* und →*Nichtoffenen Verfahren* wird Gleichbehandlung,
Wettbewerb und Transparenz bereits weitgehend durch die Verfahrensvorschriften gewährleistet. Im Verhandlungsverfahren obliegt die Gewährleistung dagegen in viel stärkerem Maße dem Auftraggeber.

Die VOB/A unterscheidet zwischen Verhandlungsverfahren mit vorheriger Vergabebekanntmachung. Verhandlungsverfahren mit vorheriger
Vergabebekanntmachung können durchgeführt werden, wenn bei einem
Offenen oder Nichtoffenen Verfahren keine annehmbaren Angebote abgegeben wurden, wenn Bauvorhaben nur zu Forschungs-, Versuchs- oder
Entwicklungszwecken durchgeführt werden oder wenn die Leistung nicht
eindeutig und erschöpfend beschrieben werden kann.

Noch strenger sind die Voraussetzungen an einer Verhandlungsverfahren ohne Öffentliche Vergabebekanntmachung, da hier der Wettbewerb
auf ein Minimum reduziert ist.

II. Aktuelle Rechtsprechung

Im Laufe eines Verhandlungsverfahrens schloss eine Vergabestelle in
Schleswig-Holstein entgegen ihrer ursprünglichen – durch ein Gutachten
gewonnenen – Überzeugung das indikative Angebot eines Bieters nach
selbst erbetener fernmündlicher Beratung durch die Vergabeprüfstelle wegen (vermeintlicher) formeller Mängel aus. Dann führte die Vergabestelle
„unter Vorbehalt" weitere „vorsorgliche" Verhandlungen mit dem Bieter, um
für den Fall, dass die Vergabekammer die Ausschlussgründe nicht anerken-
ne, das Verfahren unter Einbeziehung des Bieters zügig weiterführen zu
können. Während des Nachprüfungsverfahrens forderte die Vergabestelle
den Bieter auf, ein neues Angebot abzugeben, da sich die Bewertung der zuvor für das Verhandlungsverfahren als nicht disponibel bezeichneten Kalku-
lationsgrundlagen geändert habe. Die Vergabestelle sah darin keine Aufhebung der Ausschlussentscheidung. Im Übrigen habe die Änderung der Kal-
kulationsgrundlage nach Zuschlagserteilung in weiteren Verhandlungen
mit dem erfolgreichen Bieter berücksichtigt werden können.

Die Vergabekammer hatte bereits Zweifel an der Ernsthaftigkeit der Ausschlussentscheidung und wies die Vergabestelle an, das Verhandlungsverfahren unter Einbeziehung des Bieters fortzuführen, da jedenfalls die Ausschlussentscheidung objektiv durch das Verhalten der Vergabestelle konkludent aufgehoben worden sei.

Auch im Verhandlungsverfahren unterliege der Auftraggeber den wesentlichen Prinzipien des Vergaberechts. Es stelle einen Verstoß gegen das Transparenzgebot (§ 97 Abs. 1 GWB) und das Gleichbehandlungsgebot (§ 97 Abs. 2 GWB) dar, wenn der Auftraggeber nach Ausschluss eines Bieters mit diesem „vorsorglich" weiterverhandelt. Die Aufforderung an einen Bieter, ein neues Angebot abzugeben, stelle nach bereits erfolgtem Ausschluss dieses Bieters die konkludente Aufhebung der Ausschlussentscheidung dar. Ändere der Auftraggeber im Laufe des Verhandlungsverfahrens zuvor als nicht disponibel bezeichnete kalkulationserhebliche Teile der Verdingungsunterlagen, sei dem Grunde nach die Rückversetzung des Verfahrens in den Stand vor Abgabe der ersten Angebote geboten. Die Vergabekammer war allerdings aufgrund des Grundsatzes der Verhältnismäßigkeit gehindert, dies auch für die Bieter anzuordnen, deren Verzicht auf die Teilnahme am Verhandlungsverfahren nicht auf die ursprüngliche Kalkulationsbasis zurückzuführen ist.

Auf die subjektive Vorstellung der Vergabestelle, dass „vorsorgliche" weitere Verhandlungen und die erneute Aufforderung zur Angebotsabgabe neben dem Nachprüfungsverfahren zulässig sind, kommt es nicht an, da ein solches Verhalten den Grundsätzen der Transparenz und der Gleichbehandlung im Vergabeverfahren zuwiderläuft.

Von der dem Grunde nach gebotenen Rückversetzung des Verfahrens in den Stand vor Abgabe der indikativen Angebote sieht die Vergabekammer aus Gründen der Verhältnismäßigkeit nur deshalb ab, weil die freiwillig nicht mehr am Verhandlungsverfahren beteiligten Bieter aus anderen als kalkulatorischen Gründen ausgeschieden sind (Vergabekammer Schleswig-Holstein, Beschluss vom 17.08.2004 – VK-SH 20/04).

Verjährung

Zivilrechtliche Ansprüche, wie z. B. Ansprüche auf →*Vergütung* oder →*Mängelbeseitigung*, können nur innerhalb bestimmter zeitlicher Fristen durchgesetzt werden. Nach Ablauf von Verjährungsfristen kann sich der Anspruchsgegner auf die Verjährung berufen. Die eingetretene Verjährung beseitigt zwar nicht den Anspruch als solchen, gibt dem Verpflichteten im Interesse der Rechtssicherheit aber ein Leistungsverweigerungsrecht, das allerdings nur dann wirkt, wenn es von ihm ausdrücklich geltend gemacht wird (sog. Einrede).

Nach der zentralen Vorschriften des § 195 BGB beträgt die regelmäßige Verjährungsfrist drei Jahre. Das ist eine einschneidende Änderung des bisherigen Rechts. Denn die regelmäßige Verjährungsfrist, die allerdings durch eine Fülle von Sondervorschriften durchbrochen wurde, betrug nach altem Recht dreißig Jahre. Die regelmäßige Verjährungsfrist gilt grundsätzlich für alle Ansprüche aus einem Bauvertrag, also gleichermaßen für Vergütungsansprüche, sonstige Erfüllungsansprüche und Ansprüche auf Schadensersatz, ausgenommen sind die Ansprüche wegen eines mangelhaften Werks. Die regelmäßige Verjährung gilt auch für alle gesetzlichen Ansprüche (wie z. B. deliktische Schadensersatzansprüche).

Die dreißigjährige Verjährungsfrist nach altem Recht begann mit der →*Fälligkeit* des Anspruchs, unabhängig davon, ob der Gläubiger in der Lage war, den Anspruch durchzusetzen. Das alte Verjährungsrecht knüpfte die Verjährung demgemäß allein an einen objektiven Gesichtspunkt.

Dieser Grundsatz ist durch das neue Verjährungsrecht abgeändert worden. Nach § 199 BGB n. F. beginnt die regelmäßige Verjährungsfrist mit dem Schluss des Jahres, in dem der Anspruch entstanden ist und der Gläubiger von den den Anspruch begründenden Umständen und der Person des Schuldners Kenntnis erlangt oder ohne grobe Fahrlässigkeit erlangen müsste. Die Verjährung hat nach dem neuen Recht also auch eine subjektive Komponente. Diese subjektive Anknüpfung war lange umstritten, da sie ein wesentlich höheres Streitpotenzial birgt; die Frage der Kenntnis des Gläubigers von der Person des Schuldners und den den Anspruch begründenden Umständen ist häufig unklar und wird Gegenstand gegenseitiger Behauptungen sein.

Die Verjährungsfristen nach der VOB sind je nach Art des Anspruchs und nach Art des Leistungsgegenstandes unterschiedlich.

Die Verjährungsfristen für Mängelbeseitigungsansprüche sind in § 13 Nr. 4 VOB/B geregelt. Sie betragen für Bauwerke vier, für Arbeiten an einem Grundstück und für die vom Feuer berührten Teile von Feuerungsanlagen zwei und für feuerberührte und abgasdämmende Teile von industriellen Feuerungsanlagen ein Jahr. Die Verjährungsfrist beginnt mit der Abnahme der gesamten Leistung.

Die Verjährungsfrist für die Vergütung beginnt gemäß § 16 Nr. 3 VOB/B nach Prüfung und Feststellung der vorgelegten Schlussrechnung; spätestens innerhalb von zwei Monaten nach Zugang. Bis zum 31.12.2001 galt für Vergütungsansprüche eine Verjährungsfrist von zwei Jahren (§ 196 Abs. 1 BGB a. F.); mit der Neuregelung der Verjährungsvorschriften gilt jetzt die allgemeine Verjährungsfrist von drei Jahren.

Verkehrssicherungspflicht

I. Allgemeines

Nach anerkannten Rechtsgrundsätzen hat jeder, der Gefahrenquellen schafft oder unterhält, die nach Lage der Verhältnisse erforderlichen Vorkehrungen zum Schutz anderer Personen zu treffen. Diese Verkehrssicherungspflicht wird freilich nicht schon durch jede bloß theoretische Möglichkeit einer Gefährdung ausgelöst. Weil eine jeglichen Schadensfall ausschließende Verkehrssicherung nicht erreichbar ist und auch die berechtigten Verkehrserwartungen nicht auf einen Schutz vor allen nur denkbaren Gefahren ausgerichtet sind, beschränkt sich die Verkehrssicherungspflicht auf das Ergreifen solcher Maßnahmen, die nach den Gesamtumständen des konkreten Falles zumutbar sind und die ein verständiger und umsichtiger, in vernünftigen Grenzen vorsichtiger Mensch für notwendig und ausreichend hält, um andere vor →Schaden zu bewahren. Die Nichtabwendung einer Gefahr begründet daher eine Haftung des Sicherungspflichtigen nur dann, wenn sich vorausschauend für ein sachkundiges Urteil die nahe liegende Möglichkeit ergibt, dass Rechtsgüter anderer Personen verletzt werden können.

II. Rechtsprechung

Der Kläger fuhr nachts mit seinem Rad gegen die quer über den Radweg verlaufende provisorische Wasserversorgungsleitung, die unzureichend abgesichert war. Bei dem Sturz erlitt er eine Radiusköpfchenfraktur am linken Ellenbogen. Die Baustelle war vom Hauptunternehmer zur Erneuerung des Wasserversorgungsleitungsnetzes eingerichtet worden. Die beklagte →Subunternehmerin hatte nach Fertigstellung der von ihr übernommenen →*Bauleistung* die Baustelle geräumt, ohne die weitere Absicherung zu gewährleisten oder sicherzustellen, dass die Verkehrssicherungspflicht vom Hauptunternehmer oder einem Dritten wahrgenommen wird.

Die dem Subunternehmer im Tiefbau obliegende Verkehrssicherungspflicht endet nicht mit der Beendigung seiner Tätigkeit und dem Abzug von der Baustelle. Er muss die von ihm geschaffene Gefahrenquelle sichern, entweder indem er selbst für eine dauerhafte Absicherung während seiner Abwesenheit sorgt oder die Verantwortung jemand anderem überträgt. Zu Unrecht nimmt das erstinstanzliche Gericht an, die Verkehrssicherungspflicht sei durch Abziehen von der Baustelle beendet gewesen. Die Beklagte hätte vielmehr die von ihr geschaffene Gefahrenquelle sichern müssen, entweder indem sie selbst für eine dauerhafte Absicherung während ihrer Abwesenheit sorgte oder die Verantwortung jemand anderem übertrug (OLG München, Urteil vom 12.01.2005 – 7 U 3820/04).

Verlust von Arbeitsgerät

I. Allgemeines

Immer wieder kommt es vor, dass bei einer Bautätigkeit Arbeitsgerät beschädigt oder zerstört wird. Daraus entstehen für den Bauunternehmer mitunter immense Kosten. Es ist also verständlich, wenn dieser versucht, alle Möglichkeiten zu nutzen, um die Kosten auf den →*Auftraggeber* abzuwälzen. Dass ihm hierbei Grenzen gesetzt sind, soll folgender Fall veranschaulichen:

II. Rechtsprechung

Der Auftraggeber (AG), ein Fachbauunternehmen, beauftragte den →*Auftragnehmer* (AN), ein Spezialtiefbauunternehmen, mit der Einbringung von Bohrpfählen zur Fundamentgründung. Der AG stellte dem AN ein geologisches Gutachten zur Verfügung, auf dessen Basis der AN das Bohrwerkzeug wählte. Nachdem 165 Bohrlöcher gebohrt waren, brach die Schnecke des Bohrwerkzeuges am letzten Tag bei einer Bohrung ab und konnte nicht mehr geborgen werden. Der AN will vom AG die Kosten des Bohrwerkzeugs ersetzt haben. Er ist der Auffassung, dass, da er das Bohrwerkzeug korrekt ausgesucht und von Fachpersonal vor Ort habe einsetzen lassen, die Ursache für den Bruch des Werkzeuges nur in einer Unregelmäßigkeit des Baugrundes liegen könne. Das →*Baugrundrisiko* trage jedoch der AG. Der Anspruch beruhe letztendlich auf § 2 Ziff. 6 VOB/B in Verbindung mit der DIN 18301, Abschnitte 3.4.2, 4.2.11 und 5.1, die mindestens analog anzuwenden seien, da sich aus der DIN ergebe, dass der AG für baugrundbedingten Materialverlust hafte.

Das LG weist die Klage ab. Auch bei der korrekten Auswahl des Bohrwerkzeuges und einer fachgerechten Bedienung im Rahmen der Bohrung besteht kein Anschein dafür, dass Ursache für den Bruch des Werkzeuges eine Bodenunregelmäßigkeit ist. Die Abschnitte 3.5 und 5.1 der DIN 18301 sind nicht einschlägig, weil diese Abschnitte für Bohrrohre gelten, nicht aber für Bohrwerkzeug. Die DIN unterscheidet in ihrem Text zwischen Bohrwerkzeug und Bohrrohren, die Begriffe können nicht synonym gesehen werden.

Abschnitt 3.4.2 betrifft nur das Festwerden von Bohrwerkzeugen, aber nicht deren Abbruch. Für eine analoge Anwendung der Regelungen der DIN 18301 ist kein Raum, da in der DIN ein begrifflicher Unterschied zwischen Bohrrohren und Bohrwerkzeug gemacht wird, den der DIN-Geber auch bei der Überarbeitung der Norm bewusst nicht aufgehoben hat. Bohrwerkzeuge sind im Gegensatz zu Bohrrohren Arbeitsgeräte, mit denen die Leistung erbracht wird und die deshalb von der →*Vergütungs*pflicht ausgeschlossen sind. Eine Vergütungspflicht des AG für verloren gegangenes Arbeitsgerät besteht grundsätzlich nicht, vielmehr ist es Sache des AN, das Risiko des Verlustes oder der Beschädigung des Arbeitsgerätes in seine →*Kalkulation* mit einzubeziehen. Beim Verlust des Arbeitsgerätes handelt es sich nicht um eine →*Leistung* im Sinne des § 631 BGB, da Gegenstand einer Leistungspflicht eine entgeltliche Wertschöpfung zugunsten des AG ist; hierzu kann der Verlust eines Arbeitsgerätes nicht gehören. Ein Schadensersatzanspruch scheitert am fehlenden Verschulden des AG (LG Stuttgart, Urteil vom 19.12.2003 – 2 O 247/03).

Vermutung, rechtliche

I. Allgemeines

Will der Kläger vor Gericht nachweisen, dass der →*Schaden* bei einem anderen Verhalten des Beklagten nicht eingetreten wäre, so gerät er häufig in Beweisschwierigkeiten. Dieser misslichen Lage kann durch Beweiserleichterungen wie etwa dem Anscheinsbeweis oder durch Vermutungen abgeholfen werden. Allerdings reicht eine bloße Behauptung oder die Behauptung, es bestünde eine Vermutung, nicht aus, um Beweisschwierigkeiten zu umgehen, wie folgender Fall veranschaulicht:

II. Rechtsprechung

Ein Bauträger errichtet ein Großbauvorhaben mit zahlreichen Eigentumswohnungen, die verkauft werden sollen. Es kommt zu erheblichen Verteuerungen, die der Bauträger auf die fehlerhafte Ausschreibung von Erd- und Entwässerungsarbeiten des Architekten zurückführt. Der Bauträger wirft dem Architekten auch vor, dass er ihn zu spät über die Kostensteigerungen informiert habe, so dass es ihm nicht möglich gewesen sei, das Bauvorhaben rechtzeitig abzubrechen. Das Landgericht (LG) weist die Klage ohne Beweisaufnahme ab mit der Begründung, der Bauträger habe seinen Schaden nicht schlüssig vorgetragen. Präzise rechtliche Hinweise hat das LG in den mündlichen Verhandlungen vor dem Urteil nicht gegeben. Auf die Berufung des Bauträgers hebt der Bausenat des OLG dieses Urteil auf und verweist den Rechtsstreit an das LG zurück.

Das OLG argumentiert zunächst prozessrechtlich. Eine Aufhebung und Zurückverweisung ist nur dann erlaubt, wenn das LG bei der Behandlung des Streitstoffes prozessuale Fehler begangen hat und wenn der Berufungsführer dies rügt und eine Zurückverweisung beantragt. Das ist hier geschehen. Das OLG beanstandet, dass das LG dem klagenden Bauträger in den mündlichen Verhandlungen vor dem Urteil nicht mit der genügenden Deutlichkeit gesagt hat, warum Bedenken gegen die Darlegung der Schadensersatzforderung bestehen. Solche konkreten Hinweise sind nach der seit dem 01.01.2002 geltenden Zivilprozessordnung ausdrücklich vorgeschrieben und müssen zu gerichtlichem Protokoll genommen werden. In materieller Hinsicht gibt das OLG dem LG und den Parteien für die weitere Führung des Rechtsstreits „Segelanweisungen", weil der Streitstoff bisher nicht aufgearbeitet und systematisiert ist. Mit diesen Hinweisen bemüht sich das OLG, Ordnung in den unübersichtlichen Prozessstoff zu bringen. Dabei tritt das OLG einem vom Bauträger vorgetragenen Argument entgegen: Der Bauträger hat geltend gemacht: Wenn der Architekt ihn frühzeitig auf die erheblichen Mehrkosten hingewiesen hätte, hätte er das Bauvorhaben frühzeitig abgebrochen und weitere Aufwendungen erspart; das brauche nicht bewiesen zu werden, weil hierfür eine Vermutung spreche. Diesen Rechtsgedanken vom „beratungsgerechten Verhalten" hält das OLG in diesem Falle nicht für einschlägig: Die Entwicklung eines großen Bauvorhabens und die dabei zu treffenden wirtschaftlichen Entscheidungen sind so vielfältig, dass von einer typischen Fallkonstellation nicht gesprochen werden kann (OLG Hamm, Urteil vom 12.05.2004 – 25 U 101/03).

Verpflichtung zum Anschluss an die Kanalisation

I. Allgemeines

Ein Grundstückseigentümer kann sich nicht einfach entschließen, sein Grundstück nicht an die Kanalisation anzuschließen, denn grundsätzlich müssen Baugrundstücke an die Kanalisation angeschlossen werden. Man spricht hier von einem Anschluss- und Benutzungszwang. Es gibt aber auch den umgekehrten Fall, nämlich dass die Gemeinde, meist aus Kostengründen, es unterlässt, Grundstücke an die Kanalisation anzuschließen. Das soll folgender Fall verdeutlichen:

II. Rechtsprechung

Im nachfolgenden Fall geht es um die Frage, ob ein Naherholungsgebiet an die Kanalisation angeschlossen werden muss. Das Naherholungsgebiet liegt im Verdichtungsraum Rhein-Neckar in unmittelbarer Nachbarschaft zum Stadtgebiet von Ludwigshafen. Es umfasst eine beträchtliche Wasserfläche, die sich auf fünf Baggerseen verteilt; drei von ihnen sind offiziell als Badegewässer ausgewiesen. In dem Bereich befinden sich über 500 Wochenendhäuser, außerdem sind dort mehrere hundert Wohnwagen ortsfest aufgestellt. Begünstigt durch einen hohen Grundwasserstand wird aus zahlreichen Brunnen Grundwasser für den Eigenbedarf entnommen. Das Abwasser wird in Hunderten geschlossener Gruben gesammelt, durch Saugwagen abtransportiert und der Ludwigshafener Kanalisation zugeführt. Anfang der 90er Jahre legte die Gemeinde A. ein Abwasserbeseitigungskonzept vor, wonach das Naherholungsgebiet einen Schmutzwasserkanal erhalten sollte. Zum Vollzug dieser Maßnahme kam es jedoch nicht. Im Jahr 2000 beschloss der Gemeinderat vielmehr, das bisherige System geschlossener Gruben beizubehalten. Dazu berief er sich auf das gemeindliche Selbstverwaltungsrecht. Eine wasserbehördliche Anordnung der

Verpflichtung zum Anschluss an die Kanalisation

Struktur- und Genehmigungsdirektion Süd, das Naherholungsgebiet unverzüglich an eine leitungsgebundene Abwasserentsorgung anzuschließen, focht die Gemeinde vor dem Verwaltungsgericht Neustadt an. In erster Instanz hatte die Klage Erfolg. Das Oberverwaltungsgericht korrigierte jetzt aber dieses Urteil und gab der Aufsichtsbehörde Recht.

Zwar bestimmt der durch das 6. Gesetz zur Änderung des Wasserhaushaltsgesetzes vom 11. November 1996 eingeführte § 18 a Abs. 1 Satz 2 WHG klarstellend, dass auch die Beseitigung von häuslichem Abwasser durch dezentrale Anlagen dem Wohl der Allgemeinheit entsprechen kann. Daraus ist aber entgegen der Auffassung der Klägerin nicht herzuleiten, dass für das Naherholungsgebiet auf die Herstellung einer Kanalisation verzichtet werden kann. Die Bestimmung des § 18 a Abs. 1 Satz 2 WHG ändert nichts daran, dass gemeindliche Gebiete (vgl. § 4 Abs. 1 i.V.m. § 2 Nr. 3 KomAbwVO) grundsätzlich mit einer Kanalisation auszustatten sind.

Nur wenn eine Kanalisation keinen Nutzen für die Umwelt bringt oder mit unverhältnismäßigen Kosten verbunden ist, sind gemäß § 4 Abs. 2 KomAbwVO individuelle Systeme oder andere geeignete Maßnahmen erforderlich, die das gleiche Umweltschutzniveau wie eine Kanalisation gewährleisten. Auf diese Weise wird die rechtliche Möglichkeit geschaffen, für solche gemeindlichen Gebiete, in denen die Besiedelung oder die wirtschaftlichen Aktivitäten für eine Sammlung von kommunalem Abwasser und eine Weiterleitung zu einer kommunalen Abwasserbehandlungsanlage oder Einleitungsstelle nicht ausreichend konzentriert sind (vgl. § 2 Nr. 3 KomAbwVO), auf eine Kanalisation zu verzichten und sie durch andere geeignete Maßnahmen zu ersetzen. Das wird in aller Regel den relativ dünn besiedelten ländlichen Raum betreffen oder aber weitab von einer Kanalisation gelegene einzelne Grundstücke.

Derartige Verhältnisse, unter denen keine Verpflichtung besteht, der Abwasserbeseitigungspflicht in Form der Errichtung zentraler Abwasseranlagen nachzukommen, es vielmehr vom kommunalen Selbstverwaltungsrecht der jeweiligen Gemeinde gedeckt sein kann, sich für eine Beseitigung von häuslichem Abwasser durch dezentrale Anlagen oder über geschlossene Gruben zu entscheiden, sind vorliegend jedoch nicht gegeben (OVG Rheinland-Pfalz, Urteil vom 15.05.2003 – 1 A 10036/03).

Verschulden bei Vertragverhandlungen

→*culpa in contrahendo (c. i. c.)*

Vertragsarten

Die VOB/A unterscheidet in § 5 VOB/A zwischen drei verschiedenen Vertragsarten: dem →*Leistungsvertrag*, bei dem noch zwischen →*Einheitspreisvertrag* und Pauschalvertrag unterschieden werden kann, dem Stundenlohnvertrag und dem Selbstkostenvertrag.

Regelfall ist der Leistungsvertrag in Form des Einheitspreisvertrags, bei dem die Abrechnung nach Mengen, also nach Maß, Gewicht oder Stückzahl, geschieht. Bei genau bestimmter Leistung kann auch ein Pauschalvertrag abgeschlossen werden.

Ein Stundenlohnvertrag darf nach § 5 Nr. 2 dann abgeschlossen werden, wenn Bauleistungen geringen Umfangs mit überwiegenden Lohnkosten, z. B. im Bereich der Bauunterhaltung, vorliegen.

Der Selbstkostenerstattungsvertrag stellt eine weitere Ausnahme von dem Regelfall des Leistungsvertrags dar. Er ist nur dann zulässig, wenn Leistungen größeren Umfangs vor der Vergabe nicht so eindeutig und erschöpfend bestimmt werden können, dass eine einwandfreie Preisermittlung möglich ist, vgl. § 5 Nr. 3 VOB/A. Bevor sich ein Auftraggeber zu einer Vergabe im Selbstkostenerstattungsvertrag entschließt, sollte er alles unternommen haben, um eine eindeutige und erschöpfende Leistungsbeschreibung zu erstellen und dann im Wege eines Leistungsvertrags vergeben.

Vertragsbedingungen

Hinsichtlich der Vertragsbedingungen lässt sich zwischen rechtlichen Vertragsbedingungen und technischen Vertragbedingungen unterscheiden.

Bei den rechtlichen Vertragsbedingungen lassen sich wiederum Allgemeine Vertragsbedingungen, Zusätzliche Vertragsbedingungen und Besondere Vertragsbedingungen für die Ausführung von Bauleistungen unterscheiden. Bei den technischen Vertragsbedingungen differenziert man zwischen Allgemeinen Technischen Vertragsbedingungen und Zusätzlichen Technischen Vertragsbedingungen für die Ausführung von Bauleistungen.

Die Allgemeinen Vertragsbedingungen sind identisch mit der →*VOB/B*; sie bleiben grundsätzlich unverändert. Möglich ist, dass Auftraggeber, die ständig Bauleistungen vergeben, für die bei ihnen allgemein gegebenen Verhältnisse die Allgemeinen Vertragsbedingungen durch Zusätzliche Vertragsbedingungen ergänzen, die den Allgemeinen Vertragsbedingungen nicht widersprechen dürfen.

Die Bauverwaltungen des Bundes haben Muster für Zusätzliche Vertragsbedingungen, insbesondere die VHB 2002: EVM (B), die ZVB/E 215 und die HVA B-StB: ZVB/E-StB 2002 entwickelt:

Die Zusätzlichen Vertragsbedingungen bleiben grundsätzlich unverändert.

Besondere Vertragsbedingungen sind auf den Einzelfall abgestellte Ergänzungen der VOB/B und der Zusätzlichen Vertragsbedingungen im Sinne von § 10 Nr. 2 Abs. 2 und Nr. 4 VOB/A. Sie sind vom öffentlichen Auftraggeber bei jeder Ausschreibung individuell aufzustellen.

Die Bauverwaltungen des Bundes haben Muster für Besondere Vertragsbedingungen (z. B. VHB 2002: EVM (B) BVB 214; HVA B-StB: HVA B-StB) entwickelt:

Die Allgemeinen Technischen Vertragsbedingungen sind gleichbedeutend mit der →*VOB/C* und bleiben ebenfalls grundsätzlich unverändert. Wie bei den allgemeinen Vertragsbedingungen dürfen sie von Auftraggebern, die ständig Bauleistungen vergeben, durch Zusätzliche Technische Vertragsbedingungen ergänzt werden. Für die Erfordernisse des Einzelfalls sind Ergänzungen und Änderungen in der →*Leistungsbeschreibung* festzulegen.

Vertragsstrafe

I. Begriff und Voraussetzungen

Eine Vertragsstrafe ist eine meist in Geld bestehende Leistung, die der Schuldner dem Gläubiger für den Fall der Nichterfüllung oder nicht gehöriger Erfüllung verspricht. Sie hat in der Regel die Bezahlung einer bestimmten Geldsumme zum Gegenstand, kann aber auch in anderen Leistungen bestehen. Sinn der Vertragsstrafe ist zum einen, auf den Auf-

tragnehmer Druck auszuüben, damit er die Hauptverbindlichkeit vertragsgerecht ausführt. Dabei wird dem Auftraggeber die Schwierigkeit erspart,
Art und Umfang eines eingetretenen Schadens zu berechnen und zu beweisen. Hinzu kommt, dass die Vertragsstrafen im Gegensatz zu einem
pauschalierten Schadensersatz noch nicht einmal den Eintritt eines Schadensersatzes, sondern nur den Eintritt der Bedingungen der Vertragsstrafenklausel erfordert.

Die Vertragsstrafe ist in der VOB/B in § 11 VOB/B geregelt, der auf die
gesetzlichen Regelungen der §§ 339 BGB verweist. Demnach sind folgende
Voraussetzungen für einen Anspruch auf Vertragsstrafe erforderlich:

Es muss eine wirksame Vereinbarung über eine Vertragsstrafe zwischen den Parteien getroffen worden sein, eine gültige Hauptverbindlichkeit besteht, die Vertragsstrafe muss verwirkt sein und die Verwirkung
muss vom Schuldner zu vertreten sein. Wichtig ist ferner, dass sich der
Gläubiger bei der →*Abnahme* die Vertragsstrafe vorbehalten hat.

In den meisten Fällen wird es sich bei Vertragsstrafenklauseln um
→*Allgemeine Geschäftsbedingungen* handeln, die nach den allgemeinen zivilrechtlichen Regeln unwirksam sein können. Dies gilt insbesondere,
wenn die Vertragsstrafenklausel unangemessen hoch ist, z. B. einen bestimmten Prozentsatz pro verwirkten Arbeitstag ohne Begrenzung nach
oben vorsieht. Auch das Erfordernis des Verschuldens bei dem Verzug
oder der Vertragsstrafenvorbehalt bei der Abnahme kann nicht wirksam
ausgeschlossen werden.

II. Aktuelle Rechtsprechung

Ein Auftraggeber verlangte wegen Überschreitung von vertraglich vereinbarten Fristen Vertragsstrafe im Wege einer gesonderten Klage. Die Ver-
tragsstrafenvereinbarung basierte auf vom Auftraggeber zur Verwendung
gestellten Vertragsbedingungen, wonach bei Überschreiten der Ausführungsfrist der Auftragnehmer eine Vertragsstrafe von 0,3 % der Auftragssumme pro Werktag des Verzugs zu zahlen hatte, höchstens jedoch 10 %
der Schlussrechnungssumme.

Das Landgericht Lübeck wies die Klage ab. Es begründete diese Entscheidung mit der Unwirksamkeit der Vertragsstrafenklausel. Das Landgericht stützte sich insoweit auf eine Entscheidung des BGH vom 23.1.2003
und hielt eine Vertragsstrafenklausel mit einem höheren Tagessatz als
0,15 % und einen Höchstbetrag von mehr als 5 % gemäß § 9 AGB-Gesetz

für unwirksam, obwohl der Vertrag vor Bekanntwerden der Entscheidung des BGH vom 23.1.2003 geschlossen wurde. Das Landgericht meint insoweit, dass der BGH nicht berechtigt sei, einen „Vertrauensschutz" anzuordnen. Es sieht in einem solchen „Vertrauensschutz" eine unzulässig ausweitende Rechtskraft einzelner Gerichtsentscheidungen, die jeweils nur einzelfallbezogen sein könnten. Eine gesetzliche Ermächtigung für einen solchen „Vertrauensschutz" fehle nach Auffassung des Landgerichts LG Lübeck, Urteil vom 19.8.2004 – 6 O 69/02).

Vertragsverlängerung

Eine Vertragsverlängerung ist immer dahingehend zu überprüfen, ob sie als neuer ausschreibungspflichtiger öffentlicher →*Auftrag* zu bewerten ist. Dies ist jedenfalls immer dann der Fall, wenn sie nur durch eine beidseitige Willenserklärung zustande kommen kann, da ansonsten ein einmal begründetes Vertragsverhältnis immer wieder auf unbestimmte Zeit verlängert werden könnte. Damit würde die Gefahr geschaffen, dass auf nicht absehbare Zeit ein Wettbewerb nicht mehr stattfinden würde.

Entscheidend dafür, ob auch eine einseitige Vertragsverlängerung als neuer Auftrag gewertet werden muss, ist die Feststellung, ob der Auftragsinhalt in wesentlichen Punkten abgeändert wurde. Dies ist insbesondere dann der Fall, wenn die bisherige →*Vergütung* geändert werden soll.

Verzug

I. Begriff

Verzug bedeutet die Nichterfüllung einer an sich möglichen und der sich in Verzug befindlichen obliegenden Handlung. Unterschieden wird zwischen Schuldner- und Gläubiger- bzw. Annahmeverzug.

Der Verzug des Schuldners (im Regelfall also des Auftragnehmers) setzt voraus, dass die Schuld →*fällig* und frei von Einreden ist, wie z. B. der →*Verjährung*. Die fällige Leistung muss der Gläubiger, wenn die Leistung nicht nach dem Kalender bestimmt ist, zunächst angemahnt haben. Der Schuldner kommt nicht in Verzug, wenn er die Verzögerung der Leistung nicht zu vertreten hat.

Neben dem grundsätzlich weiter bestehenden Erfüllungsanspruch hat der Gläubiger im Fall des Schuldnerverzugs einen Anspruch auf Ersatz des durch den Verzug entstandenen Verzugsschadens.

§ 5 Nr. 4 VOB/B trifft für den Fall der Nichteinhaltung von Ausführungsfristen weitere Regelungen. In den Fällen der Verzögerung der Ausführung, des Verzugs mit der Vollendung und der Verletzung der Abhilfepflicht nach § 5 Nr. 3 hat der Auftraggeber weitergehende Rechte. Er kann zum einen am Vertrag festhalten und Schadensersatz nach § 6 Nr. 6 VOB/B verlangen. Möglich ist aber auch, dass er den Vertrag nach fruchtlosem Ablauf einer angemessenen Nachfrist, die mit einer Ablehnungsandrohung verbunden sein muss, nach § 8 Nr. 3 VOB/B kündigt. Schließlich kann der Auftraggeber bei entsprechender Vereinbarung einen Anspruch auf → *Vertragsstrafe* geltend machen.

Auch der Gläubiger eines Schuldverhältnisses (insbesondere eines Bauvertrags) kann in Verzug geraten, wenn er die ihm ordnungsgemäß angebotene Leistung nicht annimmt. Voraussetzung hierfür ist, dass der Schuldner die Leistung dem Gläubiger so angeboten hat, wie sie tatsächlich zu bewirken war.

II. Aktuelle Rechtsprechung

Ein Bauunternehmer verlangt Restwerklohn. Der Auftraggeber wendet Mängel ein und macht ein Zurückbehaltungsrecht in Höhe der fünffachen Mängelbeseitigungskosten geltend. Obwohl der Auftragnehmer dem Auftraggeber nach mehreren erfolglosen Versuchen eine letzte Frist zur Erklärung setzte, konkrete Terminvorschläge zur Mängelbeseitigung zu unterbreiten, erklärte der Auftraggeber lediglich, zur Terminabsprache jederzeit zur Verfügung zu stehen. Eine Terminabsprache oder gar Mängelbeseitigung kam nicht zu Stande. Das Landgericht verurteilte den Auftraggeber zur Zahlung des Restwerklohns Zug um Zug gegen die Beseitigung der unstreitigen Mängel. Aufgrund des eingetretenen Annahmeverzugs könne der Auftraggeber keinen Druckzuschlag verlangen. Mit der Berufung verfolgt der Auftraggeber seine Ansicht weiter, ein Druckzuschlag sei geboten, weil er nicht in Annahmeverzug geraten sei, jedoch ohne Erfolg.

Angesichts der bis zur letzten Fristsetzung des Auftragnehmers mangelnden Mitwirkung des Auftraggeber, die Mängel zu besichtigen und zu beseitigen, kann die Aussage, für eine Terminabsprache jederzeit zur Verfügung zu stehen, nur als schlichtes „Lippenbekenntnis" gewertet werden.

Der Auftraggeber befindet sich deshalb im Annahmeverzug, der jedoch die Geltendmachung der Einrede des nicht erfüllten Vertrags nicht ausschließt (so aber OLG Köln, BauR 1977, 275; Siegburg, BauR 1992, 419, 422). Der Auftraggeber kann seine materiellen Gewährleistungsrechte nicht verlieren, auch wenn er sich mit der Annahme der Mängelbeseitigung in Verzug befindet.

Den Belangen des Auftragnehmer wird dadurch ausreichend Rechnung getragen, dass er in der Zwangsvollstreckung seinen Werklohnanspruch ohne Bewirkung der ihm aufgrund der Zug-um-Zug-Verurteilung obliegenden Leistung ohne weiteres gemäß § 274 Abs. 2 BGB durchsetzen kann (so auch BGH, IBR 2002, 179).

Die Einrede des nicht erfüllten Vertrages nach § 320 Abs. 1, § 322 Abs. 1 BGB ist aber lediglich in Höhe des einfachen Betrags der Mängelbeseitigungskosten gerechtfertigt, weil sich der Auftraggeber in Annahmeverzug befindet. Die Zurückbehaltung eines Druckzuschlages soll den Auftragnehmer anhalten, die Mängelbeseitigung auch tatsächlich vorzunehmen. Das Risiko, dass die einfachen Kosten zur Mängelbeseitigung nicht ausreichen, wenn der Auftragnehmer diese nicht durchführen will und damit ein Drittunternehmer beauftragt werden muss, trägt im Annahmeverzug aber der Auftraggeber. Denn der Auftraggeber, der mit der Mängelbeseitigung in Annahmeverzug geraten ist, hat sein Recht, einen Druckzuschlag zu beanspruchen, unter Berücksichtigung von Treu und Glauben verwirkt (OLG Celle, Urteil vom 17.2.2004 – 16 U 141/03).

VHB

→*Vergabehandbuch*

VOB/A

Die VOB/A enthält die Vorschriften über die Vergabe von Bauleistungen. Sie ist in vier verschiedene Abschnitte unterteilt, die nach den verschiedenen Vergabeverfahren und den öffentlichen →*Auftraggebern* differenzieren (→*Basisparagraphen*, →*a-Paragraphen*, b-Paragraphen).

Die Basisparagraphen sind die einheitlichen Richtlinien, nach denen aufgrund von haushaltsrechtlichen Bestimmungen von den öffentlichen

Auftraggebern bei dem Abschluss von Verträgen zu verfahren ist. Die Vorschriften der weiteren Abschnitte kommen nur bei europaweiten Vergabeverfahren, also bei Überschreitung der →*Schwellenwerte*, zur Anwendung. Neben den Vorschriften, die die →*Anwendbarkeit der VOB/A* festlegen, finden sich in der VOB/A Regelungen der grundlegenden →*Verfahrensprinzipien* und im Wesentlichen chronologisch geordnete Bestimmungen des Vergabeverfahrens selbst.

Vertragsrechtliche Bestimmungen sind dagegen ausschließlich in der →*VOB/B* enthalten.

VOB/B

I. Allgemeines

Die VOB/B betrifft die Vertragsbedingungen zwischen →*Auftragnehmer* und→*Auftraggeber*. Es handelt sich bei ihr nicht um gesetzliche Festlegungen, sondern um eine Art von →*Allgemeinen Geschäftsbedingungen* (AGB).

Dabei sind die Bestimmungen über den →*Werkvertrag* (§§ 631 ff. BGB) Ausgangsbasis. Die VOB/B ist also kein eigenes Gesetzeswerk, sondern will lediglich im Bereich des den Vertragsparteien zugänglichen Rechts den Besonderheiten des Bauwesens gerecht werden. Bei wirksamer vertraglicher Vereinbarung gehen die Bestimmungen der VOB/B allerdings den §§ 631 ff. BGB vor, da diese grundsätzlich der Vertragsfreiheit der Parteien unterliegen.

Die Anwendung des Teils B der VOB setzt zunächst einen wirksamen →*Bauvertrag* zwischen den Vertragsparteien voraus. Wird ein Vertrag nur unter einer aufschiebenden Bedingung, z. B. unter dem Vorbehalt der Finanzierung, geschlossen, wird der Vertrag erst mit Eintritt der Bindung wirksam. Die VOB/B kann bei Bauverträgen auch nur dann angewendet werden, wenn sie ausdrücklich und als Ganzes zwischen den Vertragsparteien vereinbart ist. Eine derartige Vereinbarung gilt im Zweifel für den gesamten Vertrag, insbesondere auch für Ergänzungs- und Zusatzaufträge, also für so genannte Nachtragsaufträge, die im unmittelbaren zeitlichen und sachlichen Zusammenhang mit derselben in Auftrag gegebenen Bauleistung stehen.

II. Aktuelle Rechtsprechung zur Einbeziehung der VOB/B

Ein Bauunternehmer hatte mit Verbrauchern einen Bauvertrag über die Errichtung eines Fachwerkhauses geschlossen. Der Text der vom Unternehmer in Bezug genommenen VOB/B wurde den Bauherren nicht ausgehändigt. Auf die Schlussrechnung über 27.420 DM reagierten diese mit einem Schreiben, in dem sie unter Erläuterung verschiedener Abzüge eine Schlusszahlung nach VOB/B in Höhe von 9.007,03 DM ankündigten und auf die Ausschlusswirkung der vorbehaltlosen Annahme einer Schlusszahlung nach VOB/B hinwiesen. Der Unternehmer klagte daraufhin den Differenzbetrag von 18.412,97 DM ein.

Das OLG ist der Auffassung, die Rechtsbeziehungen der Parteien bestimmten sich nach den Regeln der VOB/B. Die wirksame Einbeziehung der VOB/B richtet sich nach § 2 Abs. 1 AGB-Gesetz (heute: § 305 Abs. 2 BGB), das heißt, der Verwender muss bei Vertragsschluss ausdrücklich auf sie hinweisen und dem Verwendungsgegner die Möglichkeit verschaffen, in zumutbarer Weise von ihrem Inhalt Kenntnis zu nehmen. Zudem muss der Verwendungsgegner mit der Geltung einverstanden sein. Der Bauvertrag enthält auf Seite 1 den Hinweis, Vertragsbestandteil sei „ergänzend die Verdingungsordnung für Bauleistungen Teil B". Dies haben die Auftraggeber durch ihre Unterschrift auch akzeptiert. Allerdings ist ihnen vom Kläger nicht die Möglichkeit verschafft worden, vom Inhalt Kenntnis zu nehmen. Dessen bedarf es allerdings auch nicht, da die Auftraggeber offenkundig im Baurecht und insbesondere in den Regeln der VOB/B bewandert sind. Dies zeigt das Schreiben, in dem die Schlusszahlung nach VOB/B angekündigt und auf die Ausschlusswirkung der vorbehaltlosen Annahme einer Schlusszahlung hingewiesen wird. Im Übrigen verweisen die Auftraggeber zu Recht darauf, der Verwender Allgemeiner Geschäftsbedingungen, zu denen die VOB/B zählt, ist gehindert, sich auf die Unwirksamkeit der Einbeziehung von ihm selbst gestellter Vertragsbedingungen zu berufen. Da Voraussetzung des Schlusszahlungseinwands aber eine prüfbare Schlussrechnung ist, scheitert der Schlusszahlungseinwand der Bauherren daran, dass die Rechnung nicht prüfbar gewesen ist.

VOB/C

Teil C erfasst die Allgemeinen Technischen Vertragsbedingungen für Bauleistungen. Gemäß § 1 Nr. 1 Satz 2 VOB/B sind sie Gegenstand eines VOB-

Bauvertrags (vgl. auch § 2 Nr. 1, § 4 Nr. 2 Abs. 1, § 13 Nr. 1 VOB/B), gehören also mit zum VOB-Bauvertrag. Falls der Auftragnehmer sie nicht beachtet, kann dies für ihn zu Schwierigkeiten, vor allem zu Mängelrügen, Nachbesserungspflichten oder Minderung der →*Vergütung* führen. Die Vertragsparteien sollten daher den Teil C nicht als etwas Nebensächliches betrachten. In der Praxis stellen Auftragnehmer in Gerichtsverfahren immer wieder fest, dass ihre Leistung nicht den an sie zu stellenden technischen Anforderungen, nicht den in der VOB/C vorgesehenen Anforderungen entsprochen hat.

VOB-Vertrag

Ein VOB-Vertrag ist ein →*Werkvertrag*, bei dem von den Parteien die Geltung der →*VOB/B* vereinbart wurde. Ist dies nicht der Fall oder ist die Vereinbarung der VOB/B unwirksam, handelt es sich um einen →*BGB-Bauvertrag*.

Vorabgestattung

I. Allgemeines

Ist ein →*Nachprüfungsverfahren* in Gang gesetzt, so kann normalerweise die Vergabestelle nicht trotzdem den Zuschlag erteilen. Gemäß § 121 GWB ist es dem Gericht möglich, die vorzeitige Erteilung des Zuschlags auf ein Gebot trotz Nachprüfungsverfahrens zu gestatten. Man spricht dabei von Vorabgestattung. Dabei muss das Gericht abwägen, wessen Interessen überwiegen. Die des →*Auftraggebers* an einer möglichst schnellen Durchführung des Vorhabens oder die des unterlegenen →*Bieters* an einer Überprüfung der Vergabeentscheidung, ohne vor vollendete Tatsachen gestellt zu werden. Dabei sind auch die Erfolgsaussichten zu berücksichtigen. Zu diesem Thema folgender Fall:

II. Rechtsprechung

Die Vergabestelle (VSt) führt ein Offenes Vergabeverfahren für eine Tiefbaumaßnahme durch. Das Gesamtvorhaben wird in mehreren Einzellosen vergeben. Ein Bieter, der bei der Vergabe eines Loses übergangen werden soll, beantragt die Überprüfung des Vergabeverfahrens für das betreffende Los durch die VK (VK). Vorgesehener Ausführungszeitraum sind die Wintermonate. Die VSt beantragt bei der VK die Gestattung der Zuschlagserteilung noch vor Abschluss des Vergabenachprüfungsverfahrens. Ihren Antrag begründet die VSt mit einem Verfall von Fördermitteln und unüberwindbaren Koordinationsschwierigkeiten im Bauablauf bei verzögerter Auftragsvergabe. Die VK lehnt den Antrag ab. Die VSt beantragt daher die Vorabgestattung der Zuschlagserteilung beim zuständigen OLG. Nach Ansicht der VSt hat der fragliche Nachprüfungsantrag offensichtlich keine Aussicht auf Erfolg.

Der Vergabesenat weist den Antrag auf Vorabgestattung der Zuschlagserteilung vor Abschluss der Überprüfung durch die VK zurück. Das Gericht muss dabei nicht die Erfolgsaussichten des Nachprüfungsantrages berücksichtigen. Das Gericht kann auch nach umfassender Abwägung aller übrigen tangierten Interessen entscheiden. Vorliegend mag die VSt zwar einen engen Zeitkorridor nebst Finanzierungsplan und komplizierte Rahmenbedingungen zu bewältigen haben. Die Gestattung der Zuschlagserteilung kommt aber nur in Betracht, wenn bei einer Auftragsvergabe erst nach Abschluss des Nachprüfungsverfahrens vor der VK das gesamte Vorhaben scheitern würde. Dabei können nur solche Umstände berücksichtigt werden, die die VSt bei der Planung des Gesamtbauvorhabens nicht vorhersehen kann.

Vorliegend hätte die VSt bei der Planung der Vergabe der einzelnen Baulose und des Fördermittelabrufes mögliche zeitliche Verzögerungen durch Vergabenachprüfungsverfahren berücksichtigen können und müssen. Bereits vor Beginn der Auftragsvergabe ist für die VSt die konkrete Möglichkeit absehbar gewesen, dass übergangene Bieter die Überprüfung der Vergabe einzelner Baulose beantragen. Darüber hinaus hat die VSt die Bauausführung für die Wintermonate vorgesehen. Während dieser Zeit ist regelmäßig mit witterungsbedingten zeitlichen Verzögerungen zu rechnen. Die VSt kann sich daher nicht im Nachhinein auf einen zeitlich so engen Bauablauf berufen, der eine Verzögerung der Auftragsvergabe um vorliegend maximal drei Wochen bei einer geplanten Gesamtausführungszeit von fünf Monaten nicht verkraften kann (OLG Jena, Beschluss vom 24.10.2003 – 6 Verg 9/03).

Vorbehalt bei Schlusszahlungen

§ 16 Nr. 3 legt für die →*Schlusszahlung* des Auftraggebers fest, dass der Auftragnehmer mit Nachforderungen ausgeschlossen ist, wenn er über die Schlusszahlung annimmt, über diese schriftlich unterrichtet wurde und auf die Ausschlusswirkung hingewiesen wurde. Diese für ihn ungünstige Folge kann er nur abwenden, wenn er gegenüber dem Auftraggeber einen Vorbehalt erklärt.

Der Vorbehalt ist eine empfangsbedürftige Willenserklärung des Auftragnehmers, die dem Auftraggeber zugehen, also in dessen Machtbereich gelangen muss. Aus der Erklärung muss unzweifelhaft hervorgehen, dass der Auftragnehmer mit der Zahlung und Ablehnung weiterer Zahlungen nicht einverstanden ist. Dabei ist das Wort „Vorbehalt" nicht notwendig, es genügt, wenn sich aus der Erklärung eindeutig und unmissverständlich ergibt, dass der Auftragnehmer über die Schlusszahlung des Auftraggebers hinaus noch weitere Zahlungsansprüche geltend macht. Eine bloße Bitte um Überprüfung der Schlusszahlung reicht jedoch nicht aus. Der Vorbehalt kann auch mündlich erklärt werden. Aus Beweisgründen ist jedoch zu einer Vorbehaltserklärung in Schriftform oder per Telefax zu raten.

Die Vorbehaltserklärung ist innerhalb einer Ausschlussfrist von 24 Werktagen, nachdem der Auftraggeber über die Schlusszahlung unterrichtet hat und auf die Folgen einer vorbehaltlosen Annahme hingewiesen hat, zu erklären.

Innerhalb von weiteren 24 Werktagen muss der Auftragnehmer seinen Vorbehalt begründen, was er durch Vorlage einer prüffähigen Rechnung oder ersatzweise durch eingehende Begründung tun kann. Tut er das nicht, wird der Vorbehalt nach § 16 Nr. 3 VOB/B „hinfällig", d. h. die Ausschlusswirkung der Schlusszahlung tritt trotz Vorbehaltserklärung ein.

Vorinformation

→*Informationspflicht über den Zuschlag*

Vorauszahlungen

Vorauszahlungen sind in § 16 Nr. 2 VOB/B geregelt. Vorauszahlungen unterscheiden sich in ihrem rechtlichen Charakter von den übrigen in § 16 bestimmten Zahlungsarten (→Abschlagszahlungen nach Nr. 1, →Schlusszahlung nach Nr. 3 und →Teilschlusszahlungen nach Nr. 4) grundlegend dadurch, dass sie im Gegensatz zu diesen nicht zur Voraussetzung haben, dass der Auftragnehmer die von ihm vertraglich geschuldete Leistung oder Teile derselben bereits erbracht hat. Vorauszahlungen weichen von dem das Bauvertragsrecht beherrschenden Grundsatz ab, dass der Auftragnehmer vorleistungspflichtig ist, also zunächst die Leistung oder Teile derselben zu erbringen hat, bevor er die ihm darauf zustehende Vergütung beanspruchen kann, vgl. insbesondere auch § 641 BGB. Durch die Vereinbarung von Vorauszahlungen wird praktisch dem Auftraggeber eine Vorleistungspflicht auferlegt, allerdings mit der Maßgabe der Sicherstellung des Auftraggebers sowie der Verzinsung zu seinen Gunsten (vgl. Nr. 2 Abs. 1) und schnellstmöglicher Anrechnung auf erbrachte Leistungen (vgl. Nr. 2 Abs. 2).

Für einen Anspruch des Auftragnehmers auf Zahlung von Vorauszahlungen ist notwendige Voraussetzung, dass zwischen den Beteiligten eine entsprechende gesonderte Vereinbarung getroffen wurde. Diese kann entweder bereits im Bauvertrag oder später nach Abschluss des Bauvertrags getroffen werden. Ohne eine solche ausdrückliche Vereinbarung ist der Auftraggeber nicht verpflichtet, Vorauszahlungen zu leisten.

VTV Bau

I. Allgemeines
Nach dem Tarifvertrag über das Sozialkassenverfahren im Baugewerbe (VTV Bau) unterliegen die meisten Bauunternehmen der Beitragspflicht zu den Sozialkassen für ihre Arbeitnehmer. Es kommt in der Praxis dabei durchaus zu Streit über die Frage, ob ein Unternehmen dem VTV Bau unterfällt oder nicht, wie folgender Fall zeigt:

II. Rechtsprechung
Ein Unternehmen wehrt sich gegen die Beitragsveranlagung durch die Zusatzversorgungskasse des Baugewerbes (ZVK) als Einzugsstelle für die

Beiträge zu den Sozialkassen des Baugewerbes. Im Beitragszeitraum führte der Betrieb des in Anspruch genommenen Unternehmens arbeitszeitlich überwiegend Aushub- und Wiederauffüllungsarbeiten aus. Das die Bauwerke umgebende Erdreich wurde mittels Vakuum-Absaugschlauch entfernt. Nach Durchführung von Mauerabdichtungsarbeiten durch →*Subunternehmer* wurde das auf dem Grundstück zwischengelagerte Erdmaterial mit einem Einblasschlauch wieder aufgefüllt. Nachdem das Arbeitsgericht und das Landesarbeitsgericht der Beitragsklage der ZVK stattgegeben hatten, wendete sich das in Anspruch genommene Unternehmen hiergegen mit seiner Revision zum BAG.

Ohne Erfolg. Das BAG stellt die Beitragspflicht des Unternehmens gemäß §§ 24, 25 VTV Bau fest. Denn bei den ausgeführten Leistungen handelt es sich um Tiefbauarbeiten im Sinne von § 1 Abs. 2 Abschn. V Nr. 36 VTV Bau, die der Beitragspflicht unterliegen. Die Verwendung einer modernen Vakuum-Absaugtechnik ändert hieran nichts. Unerheblich ist auch, dass die eigentlichen Bautrocknungs- bzw. Isolierarbeiten nicht vom Unternehmen selbst, sondern von Nachunternehmern durchgeführt werden und dass von dem hergestellten „Bauwerk" nach Wiederverfüllung nichts übrig bleibt (BAG, Urteil vom 13.05.2004 – 10 AZR 488/03).

W

Wagnis, ungewöhnliches

I. Begriff

Nach § 9 Nr. 2 VOB/A darf dem Auftragnehmer in der →*Leistungsbeschreibung* kein ungewöhnliches Wagnis für Umstände und Ereignisse aufgebürdet werden, auf die er keinen Einfluss hat und deren Einwirkung auf Preise und Fristen er nicht im Voraus schätzen kann.

Hintergrund dieser Regelung ist, dass die öffentliche Hand als Nachfrager regelmäßig über erweiterte Handlungsspielräume verfügt (→*Nachfragemacht*). Aus diesem Grund kann sie ihren Vertragspartnern häufig die Vertragsbedingungen diktieren und somit dem Auftragnehmer auf dem betreffenden Markt Wagnisse jeder Art aufbürden. § 9 Nr. VOB/A will daher angesichts dieses Ungleichgewichtes den Unternehmer vor unangemessenen Risiken, insbesondere preislicher Art, schützen.

Entscheidend für die Beantwortung der Frage, ob ein ungewöhnliches Wagnis vorliegt, ist, welche Risiken ein Auftragnehmer üblicherweise in der Branche zu tragen hat. Die Frage, welches Wagnis ungewöhnlich und nicht mit § 9 VOB/A zu vereinbaren ist, kann daher nur für den konkreten Einzelfall beantwortet werden.

Ein ungewöhnliches Wagnisses in diesem Sinne liegt nur dann vor, wenn dem Auftragnehmer Risiken aufgebürdet werden, die er nach der in dem jeweiligen Vertragstyp üblicherweise geltenden Wagnisverteilung an sich nicht zu tragen hat. Die Vorschrift kann deshalb von vornherein nicht auf solche Risiken angewendet werden, die den Auftragnehmer vertragstypisch ohnehin treffen.

II. Einzelfälle

Von der Rechtsprechung wurde z. B. in folgenden Fällen die Auferlegung eines ungewöhnlichen Wagnisses bejaht:

- bei Freizeichnung des Auftraggebers von seiner Haftung für den Baugrund,
- im Fall einer Überbürdung von Gebühren für behördliche Anordnungen,
- Überbürdung des Risikos der Vollständigkeit der Vergabeunterlagen,

– Diskrepanz zwischen verbindlichen Leistungspflichten einerseits und unsicheren Vergütungsansprüchen andererseits (Oberlandesgericht Saarbrücken, Beschluss vom 13.11.2002 – 5 Verg 1/02),

– Umkehrung des Abnahmerisikos (Vergabekammer Bund, Beschluss vom 19.3.2002 – VK 2-06/02),

– Fehlen von Zeitangaben, wie lange ein Fassadengerüst vorgehalten werden muss (VOB-Stelle Niedersachsen, Beschluss vom 21.4.2004, Fall 1388, veröffentlicht bei ibr-online),

– unklare Angaben darüber, wie der Auftragnehmer ihm obliegende Wartungsarbeiten durchführen soll (OLG Celle, Beschluss vom 2.9.20004 – 13 Verg 11/04).

Dagegen sind z. B. folgende Sachverhalte nicht als ungewöhnliche, sondern als gewöhnliche Risiken zu betrachten:

– das allgemeine Leistungs- und Erfüllungsrisiko (also das Risiko, die versprochene Leistung über die gesamte Vertragslaufzeit – auch unter veränderten rechtlichen oder wirtschaftlichen Rahmenbedingungen – zu dem vereinbarten Preis kostendeckend erbringen zu können, (Oberlandesgericht Düsseldorf, Beschluss vom 9.7.2003 – Verg 26/03)),

– die Übertragung eines Wagnisses, wenn diese Übertragung wegen einer besonders hohen, die Risiken voll abdeckenden Vergütung keine schwerwiegenden Folgen für den Auftragnehmer mit sich bringt (Vergabekammer Bund, Beschluss vom 26.3.2003 – VK 2-06/03).

Wahlposition

→*Alternativposition*
→*Positionsarten*

Wegfall der Geschäftsgrundlage

I. Allgemeines

Die Grundsätze über den Wegfall der Geschäftsgrundlage wurden in den 20er Jahren des letzten Jahrhunderts entwickelt, nachdem insbesondere die Hyperinflation von 1923 die wirtschaftlichen Vermögen breiter Schichten vernichtet hatte.

Der Wegfall bzw. das Fehlen der Geschäftsgrundlage ermöglicht unter bestimmten Verhältnissen eine Anpassung des Vertragsinhalts an die veränderten Verhältnisse oder sogar eine Auflösung des Vertragsverhältnisses und schränkte insoweit den grundlegenden Grundsatz der Vertragstreue („pacta sunt servanda") ein.

Geschäftsgrundlage können zum einen gemeinsame Vorstellungen von Auftraggeber und Auftragnehmer vom Vorhandensein oder über den künftigen Eintritt gewisser Umstände (z. B. über die Preisstabilität) sein. Zum anderen genügt es aber bereits, wenn eine Partei von solchen Vorstellungen ausgegangen ist und die andere Partei dies erkannt und nicht beanstandet hat.

Die Rechtsprechung sieht den Wegfall der Geschäftsgrundlage allerdings als einen außerordentlichen Rechtsbehelf an; eine Berufung auf den Wegfall der Geschäftsgrundlage kann nur in Betracht kommen, wenn dies zur Vermeidung untragbarer, mit Recht und Gerechtigkeit schlechthin nicht zu vereinbarenden, unzumutbaren Folgen unabweislich erschien. Ihr Wegfall oder ihre wesentliche Änderung lag nur vor, wenn dem betroffenen Vertragsteil ein nach allgemeiner Auffassung unzumutbares Opfer aufgebürdet würde. Insoweit wird auch von dem Begriff der Opfergrenze gesprochen.

In letzter Zeit wurde ein Wegfall der Geschäftsgrundlage insbesondere bei dem 2004 aufgetretenen massiven Anstieg der Stahlpreise diskutiert.

II. Aktuelle Rechtsprechung

Der Auftraggeber will Stahlbetondecken sanieren lassen. Die Decken lässt der Auftragnehmer von einem Sachverständigen untersuchen und unterbreitet dem Auftraggeber anschließend ein entsprechendes Angebot nebst detailliertem Leistungsverzeichnis. Im Auftragsschreiben legt der Auftraggeber fest, dass ein „pauschaler Einheitspreis" für die komplette Sanierung vereinbart wird und diese Vergütung alle notwendigen Leistungen umfasst, auch wenn sie nicht im Leistungsverzeichnis aufgeführt sind. Der Auftragnehmer nimmt seine Arbeiten widerspruchslos auf und stellt im Verlauf der Ausführung fest, dass er erheblich mehr Material benötigt, als von ihm angenommen. Die geltend gemachten Mehrkosten weist der Auftraggeber unter Hinweis auf die im Auftragsschreiben enthaltene Komplettheitsklausel zurück.

Das OLG Düsseldorf entschied wie folgt: Erstellt der Auftragnehmer im Rahmen eines Detail-Pauschalvertrags das Leistungsverzeichnis und vereinbaren die Parteien die Geltung einer Komplettheitsklausel, trägt der Auftragnehmer das Risiko nicht berücksichtigter Mehrmengen. Die Reichweite einer solchen Klausel bestimmt sich danach, was der Auftragnehmer als Komplettheitserfordernis erkennen konnte. Hätte der Auftragnehmer bei sorgfältiger Prüfung erkennen können, dass seine Mengenberechnungen mit Unwägbarkeiten verbunden sind, steht ihm kein Ausgleich nach den Grundsätzen über den Wegfall der Geschäftsgrundlage zu.

Das Gericht gibt dem Auftraggeber Recht. Da das Leistungsverzeichnis vom Auftragnehmer stamme, bestünden keine Bedenken dagegen, dem Auftragnehmer sowohl individualvertraglich als auch durch Allgemeine Geschäftsbedingungen (AGB) mit einer Komplettheitsklausel das Risiko für im Leistungsverzeichnis nicht berücksichtigte Mehrmengen aufzuerlegen. Dies gelte jedenfalls dann, wenn der Auftragnehmer den Umfang der von ihm geschuldeten Leistung hinreichend deutlich erkennen konnte. Diese Voraussetzung sei vorliegend bereits deshalb erfüllt, weil der Auftragnehmer eigene Untersuchungen durchgeführt und das Leistungsverzeichnis erstellt habe. Aufgrund dessen könne der Auftragnehmer auch keinen Ausgleich nach den Grundsätzen über den Wegfall der Geschäftsgrundlage beanspruchen. Ein solcher Anspruch komme nicht in Betracht, wenn sich durch die aufgetretene Störung ein Risiko verwirkliche, das nach dem Vertrag in den Risikobereich einer Partei fallen solle (OLG Düsseldorf, Urteil vom 30.9.2003 – 23 U 204/02; BauR 2004, 506).

Weitervergabe

Grundsätzlich ist nach der VOB/B der Auftragnehmer verpflichtet, die Leistung im →*eigenen Betrieb* durchzuführen. Die Vergabe an →*Nachunternehmer* ist daher nur eingeschränkt möglich.

Soweit der Auftragnehmer auf die weiterzugebenden Leistungen eingerichtet ist, bedarf die Weitervergabe einer schriftlichen Zustimmung des Auftraggebers (§ 4 Nr. 8 S. 1 VOB/B). Bei der Weitervergabe von Leistungen ist der →*Hauptunternehmer* an bestimmte Voraussetzungen gebunden. Insbesondere ist er nach § 4 Nr. 8 Abs. 2 VOB/B verpflichtet, die VOB zugrunde zu legen. Angesichts des nicht eindeutigen Wortlauts ist umstritten, ob diese Verpflichtung auch für die VOB/A gilt. Nach richtiger Auffassung ist dies zu verneinen. Es erscheint nicht sinnvoll, den Auftragnehmer über die gesetzlich vorgesehenen Fälle hinaus an das von der VOB/A vorgesehene Vergabeverfahren zu binden.

Unterlässt es der Auftragnehmer, die VOB in seinem Vertrag zugrunde zu legen, so hat dies nur Auswirkungen für den Vertrag mit dem Auftraggeber, nicht aber auf das Vertragsverhältnis zwischen (Haupt-)Auftragnehmer und Nachunternehmer.

Werkvertrag

I. Begriff

Ein Bauvertrag im Sinne der VOB ist als Werkvertrag nach den §§ 631 ff. BGB einzustufen. Neben der VOB/A finden diese allgemeinen zivilrechtlichen Vorschriften daher bei der Auslegung des Vertrags ergänzende Anwendung. Typisch für den Werkvertrag ist es, dass nicht nur eine bestimmte Tätigkeit (wie bei dem Dienstvertrag und dem Arbeitsvertrag) geschuldet wird, sondern von dem Auftragnehmer ein bestimmter Erfolg erbracht werden muss. Die vereinbarte Leistung besteht also in der Herstellung des versprochenen Werks.

Schwierigkeiten bei der Einstufung ergeben sich insbesondere bei gemischten Verträgen. So richtet sich etwa die Rechtsnatur eines Fertighausvertrags wesentlich danach, welche vertraglichen Verpflichtungen die Parteien im Einzelfall übernommen haben. Falls der Fertighaussteller z. B. nur die einzelnen Bauteile an die Baustelle bringen will, ohne die Montage des Hauses zu übernehmen, so liegt kein Werkvertrag, sondern ein Kaufvertrag vor. Um einen Werkvertrag handelt es sich dagegen, wenn er daneben auch die Errichtungsverpflichtung übernimmt.

II. Aktuelle Rechtsprechung

Streitgegenstand eines vom OLG Celle entschiedenen Falls sind die Folgen einer Havarie beim Bau von stählernen Dalben als Festmacheeinrichtung in einem Kanal. Die Klägerin bat unter Übersendung eines Auszugs aus dem Leistungsverzeichnis um ein kostenloses Angebot für die Gestellung einer passenden Drehbohranlage. Die Beklagte machte ein spezielles Angebot über 3 Dalbenbohrungen mit einem Bohrdurchmesser von ca. 1,50

m. Beigefügt war ein Leistungsverzeichnis über „Bohrarbeiten und Geräte-
gestellung" mit Pauschalpreis-Positionen sowie einem Kolonnen-Stunden-
preis für die Geräte mit Personal über die kalkulierte Arbeitszeit hinaus.
Auf einem Stelzenponton der Klägerin wurde ein hydraulischer Bagger
mit Raupenfahrwerk eingesetzt, an dem ein Bohrturm angekoppelt war.
Landseitig wurden die Bohrungen niedergebracht. Auf der anderen Seite
wurde gesammelter Bohrschlamm in einen Spülprahm entleert. Nach dem
zweiten Bohrgang fuhr der Gerätefahrer über den Rand der Baggermatrat-
zenauflage hinweg. Der Bagger bekam Übergewicht und stürzte auf den
Spülprahm, der leck schlug und versank. Die Klägerin verlangt Schadenersatz in Höhe von insgesamt 257.798,92 Euro. Die Beklagte ist der Ansicht,
die Klägerin habe als Entleiherin für etwaiges Fehlverhalten des Geräte-
führers einzustehen. Sie verlangt widerklagend restlichen Mietzins etc. sowie Schadenersatz am Bagger über insgesamt 276.196,51 Euro.

Das OLG nahm im vorliegenden Fall keinen Werkvertrag an, weil sich
die Beklagte im Ergebnis nicht zu einer eigenverantwortlichen Herstellung der drei Bohrlöcher verpflichtet habe. Sie hatte der Klägerin bei den
zu erstellenden Dalben lediglich Hilfe zu leisten. Da dies in Form eigenver-
antwortlicher Zuarbeit mit eigenem Gerät und gestelltem Personal erfolgte, lag kein Überlassungsvertrag, sondern ein Dienstvertrag vor. Dafür
sprach auch die Haftungsregelung im Anschreiben bei Angebotsabgabe
(OLG Celle, Urteil vom 7.12.2004 – 16 U 160/04).

Wertung der Angebote

I. Allgemeines

Die Wertung der Angebote ist in § 25 VOB/A sowie § 97 Abs. 4 und 5
GWB geregelt. Danach erfolgt die Wertung in vier Stufen:

1. Ermittlung der Angebote, die wegen inhaltlicher oder formeller
   Mängel auszuschließen sind (§ 25 Nr. 1 VOB/A),

2. Prüfung und Eignung der Bieter in persönlicher und sachlicher Hinsicht (§ 25 Nr. 2 VOB/A),

3. Prüfung der Angebotspreise (§ 25 Nr. 3 Abs. 1 u. 2 VOB/A) und

4. Auswahl des →*wirtschaftlichsten Angebots* (§ 25 Nr. 3 Abs. 3 VOB/
   A).

Die Vergabestelle hat auf dieser Grundlage das wirtschaftlichste Angebot auszuwählen, auf das der →*Zuschlag* zu erteilen ist. Diese strenge Struktur ergibt sich aus den Vorgaben des Europäischen Vergaberechts.

Die vier strikt vorgegebenen Wertungsstufen sind unbedingt voneinander zu trennen. Eine Vermischung der Wertungsstufen ist unzulässig und kann zur Rechtswidrigkeit des Vergabeverfahrens führen.

II. Die einzelnen Wertungsstufe

Auf der ersten Wertungsstufe schließt die Vergabestelle nach § 25 Nr. 1 Bieter bzw. deren Angebote aufgrund von formell fehlerhaften Angeboten oder besonders schwerwiegenden Mängeln aus. Ein zwingender Ausschluss ist gemäß § 25 Nr. 1 z. B. geboten bei:

– verspätet eingegangenen Angeboten (gemäß § 25 Nr. 1 Abs. 1 a VOB/A),
– Angebote, die nicht der Form des § 21 Nr. 1 Abs. 1 VOB/A entsprechen,
– Angeboten von Bietern, die sich bei der Ausschreibung abgesprochen haben

sowie im Fall von

– →*Änderungsvorschlägen und Nebenangeboten*, wenn diese bei der Ausschreibung nicht zugelassen worden sind.

Die zweite Wertungsstufe betrifft die →*Eignungsprüfung*.

Nach § 97 Abs. 4 GWB werden Aufträge an →*fachkundige*, →*leistungsfähige* und →*zuverlässige* Unternehmen vergeben. Andere oder weitergehende Anforderungen dürfen an Auftragnehmer nur gestellt werden, wenn dies durch Bundes- oder Landesgesetz vorgesehen ist.

Die →*Eignungskriterien* legen grundsätzlich fest, welche Anforderungen öffentliche Auftraggeber an die Bieter und Bewerber stellen dürfen, damit diese sich an einem Wettbewerb um öffentliche Aufträge überhaupt beteiligen können. Die Eignungskriterien sind damit strikt von den auftragsbezogenen →*Zuschlagskriterien* (§ 97 Abs. 5) zu trennen; die jeweiligen Kriterien dürfen nicht miteinander vermischt werden. Eignung und Wertung sind nach der Rechtsprechung des Europäischen Gerichtshofs zwei unterschiedliche Vorgänge, die unterschiedlichen Regeln unterliegen (EuGH, Urteil vom 19.6.2003, Rs. C-315/01, Slg. 2003, 6351 – GAT).

In der dritten Wertungsstufe muss geprüft werden, ob ein unangemessen niedriger oder hoher Preis vorliegt (→*Preisprüfung*).

Von einem unangemessen hohen oder niedrigen Preis ist dann auszugehen, wenn der angebotene (Gesamt-) Preis derart eklatant von dem an sich angemessenen Preis abweicht, dass eine genauere Überprüfung nicht im Einzelnen erforderlich ist und die Unangemessenheit des Angebotspreises sofort ins Auge fällt (OLG Düsseldorf, Beschluss vom 19.11.2003 – VII Verg 22/03). Allerdings ist auch ein öffentlicher Auftraggeber nicht verpflichtet, nur „auskömmliche" Angebote zu berücksichtigen (Vergabekammer Saarland, Beschluss vom 8.7.2003 – 1 VK 05/2003), sofern er nach Prüfung zu dem Ergebnis gelangt, dass der Anbieter auch zu diesen Preisen zuverlässig und vertragsgerecht wird leisten können.

In der letzten Wertungsphase findet die Auswahl des Angebots statt, auf das der →*Zuschlag* erteilt werden soll. Die Auswahl muss zwingend auf Basis der vorher bekannt gemachten →*Zuschlagskriterien* erfolgen. Zu berücksichtigen sind ausschließlich die – auftragsbezogenen – Zuschlagskriterien; die auf Bieter bezogenen →*Eignungskriterien* dürfen dagegen nicht nochmals in dieser Phase herangezogen werden (kein →*„Mehr an Eignung")*.

Von großer Bedeutung ist es für die Transparenz des Verfahrens, die einzelnen Stufen des Verfahrens in einem →*Vergabevermerk* zu dokumentieren.

Wettbewerbsbeschränkungen durch Gütezeichen?

Durch die Forderung von →*Gütezeichen* können im Hinblick auf Wettbewerbsbeschränkungen bedenkliche Konstellationen auftreten. So schränkt es den Wettbewerb ein, wenn in einer Ausschreibung ein Gütezeichen gefordert wird, ohne dass die Möglichkeit besteht, die Eignung auch ohne Erwerb eines Gütezeichens nachzuweisen. Denn ausländische Unternehmen werden höchst selten Mitglied in einer (inländischen) Gütegemeinschaft sein, bzw. ein (inländisches) Gütezeichen beantragt haben. Ihnen darf aber der Zugang zu der Ausschreibung nicht verwehrt werden. Darum muss ein Nachweis ohne Erwerb eines Gütezeichens zugelassen sein.

Entsprechend ist die Vergabebekanntmachung zu formulieren. (→*Mustertext Vergabebekanntmachung Öffentliche Ausschreibung, Offenes Verfahren im Ausschreibungsanzeiger)*)

Wettbewerbsgrundsatz

I. Begriff und Bedeutung

Der Wettbewerbsgrundsatz wird als eines der wichtigsten →*Grundprinzipien des Vergaberechts* angesehen und ist in § 2 VOB/A sowie § 97 Abs. 1 GWB enthalten. Er steht in engem Zusammenhang mit dem →*Transparenzgebot* und dem →*Gleichbehandlungsgrundsatz*. Nach § 97 Abs. 1 GWB beschaffen öffentliche Auftraggeber Waren, Bau- und Dienstleistungen im Wettbewerb; gem. § 2 Nr. 1 VOB/A soll dieser die Regel sein, ungesunde Begleiterscheinungen, unter denen insbesondere wettbewerbsbeschränkende Verhaltensweisen verstanden werden, sind zu bekämpfen. Grundsätzlich bedeutet diese Festlegung, dass die zu beschaffenden Waren und Dienstleistungen soweit wie möglich im Wege einer →*Ausschreibung* zu beschaffen sind. § 101 GWB, der den Vorrang der offenen Ausschreibung vorsieht, kann daher als eine spezielle Ausprägung des Wettbewerbsprinzips angesehen werden. Gleichzeitig wird klargestellt, dass die wettbewerbsrechtlichen Vorschriften von UWG und GWB Anwendung im Vergabeverfahren finden.

Inhaltlich hat das Wettbewerbsprinzip also zwei verschiedene Ausprägungen: Erstens verpflichtet das Wettbewerbsprinzip den Auftraggeber, das Vergabeverfahren möglichst wettbewerbsoffen zu gestalten. Wettbewerbsverengungen müssen durch den Auftragsgegenstand oder eine besondere Marktstruktur gerechtfertigt sein. Dies hat der Auftraggeber bei der Auswahl der Kriterien, insbesondere von Mindestbedingungen, in Bezug auf die Eignung zu berücksichtigen. Auch die Leistungsbeschreibung ist so abzufassen, dass sie gemessen am festgestellten Bedarf einen größtmöglichen Wettbewerb ermöglicht. Die Abforderung von Produkten einzelner Hersteller ohne den Zusatz „oder gleichwertig" verstößt daher regelmäßig gegen das Wettbewerbsprinzip. Dies gilt ebenso für eine regionale oder auf die Ortsansässigkeit bezogene Begrenzung des Bieter- oder Bewerberkreises (so ausdrücklich § 8 Nr. 1 Satz 2 VOB/A). Eine Verletzung des Wettbewerbsgrundsatzes wird in diesen Fällen häufig mit einer ungerechtfertigten Ungleichbehandlung einhergehen. Ferner muss der Auftraggeber denjenigen Verfahrenstyp des § 101 GWB wählen, der unter Berücksichtigung der Besonderheiten des Auftragsgegenstands und des Markts für die Leistung den größtmöglichen Wettbewerb gestattet. Die

Hierarchie der Verfahrenstypen ist daher Folge des Wettbewerbsgrundsatzes.

Das Wettbewerbsprinzip bedingt zweitens, dass der Auftraggeber in dem konkreten Vergabeverfahren wettbewerbswidrige Verhaltensweisen der Bieter oder Bewerber unterbindet. Insoweit verweist das Wettbewerbsprinzip insbesondere auf die spezielleren Vorschriften des Lauterkeits- und Kartellrechts (z. B. §§ 1, 14 GWB und 1 UWG). So bestimmt § 25 Nr. 1 Abs. 1 lit. c) VOB/A, dass Angebote, die das Ergebnis unzulässiger Wettbewerbsabsprachen sind, auszuschließen sind.

Schließlich wird zum Teil aus dem Wettbewerbsgrundsatz eine weitere Verpflichtung des Auftraggebers gefolgert: dieser soll auch den Wettbewerb für künftige Beschaffungsvorgänge schützen, was vor allem eine Berücksichtigung →*mittelständischer Interessen* (§ 97 Abs. 3 GWB) zur Folge haben soll. Es liegt auf der Hand, dass diese Verpflichtung angesichts der insoweit anerkannten Ermessensspielräume der Auftraggeber nur selten durchgreifen wird.

Voraussetzung für einen Angebotsausschluss als Folge einer unzulässigen Wettbewerbsbeschränkung ist der konkrete Nachweis, dass eine derartige Abrede in Bezug auf die konkrete Vergabe im Sinne und mit dem Zweck einer unzulässigen Wettbewerbsbeschränkung getroffen worden ist. Reine Vermutungen auf getroffene Abreden erfüllen diesen Tatbestand keinesfalls. Die Anforderungen sind anerkanntermaßen hoch (so z. B. das OLG Frankfurt, Beschluss vom 30.3.2004 – 11 Verg 4/04, 5/04; Vergabekammer Schleswig-Holstein, Beschluss vom 26.10.2004 – VK-SH 26/04; 2. Vergabekammer Bund, Beschluss vom 24.8.2004 – VK 2-115/04).

II. Einzelausprägungen

Eine wichtige Ausprägung des Wettbewerbsgrundsatzes ist insbesondere der Schutz des →*Geheimwettbewerbs*. Weitere Ausprägungen, die zumeist (auch) in konkreteren Vorschriften der VOB/A enthalten sind oder sich aus ihnen ableiten lassen, sind z. B.

- die Bindung der Bieter und der Vergabestelle im Verhandlungsverfahren an die letzten Angebote und Unzulässigkeit der Änderung dieser Angebote nach Beginn der Wertung,
- ein Markteintrittsverbot kommunaler Gesellschaften,
- die Zulässigkeit der exterritorialen Betätigung kommunaler Gesellschaften,

- das Verbot von Umgehungsgeschäften bzw. Umgehungsgesellschaften,
- das Verbot, einen im Wettbewerb unterlegenen Bieter im Wege der Beleihung zu beauftragen,
- ein Preisnachlass für den Fall des nicht wirtschaftlichsten Angebots,
- die Pflicht der Vergabestelle zur Festlegung von strategischen Zielen und Leistungsanforderungen im Leistungsverzeichnis (Notwendigkeit der Ausschreibungsreife),
- das Verbot der Überwälzung von Zahlungspflichten, die von einem Dritten zu erfüllen sind, auf den Bieter,
- die grundsätzliche Unzulässigkeit von fehlenden Angaben in Angeboten,
- das Verbot von Änderungen an den Verdingungsunterlagen durch die Bieter,
- Beteiligungsverbot als Bieter oder Bewerber desjenigen, der den öffentlichen Auftraggeber sachverständig beraten und unterstützt hat, im nachfolgenden Vergabeverfahren.

III. Aktuelle Rechtsprechung

Nach der Rechtsprechung u. a. des Thüringer Oberlandesgerichts ist eine parallele Beteiligung eines Unternehmens als Einzelbieter und als Mitglied einer Bietergemeinschaft nicht zulässig. Grund ist, dass wesentliches und unverzichtbares Kennzeichen einer Auftragsvergabe im Wettbewerb die Gewährleistung eines Geheimwettbewerbs zwischen den Bietern ist. Nur dann, wenn jeder Bieter die ausgeschriebene Leistung in Unkenntnis der Angebote, Angebotsgrundlagen und Angebotskalkulation seiner Mitbewerber um den Zuschlag anbietet, ist ein echter Bieterwettbewerb möglich (Thüringer OLG, Beschluss vom 19.4.2004 – 6 Verg 3/04; Vergabekammer Schleswig-Holstein, Beschluss vom 26.10.2004 – VK-SH 26/04).

Das Wettbewerbsprinzip in der speziellen Ausprägung des Geheimwettbewerbs spielt auch eine Rolle für die Frage, inwieweit eine Beteiligung von mehreren, untereinander in einem Konzern verbundenen Bietern für zulässig erachtet wird. Die Vergabekammer Düsseldorf geht insoweit von der Zulässigkeit aus, da sich auch konzernverbundene Unternehmen überwiegend wirtschaftlich eigenständig bewegen und sogar in einem gewissen internen Konkurrenzkampf miteinander stehen. Auch die Vergabekammer Schleswig-Holstein neigt in einer aktuellen Entscheidung eher der Auffassung zu, dass eine Beteiligung von konzernverbundenen oder personell verbundenen Bewerberfirmen an ein und demselben Vergabeverfahren möglich sein muss, solange es sich um rechtlich selbstständige juristische Personen handelt und konkrete Anhaltspunkte für wettbewerbsbeschränkende oder unlautere Verhaltensweisen nicht ersichtlich sind. Eine andere Sichtweise würde faktisch zu einer Beschränkung des Wettbewerberkreises führen, die mit dem Ziel des Vergaberechts nicht in Einklang zu bringen ist (Vergabekammer Schleswig-Holstein, Beschluss vom 2.2.2005 – VK-SH 01/05).

Nach anderer Auffassung kann eine solche Beteiligung zumindest im Einzelfall ein Verstoß gegen das Wettbewerbsprinzip sein. Dies ist dann denkbar, wenn eindeutige Indizien vorliegen, dass formal selbstständige Firmen von einer Person oder einer Personengruppe nur gegründet worden sind, um die Chancen in einem Vergabeverfahren (im konkreten Fall ging es um Verlosung von Aufträgen über preisgebundene Bücher) zu erhöhen (Vergabekammer Baden-Württemberg, Beschluss vom 3.6.2004 – 1 VK 29/04).

Willkürverbot

→*Diskriminierungsverbot*

Wirtschaftlichstes Angebot

I. Allgemeines

Nach § 25 Nr. 3 VOB/A, § 97 Abs. 5 GWB wird der →*Zuschlag* auf das wirtschaftlichste Angebot erteilt. Das wirtschaftlichste Angebot ist nicht gleichbedeutend mit dem niedrigsten Preis. Was der Auftraggeber unter dem wirtschaftlichsten Angebot verstehen will, muss er vielmehr im Einzelfall mit Hilfe von weiteren Unterkriterien, den →*Zuschlagskriterien*, also z. B. Preis, Ausführungsdauer, Betriebskosten usw., näher festlegen (→*Preis als Zuschlagskriterium*). Der Zuschlag ist also auf das Angebot zu erteilen, das unter Berücksichtigung aller im konkreten Fall wesentlichen und zuvor angegebenen Aspekte das beste Preis-Leistungsverhältnis bietet. Für die Bestimmung des wirtschaftlichsten Angebots darf der Auftraggeber allerdings nur solche Kriterien heranziehen, die er zuvor in der →*Bekanntmachung* benannt hat. Aus Gründen der →*Transparenz* ist die beabsichtigte Gewichtung der Bewertungskriterien in der →*Bekanntmachung* bzw. den →*Verdingungsunterlagen* anzugeben. Unterbleibt die Angabe von Zuschlagskriterien, so bestimmt sich das wirtschaftlichste Angebot ausschließlich nach dem Kriterium des niedrigsten Preises. Dies gilt auch, wenn der Auftraggeber als Zuschlagskriterium lediglich die „Wirtschaftlichkeit des Angebots" angegeben hat, ohne nähere Unterkriterien anzugeben.

Anders als im Rahmen der →*Eignungskriterien* kann der Auftraggeber im Rahmen der Auswahl des wirtschaftlichsten Angebots nur sehr beschränkt ein Ermessensspielraum für sich beanspruchen. Grundsätzlich entscheidet bei Gleichwertigkeit der Angebote in funktionsbedingter, technischer und gestalterischer Hinsicht allein der niedrigste Angebotspreis.

Umstritten ist, ob der Preis mit einem bestimmten festen Anteil in die Gesamtwertung einbezogen werden muss.

II. Aktuelle Rechtsprechung

1. Bei einer europaweiten Ausschreibung für Ingenieur- und Tiefbauleistungen liegt eine Bietergemeinschaft mit einem Angebot von rund 17,5 Mio. Euro preislich an erster Stelle. Die Vergabestelle will dieses Angebot übergehen und den Zuschlag auf das rund 1 Mio. Euro teurere Angebot eines Mitbewerbers erteilen. Dies begründet sie damit, dass die Bietergemeinschaft bei mehreren Positionen des Leistungsverzeichnisses stark auf- bzw. abgepreiste Einheitspreise eingesetzt und nicht das wirtschaftlichste Angebot abgegeben hat. Hiergegen wendet sich die Bietergemeinschaft.

Das Gericht ist der Auffassung, dass ein Angebot, das Einzelpreise mit signifikanten Auf- oder Abpreisungen enthält, nicht bereits in der ersten Wertungsstufe aus Formalgründen ausgeschlossen werden darf. Auch rechtfertigen Spekulationspreise per se nicht den Schluss auf eine mangelnde Leistungsfähigkeit oder Zuverlässigkeit des Bieters. Allerdings darf der Auftraggeber ein solches Angebot in der letzten Wertungsstufe nach § 25 Nr. 3 Abs. 3 Satz 2, 3 VOB/A unberücksichtigt lassen, wenn seine Wirtschaftlichkeit wegen spekulativ aufgepreister Positionen durchgreifend infrage gestellt ist. Besteht eine hohe Wahrscheinlichkeit, dass sich die spekulativen Risiken des Angebots in einem Ausmaß verwirklichen, welches die anfängliche Preiswürdigkeit kompensiert, ist der Auftraggeber berechtigt, ein solches Angebot nicht als das wirtschaftlichste einzustufen (Kammergericht Berlin, Beschluss vom 15.3.2004 – 2 Verg 17/03).

2. Eine neuere Entscheidung der Vergabekammer Schleswig-Holstein nimmt Stellung zu der Frage, inwieweit Folgekosten in die Bestimmung des wirtschaftlichsten Angebots mit einbezogen werden können. Nach Auffassung der Vergabekammer können Ersparnisse bezüglich Aufwendungen des Auftraggebers, die nicht Gegenstand der zu erbringenden Leistung sind, bei der Ermittlung des wirtschaftlichsten Angebots als Folgekosten im Sinne von § 25 Nr. 3 Abs. 3 Satz 2 VOB/A berücksichtigt werden. Dies gilt dann, wenn diese Aufwendungen in einem unmittelbaren Zusammenhang zur ausgeschriebenen Leistung stehen, die zu ersparenden Kosten objektiv ermittelbar sind und „Folgekosten" als Zuschlagskriterium benannt worden sind (Vergabekammer Schleswig-Holstein, Beschluss vom 19.1.2005 – VK-SH 37/04).

Z

Zahlung des Werklohns

I. Allgemeines

Nach den Regelungen des BGB ist bestimmt, dass der Besteller zur Entrichtung der vereinbarten Vergütung verpflichtet ist (§ 631 Abs. 1 Halbsatz 2 BGB). Nach § 641 BGB ist die Vergütung bei der →*Abnahme* des Werks zu leisten. Ist das Werk ausnahmsweise in Teilen abzunehmen und die Vergütung für die einzelnen Teile bestimmt, muss sie für jeden Teil bei dessen Abnahme gezahlt werden.

Für den Bereich der VOB ist die Zahlung des Werklohns wesentlich ausführlicher in § 16 VOB/B geregelt, der Regelungen über vorläufige und endgültige ganze oder teilweise Erfüllung des Vergütungsanspruchs des Auftragnehmers enthält. Die Bestimmungen sind allerdings nicht nach dem zeitlichen Ablauf der verschiedenen Zahlungsarten geordnet. Bei den vorläufigen, vor Abnahme erfolgenden Zahlungen kommt zunächst die in Nr. 2 geregelte →*Vorauszahlung* in Betracht, dann die in Nr. 1 näher festgelegte →*Abschlagszahlung*. Bei den endgültigen Zahlungen, die nach Teilabnahme oder endgültiger →*Abnahme* der Vertragsleistungen erfolgen, handelt es sich zunächst um die Teilschlusszahlungen, die in Nr. 4 angesprochen sind, schließlich um die →*Schlusszahlung* gemäß Nr. 3. Diese hat wegen ihrer rechtlichen Folgen besondere Bedeutung. Wichtig ist vor allem die Regelung der vorbehaltlosen Annahme der Schlusszahlung, die in Nr. 3 Abs. 2 bis Abs. 6 geregelt ist.

Die Zahlung erfolgt grundsätzlich in Geld. Als geldwerte Zahlungsmittel kommen nur solche in Betracht, die es dem Auftragnehmer ermöglichen, sofort und endgültig über das Geld zu verfügen (z. B. Überweisung, Scheck). Falls ein Auftraggeber eine Werklohnforderung auf ein bestimmtes Konto zahlt, ohne zu beachten, dass der Auftragnehmer ein Konto bei einer anderen Bank angegeben hatte, so geht es zu seinen Lasten. Wird eine Werklohnforderung ausnahmsweise per Wechsel bezahlt, muss die Wechselspesen derjenige Vertragspartner zahlen, für den die Wechselhingabe vorteilhaft war. Dies ist im Allgemeinen der Auftraggeber.

II. Die besonderen Regelungen der VOB/B

Die VOB kennt in § 16 mehrere Arten der Zahlung der Vergütung, nämlich die Abschlagszahlungen (Nr. 1), die Vorauszahlungen (Nr. 2), die Schlusszahlungen (Nr. 3) und die Teilschlusszahlungen (Nr. 4). Die VOB orientiert die Zahlungen am Baufortschritt nach dem System einer gleitenden Zahlungsweise und rückt somit im Rahmen dispositiven Rechts vom bisherigen Grundsystem des § 641 Abs. 1 Satz 1 BGB ab.

Die Verzinsung der geschuldeten Vergütung ist ebenfalls anders als im BGB geregelt (Nr. 5 Abs. 3). Insbesondere kennt die VOB im Gegensatz zu § 641 BGB keine Fälligkeitszinsen.

Sind die Allgemeinen Vertragsbedingungen insoweit uneingeschränkt zum Inhalt des Bauvertrags gemacht worden, richtet sich die Zahlung der Vergütung ausschließlich nach § 16 VOB/B. Dies ergibt sich, abgesehen von der ausdrücklich vertraglichen Vereinbarung, auch aus der besonderen Natur des Bauvertrags, der die VOB auch hinsichtlich der Vergütung Rechnung trägt.

Zertifizierung nach DIN ISO 9001

In der Vergabepraxis wird in letzter Zeit auch im Baubereich zunehmend gefordert, dass ein Auftragnehmer nach DIN ISO 9001 bzw. EN 19001 zertifiziert sein und die Zertifizierung nachweisen muss.

Einem nach diesen Normen zertifizierten Unternehmen wird bescheinigt, dass es ein funktionierendes Qualitätsmanagement sowohl in der Fertigung und Entwicklung von Produkten als auch im Bereich des Managements besitzt und dieses auch praktiziert. Hierbei wird insbesondere festgestellt, dass das Unternehmen einen „prozessorientierten Ansatz" für die Entwicklung, Verwirklichung und Verbesserung der Wirksamkeit eines Qualitätsmanagements gewählt hat, der den in DIN ISO 9001 bzw. EN 29001 formulierten Standards entspricht. Auch in der Einleitung zur DIN ISO 9001 wird beschrieben, dass die Zertifizierung darüber Auskunft geben soll, dass das betreffende Unternehmen die Fähigkeit zur Erfüllung der Anforderungen der Kunden besitzt, d. h. durch interne Organisation muss die Überwachung der Kundenzufriedenheit gewährleistet sein. Der Nachweis zur Erfüllung der Forderungen vorgegebener Qualitätsmanagementstandards muss hierbei jedes Jahr gegenüber einer neutralen Zertifizierungsstelle erbracht werden. Für die Überprüfung durch die Zertifizierungsstelle ist letztlich nur entscheidend, ob das Unternehmen Vorkehrungen getroffen hat, die ein Qualitätsmanagementsystem ermöglichen und aufrecht erhalten. Diese Anforderungen sind von den Eigenschaften der angebotenen Leistung bzw. deren Qualität zu trennen. Hierin liegt der Unterschied zu einem →*Gütezeichen*. Denn dieses gewährleistet gerade, dass die Leistungen oder Produkte eines Unternehmens eine gleich bleibend hohe Qualität aufweisen.

Die Zulässigkeit, einen solchen Nachweis zu fordern, ist für den Baubereich umstritten.

Bei einer Zertifizierung nach DIN EN ISO 9001 würde es sich um einen →*Eignungsnachweis* für die →*Fachkunde* handeln. Problematisch ist insbesondere, dass die für Bauaufträge einschlägige →*Baukoordinierungsrichtlinie* 93/37/EWG (BKR) solche Nachweise der technischen Leistungsfähigkeit nicht vorsieht und nach ihren Vorschriften öffentliche Auftraggeber ausschließlich die in den Artikeln 26 und 27 vorgesehenen Nachweise verlangen dürfen, wenn sie Auskünfte betreffend die wirtschaftliche und technische Leistungsfähigkeit der Unternehmer im Hinblick auf deren Auswahl verlangen. Der Wortlaut der Baukoordinierungsrichtlinie spricht also gegen die Zulässigkeit, eine Zertifizierung nach der Normenreihe DIN EN ISO 9000 bis 9004 zu fordern. Auch die Rechtsprechung hat gegen die Zulässigkeit einer Forderung nach Zertifizierung Bedenken geäußert (vgl. OLG Jena, Beschluss vom 5.12.2001 – 6 Verg 3/01). Allerdings ist jetzt in der neuen einheitlichen Richtlinie über die Koordinierung der Verfahren zur Vergabe öffentlicher Lieferaufträge, Dienstleistungsaufträge und Bauaufträge 2004/18/EG (→*Legislativpakte*) in Art. 49 ein Zertifizierungsverlangen auch für die Vergabe von Bauaufträgen vorgesehen, sodass sich diese Streitfrage nunmehr erledigt haben dürfte.

Zulagepositionen; Zuschlagspositionen

Zulage- oder Zuschlagspositionen sind solche Positionen, die unter bestimmten Voraussetzungen regeln, dass der Auftragnehmer, eine zusätzliche Vergütung zu einer Grundposition verlangen kann, z. B. eine Zulage für bestimmte Erschwernisse.

Die Aufnahme von Zuschlagspositionen empfiehlt sich dann, wenn bei Abfassung des →*Leistungsverzeichnisses* nicht klar feststeht, welche Schwierigkeiten die Ausführung der Teilleistung mit sich bringen wird. Eine Zuschlagsposition ist beispielsweise dann zwingend notwendig, wenn die Möglichkeit besteht, dass der Boden schweren Fels in sich birgt, wozu nicht zusätzliches besonderes Gerät erforderlich ist, sondern auch höhere zeitliche Arbeitsanforderungen an den Auftragnehmer gestellt werden.

Zurückziehung von Angeboten

Die Zurückziehung von Angeboten ist in § 18 Nr. 3 VOB/A geregelt. Diese Vorschrift bestimmt, dass bis zum Ablauf der →*Angebotsfrist* Angebote schriftlich, fernschriftlich, telegrafisch oder digital zurückgezogen werden können.

§ 18 Nr. 3 VOB/A ist eine Modifizierung der allgemeinen zivilrechtlichen Vorschriften. Nach dem BGB ist derjenige, der einem anderen die Schließung eines Vertrages anträgt, an den Antrag gebunden, § 145 BGB. Aus § 18 Nr. 3, 19 VOB/A folgt dagegen, dass ein Bieter erst dann an sein Angebot gebunden ist, wenn die so genannte →*Bindefrist* eingetreten ist, die mit der →*Zuschlagsfrist* identisch ist und mit dem →*Eröffnungstermin* beginnt. Für die Bindung des Bieters an sein Angebot, mit der ein Angebot nicht mehr zurückgezogen werden kann, ist also der Eröffnungstermin maßgeblich. Bei der →*Freihändigen Vergabe*, bei der kein Eröffnungstermin stattfindet, ist für die Bindefrist der Zeitpunkt maßgeblich, der in der Aufforderung zur Angebotsabgabe als Abgabefrist genannt ist.
Vor diesem Zeitpunkt kann der Bieter sein Angebot jederzeit zurückziehen.

Zusätzliche Leistungen

I. Begriff
Zusätzliche Leistungen sind solche Leistungen, die vertraglich nicht vereinbart wurden. Die VOB/B differenziert insoweit in § 1 Nr. 4 VOB/B zwischen zusätzlichen Leistungen, die zur Erfüllung des Vertrages notwendig sind, und anderen zusätzlichen Leistungen.

Zusätzliche Leistungen, die für die Vertragserfüllung notwendig sind, hat der Auftragnehmer trotz der fehlenden Vereinbarung mit auszuführen, wenn der Auftraggeber dies verlangt, es sei denn, sein Betrieb ist auf derartige Leistungen nicht eingerichtet. Zusätzlich im Sinne von § 1 Nr. 4 VOB/B ist eine Leistung, die in technischer Hinsicht oder im Hinblick auf die bisher beabsichtigte Nutzung unmittelbar im Zusammenhang mit der geschuldeten Vertragsleistung steht. Die Zusatzleistungen im Sinne von Nr. 4 S. 1 müssen erforderlich sein, d. h. dass ohne sie die Vertragsleistung nicht oder nicht fachgerecht ausgeführt werden kann. Liegen diese Voraussetzungen vor, kommt es auf den Umfang der zu erbringenden zusätzlichen Leistungen nicht an.

Der Auftragnehmer ist nach § 1 Nr. 4 S. 1 2. Halbsatz VOB/B allerdings nicht zu der Erbringung der erforderlichen zusätzlichen Leistungen verpflichtet, wenn sein Betrieb hierauf nicht eingestellt ist. Er muss also keine geeigneten →*Nachunternehmer* beauftragen. Für die Beantwortung der Frage, ob der Betrieb auf die Erbringung der Leistungen eingestellt ist, ist auf die personelle und sachliche Ausstattung des konkreten Betriebs und seine gewerbliche Struktur abzustellen.

Die Frage der Vergütung der zusätzlichen Leistungen bestimmt sich nach § 2 Nr. 6 VOB/B, wonach der Auftragnehmer Anspruch auf besondere Vergütung hat. Die konkrete Vergütung bestimmt sich nach den Grundlagen der Preisermittlung für die vertragliche Leistung und den besonderen Kosten der geforderten Leistung. Sie ist möglichst vor Beginn der Ausführung zu vereinbaren.

II. Aktuelle Rechtsprechung

1. Beim Bauvorhaben Lehrter Bahnhof in Berlin hatte der Auftragnehmer im Rahmen eines umfangreichen Bauvertrags, der sich u. a. auf die Rohbauleistungen (ganz überwiegend in Stahlbetonweise) bezog, auch Leistungen der sog. Technischen Bearbeitung übernommen. Im Bauvertrag wurde die Technische Bearbeitung definiert als „das Aufstellen sämtlicher für die Bauausführung erforderlichen statischen Berechnungen, konstruktiven Bearbeitungen und Ausführungspläne".

Die Auftraggeber ordneten an, dass der Auftragnehmer bei einem – von der Auftraggeberseite empfohlenen – Ingenieurbüro für Geotechnik Setzungsberechnungen anfertigen lässt. Die Ergebnisse der Setzungsberechnungen wurden dem Baugrundgutachter der Auftraggeber übergeben, der dann den Planern des Auftragnehmers Bodenkennwerte für deren statische Berechnung übermittelte. Als der Auftragnehmer nach Erbringung der Setzungsberechnungen Abschlagsrechnungen stellt, lehnen die Auftraggeber deren Bezahlung ab.

Das Kammergericht sprach dem Auftragnehmer dagegen die Abschlagszahlungen zu. Das Gericht geht – auf der Grundlage des Protokolls einer Besprechung zwischen den Parteien – davon aus, dass die Leistungen des Auftragnehmers bei der Technischen Bearbeitung in Anlehnung an § 64 Abs. 3 HOAI mit der Leistungsphase 4 (Genehmigungsplanung) beginnen sollten, was grundsätzlich Vorleistungen voraussetzt. Die Setzungsberechnungen gehören nach Auffassung des Gerichts nicht zwingend zu den Leistungen der Genehmigungs- oder Ausführungsplanung. Vielmehr müssten Setzungsberechnungen als geotechnische Berechnungen bereits vorliegen, um die Umsetzbarkeit der Entwurfsplanung zu klären.

Zudem seien die geotechnischen Berechnungen nicht zwingend in den Leistungsbildern des § 64 Abs. 3 HOAI enthalten. Zwar nehme § 91 Abs. 2 Nr. 5 HOAI Bezug auf §§ 55, 64 HOAI, andererseits nennen die §§ 55, 64 HOAI die in § 91 Abs. 2 Nr. 5 HOAI aufgeführten Leistungen nicht. Eine Abgrenzung sei insoweit nur dahin möglich, dass zwar jeder Statiker bei seinen Berechnungen die Bodenverhältnisse und eine sich hieraus ergebende Setzungsproblematik berücksichtigen müsse, er aber bei besonders komplizierten Gründungsverhältnissen einen Fachplaner beauftragen dürfe und müsse.

Insgesamt sei von einer unklaren Leistungsbeschreibung und -abgrenzung auszugehen, wobei der Auftraggeber im Hinblick auf § 9 Nr. 1 VOB/A das Risiko von Unklarheiten seiner Leistungsbeschreibung trage (Kammergericht Berlin, Urteil vom 31.3.2003 – 26 U 110/02).

2. Ein Rohbauunternehmer wurde mit Ausbauarbeiten in einem historischen Gebäude beauftragt, die im August 2001 abgenommen wurden. Er verlangt vom Auftraggeber nunmehr unter anderem 401.236,94 DM als zusätzliche Vergütung wegen der eingetretenen Bauzeitverlängerung. In der Angebotsanforderung sei eine Bauzeit von ca. vier Monaten vorgegeben worden. Auf dieser Basis habe er kalkuliert. Entsprechend seien einverständlich der Baubeginn mit dem 4.9.2000 und das Montageende mit dem 12.1.2001 festgelegt worden. Zwar habe die Montagetätigkeit planmäßig begonnen werden können, die Fertigstellung sei jedoch erst am 30.6.2001

möglich gewesen. Die Bauzeitverlängerung um ca. sechs Monate sei entscheidend geprägt gewesen von zusätzlichen und geänderten Leistungen sowie einem gestörten Bauablauf. Die Eingriffe des Auftraggebers in den Bauablauf durch Anordnungen und Entscheidungen hätten zu Mehrkosten geführt, die nicht mit den ursprünglichen Vertragspreisen abgegolten sind, sondern gesondert zu vergüten seien. Auf ein von ihm eingeholtes baubetriebliches Gutachten verweist der Auftragnehmer ergänzend.

Das Landgericht Hamburg weist die Klage in Höhe der geltend gemachten 401.236,94 DM ab. Der Auftragnehmer hat weder die Voraussetzungen für eine zusätzliche Vergütung noch für eine Entschädigung oder für einen Schadensersatzanspruch schlüssig vorgetragen. Ein Vergleich zwischen geplantem und tatsächlichem Bauablauf sowie den kalkulierten und tatsächlich entstandenen Kosten ist zur Begründung von Ansprüchen ungeeignet, denn die rechtlich relevanten Kosten, die Gegenstand eines Anspruchs sein können, sind lediglich die Mehrkosten, die durch eine relevante Behinderung verursacht worden sind.

Soweit der Auftraggeber zusätzliche Aufträge erteilt hat, hat der Auftragnehmer hierfür eine entsprechende Vergütung erhalten und ist insoweit an die vereinbarten Vorgaben im Vertrag gebunden. Zusätzliche Kosten für die Verlängerung der Bauzeit sind im zuvor vereinbarten Preis enthalten und können nicht zusätzlich geltend gemacht werden. Der Auftragnehmer trägt insoweit das kalkulatorische Risiko.

Soweit der Auftraggeber durch einseitige Erklärung gemäß § 1 Nr. 4 VOB/B zusätzliche Leistungen gefordert hat, ist der Auftragnehmer zwar berechtigt, zusätzliche Vergütung gemäß § 2 Nr. 6 VOB/B zu verlangen. Die vom Auftragnehmer verlangten Aufwendungen für die Bauzeitverlängerung fallen aber nicht unter § 2 Nr. 6 VOB/B. Diese Regelung gewährt lediglich einen Vergütungsanspruch für zusätzliche Leistungen, nicht aber für zeitliche Verzögerungen, die durch vertragswidriges Verhalten des Auftraggebers verursacht worden sind. Die fristgemäße Leistung und die Folgen von Verzögerungen sind, abgesehen von der besonderen Vereinbarung eines absoluten Fixgeschäfts, kein Regelungsgegenstand des Synallagmas zwischen Sachleistung und Vergütung. Für den Anspruch aus § 6 Nr. 6 VOB/B, § 642 oder § 304 BGB fehlt ein substantiierter Vortrag (Landgericht Hamburg, Urteil vom 12.5.2004 – 417 O 110/02).

Zusätzliche Vertragsbedingungen

Die zusätzlichen Vertragsbedingungen sind in § 10 Nr. 2 und 4 VOB/A geregelt. Sie werden vom Auftraggeber aufgestellt und gelten für eine unbestimmte Vielzahl von Bauverträgen. Sie dürfen den →*Allgemeinen Vertragsbedingungen* nicht widersprechen. Rechtlich sind zusätzliche Vertragsbedingungen als →*Allgemeine Geschäftsbedingungen* zu werten. Daher ist für eine wirksame Einbeziehung zwar nicht in jedem Fall die Aushändigung, aber doch eine klarer und eindeutiger Hinweis notwendig. Von besonderer Bedeutung sind die Zusätzlichen Vertragsbedingungen, die auf Muster des →*Vergabehandbuchs (VHB)* zurückgehen, das vom Bundesminister für Verkehr, Bau und Wohnungswesen herausgegeben wird.

Zuschlag

I. Begriff
Der Begriff des Zuschlags im Sinne von § 114 Abs. 2 GWB wird in der Rechtsprechung unterschiedlich verstanden.

Nach einer Auffassung stellt der in den Verdingungsordnungen verwendete Begriff des Zuschlags nichts anderes als die Annahmeerklärung im allgemeinen bürgerlichen Vertragsrecht (§§ 146 ff. BGB) dar. Wie sonst auch kommt der Vertrag zustande, wenn auf ein Angebot eines Bieters rechtzeitig, also innerhalb der Zuschlagsfrist und ohne Abänderungen, der Zuschlag erteilt wird. Demnach wird der rechtliche Vorgang der Angebotsannahme im Vergaberecht lediglich mit dem Ausdruck des „Zuschlags" bezeichnet.

Nach einer anderen Auffassung ist der Zeitpunkt des Vertragsabschlusses nicht mit dem des Zuschlags gleichzusetzen, da der Vertragsschluss nur dann mit dem Zuschlag zusammenfällt, wenn auf ein abgegebenes Angebot rechtzeitig und ohne Abänderung der Zuschlag erteilt wird.

II. Form und rechtliche Wirkung
Die VOB setzt in § 28 Nr. 2 VOB/A keine bestimmte Form – z. B. die Schriftform – voraus. Der Zuschlag kann also auch mündlich erteilt werden oder durch die Übersendung eines Telefaxes erteilt werden. Der Umstand, dass der Auftraggeber die Originalvorlage des Fax-Schreibens später noch einmal dem Auftragnehmer überbringen lässt, entwertet das Fax-

Schreiben nicht zur bloßen Ankündigung der beabsichtigten Angebotsannahme. Das ist vergleichbar mit der Übersendung eines Anwaltsschriftsatzes per Fax, der mit Zugang beim Adressaten sofort wirksam wird, wenn das Original alsbald nachfolgt. Allerdings ist z. B. in den Gemeindeordnungen der Länder ein Schriftformerfordernis für solche Erklärungen vorgesehen, durch welche die Gemeinde verpflichtet werden soll; ein Verstoß gegen dieses gesetzliche Erfordernis hat nach § 125 BGB regelmäßig die Nichtigkeit zur Folge.

Mit der rechtzeitigen Erteilung des Zuschlags ohne Abänderungen kommt der Bauvertrag zustande. Einer weiteren Annahmeerklärung bedarf es in diesem Fall nicht. Eine Weigerung des Auftragnehmers, den Auftrag anzunehmen, ist bei einem rechtzeitig erteilten Zuschlag daher wirkungslos.

Dagegen ist ein unter Änderungen des Angebots erteilter Zuschlag nach allgemeinen zivilrechtlichen Regeln (vgl. § 150 BGB) eine Ablehnung des Bieterangebots und zugleich ein neues Angebot. Das Gleiche gilt für einen verspäteten Zuschlag. Solche Angebote müssen vom Bieter bis zu dem Zeitpunkt angenommen werden, bis zu dem der Auftraggeber den Eingang der Antwort unter regelmäßigen Umständen erwarten darf.

III. Nichtigkeit; Schadensersatz bei fehlerhaftem Zuschlag

Eine Nichtigkeit des Zuschlags ist neben den oben angeführten Formvorschriften insbesondere dann nichtig, wenn entgegen § 13 die →*Vorinformation* nicht erteilt wird (vgl. § 13 S. 6 VgV), weiterhin, wenn entgegen § 115 Abs. 1 GWB ein Zuschlag nach Zustellung des Nachprüfungsantrags erteilt wird. Bei einer →*de-facto-Vergabe* war dagegen, abgesehen von Ausnahmefällen, in denen eine Sittenwidrigkeit im Sinne von § 138 BGB anzunehmen war, eine generelle Nichtigkeit nach überwiegender Ansicht nicht anzunehmen. Dies wird sich nach der Neuregelung in § 101 GWB n. F. ändern.

Im Falle einer gegen § 25 VOB/A verstoßenden Auftragsvergabe durch den öffentlichen Auftraggeber kann der benachteiligte Bieter wegen vorvertraglichen Verschuldens das positive Interesse ersetzt verlangen, wenn er bei ordnungsgemäßer Durchführung des Ausschreibungsverfahrens den Zuschlag hätte erhalten müssen.

Zuschlagskriterien

I. Begriff

Die Zuschlagskriterien sind diejenigen Kriterien, aufgrund derer der Auftraggeber den →*Zuschlag* erteilt. Nach den Regelungen der europäischen Vergaberichtlinien kommen als Zuschlagskriterien entweder der niedrigste Preis oder das wirtschaftlich günstigste Angebot in Betracht. Der deutsche Gesetzgeber hat sich, wie aus § 97 Abs. 5 GWB, § 25 VOB/A hervorgeht, für das Zuschlagskriterium des wirtschaftlich günstigsten Angebots entschieden. Das Kriterium des wirtschaftlich günstigsten Angebots setzt sich wiederum aus einer Reihe von Unterkriterien zusammen; § 25 Nr. 3 Abs. 3 VOB/A nennt hierfür die Kriterien Preis, Ausführungsfrist, Betriebs- und Folgekosten, Gestaltung, Rentabilität und technischen Wert. Die Aufzählung ist nicht abschließend.

II. Abgrenzung gegen die Eignungskriterien

Nicht selten werden in der Vergabepraxis als Zuschlagskriterien auch bieterbezogene Kriterien, wie z. B. Ortsansässigkeit, genannt. Eine solche Vermischung von Eignungs- und Zuschlagskriterien ist nach allgemeiner Auffassung im Grundsatz unzulässig. Während es sich bei den Eignungskriterien um bieterbezogene Kriterien handelt, sind die Zuschlagskriterien auf die zu erbringende Leistung bzw. auf das dafür abgegebene Angebot bezogen. Nach der eindeutigen Systematik von Verdingungsordnungen, GWB und Vergabekoordinierungsrichtlinien muss die Prüfung der Bieter jedoch bereits vor Prüfung des Angebots erfolgen.

Nur die Angebote derjenigen Unternehmen oder Einzelpersonen, bei denen der Auftraggeber das Vorliegen von Fachkunde, Leistungsfähigkeit und Zuverlässigkeit bejaht hat, sind dann in einem weiteren Wertungsschritt miteinander zu vergleichen. Bei diesem Angebotsvergleich wiederum wendet der Auftraggeber die von ihm anfänglich festgelegten Zuschlagskriterien an. Er darf grundsätzlich nicht, wie der systematische Aufbau der Vorschriften aus § 97 Abs. 4 und 5 GWB zeigt, bei der Angebotsbewertung nochmals einfließen lassen, von welchem der Unternehmen ein Angebot stammt, ob es also von einem aus seiner Sicht besonders leistungsfähigen oder besonders erfahrenen Unternehmen abgegeben wurde (→*Mehr an Eignung*).

III. Politische Kriterien als Zuschlagskriterien

Der Auftraggeber hat grundsätzlich bei der Auswahl der Zuschlagskriterien einen weiten Ermessensspielraum. Insbesondere ist der angebotene Preis allein nicht maßgeblich. Schwierigkeiten ergeben sich bei den Zuschlagskriterien Umweltschutz oder bei „sozialen" Kriterien, wie arbeitsmarktpolitischen Zielen. Nach der – allerdings nicht völlig widerspruchsfreien – Auffassung des EuGH sind diese im Grundsatz zulässig. Der EuGH hat in den letzten Jahren allerdings die Einschränkung gemacht, dass die vom Auftraggeber als Zuschlagskriterien für die Ermittlung des wirtschaftlich günstigsten Angebots festgelegten Kriterien mit dem Gegenstand des Auftrags zusammenhängen müssen (EuGH, Urteil vom 4.12.2003, C-448/01, VergabeR 2004, 36 – Wienstrom). Da weder die VOB noch das GWB Zuschlagskriterien politischer Natur bestimmt, sollten Auftraggeber mit deren Benennung größte Zurückhaltung walten lassen.

IV. Benennung der Zuschlagskriterien bei europaweiten Vergaben

Nach § 25 a VOB/A darf der Auftraggeber bei der Wertung der Angebote nur Kriterien berücksichtigen, die in der Bekanntmachung oder in den Vergabeunterlagen genannt sind (§ 25 a VOB/A). Es handelt sich entweder um das Kriterium des niedrigsten Preises oder des wirtschaftlich günstigsten Angebots. Die Zuschlagskriterien teilt der Auftraggeber den Bewerbern regelmäßig im Anschreiben mit (§ 10 a 1. Spiegelstrich VOB/A). Zuschlagskriterien, die nicht in den Vergabeunterlagen genannt werden, sind in der →Bekanntmachung anzugeben. Die Kriterien sind bei der Variante „wirtschaftlich günstigstes Angebot" soweit wie möglich in der Reihenfolge ihrer Bedeutung anzugeben. Die Angabe bezweckt, den potentiellen Bietern die Kriterien bekannt zu machen, die bei der Auswahl des wirtschaftlich günstigsten Angebots berücksichtigt werden. Um die Gleichbehandlung der Bieter und die Transparenz des Vergabeverfahrens zu gewährleisten, ist es erforderlich, dass alle Bieter sowohl die Kriterien, denen ihre Angebote entsprechen müssen, als auch deren relative Bedeutung kennen.

Falls die Vergabestelle entgegen der Verpflichtung weder in der Bekanntmachung noch in den Vergabeunterlagen Wertungskriterien angibt, so ist nach allgemeiner Auffassung der niedrigste Preis ausschlaggebend.

V. Gewichtung der Zuschlagskriterien

Umstritten ist, ob bzw. inwieweit die Vergabestelle die Gewichtung der einzelnen Zuschlagskriterien in den Verdingungsunterlagen angeben muss.

Die frühere Rechtsprechung hatte aus § 10 a VOB/A (bzw. dem vergleichbaren § 9 a VOL/A) gefolgert, dass die Vergabestelle den Bietern eine Gewichtung der einzelnen Zuschlagskriterien nicht bei der Bekanntmachung oder in den Verdingungsunterlagen mitteilen müsse (vgl. OLG Stuttgart, Beschluss vom 16.9.2002 – 2 Verg 12/02).

Dies wurde vom Europäischen Gerichtshof anders gesehen. Falls nicht das Angebot mit dem niedrigsten Preis, sondern das wirtschaftlich günstigste Angebot bezuschlagt werden solle, müsse die Vergabestelle vielmehr neben den einzelnen Zuschlagskriterien auch deren Gewichtung und relative Bedeutung untereinander bekannt geben.

Dem hat sich das OLG Naumburg ausdrücklich angeschlossen (OLG Naumburg, Beschluss vom 31.3.2004 – 1 Verg 1/04). Aus den oben angegebenen Normen folge bei gemeinschaftsrechts-konformer Auslegung, dass sich der öffentliche Auftraggeber, wenn er eine Gewichtung der zur Anwendung vorgesehenen Zuschlagskriterien bereits vorgenommen hat, nicht darauf beschränken dürfe, diese Kriterien in der Vergabebekanntmachung bzw. den Verdingungsunterlagen lediglich zu benennen, sondern dass er den Bietern außerdem die vorgesehene Gewichtung mitteilen muss.

Wieder anders hat dies das OLG Dresden gesehen (OLG Dresden, Beschluss vom 6.4.2004 – WVerg 0001/04). Nach Auffassung des OLG Dresden ist die Gewichtung der Zuschlagskriterien den Bietern nicht vorab bekannt zu geben. Ausreichend ist, wenn die Vergabestelle ein sachgerechtes und plausibles Wertungssystem erst im Verlauf des Wertungsprozesses entwickelt, d.h. auch in Ansehung der ihr vorliegenden Angebote.

Zuschlagsposition

→ *Positionsarten*

Zuschlagsfrist

I. Allgemeines

Unter Zuschlagsfrist versteht man den Zeitraum, den der Auftraggeber darauf verwendet, festzustellen, welches der eingereichten Angebote für ihn das geeigneteste ist und welches er dementsprechend annehmen, d. h. worauf er den →*Zuschlag* erteilen will. Die Zuschlagsfrist beginnt mit dem Ablauf der Angebotsfrist, d. h. sobald der Verhandlungsleiter im →*Eröffnungstermin* mit der Öffnung der Angebote beginnt. Gemäß § 19 Nr. 2 M VOB/A ist vorzusehen, dass die →*Bindefrist* bis zum Ende der Zuschlagsfrist reicht. Nach dem Beginn der Zuschlagsfrist kann der Bieter sein Angebot also nicht mehr zurücknehmen oder ändern. Nach § 10 Nr. 5 Abs. 2 lit. p) ist die Zuschlagfrist in dem Anschreiben an die Bewerber zu nennen. Nach § 17 Nr. 1 Abs. 2 lit. t) soll die Nennung des Ablaufs der Zuschlagsfrist in die Bekanntmachung aufgenommen werden.

II. Aktuelle Rechtsprechung

Eine Vergabestelle schreibt die Sicherung und Rekultivierung einer Deponie im Offenen Verfahren nach der VOB/A aus. An dem Vergabeverfahren beteiligt sich die Bietergemeinschaft A/B/C, bestehend aus drei selbstständigen Unternehmen. Die Vergabestelle beabsichtigt, den Zuschlag einem anderen Bieter zu erteilen. Die Bietergemeinschaft beantragt daraufhin ein Nachprüfungsverfahren. Während des laufenden Verfahrens erklärt ein Mitglied der Bietergemeinschaft, dass es die Beteiligung an der Bietergemeinschaft nicht aufrecht erhalte und somit den Antrag im Nachprüfungsverfahren nicht mittrage. Dies gibt das Mitglied auch der Vergabekammer zur Kenntnis. Der bevollmächtigte Vertreter der Bietergemeinschaft widerspricht der Kündigung. Die Vergabestelle hält die Bietergemeinschaft infolge der Kündigung des Mitglieds für nicht (mehr) antragsbefugt.

Anders entschied die Vergabekammer Brandenburg. Die Bietergemeinschaft sei antragsbefugt im Sinne von § 107 Abs. 2 GWB. Die Verdingungsordnungen behandeln die Bietergemeinschaft als Einheit, die auch im Vergabenachprüfungsverfahren als einheitliches Unternehmen beteiligungsfähig ist. Bei der Bietergemeinschaft handelt es sich in der Regel um eine Gesellschaft bürgerlichen Rechts. Nach ihrem Sinn und Zweck ist die Bietergemeinschaft für die Dauer des Vergabeverfahrens, an dem sie sich beteiligt, konzipiert. Die Bietergemeinschaft ist nach § 19 Nr. 3 VOB/A bis zum Ablauf der Zuschlagsfrist an ihr Angebot gebunden. Die Bietergemeinschaft ist somit für einen bestimmten Zeitraum eingegangen. Vor dem Ablauf der Zuschlagsfrist kann die Bietergemeinschaft gemäß § 723 Abs. 1 BGB nur aus wichtigem Grund gekündigt werden. Ein wichtiger Grund wird von dem kündigenden Mitglied nicht vorgetragen (Vergabekammer Brandenburg, Beschluss vom 21.12.2004 – VK 64/04).

Zustandsklassen

Der Zustand der Kanalisation wird in bestimmte Klassen eingeteilt. Bei der Zustandsklassifizierung sind die Zustandsklassen gemäß ATV-M 149 „Zustandserfassung, -klassifizierung und -bewertung von Entwässerungssystemen außerhalb von Gebäuden" wie folgt definiert:
– Zustandsklasse 0 = ZK 0 = sofortiger Handlungsbedarf
– Zustandsklasse 1 = ZK 1 = kurzfristiger Handlungsbedarf
– Zustandsklasse 2 = ZK 2 = mittelfristiger Handlungsbedarf
– Zustandsklasse 3 = ZK 3 = langfristiger Handlungsbedarf
– Zustandsklasse 4 = ZK 4 = kein Handlungsbedarf.
Bei einer Betrachtung ohne Berlin ergeben sich 19,6 % Schäden, die in die Zustandsklassen ZK 0 bis ZK 2 fallen. Circa 20 % der öffentlichen Kanalisation sind somit kurz- bzw. mittelfristig sanierungsbedürftig. Weitere 21,5 % weisen geringfügige Schäden auf und müssen langfristig saniert werden.

Zuverlässigkeit

I. Begriff
Zuverlässigkeit ist eines der drei →*Eignungskriterien* (siehe auch →*Fachkunde*; →*Leistungsfähigkeit*); unter ihr versteht man die Gewähr einer ordnungsgemäßen Vertragserfüllung und Betriebsführung.
   Zuverlässig ist ein Bewerber, wenn er in seiner Person und seinem allgemeinen Verhalten im täglichen Berufsleben die Gewähr dafür bietet, in der notwendigen sorgfältigen Weise die verlangte Bauleistung zu erbringen. Hierzu gehören u. a. Pünktlichkeit in der Aufnahme, der Durchführung und der Beendigung der Arbeit, Befolgung der aner-

kannten Regeln der Bautechnik, Erfüllung der Pflichten der Mängelhaftung wie auch Sorgfalt bei früherer Angebotsbearbeitung, wie z. B. ordnungsgemäße Kalkulation ohne spätere unbegründete Nachforderungen, keine Fehler oder Änderungen an ursprünglichen Eintragungen usw.. Unzuverlässigkeit kann vorliegen, wenn ein Bieter Fehler im Leistungsverzeichnis erkennt, dies dem Auftraggeber aber nicht mitteilt, um darauf später Nachforderungen stützen zu können. Auf Unzuverlässigkeit kann ferner geschlossen werden, wenn sich der Bieter unerlaubter oder auch unsachlicher Mittel bedient, um den Auftrag zu erhalten. Dies trifft z. B. bei einem Bieter zu, der bei einer Ausschreibung nach VOB/A seine Angebotspreise in zwei Losen durch bewusste Additionsfehler vorsätzlich erhöht, weshalb dann sein Angebot nicht berücksichtigt zu werden braucht. Als unzuverlässig wird ein Unternehmer auch dann gelten, wenn er bei einem vorherigen Auftrag vertragswidrig und ohne Zustimmung des Auftraggebers Nachunternehmer einsetzte und damit gegen das Gebot der Selbstausführung verstieß. Zur Zuverlässigkeit wird man bei bereits länger im einschlägigen Beruf Tätigen ein gewisses Maß an Erfahrung auf dem Gebiet der verlangten Bauleistung voraussetzen müssen. Die Zuverlässigkeit fehlt grundsätzlich, wenn ein Bewerber illegale Arbeitskräfte beschäftigt. Abgestellt auf die hier maßgebende bauberufliche Tätigkeit, kann dabei die Regelung des § 35 GewO von Bedeutung sein. Für die Frage der Zuverlässigkeit ist im Allgemeinen auf das Verhalten des Unternehmers gegenwärtig und in der Vergangenheit abzustellen, wobei nicht zuletzt auch etwaige Ausschlussgründe nach § 8 Nr. 5 Abs. 1 VOB/A eine wesentliche Rolle spielen werden. Als unzuverlässig kann auch ein Unternehmer gelten, der bei der Ausführung eines früheren Auftrags aus alleinigem Fehlverhalten die Bauzeit deutlich überschritten hat. Gleiches kann sein, wenn der betreffende Unternehmer den Auftraggeber unberechtigt (objektiv gesehen) und laufend mit Nachtragsforderungen überzieht. Allein die Tatsache, dass zwischen dem Auftraggeber und dem betreffenden Bewerber ein Zivilrechtsstreit wegen eines anderen Bauauftrags in der Vergangenheit geführt wurde oder ein solcher zum Zeitpunkt des Vergabeverfahrens noch anhängig ist, ist jedoch kein Grund, die Zuverlässigkeit zu verneinen.

Maßstab für die Zuverlässigkeit ist immer der Rahmen der im konkreten Fall verlangten Bauaufgabe.

II. Aktuelle Rechtsprechung

Das OLG Düsseldorf stellt im Hinblick auf die fehlende Zuverlässigkeit eines Mitglieds einer Bietergemeinschaft fest:

Hinsichtlich der Fachkunde und der Leistungsfähigkeit kommt es auf die der Bietergemeinschaft insgesamt zur Verfügung stehende Kapazität an; hinsichtlich der Zuverlässigkeit müssen die geforderten Voraussetzungen bei jedem Mitglied der Bietergemeinschaft vorliegen.

Das Angebot der Bietergemeinschaft war auch deshalb gemäß § 25 Nr. 2 Abs. 1 VOB/A 2. Abschnitt zwingend von einer erneuten Wertung auszuschließen, weil nicht mehr alle Unternehmen der Bietergemeinschaft die erforderliche Zuverlässigkeit besitzen.

Zuverlässig ist ein Bieter, der seinen gesamten gesetzlichen Verpflichtungen nachgekommen ist, sodass er, auch aufgrund der Erfüllung früherer Verträge, eine einwandfreie Ausführung des Bauauftrags einschließlich der Erbringung von Gewährleistungen erwarten lässt. Das Verhalten des Bieters im Vergabeverfahren und im Wettbewerb kann wichtige Aufschlüsse über seine Zuverlässigkeit liefern. So reichen bereits Manipulationsversuche eines Bieters in einem Aufklärungsgespräch gemäß § 24 Nr. 1 VOB/A aus, um seine Unzuverlässigkeit zu begründen.

Ausgehend von diesem Maßstab bot das Verhalten der Antragstellerin während des Vergabeverfahrens nach den Feststellungen des OLG Düsseldorf ausreichende Anhaltspunkte für das Entfallen ihrer Zuverlässigkeit. Das betreffende Mitglied der Bietergemeinschaft hatte die Antragsgegnerin von sich aus weder über den Verkauf des für die Bauausführung entscheidenden Geschäftsbereichs Wasserbau noch über ihren Insolvenzantrag informiert. Erst durch ein anderes Schreiben eines Dritten hatte die Vergabestelle Kenntnis vom Verkauf der Niederlassung B., Bereich Wasserbau, erhalten. Dieses Schreiben nahm sie zum Anlass, sich unter dem 14.07.2004 an die Antragstellerin zu wenden und um die Beantwortung mehrerer Fragen zu bitten. In dem Antwortschreiben machte die Antragstellerin jedoch Angaben, die mit der tatsächlichen Sachlage nicht übereinstimmten.

Ob während des Vergabeverfahrens ein Unternehmen der Bietergemeinschaft insolvent geworden ist und einen Antrag auf Eröffnung eines Insolvenzverfahrens gestellt hat, ist für die Vergabestelle von wesentlicher Bedeutung und hat Einfluss auf die Angebotswertung. Werden solche Umstände von dem Bieter nicht offenbart und Nachfragen in diesem Zusammenhang – hier möglicherweise mangels ausreichender Rückfragen bei dem betreffenden Unternehmen der Bietergemeinschaft – nicht richtig beantwortet, besteht der begründete Verdacht, dass sich der Bieter auch bei Ausführung des Bauauftrages ähnlich nachlässig verhalten wird (OLG Düsseldorf, Beschluss vom 15.12.2004 – Verg 48/04).

Zuwendungen

Zuwendungen an Organe, sonstige gesetzliche Vertreter oder Angestellte des Auftraggebers, um eine Bevorzugung beim Abschluss des Bauvertrages, insbesondere bei der Vergabe, zu erzielen („Schmiergelder"), verstoßen gegen das Gesetz gegen den unlauteren Wettbewerb (UWB) und sind als ungesunde Begleiterscheinung im Sinne von § 2 VOB/A bzw. als → *Wettbewerbsbeschränkung* im Sinne von § 25 Nr. 1 Abs. 1 VOB/A zu werten. Sie können auch nicht zugelassen werden, wenn sie tatsächlich im Einzelfall keine Nachteile für den Geschäftsherrn mit sich gebracht haben. Ob der Wille des Vertreters, Angestellten usw. und der Wille des Bieters auf eine Schädigung des Auftraggebers gerichtet waren, ist für die Beurteilung des Verhaltens unter dem Gesichtspunkt der Sittenwidrigkeit unerheblich. Die Zahlung von solchen Zuwendungen bzw. Schmiergeldern ist ein Verstoß gegen die guten Sitten, § 138 BGB, woraus sich Schadensersatzansprüche des Auftraggebers oder der betroffenen anderen Bieter nach § 826 BGB ergeben können. Werden jemandem im Rahmen einer Geschäftsbesorgung Schmiergelder gewährt (etwa einem Architekten), so kommt auch eine Kündigung (z. B. des Architektenvertrages) aus wichtigem Grund in Betracht.

Zuziehung eines Rechtsanwalts, notwendige

Bei einer notwendigen Zuziehung eines Rechtsanwaltes im → *Vergabenachprüfungsverfahren* sind die entsprechenden Aufwendungen und Auslagen (also insbesondere die Rechtsanwaltsgebühren) nach § 128 Abs. 4 S. 3 und S. 4 GWB von dem Unterliegenden zu tragen. Von § 128 GWB wird auf die Vorschrift von § 80 Abs. 2 Verwaltungsverfahrensgesetz (VwVfG) verwiesen, welche vorschreibt, dass die Gebühren und Auslagen eines Rechtsanwalts oder eines sonstigen Bevollmächtigten im Vorverfahren erstattungsfähig sind, wenn die Zuziehung eines Bevollmächtigten notwendig war. Allerdings müssen die spezifischen Besonderheiten des Vergabenachprüfungsverfahrens beachtet werden. Im Regelfalls wird wegen der schwierigen Materie des Vergaberechts die Hinzuziehung notwendig sein. Überprüfungsbedürftig wird diese Frage regelmäßig nur im Fall der anwaltlichen Vertretung von öffentlichen Auftraggebern sein, da jedenfalls die staatlichen Auftraggeber Vergaberecht ständig anwenden müssen. Jedenfalls in den Fällen, in denen der ausgeschriebene Auftrag eine erhebliche Bedeutung für die Vergabestelle hatte und die Schwerpunkte im Nachprüfungsverfahren eher im verfahrensrechtlichen Bereich liegen, wird man auch hier die Hinzuziehung eines Rechtsanwalts richtigerweise zu bejahen haben, wobei auf den konkreten Einzelfall abgestellt werden muss.

ZVB

ZVB ist die Abkürzung für →*Zusätzliche Vertragsbedingungen.*

ZVB/E

ZVB/E ist die Abkürzung für Zusätzliche Vertragsbedingungen – Einheitliche Fassung. Gemeint ist damit das EVM (B) ZVB/E im →*Vergabehandbuch* der Finanzbauverwaltungen. Einheitliche Fassung bedeutet, dass diese Vertragsbedingungen auch im Straßen- und Brückenbau verwendet werden.

Thomas Ax, Matthias Schneider, Kristina Bischoff (Hrsg.)

■ Vergaberecht 2006
Kommentar zu den Regierungsentwürfen vom 18. und 29. März 2005

Dieser Kommentar bietet eine umfassende Aufarbeitung des neuen Vergaberechts auf der Grundlage der Regierungsentwürfe vom 18. und 29. März 2005. Die neuen Vorschriften werden analysiert und künftige Problemfelder aufgezeigt. Der Stand des Gesetzgebungsverfahrens (einschließlich aktueller Rechtsprechung) ist bis zum 20. April 2005 einbezogen.
Ein praxisgerechter Kommentar, der dem Anwender schon jetzt die Möglichkeit gibt, sich auf das neue Vergaberecht einzustellen.
   Er versteht sich als Kommentar von Praktikern für Praktiker. Anhand beispielhafter Fälle wird dem Leser das Verständnis der Materie erleichtert. Darüber hinaus werden ihm Handlungsanleitungen gegeben.

Berlin 2005 · VII, 1204 S. · € 68,– · ISBN 3-936232-40-7

Thomas Ax, Matthias Schneider

■ Rechtshandbuch **Der Weg zum öffentlichen Auftrag**
Vergabemanagement für Unternehmen

Das Vergaberecht ist im Umbruch. Umso wichtiger ist es für Unternehmen, das Vergabeverfahren kompetent zu beherrschen. „Der Weg zum öffentlichen Auftrag" sorgt für eine klare Struktur des Vergabemanagements. Tipps für das richtige Verhalten von Angebotsstellung bis zum weiteren Vorgehen bei Nichtberücksichtigung sind eine hilfreiche Stütze.

Berlin 2005 · X, 276 S. · € 27,80 · ISBN 3-93 62 32-36-9

Thomas Ax, Matthias Schneider

■ Von der Investitionsentscheidung zum Zuschlag
Vergabemanagement für öffentliche Auftraggeber

Dieses Handbuch dient öffentlichen Auftraggebern als Leitfaden für die Gestaltung des Vergabeverfahrens, enthält Tipps zum Umgang mit Auftragnehmern, aktuelle Praxiserfahrungen mit verschiedenen Verfahrensarten und die relevante Rechtsprechung. Insbesondere besprechen die Autoren die aktuellen Tendenzen im Vergaberecht, namentlich in den Bereichen Public-Private-Partnership, Energiesparcontracting, Entsorgungsdienstleistungen und elektronische Vergabe.

erscheint voraussichtlich im November 2005 · ca. 500 S. · ca. € 37,80 · ISBN: 3-936232-55-5

Thomas Ax, Matthias Schneider, Sascha Häfner

■ Die Wertung von Angeboten durch den öffentlichen Auftraggeber

Mit diesem Werk wird der Vergabestelle ein detaillierter Leitfaden zur Vermeidung von Verfahrensrisiken und Verzögerungen des Baubeginns an die Hand gegeben.

Berlin 2005 · XIV, 292 Seiten · € 27,80 · ISBN 3-936232-37-7

Thomas Ax, Matthias Schneider, Guido Telian

■ Rechtshandbuch für Stadtwerke

In kompetenter und auch für Nichtjuristen verständlicher Form vermittelt dieses Rechtshandbuch einen Überblick über Problemstellungen, die gerade für Stadtwerke interessant sind, unabhängig davon, ob es sich hierbei noch um Eigenbetriebe der Kommunen handelt oder bereits eine (Teil-) Privatisierung der Stadtwerke vollzogen wurde. Neben allgemeinen und grundsätzlichen Fragestellungen werden gezielt auch vergaberechtliche Schwerpunktbereiche behandelt.

Berlin 2005 · 242 Seiten · € 25,80 · ISBN 3-936232-54-7

Thomas Ax, Matthias Schneider

■ Vertragsmanagement – Dienstleistungen

Dieses kompakte und praxisorientierte Handbuch für Mitarbeiter verschiedenster Berufszweige auf Auftraggeber- oder Auftragnehmerseite dient als Ratgeber in den unterschiedlichen Stadien des Vertragsmanagements von Dienstleistungsaufträgen.

Berlin 2005 · 350 Seiten · € 29,80 · ISBN: 3-936232-56-3

Thomas Ax, Matthias Schneider

■ Vertragsmanagement – Bauleistungen

Vertragsmanagement Bauleistungen vermittelt kompakt und praxisnah das baurechtliche Handwerkszeug zur interessengerechten Ausgestaltung von Bauverträgen und den hiermit sachlich eng verbundenen Grund-stückskaufverträgen, Architekten- und Ingenieursverträgen sowie Projektmanagementverträgen. Der Band begleitet, seinem in der anwaltlichen Praxis erprobten ganzheitlichen Ansatz entsprechend, Bauherren wie Unternehmer von A bis Z durch ein Bauprojekt.

erscheint voraussichtlich im Dezember 2005 · ca. 370 Seiten · € 29,80 · ISBN 3-936232-60-1

www.lexxion.de